AI源码解读

推荐系统案例

（Python版）

李永华◎编著

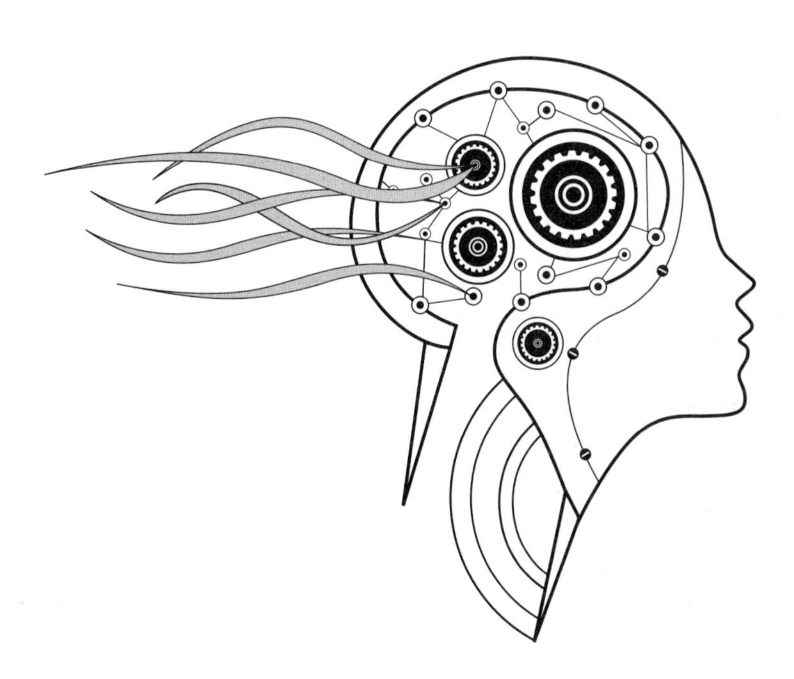

清華大學出版社
北京

内容简介

本书以人工智能发展为时代背景，通过 20 个实际案例，系统介绍了机器学习模型和算法，为工程技术人员提供较为详细的实战方案，以便深度学习。

在编排方式上，全书侧重介绍创新项目的过程，分别从整体设计、系统流程、实现模块等角度论述数据处理、模型训练及模型应用，并剖析模块的功能、使用和程序代码。为便于读者高效学习，快速掌握人工智能技术的开发方法，本书配套提供项目设计工程文档、程序代码、出现的问题及解决方法等资源，可供读者举一反三，二次开发。

本书将系统设计、代码实现以及运行结果展示相结合，语言简洁，讲解深入浅出、通俗易懂，不仅适合 Python 编程的爱好者，而且适合作为高等院校相关专业的教材，还可作为智能应用创新开发专业技术人员的参考用书。

图书在版编目(CIP)数据

AI 源码解读. 推荐系统案例：Python 版/李永华编著. —北京：清华大学出版社，2021.8
(人工智能科学与技术丛书)
ISBN 978-7-302-57669-3

Ⅰ. ①A…　Ⅱ. ①李…　Ⅲ. ①人工智能—算法　Ⅳ. ①TP18

中国版本图书馆 CIP 数据核字(2021)第 040699 号

责任编辑：盛东亮　钟志芳
封面设计：李召霞
责任校对：时翠兰
责任印制：刘海龙

出版发行：清华大学出版社
网　　址：http://www.tup.com.cn，http://www.wqbook.com
地　　址：北京清华大学学研大厦 A 座　　**邮　　编**：100084
社 总 机：010-62770175　　**邮　　购**：010-83470235
投稿与读者服务：010-62776969，c-service@tup.tsinghua.edu.cn
质量反馈：010-62772015，zhiliang@tup.tsinghua.edu.cn
课件下载：http://www.tup.com.cn，010-83470236
印 装 者：三河市铭诚印务有限公司
经　　销：全国新华书店
开　　本：186mm×240mm　　**印　　张**：26.5　　**字　　数**：594 千字
版　　次：2021 年 9 月第 1 版　　**印　　次**：2021 年 9 月第 1 次印刷
印　　数：1～1500
定　　价：99.00 元

产品编号：090181-01

前言

PREFACE

Python作为人工智能和大数据领域的主要开发语言，具有灵活性强、扩展性好、应用面广、可移植、可扩展、可嵌入等特点，近年来发展迅速，热度不减，人才需求量逐年攀升，已经成为高等院校的专业课程。

为适应当前教学改革的要求，更好地践行人工智能模型与算法的应用，本书以实践教学与创新能力培养为目标，采取了创新方式，从不同难度、不同类型、不同算法，融合了同类教材的优点，将实际智能应用案例进行总结，希望起到抛砖引玉的作用。

本书的主要内容和素材来自开源网站的人工智能经典模型算法、信息工程专业创新课程内容及作者所在学校近几年承担的科研项目成果、作者指导学生完成的创新项目。通过这些创新项目，学生不仅学到了知识，提高了能力，而且为本书提供了第一手素材和相关资料。

本书内容由总述到分述，先理论后实践，采用系统整体架构、系统流程与代码实现相结合的方式，对于从事人工智能开发、机器学习和算法实现的专业技术人员可作为技术参考书，提高其工程创新能力；也可作为信息通信工程及相关专业本科生的参考书，为机器学习模型分析、算法设计和实现提供帮助。

本书的编写得到了教育部电子信息类专业教学指导委员会、信息工程专业国家第一类特色专业建设项目、信息工程专业国家第二类特色专业建设项目、教育部CDIO工程教育模式研究与实践项目、教育部本科教学工程项目、信息工程专业北京市特色专业建设、北京市教育教学改革项目、北京邮电大学教育教学改革项目(2020JC03)的大力支持，在此表示感谢！

由于作者水平有限，书中疏漏之处在所难免，衷心地希望各位读者多提宝贵意见，以便作者进一步修改和完善。

编者

2021年5月

目录

CONTENTS

项目1

PROJECT 1

基于马尔可夫模型的自动即兴音乐推荐

本项目通过用户选择主音调式即兴参数，输入歌曲信息 BPM(Beat Per Minute，节拍)、弦级数及重复次数后生成音乐，实现上下文相关的即兴演奏。

1.1 总体设计

本部分包括系统整体结构和系统流程。

1.1.1 系统整体结构

系统整体结构如图 1-1 所示。

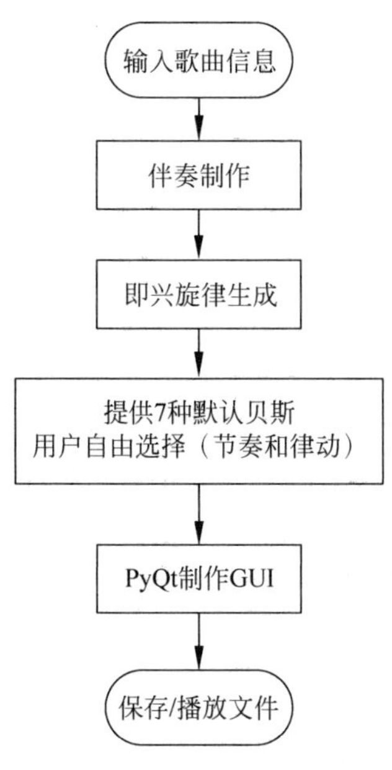

图 1-1 系统整体结构

1.1.2 系统流程

伴奏制作、即兴旋律生成的流程如图 1-2 所示，贝斯模块及 GUI（Graphical User Interface，图形用户接口）制作流程如图 1-3 所示。

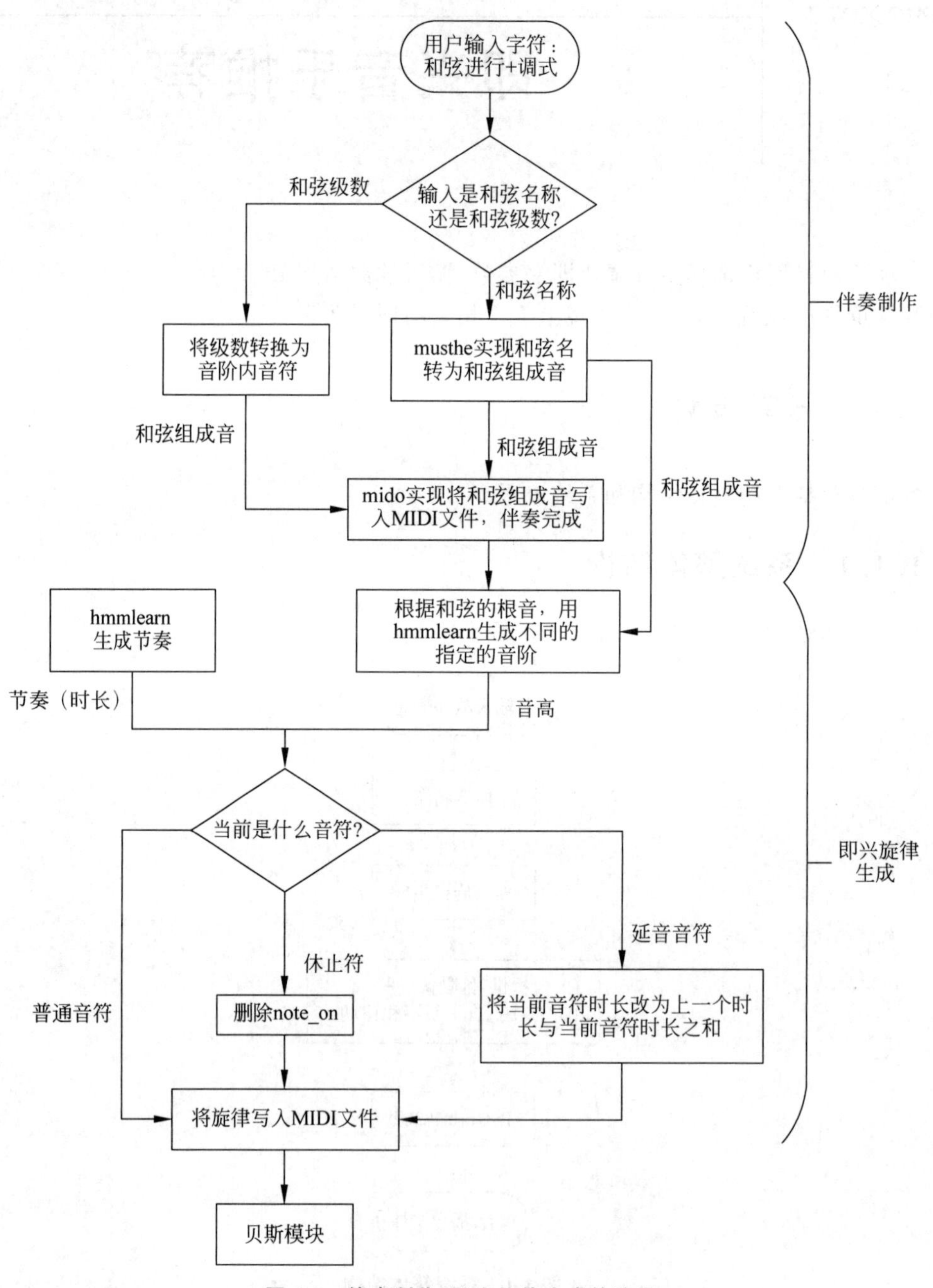

图 1-2 伴奏制作、即兴旋律生成的流程

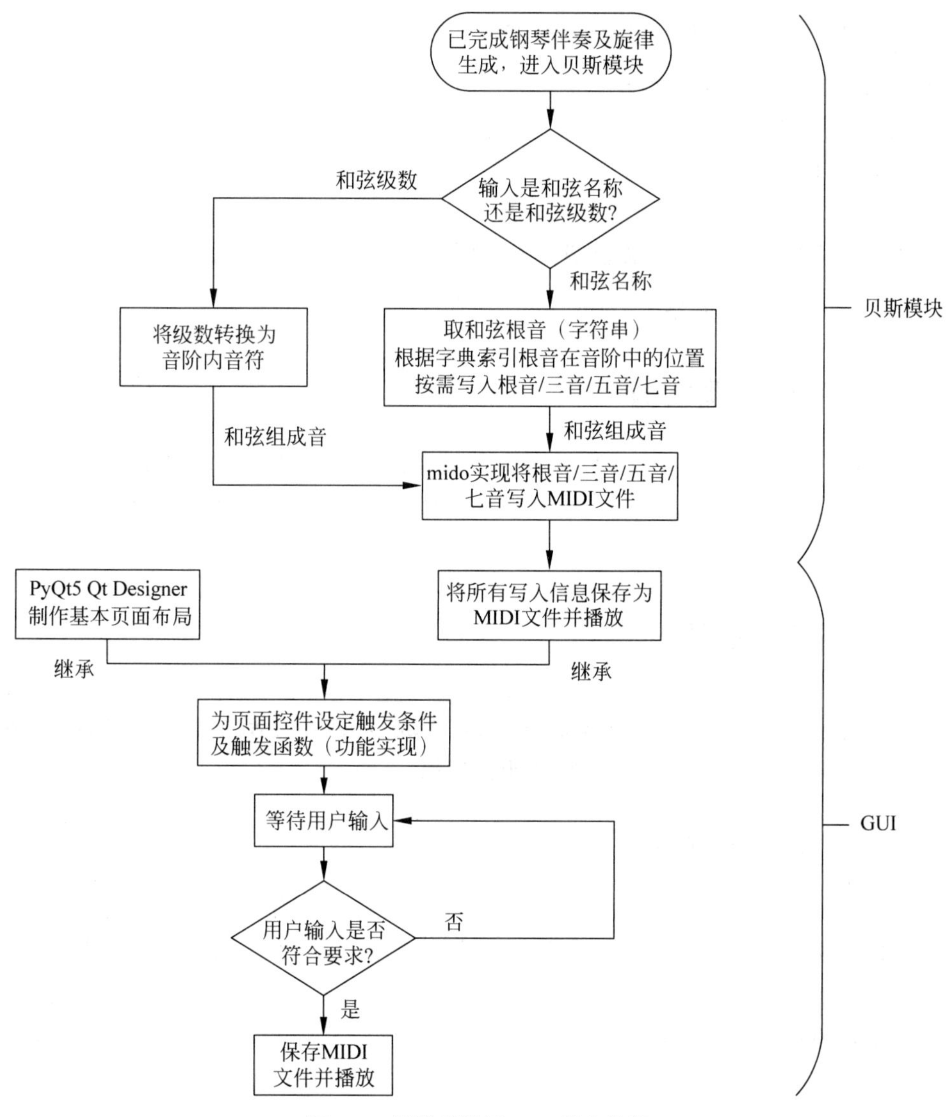

图 1-3　贝斯模块及 GUI 制作流程

1.2　运行环境

本部分包括 Python 环境和 PC 环境配置。

1.2.1　Python 环境

需要 Python 3.7 及以上配置，安装库包括 hmmlearn、numpy、pypianoroll、pygame、mido、musthe、PyQt 5、PyQt-tools(仅支持 Windows)，在 Windows cmd 中使用以下命令：

```
pip install hmmlearn、numpy、pypianoroll、pygame、mido、musthe
```

安装 PyQt 5 和 PyQt-tools：

```
pip install sip
pip install PyQt5
pip install PyQt - tools
```

将当前目录下的 4.ui 转换输出成 4.py 文件：

```
python - m PyQt5.uic.pyuic 4.ui - o 4.py
```

1.2.2 PC 环境配置

本程序最终将打包成.exe，在 Windows 环境下运行。安装能读取并播放 MIDI 文件程序的用户可自行查看生成文件；反之，在选项卡中选择“自动播放”选项播放生成的 MIDI 文件。

1.3 模块实现

本项目包括 5 个模块：钢琴伴奏制作、乐句生成、贝斯伴奏制作、汇总歌曲制作和 GUI 设计，下面分别给出各模块的功能介绍及相关代码。

1.3.1 钢琴伴奏制作

用户选择调式、输入和弦级数后，首先，将和弦级数转换为和弦名称；其次，用 musthe 将和弦名称转换为对应音；最后，根据用户选择的预置节奏型向 MIDI 中的钢琴轨写入钢琴伴奏。

1. 和弦的实现

本部分代码完成添加和弦功能。

```
#midi_extended/Track.py 中的 TrackExtended 类
def my_chorus_num(self, all_note, length, num = 1, velocity = 70, channel = 0, change = 1):
#change 为 1 表示级数调用(索引音阶),0 表示和弦名称调用(无须索引音阶)
    base_note = 60 #基音
    base_num = 0
    delay = 0
    for chord_note in all_note:
    for j in range(num):
    count = 0
    for note in chord_note:
    note = base_note + base_num * 12 + sum(self.scale[0:note]) if change \
        else base_note + base_num * 12 + note - 1
```

```
    #绝对和弦名称时直接加上得到的数字,级数表示和弦需要索引音阶内的音符
    super().append(Message('note_on', note = note, velocity = velocity if count else velocity + 10,
time = round(delay * self.meta_time), channel = channel))
    for note in chord_note:
        note = base_note + base_num * 12 + sum(self.scale[0:note]) if change else base_
note + base_num * 12 + note - 1
        super().append(Message('note_off', note = note, velocity = velocity if count else
velocity + 10, time = 0 if count else round(0.96 * self.meta_time * length), channel =
channel))
        count = count + 1                    #设第一排为重拍
```

2. 和弦级数转为当前调式音阶

将用户输入的和弦级数(数字1～7)转换为绝对的和弦名称,再用musthe()方法将和弦名称转为当前调式下的音阶。

```
def change(self, num, key, mode, count = 4):
        #将和弦从数字更改为字符串
        d = {'C': 1, 'D': 2, 'E': 3, 'F': 4, 'G': 5, 'A': 6, 'B': 7}
        result = []
        try:
            if type(num) == int and 0 < num < 8:
                s = musthe.Scale(musthe.Note(key), mode)
                scale = []
                for i in range(len(s)):
                    scale.append(str(s[i]))
                for i in range(count):
                    try: #对音阶数7取余
                        result.append(d[scale[(num - 1 + 2 * i) % 7][0]])
                    except IndexError:
                    #五声音阶的数目比较少,可能会存在超出索引范围的现象,对5取余
                        result.append(d[scale[(num - 1 + 2 * i) % 5][0]])
            else:
                raise TypeError('num should be int from 1～7.')
        except NameError:
            return self.change(num, key, 'aeolian', count)
        return result
```

3. 根据预置节奏生成伴奏

本项目为4/4拍和3/4拍的歌曲各提供了6种预置节奏型,共12种节奏型的钢琴伴奏,其中预置节奏型由日常演奏经验而得,是常用的节奏型,能适应大多数曲目。

```
def my_chorus_4_simple(self, chord_progression, type = 1, change = 1, circulation = 1):
                                        #4/4拍节奏预置
    def model1():                       #模式1
        if change:
            for chord in chord_progression:
```

```
            self.my_chorus(chord, 4)
    else:
        self.my_chorus_num(chord_progression, 4)
def mode2():                                    #模式 2
    if change:
        for chord in chord_progression:
            self.my_chorus(chord, 1, 1, 80)
            self.my_chorus(chord, 1, 1)
            self.my_chorus(chord, 1, 1, 60)
            self.my_chorus(chord, 0.5, 2)
    else:
        l = len(chord_progression)
        for j in range(circulation):
            self.my_chorus_num([chord_progression[j % l]], 1, 1, 80)
            self.my_chorus_num([chord_progression[j % l]], 1, 1)
            self.my_chorus_num([chord_progression[j % l]], 1, 1, 60)
            self.my_chorus_num([chord_progression[j % l]], 0.5, 2)
def mode3():                                    #模式 3
    if change:
        for chord in chord_progression:
            self.my_chorus(chord, 1, 1, 80)
            self.my_chorus(chord, 1, 1)
            self.my_chorus(chord, 1.5, 1, 60)
            self.my_chorus(chord, 0.5)
    else:
        l = len(chord_progression)
        for j in range(circulation):
            self.my_chorus_num([chord_progression[j % l]], 1, 1, 80)
            self.my_chorus_num([chord_progression[j % l]], 1, 1)
            self.my_chorus_num([chord_progression[j % l]], 1.5, 1, 60)
            self.my_chorus_num([chord_progression[j % l]], 0.5)
def mode4():                                    #模式 4
    if change:
        for chord in chord_progression:
            self.my_chorus(chord, 2, 1, 80)
            self.my_chorus(chord, 1.5, 1, 60)
            self.my_chorus(chord, 0.5)
    else:
        l = len(chord_progression)
        for j in range(circulation):
            self.my_chorus_num([chord_progression[j % l]], 2, 1, 80)
            self.my_chorus_num([chord_progression[j % l]], 1.5, 1, 60)
            self.my_chorus_num([chord_progression[j % l]], 0.5)
def mode5():                                    #模式 5
    if change:
        for chord in chord_progression:
            self.my_chorus(chord, 0.5, 1, 80)
```

```
                self.my_chorus(chord, 0.5, 2)
                self.my_chorus(chord, 1)
                self.my_chorus(chord, 0.5, 1, 60)
                self.my_chorus(chord, 0.5, 2)
        else:
            l = len(chord_progression)
            for j in range(circulation):
                self.my_chorus_num([chord_progression[j % l]], 0.5, 1, 80)
                self.my_chorus_num([chord_progression[j % l]], 0.5, 2)
                self.my_chorus_num([chord_progression[j % l]], 1)
                self.my_chorus_num([chord_progression[j % l]], 0.5, 1, 60)
                self.my_chorus_num([chord_progression[j % l]], 0.5, 2)
    def mode6():                            #模式 6
        if change:
            for chord in chord_progression:
                self.my_chorus(chord, 0.5, 1, 80)
                self.my_chorus(chord, 0.5, 2)
                self.my_chorus(chord, 0.25, 4)
                self.my_chorus(chord, 0.5, 1, 60)
                self.my_chorus(chord, 0.5, 1)
                self.my_chorus(chord, 0.25, 2)
        else:
            l = len(chord_progression)
            for j in range(circulation):
                self.my_chorus_num([chord_progression[j % l]], 0.5, 1, 80)
                self.my_chorus_num([chord_progression[j % l]], 0.5, 2)
                self.my_chorus_num([chord_progression[j % l]], 0.25, 4)
                self.my_chorus_num([chord_progression[j % l]], 0.5, 1, 60)
                self.my_chorus_num([chord_progression[j % l]], 0.5, 1)
                self.my_chorus_num([chord_progression[j % l]], 0.25, 2)
    type_d = {1: mode1, 2: mode2, 3: mode3, 4: mode4, 5: mode5, 6: mode6}
    type_d.get(type)()
def my_chorus_3_simple(self, chord_progression, type = 1, change = 1, circulation = 1):
                                            #3/4 拍节奏预置
    def mode1():                            #模式 1
        if change:
            for chord in chord_progression:
                self.my_chorus(chord, 3)
        else:
            self.my_chorus_num(chord_progression, 3)
    def mode2():                            #模式 2
        if change:
            for chord in chord_progression:
                self.my_chorus(chord, 1, 1, 80)
                self.my_chorus(chord, 1, 2)
        else:
            l = len(chord_progression)
```

```
            for j in range(circulation):
                self.my_chorus_num([chord_progression[j % l]], 1, 1, 80)
                self.my_chorus_num([chord_progression[j % l]], 1, 2)
    def mode3():                                    #模式 3
        if change:
            for chord in chord_progression:
                self.my_chorus(chord, 1, 1, 80)
                self.my_chorus(chord, 0.5, 4)
        else:
            l = len(chord_progression)
            for j in range(circulation):
                self.my_chorus_num([chord_progression[j % l]], 1, 1, 80)
                self.my_chorus_num([chord_progression[j % l]], 0.5, 4)
    def mode4():                                    #模式 4
        if change:
            for chord in chord_progression:
                self.my_chorus(chord, 0.5, 1, 80)
                self.my_chorus(chord, 1)
                self.my_chorus(chord, 0.5, 3)
        else:
            l = len(chord_progression)
            for j in range(circulation):
                self.my_chorus_num([chord_progression[j % l]], 0.5, 1, 80)
                self.my_chorus_num([chord_progression[j % l]], 1)
                self.my_chorus_num([chord_progression[j % l]], 0.5, 3)
    def mode5():                                    #模式 5
        if change:
            for chord in chord_progression:
                self.my_chorus(chord, 1.5, 1, 80)
                self.my_chorus(chord, 0.5, 3)
        else:
            l = len(chord_progression)
            for j in range(circulation):
                self.my_chorus_num([chord_progression[j % l]], 1.5, 1, 80)
                self.my_chorus_num([chord_progression[j % l]], 0.5, 3)
    def mode6():                                    #模式 6
        if change:
            for chord in chord_progression:
                self.my_chorus(chord, 0.75, 1, 80)
                self.my_chorus(chord, 0.25)
                self.my_chorus(chord, 0.75)
                self.my_chorus(chord, 0.25)
                self.my_chorus(chord, 0.75)
                self.my_chorus(chord, 0.25)
        else:
            l = len(chord_progression)
            for j in range(circulation):
```

```
                self.my_chorus_num([chord_progression[j % l]], 0.75, 1, 80)
                self.my_chorus_num([chord_progression[j % l]], 0.25)
                self.my_chorus_num([chord_progression[j % l]], 0.75)
                self.my_chorus_num([chord_progression[j % l]], 0.25)
                self.my_chorus_num([chord_progression[j % l]], 0.75)
                self.my_chorus_num([chord_progression[j % l]], 0.25)
    type_d = {1: mode1, 2: mode2, 3: mode3, 4: mode4, 5: mode5, 6: mode6}
    type_d.get(type)()
```

1.3.2　乐句生成

使用 hmmlearn，利用马尔可夫模型生成旋律和节奏。其中旋律表示为数字 1～7，加上 0 和－1，1～7 对应音阶中第 1～7 音（五声音阶对应五个音），0 对应休止符，－1 对应延音音符；节奏表示为数字 1、2、4、8、16、32、6、12、24，分别表示全音符、二分音符、四分音符、八分音符等。

1. 添加音符

音轨内添加一个普通音符/休止符/延音音符的相关代码如下：

```
#向音轨内添加一个普通音符，此函数由 MusicCritique 提供
def add_note(self, note, length, modulation = 0, base_num = 0, delay = 0, velocity = 90, scale = [0, 2, 2, 1, 2, 2, 2, 1], channel = 0, pitch_type = 0, tremble_setting = None, bend_setting = None):
    bpm = self.bpm
    base_note = 60 + modulation
    if pitch_type == 0:
        try:
            super().append(Message('note_on', note = base_note + base_num * 12 + sum(scale[0:note]), velocity = velocity, time = round(delay * self.meta_time), channel = channel))
            super().append(Message('note_off', note = base_note + base_num * 12 + sum(scale[0:note]), velocity = velocity, time = int(round(0.96 * self.meta_time * length)), channel = channel))
        except IndexError:                  #选中五声音阶时，只有 5 个音，而 hmm 最多生成 7 个音
            super().append(Message('note_on', note = base_note + base_num * 12 + sum(scale[0:note - 2]), velocity = velocity, time = round(delay * self.meta_time), channel = channel))
            super().append(Message('note_off', note = base_note + base_num * 12 + sum(scale[0: note - 2]), velocity = velocity, time = int(round(0.96 * self.meta_time * length)), channel = channel))
    elif pitch_type == 1:                   #颤音
        try:
            pitch = tremble_setting['pitch']
            wheel_times = tremble_setting['wheel_times']
            super().append(Message('note_on', note = base_note + base_num * 12 + sum(scale[0:note]), velocity = velocity, time = round(delay * self.meta_time), channel = channel))
            for i in range(wheel_times):
```

```
                    super().append(Message('pitchwheel', pitch = pitch, time = round(0.96 *
self.meta_time * length / (2 * wheel_times)), channel = channel))
                    super().append(Message('pitchwheel', pitch = 0, time = 0, channel = channel))
                    super().append(Message('pitchwheel', pitch = - pitch, time = round(0.96 *
self.meta_time * length / (2 * wheel_times)), channel = channel))
                super().append(Message('pitchwheel', pitch = 0, time = 0, channel = channel))
                super().append(Message('note_off', note = base_note + base_num * 12 + sum
(scale[0:note]), velocity = velocity, time = 0, channel = channel))
            except:
                print(traceback.format_exc())
        elif pitch_type == 2:
            try:
                pitch = bend_setting['pitch']
                PASDA = bend_setting['PASDA']
#结合 PASDA(Prepare - Attack - Sustain - Decay - Aftermath)属性值实现 MIDI 滑音和颤音效果
                prepare_rate = PASDA[0] / sum(PASDA)
                attack_rate = PASDA[1] / sum(PASDA)
                sustain_rate = PASDA[2] / sum(PASDA)
                decay_rate = PASDA[3] / sum(PASDA)
                aftermath_rate = PASDA[4] / sum(PASDA)
                super().append(Message('note_on', note = base_note + base_num * 12 + sum(scale
[0:note]), velocity = round(100 * velocity), time = round(delay * self.meta_time), channel =
channel))
                super().append(Message('aftertouch', time = round(0.96 * self.meta_time *
length * prepare_rate), channel = channel))
                super().append(Message('pitchwheel', pitch = pitch, time = round(0.96 * self.
meta_time * length * attack_rate), channel = channel))
                super().append(Message('aftertouch', time = round(0.96 * self.meta_time *
length * sustain_rate), channel = channel))
                super().append(Message('pitchwheel', pitch = 0, time = round(0.96 * self.meta_
time * length * decay_rate), channel = channel))
                super().append(Message('note_off', note = base_note + base_num * 12 + sum
(scale[0:note]), velocity = velocity, time = round(0.96 * self.meta_time * length *
aftermath_rate), channel = channel))
            except:
                print(traceback.format_exc())
    def add_rest(self, length, velocity = 80, channel = 0):   #增加休止符
        super().append(Message('note_off', note = 0, velocity = velocity, time = round(0.96 *
self.meta_time * length),
                channel = channel))
    def add_tenuto(self, length):                             #增加延音音符
        off = super().pop()                                   #list 的最后一个音符 note_off
        on = super().pop()                                    #list 的最后一个音符 note_on
        off.time = round(off.time + 0.96 * self.meta_time * length)
        super().append(on)
        super().append(off)
```

2. 旋律生成

相关代码如下：

```
def hmmmelody():
    startprob = np.array([0.15, 0.15, 0.15, 0.15, 0.15, 0.15, 0.10, 0.00, 0.00]) #初始分布
    #状态转移矩阵,由日常演奏经验得出
    transmat = np.array([[0.05, 0.10, 0.20, 0.15, 0.20, 0.10, 0.05, 0.05, 0.10], [0.10, 0.05, 
0.10, 0.20, 0.20, 0.10, 0.10, 0.05, 0.10], [0.20, 0.10, 0.05, 0.10, 0.10, 0.20, 0.10, 0.05, 
0.10], [0.10, 0.10, 0.20, 0.05, 0.10, 0.10, 0.20, 0.05, 0.10], [0.10, 0.20, 0.10, 0.10, 0.05, 
0.10, 0.20, 0.05, 0.10], [0.05, 0.10, 0.20, 0.25, 0.10, 0.05, 0.10, 0.05, 0.10], [0.05, 
0.10, 0.20, 0.10, 0.25, 0.10, 0.05, 0.05, 0.10], [0.12, 0.12, 0.12, 0.12, 0.12, 0.12, 0.12, 
0.16, 0.00], [0.12, 0.12, 0.12, 0.12, 0.12, 0.12, 0.12, 0.16, 0.00]])
    means = np.array([[1], [2], [3], [4], [5], [6], [7], [0], [-1]])
    #covariance为协方差
    covars = .000000000001 * np.tile(np.identity(1), (9, 1, 1))
    #identity的参数1要和means每行中的列数对应
    #np.identity制造对角阵,使用np.tile把对角阵复制成4行1列1条的三维矩阵
    model = hmm.GaussianHMM(n_components=9, covariance_type="full")
    model.startprob_ = startprob
    model.transmat_ = transmat
    model.means_ = means
    model.covars_ = covars
    #产生样本
    X, Z = model.sample(50)
    m = []
    for i in range(50):
        temp = int(round(X[i, 0]))
        m.append(temp)
    #print(m)
    return m
```

3. 节奏生成

相关代码如下：

```
def hmmrhythm():
    #初始概率
    startprob = np.array([0.15, 0.15, 0.20, 0.20, 0.00, 0.00, 0.20, 0.10, 0.00])
    transmat = np.array([[0.15, 0.15, 0.10, 0.10, 0.10, 0.10, 0.10, 0.10, 0.10], [0.20, 0.20, 
0.20, 0.10, 0.05, 0.05, 0.10, 0.05, 0.05], [0.05, 0.20, 0.20, 0.20, 0.10, 0.05, 0.05, 0.10, 
0.05], [0.05, 0.05, 0.20, 0.20, 0.20, 0.10, 0.05, 0.05, 0.10], [0.10, 0.05, 0.05, 0.20, 0.20, 
0.20, 0.10, 0.05, 0.05], [0.05, 0.10, 0.05, 0.05, 0.20, 0.20, 0.20, 0.10, 0.05], [0.05, 
0.05, 0.10, 0.05, 0.05, 0.20, 0.20, 0.20, 0.10], [0.10, 0.05, 0.05, 0.10, 0.05, 0.05, 0.20, 
0.20, 0.20], [0.20, 0.10, 0.05, 0.05, 0.10, 0.05, 0.05, 0.20, 0.20]])
    #每个分量的均值
    means = np.array([[1], [2], [4], [8], [16], [32], [6], [12], [24]])
    #每个分量的协方差
```

```
covars = .000000000001 * np.tile(np.identity(1), (9, 1, 1))
#identity的参数1要和means每行中的列数对应
#np.identity制造对角阵,使用np.tile把对角阵复制成4行1列1条的三维矩阵
#建立HMM实例并设置参数
model = hmm.GaussianHMM(n_components = 9, covariance_type = "full")
model.startprob_ = startprob
model.transmat_ = transmat
model.means_ = means
model.covars_ = covars
#产生样本
X, Z = model.sample(32)
for i in range(32):
    X[i, 0] = int(round(X[i, 0]))
r = X[:, 0]
sum = 0
i = 0
new_r = []
while 1 - sum > 0:
    sum += 1 / r[i]
    new_r.append(1 / r[i])
    i += 1
new_r[i - 1] = 0
new_r[i - 1] = 1 - np.sum(new_r)
#print(r[0:i - 1])
#print(new_r)
#print(np.sum (new_r))
return new_r
```

1.3.3 贝斯伴奏制作

为丰富曲目内容,预置14组贝斯供用户选择。

1. 添加贝斯轨

向歌曲内添加贝斯轨的相关代码如下:

```
#向音轨内添加一个普通音符,此函数由MusicCritique提供
def add_bass(self, note, length, base_num = -2, velocity = 1.0, channel = 6, delay = 0):
bpm = self.bpm
scale = self.scale
base_note = 60
super().append(Message('note_on', note = base_note + base_num * 12 + sum(self.scale[0:
note]), velocity = round(80 * velocity), time = round(delay * self.meta_time), channel =
channel))
super().append(Message('note_off', note = base_note + base_num * 12 + sum(self.scale[0:
note]), velocity = round(80 * velocity), time = int(round(0.96 * self.meta_time * length)),
channel = channel))
```

2. 预置贝斯轨

根据日常演奏经验，对 4/4 拍和 3/4 拍的歌曲分别给出 7 种常用贝斯轨，共 14 种，其中函数的输入 chord_progression 可以是和弦名称，也可以是和弦级数。例如：

```
self.chord_progression = ['Fmaj7', 'Em7', 'Dm7', 'Cmaj7']或 self.chord_progression = '4321'。
    def my_bass_4_simple(self, chord_progression, type = 1, change = 1):
    d = {'C': 1, 'D': 2, 'E': 3, 'F': 4, 'G': 5, 'A': 6, 'B': 7}
    #这里只用 7 个音,因为 add_bass 内部已经有对音阶的索引,所以不用 12 个音
    def mode1():
        for chord in chord_progression:
        self.add_bass(d[chord[0]] if change else int(chord),0.25) #根音
            self.add_rest(0.25) #休止
            self.add_bass(d[chord[0]] if change else int(chord), 0.25)
            self.add_rest(0.5)
            self.add_bass(d[chord[0]] if change else int(chord), 0.25)
            self.add_rest(0.5)
            self.add_bass(d[chord[0]] if change else int(chord), 1)
            self.add_bass((d[chord[0]] + 4) % 7 if change else (int(chord) + 4) % 7, 1)
#五音
#此处对和弦名与和弦级数做了兼容处理,函数的输入可以是和弦名也可以是和弦级数
#change 为 1 表示和弦名,为 0 表示和弦级数,在 add_bass 里会做相应的处理
        def mode2():
            for chord in chord_progression:
                for i in range(16):                                  #十六音符根音
                  self.add_bass(d[chord[0]] if change else int(chord), 0.25)
        def mode3():
            for chord in chord_progression:
              self.add_bass(d[chord[0]] if change else int(chord),0.5)      #根音
                self.add_bass(d[chord[0]] if change else int(chord), 0.5)
                self.add_rest(0.5)
                self.add_bass((d[chord[0]] + 4) % 7 if change else (int(chord) + 4) % 7, 0.5)
                                                                     #五音
              self.add_bass(d[chord[0]] if change else int(chord), 0.5)
                self.add_bass(d[chord[0]] if change else int(chord), 0.5)
                self.add_rest(0.5)
                self.add_bass((d[chord[0]] - 1) % 7 if change else (int(chord) - 1) % 7, 0.5)
                                                                     #七音
    def mode4():
            for chord in chord_progression:                          #行进贝斯
                self.add_bass(d[chord[0]] if change else int(chord), 1)    #根音
                self.add_bass((d[chord[0]] + 4) % 7 if change else (int(chord) + 4) % 7, 1)
                                                                     #五音
                self.add_bass(d[chord[0]] if change else int(chord), 1)    #根音
                self.add_bass((d[chord[0]] - 1) % 7 if change else (int(chord) - 1) % 7, 0.75)
                                                                     #七音
                self.add_bass((d[chord[0]] - 1) % 7 if change else (int(chord) - 1) % 7, 0.25)
```

```
                                                                  #七音
    def mode5():
        for chord in chord_progression:
            self.add_bass(d[chord[0]] if change else int(chord), 1)       #根音
            self.add_bass(d[chord[0]] if change else int(chord), 1)       #根音
            self.add_bass(d[chord[0]] if change else int(chord),1.5)      #根音
            self.add_bass((d[chord[0]] - 1) % 7 if change else (int(chord) - 1) % 7, 0.5)
                                                                  #七音
    def mode6():
        i = 0
        for chord in chord_progression:                           #击弦贝斯
            if i % 2 == 0:
                self.add_bass(d[chord[0]] if change else int(chord), 0.25, channel = 8)
                                                                  #根音
                self.add_rest(0.5)
                self.add_bass((d[chord[0]] + 4) % 7 if change else (int(chord) + 4)
% 7, 0.25, channel = 8)                                           #五音
                self.add_rest(0.5)
                self.add_bass(d[chord[0]] if change else int(chord), 0.5, channel = 8)
                                                                  #根音
                self.add_bass(d[chord[0]] if change else int(chord), 0.25, channel = 8)
                                                                  #根音
                self.add_rest(0.5)
                self.add_bass((d[chord[0]] + 4) % 7 if change else (int(chord) + 4)
% 7, 0.25, channel = 8)                                           #五音
                self.add_rest(0.5)
                self.add_bass(d[chord[0]] if change else int(chord), 0.5, channel = 8)
                                                                  #根音
            else:
                self.add_bass(d[chord[0]] if change else int(chord), 0.25, channel = 8)
                                                                  #根音
                self.add_rest(0.5)
                self.add_bass(d[chord[0]] if change else (int(chord) + 4) % 7, 0.25,
channel = 8)                                                      #五音
                self.add_rest(0.5)
                self.add_bass(d[chord[0]] if change else int(chord), 0.5, channel = 8)
                                                                  #根音
                self.add_bass(d[chord[0]] if change else int(chord), 0.5, channel = 8)
                                                                  #根音
                self.add_bass(d[chord[0]] if change else int(chord), 0.5, channel = 8)
                                                                  #根音
                self.add_bass((d[chord[0]] + 4) % 7 if change else (int(chord) + 4) % 7,
0.5, channel = 8)                                                 #五音
                self.add_bass(d[chord[0]] if change else int(chord), 0.5, channel = 8)
                                                                  #根音
            i += 1
    def mode7():
```

```
        i = 0
        for chord in chord_progression:
            i += 1
            if i % 2:
             elf.add_bass(d[chord[0]] if change else int(chord), 2)    #根音
                self.add_bass((d[chord[0]] + 4) % 7 if change else (int(chord) + 4) % 7, 2)
                                                                        #五音
            else:
    self.add_bass(d[chord[0]] if change else int(chord), 2)            #根音
                self.add_bass((d[chord[0]] + 4) % 7 if change else (int(chord) + 4) % 7, 1)
                                                                        #五音
     self.add_bass(d[chord[0]] if change else int(chord), 1)           #根音
    type_d = {1: mode1, 2: mode2, 3: mode3, 4: mode4, 5: mode5, 6: mode6, 7: mode7}
    type_d.get(type)()
def my_bass_3_simple(self, chord_progression, type = 1, change = 1):
    d = {'C': 1, 'D': 2, 'E': 3, 'F': 4, 'G': 5, 'A': 6, 'B': 7}
    def mode1():
        i = 0
        for chord in chord_progression:
            i += 1
            if i % 2:
         self.add_bass(d[chord[0]] if change else int(chord), 2)       #根音
         self.add_bass((d[chord[0]] + 4) % 7 if change else (int(chord) + 4) % 7, 1)
                                                                        #五音
            else:
         self.add_bass(d[chord[0]] if change else int(chord), 1)       #根音
                self.add_bass((d[chord[0]] + 4) % 7 if change else (int(chord) + 4) % 7, 1)
                                                                        #五音
          self.add_bass(d[chord[0]] if change else int(chord), 1)      #根音
    def mode2():
        for chord in chord_progression:
         self.add_bass(d[chord[0]] if change else int(chord), 3)       #根音
    def mode3():
        i = 0
        for chord in chord_progression:
            i += 1
            if i % 2:
                self.add_bass((d[chord[0]] - 1) % 7 if change else (int(chord) - 1) % 7, 1)
                                                                        #七音
         self.add_bass(d[chord[0]] if change else int(chord), 1)       #根音
                self.add_bass((d[chord[0]] + 2) % 7 if change else (int(chord) + 2) % 7, 1)
                                                                        #三音
            else:
                self.add_bass((d[chord[0]] - 1) % 7 if change else (int(chord) - 1) % 7, 1)
                                                                        #七音
         self.add_bass(d[chord[0]] if change else int(chord), 1)       #根音
                self.add_bass((d[chord[0]] - 1) % 7 if change else (int(chord) - 1) % 7, 1)
```

```
                                                                        #七音
    def mode4():
        for chord in chord_progression:
            self.add_bass(d[chord[0]] if change else int(chord), 1)     #根音
            self.add_bass(d[chord[0]] if change else int(chord), 1.5)   #根音
            self.add_bass((d[chord[0]] + 4) % 7 if change else int(chord) + 4, 0.5)
                                                                        #五音
    def mode5():
        i = 0
        for chord in chord_progression:
            i += 1
            if i % 2:
                self.add_bass(d[chord[0]] if change else int(chord), 0.5)   #根音
                self.add_bass(d[chord[0]] if change else int(chord), 0.5)   #根音
                self.add_bass((d[chord[0]] + 4) % 7 if change else (int(chord) + 4) % 7, 1)
                                                                        #五音
                self.add_bass(d[chord[0]] if change else int(chord), 1)     #根音
            else:
                self.add_bass(d[chord[0]] if change else int(chord), 0.5)   #根音
                self.add_bass(d[chord[0]] if change else int(chord), 0.5)   #根音
                self.add_bass((d[chord[0]] + 4) % 7 if change else (int(chord) + 4) % 7, 1)
                                                                        #五音
                self.add_bass(d[chord[0]] % 7 if change else int(chord), 0.5)   #根音
                self.add_bass((d[chord[0]] - 1) % 7 if change else (int(chord) - 1) % 7, 0.5)
                                                                        #七音
    def mode6():
        for chord in chord_progression:
            self.add_bass(d[chord[0]] if change else int(chord), 0.5)   #根音
            self.add_bass(d[chord[0]] if change else int(chord), 0.5)   #根音
            self.add_bass((d[chord[0]] + 4) % 7 if change else (int(chord) + 4) % 7, 0.5)
                                                                        #五音
            self.add_bass(d[chord[0]] if change else int(chord), 0.5)   #根音
            self.add_bass((d[chord[0]] - 1) % 7 if change else (int(chord) - 1) % 7, 0.5)
                                                                        #五音
            self.add_bass(d[chord[0]] if change else int(chord), 0.5)   #根音
    def mode7():
        for chord in chord_progression:
            self.add_bass(d[chord[0]] if change else int(chord), 0.25)  #根音
            self.add_rest(0.25)                                         #根音
            self.add_bass(d[chord[0]] if change else int(chord), 0.25)  #根音
            self.add_rest(0.5)                                          #根音
            self.add_bass((d[chord[0]] + 4) % 7 if change else int(chord) + 4, 0.25)
                                                                        #五音
            self.add_rest(0.5)                                          #根音
            self.add_bass(d[chord[0]] if change else int(chord), 0.5)   #根音
            self.add_bass((d[chord[0]] - 1) % 7 if change else (int(chord) - 1) % 7, 0.5)
                                                                        #根音
```

```
    type_d = {1: mode1, 2: mode2, 3: mode3, 4: mode4, 5: mode5, 6: mode6, 7: mode7}
type_d.get(type)()
```

1.3.4 汇总歌曲制作

完成钢琴伴奏制作、乐句生成模块后，使用类 Impromptu 调用并完成 MIDI 文件的写入与播放，并使用装饰器完成日志记录，函数 piano_roll_test()实现音乐的可视化。

1. 日志模块

制作歌曲时记录日志，在当前目录下生成日志文件。

```
import logging
from functools import wraps
def decorator_log(fun):
    logging.basicConfig(level = logging.DEBUG, format = '%(asctime)s %(filename)s[line:%(lineno)d] %(levelname)s %(message)s', datefmt = '%a, %d %b %Y %H:%M:%S', filename = './test.log', filemode = 'w')
    @wraps(fun)
    def fun_in(*args, **kwargs):
        logging.debug("{} start.".format(fun.__name__))
        fun(*args, **kwargs)
        logging.debug("{} end.".format(fun.__name__))
    return fun_in
```

2. 音乐可视化

相关代码如下：

```
#将音乐的旋律高低与时值长短实现可视化,将图片保存于 my/data 下,函数由 MusicCritique 提供
def piano_roll_test(self):
path = self.file_path
mid = MidiFileExtended(path, 'r')
mid.turn_track_into_numpy_matrix('Piano', "../my/data/Piano.npy")
mid.generate_track_from_numpy_matrix("../my/data/Piano.npy", (288, 128), 'Piano', False, True, '../my/data/Piano.png')
mid.turn_track_into_numpy_matrix('Melody', "../my/data/Melody.npy")
mid.generate_track_from_numpy_matrix("../my/data/Melody.npy", (288, 128), 'Melody', False, True, '../my/data/Melody.png')
if self.sw_bass:
    mid.turn_track_into_numpy_matrix('Bass', "../my/data/Bass.npy")
    mid.generate_track_from_numpy_matrix("../my/data/Bass.npy",(288, 128), 'Bass', False, True, '../my/data/Bass.png')
```

3. Impromptu 类

后台所有功能汇总类，在此实现即兴曲目的信息输入，可以保存并播放文件，实现音乐可视化。

```
print("Import start.")                          #初次运行 import 时间较长
from midi_extended.MidiFileExtended import MidiFileExtended
import my.Q_myhmm
import my.decorator_log
import numpy as np
import time
print("Import end.")
class Impromptu:
    """
    根据和弦进程自动生成旋律。
     bpm: 正整数,每分钟心跳数
     time_signature: 每个小节中的节拍数,通常为 n/m
         默认的节奏伴奏目前仅支持 4/4 拍或 3/4 拍
     Key: 音符可以是 C D E F G A B
     Mode: 定即兴的规模
     file_path: MIDI 文件的路径和名称
     chord_progression: 和弦列表
     intensity: 水平即兴演奏和垂直即兴演奏的参数
     repeat: 重复相同和弦进行的时间
    """
    def __init__(self):
        self.bpm = 120
        self.time_signature = '4/4'
        self.key = 'C'
        self.mode = 'major'
        self.file_path = '../my/data/song.mid'
        #self.chord_progression = ['Fmaj7', 'Em7', 'Dm7', 'Cmaj7']
        #self.chord_progression = ['Cmaj7', 'Am7', 'F', 'E7']
        self.chord_progression = '4321'
        #列表是已经整理好的数据类型,即列表内全是字符(和弦名)或全是级数(由 GUI 检查)
        self.intensity = 0
        self.repeat = 1
        self.mid = MidiFileExtended(self.file_path, type=1, mode='w')
        self.accompany_type = 1
        self.sw_bass = False
        self.bass_type = 1
        self.silent = False
        self.accompany_tone = 4 if self.silent else 0
        self.note_tone = 26 if self.silent else 0
    @property
    def scale(self): #定义各种参数
        d = {'major': [0, 2, 2, 1, 2, 2, 2, 1],
             'dorian': [0, 2, 1, 2, 2, 2, 1, 2],
             'phrygian': [0, 1, 2, 2, 2, 1, 2, 2],
             'lydian': [0, 2, 2, 2, 1, 2, 2, 1],
             'mixolydian': [0, 2, 2, 1, 2, 2, 1, 2],
             'minor': [0, 2, 1, 2, 2, 1, 2, 2],
```

```
            'locrian': [0, 1, 2, 2, 1, 2, 2, 2],
            'major_pentatonic': [0, 2, 2, 3, 2, 3],
            'minor_pentatonic': [0, 3, 2, 2, 3, 2]}
        aliases = {'Ionian': 'major', 'aeolian': 'minor'}
        try:
            self._scale = d[self.mode.lower()]
        except KeyError:                                    #异常处理
            try:
                self._scale = d[aliases[self.mode]]
            except KeyError:
            raise KeyError('Can not find your mode. Please check your key.')
        return self._scale
    @my.decorator_log.decorator_log
    def chorus(self):
        track = self.mid.get_extended_track('Piano')
        track.scale = self.scale
        if type(self.chord_progression) == list:            #绝对的和弦名称
            for i in range(self.repeat):
                if self.time_signature[0] == '4': track.my_chorus_4_simple(chord_
progression=self.chord_progression, type=2)
                else:
track.my_chorus_3_simple(chord_progression=self.chord_progression, type=2)
        else:                                               #是级数表示的和弦
            change_result = []
            for chord in self.chord_progression:
                change_result.append(track.change(int(chord),self.key, self.mode))
            for i in range(self.repeat):
                if self.time_signature[0] == '4':
                    track.my_chorus_4_simple(change_result, type = 1, change = 0,
circulation=len(self.chord_progression))
                else:
                    track.my_chorus_3_simple(change_result, type = 1, change = 0,
circulation=len(self.chord_progression))
        print("To specify the accompaniment, you can also call function in ./midi_extended/
Track.py/my_chorus")
        help(track.my_chorus)
    @my.decorator_log.decorator_log
    def note(self):
        track = self.mid.get_extended_track('Melody')
        #track.print_msgs()
        for j in range(self.repeat):
            print("\r note {} is making...".format(j + 1), end="")
            for chord in self.chord_progression:
                melody = my.Q_myhmm.hmmmelody()
                rhythm = my.Q_myhmm.hmmrhythm()
                multiple = int(self.time_signature[0])
                d = {'C': 1, 'Db': 2, 'D': 3, 'Eb': 4, 'E': 5, 'F': 6, 'Gb': 7, 'G': 8, 'Ab': 9,
```

```
'A': 10, 'Bb': 11, 'B': 12, 'C#': 2, 'D#': 4, 'F#': 7, 'G#': 9, 'A#': 11}
                if self.intensity:
                    np.random.seed(round(1000000 * time.time()) % 100)
                                                    #Seed must be between 0 and 2 ** 32 - 1
                    p = np.array([self.intensity, 1 - self.intensity])
                if type(self.chord_progression) == list:      #已经是绝对的和弦名称
                modulation = np.random.choice([0, d[chord[0]]], p=p.ravel())
                    else:                                      #是级数
                        modulation = np.random.choice([0, sum(self.scale[0:int
(chord)])], p=p.ravel())
                else:
                    modulation = 0
                #modulation = sum(self.scale[0:d[chord[0]]])
                for i in range(len(rhythm)):
                    m = melody[i]
                    if m>0:                                    #是一个普通音符
                        track.add_note(m, rhythm[i] * multiple, modulation, 1, velocity=
110, scale=self.scale, channel=3)
                        #sum(self.scale[0:d[chord[0]]]))
                        #print('add_note', m, rhythm[i]*multiple)
                    elif m == 0:                               #是休止符
                        track.add_rest(rhythm[i] * multiple)
                        #print('add_rest', m, rhythm[i]*multiple)
                    else:                                      #是延音符
                        track.add_tenuto(rhythm[i] * multiple)
                        #print('add_tenuto', m, rhythm[i]*multiple)
    def bass(self):
        track = self.mid.get_extended_track('Bass')
        track.scale = self.scale
        if type(self.chord_progression) == list:               #已经是绝对的和弦名称
            for i in range(self.repeat):
                if self.time_signature[0] == '4':
track.my_bass_4_simple(chord_progression=self.chord_progression, type=1)
                else:
track.my_bass_3_simple(chord_progression=self.chord_progression, type=1)
        else:                                                  #是级数表示的和弦
            for i in range(self.repeat):
                if self.time_signature[0] == '4':
        track.my_bass_4_simple(self.chord_progression, type=i + 1, change=0)
                else:
        track.my_bass_3_simple(self.chord_progression, type=i + 1, change=0)
    def piano_roll_test(self):                                 #定义测试
        path = self.file_path                                  #文件路径
        mid = MidiFileExtended(path, 'r')
        mid.turn_track_into_numpy_matrix('Piano', "../my/data/Piano.npy")
        mid.generate_track_from_numpy_matrix("../my/data/Piano.npy", (288, 128), 'Piano',
False, True,
```

```
                                    '../my/data/Piano.png')
        mid.turn_track_into_numpy_matrix('Melody', "../my/data/Melody.npy") #数据写入矩阵
        mid.generate_track_from_numpy_matrix("../my/data/Melody.npy", (288, 128), 'Melody',
False, True, '../my/data/Melody.png')
        if self.sw_bass:
            mid.turn_track_into_numpy_matrix('Bass', "../my/data/Bass.npy")
            mid.generate_track_from_numpy_matrix("../my/data/Bass.npy", (288, 128), 'Bass',
False, True, '../my/data/Bass.png')
    def write_song(self):                                   #定义写入歌曲
        del self.mid
        self.mid = MidiFileExtended(self.file_path, type=1, mode='w')
        self.mid.add_new_track('Piano', self.time_signature, self.bpm, self.key, {'0': 4 if
self.silent else 0}) #4})
        #这里的轨道 0 和 1 音色是 30,代表具体乐器音色
        self.chorus()
        self.mid.add_new_track('Melody', self.time_signature, self.bpm, self.key, {'3': 26 if
self.silent else 0}) #26
        self.note()
        if self.sw_bass:
            self.mid.add_new_track('Bass', self.time_signature, self.bpm, self.key, {'6': 39
if self.silent else 33, '7': 35, '8': 36})
            self.bass()
if _name_ == '_main_':                                      #主函数
    silence = Impromptu()
    print(silence.scale)
    silence.write_song()
    silence.mid.save_midi()
    silence.piano_roll_test()
    print("Done. Start to play.")
    #silence.mid.play_it()
```

1.3.5　GUI 设计

为方便用户交互,使用 PyQt 5 Designer 拖动控件,设计图形界面,使用 PyQt-tools 将制作好的. ui 文件转为. py 代码,完成用户界面初始化,再将控件绑定对应功能。

1. 用户界面空间初始化

此代码由制作好的. ui 文件经 PyQt-tools 转换而成,在 Windows 下运行。

```
from PyQt5 import QtCore, QtWidgets
class Ui_MainWindow(object):
    def setupUi(self, MainWindow):                          #设置界面
        MainWindow.setObjectName("MainWindow")
        MainWindow.resize(800, 680)
        self.centralwidget = QtWidgets.QWidget(MainWindow)
```

```
self.centralwidget.setObjectName("centralwidget")
self.verticalLayoutWidget = QtWidgets.QWidget(self.centralwidget)
self.verticalLayoutWidget.setGeometry(QtCore.QRect(0, 0, 800, 680))
self.verticalLayoutWidget.setObjectName("verticalLayoutWidget")
self.verticalLayout_2 = QtWidgets.QVBoxLayout(self.verticalLayoutWidget)
self.verticalLayout_2.setContentsMargins(0, 0, 0, 0)
self.verticalLayout_2.setObjectName("verticalLayout_2")
self.verticalLayout_3 = QtWidgets.QVBoxLayout()
self.verticalLayout_3.setObjectName("verticalLayout_3")
self.frame = QtWidgets.QFrame(self.verticalLayoutWidget)
self.frame.setEnabled(True)
self.frame.setStyleSheet("background-image:url(./background.jpeg);")
self.frame.setFrameShape(QtWidgets.QFrame.StyledPanel)
self.frame.setFrameShadow(QtWidgets.QFrame.Raised)
self.frame.setObjectName("frame")
self.w_time_signalture = QtWidgets.QComboBox(self.frame)
self.w_time_signalture.setGeometry(QtCore.QRect(360,220, 111, 21))
self.w_time_signalture.setObjectName("w_time_signalture")
self.w_time_signalture.addItem("")
self.w_time_signalture.addItem("")
self.w_mode = QtWidgets.QComboBox(self.frame)
self.w_mode.setGeometry(QtCore.QRect(360, 140, 111, 21))
self.w_mode.setObjectName("w_mode")
self.w_mode.addItem("")
self.w_mode.addItem("")
self.w_mode.addItem("")
self.w_mode.addItem("")
self.w_mode.addItem("")
self.w_mode.addItem("")
self.w_mode.addItem("")
self.w_mode.addItem("")
self.w_mode.addItem("")
self.w_bass = QtWidgets.QComboBox(self.frame)
self.w_bass.setGeometry(QtCore.QRect(360, 300, 111, 21))
self.w_bass.setObjectName("w_bass")
self.w_bass.addItem("")
self.w_bass.addItem("")
self.w_bass.addItem("")
self.w_bass.addItem("")
self.w_bass.addItem("")
self.w_bass.addItem("")
self.w_bass.addItem("")
self.w_bass.addItem("")
self.w_accompany = QtWidgets.QComboBox(self.frame)
self.w_accompany.setGeometry(QtCore.QRect(360, 260, 111, 21))
self.w_accompany.setObjectName("w_accompany")
self.w_accompany.addItem("")
```

```
self.w_accompany.addItem("")
self.w_accompany.addItem("")
self.w_accompany.addItem("")
self.w_accompany.addItem("")
self.w_accompany.addItem("")
self.w_key = QtWidgets.QComboBox(self.frame)
self.w_key.setEnabled(True)
self.w_key.setGeometry(QtCore.QRect(360, 100, 111, 21))
self.w_key.setMaxVisibleItems(7)
self.w_key.setObjectName("w_key")
self.w_key.addItem("")
self.w_key.addItem("")
self.w_key.addItem("")
self.w_key.addItem("")
self.w_key.addItem("")
self.w_key.addItem("")
self.w_key.addItem("")
self.verticalLayout_3.addWidget(self.frame)
self.verticalLayout_2.addLayout(self.verticalLayout_3)
self.label = QtWidgets.QLabel(self.centralwidget)
self.label.setGeometry(QtCore.QRect(190, 340, 141, 31))
self.label.setObjectName("label")
self.w_play = QtWidgets.QPushButton(self.centralwidget)
self.w_play.setGeometry(QtCore.QRect(360, 490, 93, 28))
self.w_play.setAutoDefault(False)
self.w_play.setDefault(False)
self.w_play.setFlat(False)
self.w_play.setObjectName("w_play")
self.label_7 = QtWidgets.QLabel(self.centralwidget)
self.label_7.setGeometry(QtCore.QRect(190, 380, 121, 31))
self.label_7.setObjectName("label_7")
self.w_intensity = QtWidgets.QSlider(self.centralwidget)
self.w_intensity.setGeometry(QtCore.QRect(340, 430, 160, 22))
self.w_intensity.setMaximum(100)
self.w_intensity.setSingleStep(1)
self.w_intensity.setOrientation(QtCore.Qt.Horizontal)
self.w_intensity.setObjectName("w_intensity")
self.w_repeat = QtWidgets.QLineEdit(self.centralwidget)
self.w_repeat.setGeometry(QtCore.QRect(360, 380, 113, 21))
self.w_repeat.setInputMask("")
self.w_repeat.setMaxLength(32767)
self.w_repeat.setObjectName("w_repeat")
self.w_bpm = QtWidgets.QLineEdit(self.centralwidget)
self.w_bpm.setGeometry(QtCore.QRect(360, 180, 113, 21))
self.w_bpm.setObjectName("w_bpm")
self.w_chord_progression = QtWidgets.QLineEdit(self.centralwidget)
self.w_chord_progression.setGeometry(QtCore.QRect(360,340,113,21))
```

```
self.w_chord_progression.setObjectName("w_chord_progression")
self.label_6 = QtWidgets.QLabel(self.centralwidget)
self.label_6.setGeometry(QtCore.QRect(190, 180, 121, 31))
self.label_6.setObjectName("label_6")
self.label_5 = QtWidgets.QLabel(self.centralwidget)
self.label_5.setGeometry(QtCore.QRect(190, 100, 121, 31))
self.label_5.setObjectName("label_5")
self.label_3 = QtWidgets.QLabel(self.centralwidget)
self.label_3.setGeometry(QtCore.QRect(190, 420, 121, 31))
self.label_3.setObjectName("label_3")
self.label_2 = QtWidgets.QLabel(self.centralwidget)
self.label_2.setGeometry(QtCore.QRect(190, 220, 121, 31))
self.label_2.setObjectName("label_2")
self.label_4 = QtWidgets.QLabel(self.centralwidget)
self.label_4.setGeometry(QtCore.QRect(190, 140, 121, 31))
self.label_4.setObjectName("label_4")
self.label_8 = QtWidgets.QLabel(self.centralwidget)
self.label_8.setGeometry(QtCore.QRect(190, 260, 121, 31))
self.label_8.setObjectName("label_8")
self.label_9 = QtWidgets.QLabel(self.centralwidget)
self.label_9.setGeometry(QtCore.QRect(190, 300, 121, 31))
self.label_9.setObjectName("label_9")
self.checkBox = QtWidgets.QCheckBox(self.centralwidget)
self.checkBox.setGeometry(QtCore.QRect(630, 430, 91, 19))
self.checkBox.setObjectName("checkBox")
MainWindow.setCentralWidget(self.centralwidget)
self.menubar = QtWidgets.QMenuBar(MainWindow)
self.menubar.setGeometry(QtCore.QRect(0, 0, 798, 26))
self.menubar.setObjectName("menubar")
self.menusetting = QtWidgets.QMenu(self.menubar)
self.menusetting.setObjectName("menusetting")
self.menuhelp = QtWidgets.QMenu(self.menubar)
self.menuhelp.setObjectName("menuhelp")
self.menuAbout = QtWidgets.QMenu(self.menubar)
self.menuAbout.setObjectName("menuAbout")
MainWindow.setMenuBar(self.menubar)
self.statusbar = QtWidgets.QStatusBar(MainWindow)
self.statusbar.setObjectName("statusbar")
MainWindow.setStatusBar(self.statusbar)
self.actionsetting = QtWidgets.QAction(MainWindow)
self.actionsetting.setObjectName("actionsetting")
self.actionexit = QtWidgets.QAction(MainWindow)
self.actionexit.setObjectName("actionexit")
self.actiondocument_2 = QtWidgets.QAction(MainWindow)
self.actiondocument_2.setObjectName("actiondocument_2")
self.actionabout = QtWidgets.QAction(MainWindow)
self.actionabout.setObjectName("actionabout")
```

```
        self.menusetting.addSeparator()
        self.menusetting.addAction(self.actionsetting)
        self.menusetting.addSeparator()
        self.menusetting.addAction(self.actionexit)
        self.menuhelp.addAction(self.actiondocument_2)
        self.menuAbout.addAction(self.actionabout)
        self.menubar.addAction(self.menusetting.menuAction())
        self.menubar.addAction(self.menuhelp.menuAction())
        self.menubar.addAction(self.menuAbout.menuAction())
        self.retranslateUi(MainWindow)
        self.w_key.setCurrentIndex(0)
        QtCore.QMetaObject.connectSlotsByName(MainWindow)
def retranslateUi(self, MainWindow):                              #重新加载界面
  _translate = QtCore.QCoreApplication.translate
  MainWindow.setWindowTitle(_translate("MainWindow", "MainWindow"))
  self.w_time_signalture.setItemText(0,_translate("MainWindow","4/4"))
  self.w_time_signalture.setItemText(1, _translate("MainWindow","3/4"))
  self.w_mode.setItemText(0, _translate("MainWindow", "major"))
  self.w_mode.setItemText(1, _translate("MainWindow", "dorian"))
  self.w_mode.setItemText(2, _translate("MainWindow", "phrygian"))
  self.w_mode.setItemText(3, _translate("MainWindow", "lydian"))
  self.w_mode.setItemText(4, _translate("MainWindow", "mixolydian"))
  self.w_mode.setItemText(5, _translate("MainWindow", "minor"))
  self.w_mode.setItemText(6, _translate("MainWindow", "locrian"))
  self.w_mode.setItemText(7,_translate("MainWindow","major pentatonic"))
  self.w_mode.setItemText(8,_translate("MainWindow","minor pentatonic"))
  self.w_bass.setItemText(0, _translate("MainWindow", "None"))
  self.w_bass.setItemText(1, _translate("MainWindow", "1"))
  self.w_bass.setItemText(2, _translate("MainWindow", "2"))
  self.w_bass.setItemText(3, _translate("MainWindow", "3"))
  self.w_bass.setItemText(4, _translate("MainWindow", "4"))
  self.w_bass.setItemText(5, _translate("MainWindow", "5"))
  self.w_bass.setItemText(6, _translate("MainWindow", "6"))
  self.w_bass.setItemText(7, _translate("MainWindow", "7"))
  self.w_accompany.setItemText(0, _translate("MainWindow", "1"))
  self.w_accompany.setItemText(1, _translate("MainWindow", "2"))
  self.w_accompany.setItemText(2, _translate("MainWindow", "3"))
  self.w_accompany.setItemText(3, _translate("MainWindow", "4"))
  self.w_accompany.setItemText(4, _translate("MainWindow", "5"))
  self.w_accompany.setItemText(5, _translate("MainWindow", "6"))
  self.w_key.setCurrentText(_translate("MainWindow", "C"))
  self.w_key.setItemText(0, _translate("MainWindow", "C"))
  self.w_key.setItemText(1, _translate("MainWindow", "D"))
  self.w_key.setItemText(2, _translate("MainWindow", "E"))
  self.w_key.setItemText(3, _translate("MainWindow", "F"))
  self.w_key.setItemText(4, _translate("MainWindow", "G"))
  self.w_key.setItemText(5, _translate("MainWindow", "A"))
```

```
self.w_key.setItemText(6, _translate("MainWindow", "B"))
self.label.setText(_translate("MainWindow", "Chord progression"))
self.w_play.setText(_translate("MainWindow", "GO"))
self.label_7.setText(_translate("MainWindow", "repeat"))
self.w_repeat.setText(_translate("MainWindow", "1"))
self.w_bpm.setText(_translate("MainWindow", "120"))
self.w_chord_progression.setText(_translate("MainWindow","4321"))
self.label_6.setText(_translate("MainWindow", "bpm"))
self.label_5.setText(_translate("MainWindow", "key"))
self.label_3.setText(_translate("MainWindow", "intensity"))
self.label_2.setText(_translate("MainWindow", "Time signalture"))
self.label_4.setText(_translate("MainWindow", "mode"))
self.label_8.setText(_translate("MainWindow", "accompany"))
self.label_9.setText(_translate("MainWindow", "bass"))
self.checkBox.setText(_translate("MainWindow", "silent"))
self.menusetting.setTitle(_translate("MainWindow", "Menu"))
self.menuhelp.setTitle(_translate("MainWindow", "Help"))
self.menuAbout.setTitle(_translate("MainWindow", "About"))
self.actionsetting.setText(_translate("MainWindow", "setting"))
self.actionexit.setText(_translate("MainWindow", "exit"))
self.actiondocument_2.setText(_translate("MainWindow", "document"))
self.actionabout.setText(_translate("MainWindow", "about"))
```

2. 将控件绑定功能(信号与槽的绑定)

通过 MainCode 实现的继承关系如图 1-4 所示，其中 Impromptu 类为可运行的脚本，Ui_MainWindow 为 PyQt 5。

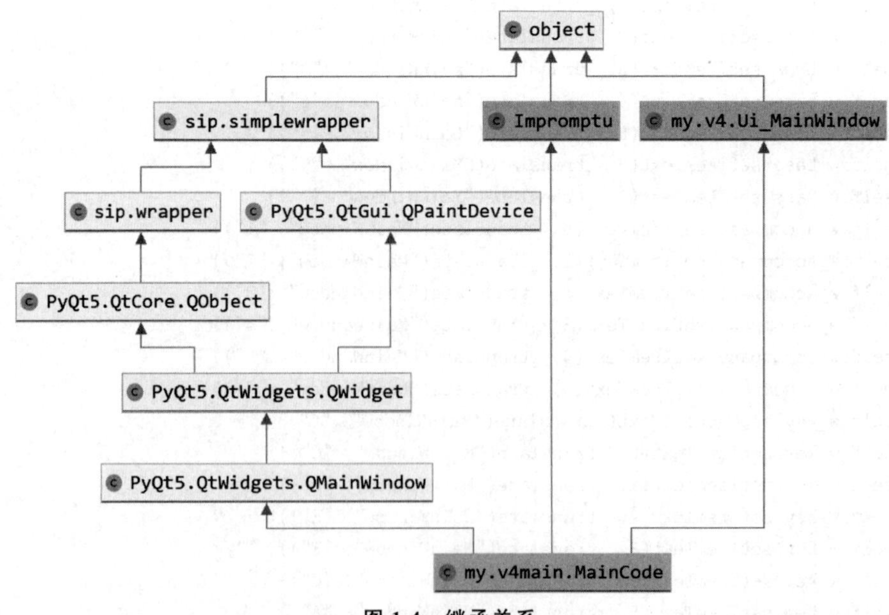

图 1-4 继承关系

```
#完成基础页面布局后,对事件设定触发,并定义触发的函数
import sys
from PyQt5.QtWidgets import QApplication, QMainWindow, QMessageBox
from PyQt5.QtCore import QCoreApplication
from my import v4
# import _thread
# import threading
import all1
play = False
class MainCode(all1.Impromptu, QMainWindow, v4.Ui_MainWindow):
    def _init_(self): #初始化
        super()._init_()
        QMainWindow._init_(self)
  v4.Ui_MainWindow._init_(self)
  # super().setupUi(self)
  self.setupUi(self)
  self.w_play.clicked.connect(self.go)
  self.w_key.activated[str].connect(self.set_key)
  self.w_mode.activated[str].connect(self.set_mode)
  self.w_bass.activated[str].connect(self.set_bass)
  self.w_accompany.activated[str].connect(self.set_accompany)
  self.w_time_signalture.activated[str].connect(self.set_time_signalture)
  self.actionexit.triggered.connect(QCoreApplication.instance().quit)
  self.actiondocument_2.triggered.connect(self.document)
  self.actionsetting.triggered.connect(self.setting)
  self.actionabout.triggered.connect(self.about)
def document(self):                                    #定义文本
        text = "this is ducoment"
        QMessageBox.information(self, "Message", text, QMessageBox.Ok)
def setting(self):                                     #定义设置
        text = "this is setting"
        QMessageBox.information(self, "Message", text, QMessageBox.Ok)
def about(self):                                       #定义关于
        text = "author: @dongmie1999\n2020.4"
        QMessageBox.information(self, "Message", text, QMessageBox.Ok)
def set_key(self, text):                               #定义设置键
        self.key = text
def set_mode(self, text):                              #定义设置模式
        self.mode = text
def set_bass(self, text):                              #定义设置贝斯
        if text == 'None':
            self.sw_bass = False
        else:
```

```
            self.sw_bass = True
            self.bass_type = int(text)
    def set_accompany(self, text):                              #定义设置伴奏
        self.accompany_type = int(text)
    def set_time_signalture(self, text):                        #定义设置时间
        self.time_signalture = text
    def go(self):                                               #定义行进
        try:
            self.bpm = int(self.w_bpm.text())
        except ValueError:
            text = "bpm should be an positive integer.\nrecommend: 70~150"
            QMessageBox.information(self, "Message", text, QMessageBox.Ok)
            return
        try:
            if not 0 < int(self.w_repeat.text()) < 20:
                raise ValueError
        except ValueError:
            text = "repeat should be an positive integer.\nrecommend: 1~5"
            QMessageBox.information(self, "Message", text, QMessageBox.Ok)
            return
        self.intensity = int(self.w_intensity.value()/100)
        try:                                                    #用级数表示和弦
            for t in self.w_chord_progression.text():
                if 0 < int(t) < 8:
                    pass
                else:
                    text = "Input should be a series fo numbers.\nEach number must be between
1~7.\n" + \
                           "Example: 4321 or 4536251 or 1645"
            QMessageBox.information(self, "Message", text, QMessageBox.Ok)
                    return
            self.chord_progression = self.w_chord_progression.text()
        except ValueError:                                      #和弦名称
         self.chord_progression = self.w_chord_progression.text().split(',')
        #print(self.checkBox.checkState())
        if self.checkBox.checkState():
            self.silent = True
        else:
            self.silent = False
        print("Song making...")
        self.write_song()
        self.mid.save_midi()
        print("Done. Start to play.")
```

```
            #for n in range(self.repeat):
            #获取条目文本
            #str_n = 'File index{0}'.format(n)
            #添加文本到列表控件中
            #self.listFile.addItem(str_n)
            #实时刷新界面
            #QApplication.processEvents()
            #睡眠 1s
            #time.sleep(1)
            #thread.start_new_thread(self.mid.play_it())
            self.mid.play_it()
if _name_ == '_main_':                              #主函数
    app = QApplication(sys.argv)
    md = MainCode()
    md.show()
    #t1 = threading.Thread(target = md.show())
    #t2 = threading.Thread(target = md.go())
    #t1.start()
    #t1.join()
    #if play:
    #print("play")
    #t2.start()
    #t2.join()
    #play = False
    sys.exit(app.exec_())
```

1.4　系统测试

GUI 界面选择的和弦级数都是调内和弦。在 Impromptu 中使用 self.chord_progression = ['Cmaj7', 'Am7', 'F', 'E7'],可以使用调外和弦,给歌曲引入更丰富的和声。

运行主程序后显示 GUI 界面如图 1-5 所示。用户可选择的歌曲信息有主音、调式、bpm、拍号、钢琴伴奏类型、贝斯伴奏类型、和弦进行、重复次数和即兴的强度,另外还有右下角音色的切换(普通/安静)。

由于即兴的特点,每次运行产生的音频都不同,此处展示 C 大调下和弦进行为 4321,重复次数为 1,贝斯和钢琴伴奏类型均为类型 1 的歌曲可视化结果,如图 1-6 所示。钢琴伴奏位于中音区(C3～C4)。即兴旋律可视化结果如图 1-7 所示,即兴旋律位于高音区(C4～C5)。贝斯伴奏可视化结果如图 1-8 所示,即兴旋律位于低音区(C1～C2)。

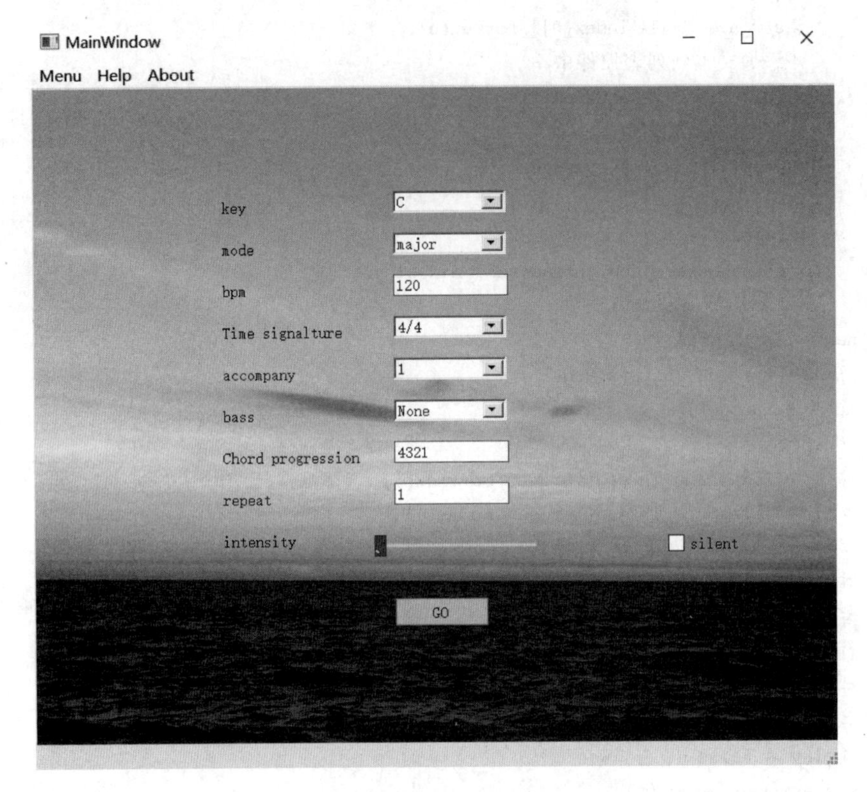

图 1-5 模型训练效果

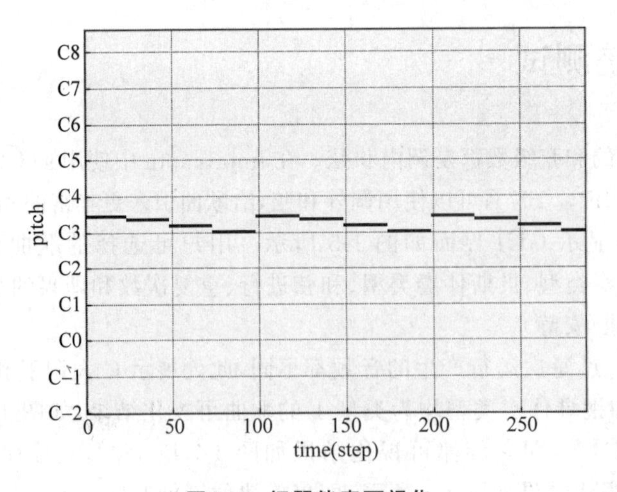

图 1-6 钢琴伴奏可视化

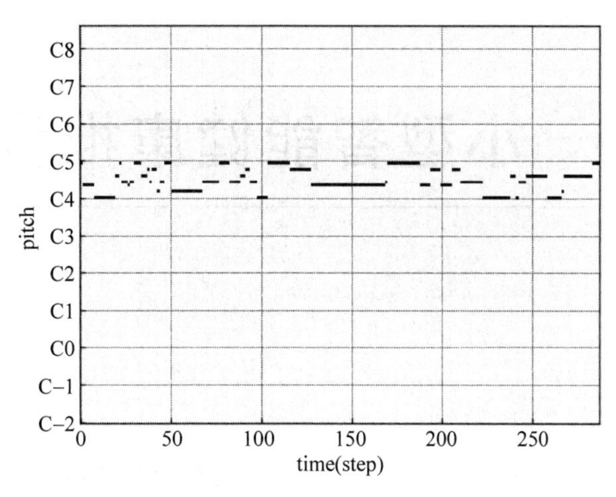

图 1-7 即兴旋律可视化

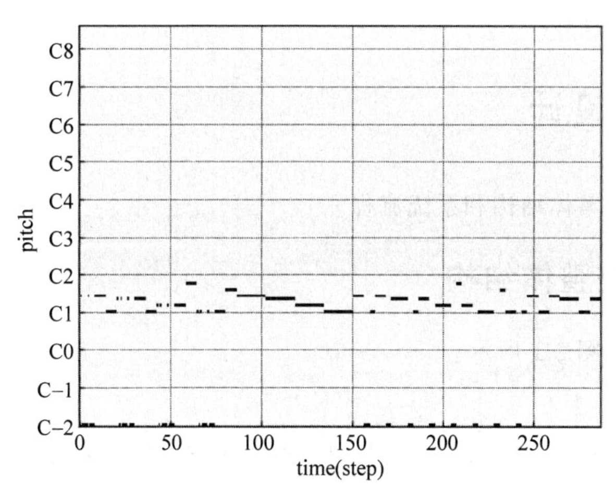

图 1-8 贝斯伴奏可视化

项目 2 小型智能健康推荐助手

PROJECT 2

本项目通过Kaggle公开数据集，进行心脏病和慢性肾病的特征筛选和提取，选择随机森林机器学习模型进行训练，预判是否有疾病、针对相应的症状或需求给出药物推荐，实现具有实用性的智能医疗助手。

2.1 总体设计

本部分包括系统整体结构和系统流程。

2.1.1 系统整体结构

系统整体结构如图 2-1 所示。

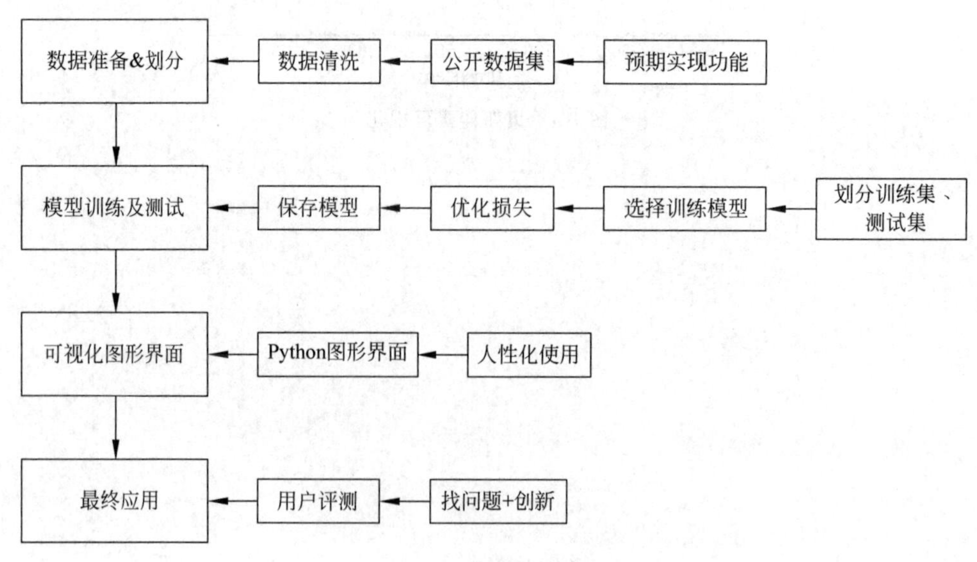

图 2-1 系统整体结构

2.1.2 系统流程

系统流程如图 2-2 所示。

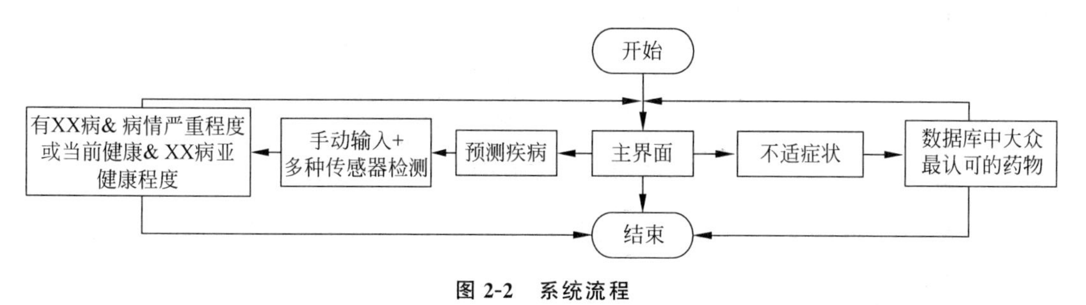

图 2-2 系统流程

2.2 运行环境

需要 Python 3.6 及以上配置，在 Windows 环境下推荐下载 Anaconda 完成 Python 所需的配置，下载地址为 https://www.anaconda.com/，也可以下载虚拟机在 Linux 环境下运行代码。

2.3 模块实现

本项目包括 2 个功能，每个功能有 3 个模块：疾病预测、药物推荐、模块应用，下面分别给出各模块的功能介绍及相关代码。

2.3.1 疾病预测

本模块是一个小型健康预测系统，预测两种疾病——心脏病和慢性肾病。

1. 数据预处理

心脏病数据集来源地址为 https://archive.ics.uci.edu/ml/datasets/Heart+Disease；慢性肾病数据集来源地址为 https://www.kaggle.com/mansoordaku/ckdisease。两个数据集均包括 300 多名测试者的年龄、性别、静息血压、胆固醇含量等数据。

1）心脏病数据集预处理

加载数据集和数据预处理，大部分是通过 Pandas 库实现，相关代码如下：

```
#导入相应库函数
import pandas as pd
#读取心脏病数据集
df = pd.read_csv("../Thursday9 10 11/heart.csv")
df.head()
```

自动从csv中读取相应的数据，如图2-3所示。

	age	sex	cp	trestbps	chol	fbs	restecg	thalach	exang	oldpeak	slope	ca	thal	target
0	63	1	3	145	233	1	0	150	0	2.3	0	0	1	1
1	37	1	2	130	250	0	1	187	0	3.5	0	0	2	1
2	41	0	1	130	204	0	0	172	0	1.4	2	0	2	1
3	56	1	1	120	236	0	1	178	0	0.8	2	0	2	1
4	57	0	0	120	354	0	1	163	1	0.6	2	0	2	1

图2-3 成功读取心脏病数据集

检查数据是否有默认值，如果有数据会显示为NaN，且当数据有默认值时不能对数据绘图可视化。

```
#检查是否有默认值
df.loc[(df['age'].isnull()) |
       (df['sex'].isnull()) |
       (df['cp'].isnull()) |
       (df['trestbps'].isnull()) |
       (df['chol'].isnull()) |
       (df['fbs'].isnull()) |
       (df['restecg'].isnull()) |
       (df['thalach'].isnull()) |
       (df['exang'].isnull()) |
       (df['oldpeak'].isnull()) |
       (df['slope'].isnull()) |
       (df['ca'].isnull()) |
       (df['target'].isnull())]
```

数据集没有默认值，数据的尺度比较大，通过绘图方式观察可以检查出错误数据，如图2-4所示。

```
#通过seaborn绘图,观察数据
sns.pairplot(df.dropna(), hue = 'target')
```

通过观察，第5列(血液中胆固醇含量)和第10行(静息血压)有部分点和其他点距离较大，绘制数据分布图进一步分析。

```
#绘制血液中胆固醇数据分布
df['chol'].hist()
#绘制静息血压分布图
df['treatbps'].hist()
```

数据分布如图2-5和图2-6所示。血液中胆固醇含量达到500，静息血压最大值达到200。经过查阅资料，静息血压正常值应该在120～140，但是接近200的患者数据，是符合实际的。取得胆固醇含量最大值的同样是患者，没有不符合实际情况的数据。

下面是改变数据类型，例如，胸痛类型，1～4是类别变量，它的大小并不具备比较性，但

图 2-4　绘图观察是否有错误数据

是训练时数值大小会影响权重。所以要把类别变量转化为伪变量，把 4 个类别拆成 4 件，分别用 0、1 表示有或没有。

```
#将类别变量转换为伪变量
a = pd.get_dummies(df['cp'], prefix = "cp")
b = pd.get_dummies(df['thal'], prefix = "thal")
c = pd.get_dummies(df['slope'], prefix = "slope")
frames = [df, a, b, c]
df = pd.concat(frames, axis = 1)
#保留转换后的变量即可,删除原来的类别变量
df = df.drop(columns = ['cp', 'thal', 'slope'])
```

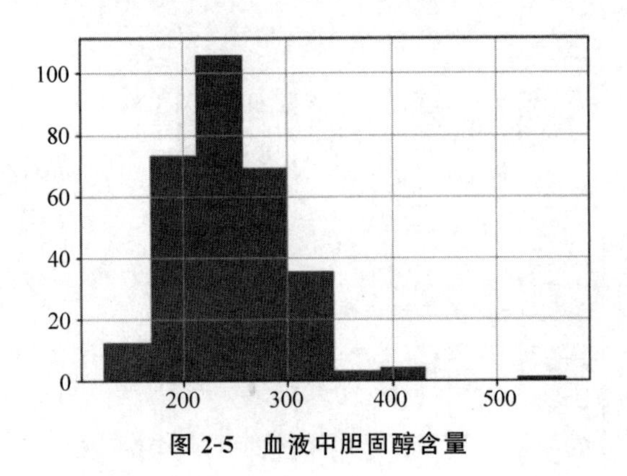

图 2-5　血液中胆固醇含量

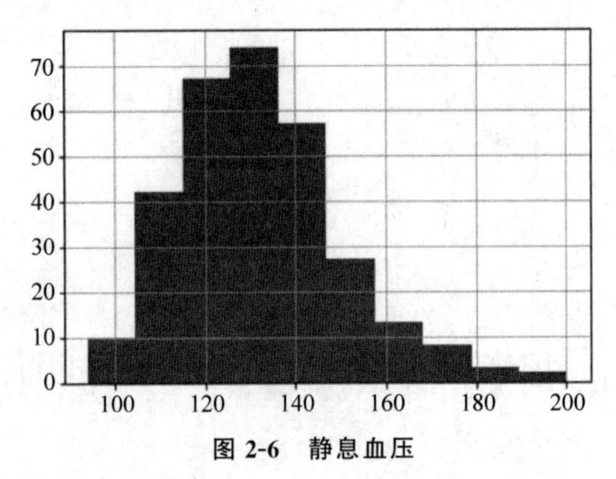

图 2-6　静息血压

转换成功后如图 2-7 所示。

	age	sex	trestbps	chol	fbs	restecg	thalach	exang	oldpeak	ca	...	cp_1	cp_2	cp_3	thal_0	thal_1	thal_2	thal_3	slope_0	slope_1	slope_2
0	63	1	145	233	1	0	150	0	2.3	0	...	0	0	1	0	1	0	0	1	0	0
1	37	1	130	250	0	1	187	0	3.5	0	...	0	1	0	0	0	1	0	1	0	0
2	41	0	130	204	0	0	172	0	1.4	0	...	1	0	0	0	0	1	0	0	0	1
3	56	1	120	236	0	1	178	0	0.8	0	...	1	0	0	0	0	1	0	0	0	1
4	57	0	120	354	0	1	163	1	0.6	0	...	0	0	0	0	0	1	0	0	0	1

图 2-7　类别变量转换为伪变量

最后使用 Scikit-learn 的 train_test_split()函数自动划分训练集和测试集。

```
#标签是 target,是否患病
y = df.target.values
x_data = df.drop(['target'], axis = 1)
#丢弃标签,也就是最后一行 target
#按 4:1 划分训练集和测试集
x_train, x_test, y_train, y_test = train_test_split(x_data,y,test_size = 0.2,random_state=0)
x_train = x_train.T
y_train = y_train.T
x_test = x_test.T
y_test = y_test.T
#心脏病数据集预处理完成
```

2）慢性肾病数据预处理

通过 Pandas 读取慢性肾病数据集，读取成功效果如图 2-8 所示。

```
#读取肾病数据集
df = pd.read_csv("../Thursday9 10 11/kidney_disease.csv")
df.head()
```

对数据类型进行处理，例如食欲(appet)数据为 good 和 poor，脓细胞团(pcc)为 notpresent 和 present，将类别变量转换为伪变量 0 和 1。

	id	age	bp	sg	al	su	rbc	pc	pcc	ba	...	hemo	pcv	wc	htn	dm	cad	appet	pe	ane	classification
0	0	48.0	80.0	1.020	1.0	0.0	NaN	normal	notpresent	notpresent	...	15.4	44	7800	yes	yes	no	good	no	no	ckd
1	1	7.0	50.0	1.020	4.0	0.0	NaN	normal	notpresent	notpresent	...	11.3	38	6000	no	no	no	good	no	no	ckd
2	2	62.0	80.0	1.010	2.0	3.0	normal	normal	notpresent	notpresent	...	9.6	31	7500	no	yes	no	poor	no	yes	ckd
3	3	48.0	70.0	1.005	4.0	0.0	normal	abnormal	present	notpresent	...	11.2	32	6700	yes	no	no	poor	yes	yes	ckd
4	4	51.0	80.0	1.010	2.0	0.0	normal	normal	notpresent	notpresent	...	11.6	35	7300	no	no	no	good	no	no	ckd

图 2-8　成功读取慢性肾病数据集

```
#yes/no; abnormal/normal;present/notpresent;good/poor 都转换为 0/1
df[['htn','dm','cad','pe','ane']] = df[['htn','dm','cad','pe','ane']].replace(to_replace = {'yes':1,
'no':0})
df[['rbc','pc']] = df[['rbc','pc']].replace(to_replace = {'abnormal':1,'normal':0})
df[['pcc','ba']] = df[['pcc','ba']].replace(to_replace = {'present':1,'notpresent':0})
df[['appet']] = df[['appet']].replace(to_replace = {'good':1,'poor':0,'no':np.nan})
df['classification'] = df['classification'].replace(to_replace = {'ckd':1.0,'ckd\t':1.0,
'notckd':0.0,'no':0.0})
df.rename(columns = {'classification':'class'},inplace = True)
#将对患病有积极作用的变量设为 0
df['pe'] = df['pe'].replace(to_replace = 'good',value = 0)
df['appet'] = df['appet'].replace(to_replace = 'no',value = 0)
df['cad'] = df['cad'].replace(to_replace = '\tno',value = 0)
df['dm'] = df['dm'].replace(to_replace = {'\tno':0,'\tyes':1,' yes':1, '':np.nan})
#ID 列去掉,为了表格中数据条理清晰而建立的变量
df.drop('id',axis = 1,inplace = True)
```

转换成功结果如图 2-9 所示。

	age	bp	sg	al	su	rbc	pc	pcc	ba	bgr	...	sod	pot	hemo	htn	dm	cad	appet	pe	ane	class
0	48.0	80.0	1.020	1.0	0.0	NaN	0.0	0.0	0.0	121.0	...	NaN	NaN	15.4	1.0	1.0	0.0	1.0	0.0	0.0	1.0
1	7.0	50.0	1.020	4.0	0.0	NaN	0.0	0.0	0.0	NaN	...	NaN	NaN	11.3	0.0	0.0	0.0	1.0	0.0	0.0	1.0
2	62.0	80.0	1.010	2.0	3.0	0.0	0.0	0.0	0.0	423.0	...	NaN	NaN	9.6	0.0	1.0	0.0	0.0	0.0	1.0	1.0
3	48.0	70.0	1.005	4.0	0.0	0.0	1.0	1.0	0.0	117.0	...	111.0	2.5	11.2	1.0	0.0	0.0	0.0	1.0	1.0	1.0
4	51.0	80.0	1.010	2.0	0.0	0.0	0.0	0.0	0.0	106.0	...	NaN	NaN	11.6	0.0	0.0	0.0	1.0	0.0	0.0	1.0

图 2-9　类别变量转换为伪变量

检查默认值的变量如图 2-10 所示。

图 2-10 中可以看出默认值数量不小,由于数据集不大,需要采用均值归一法,对病人和正常人分别取所有测量值的平均值来填补默认值。

```
#对病人所有测量值取均值
average0_age = df.loc[df['class'] == True, 'age'].mean()
average0_bp = df.loc[df['class'] == True, 'bp'].mean()
average0_sg = df.loc[df['class'] == True, 'sg'].mean()
average0_al = df.loc[df['class'] == True, 'al'].mean()
average0_su = df.loc[df['class'] == True, 'su'].mean()
average0_rbc = df.loc[df['class'] == True, 'rbc'].mean()
```

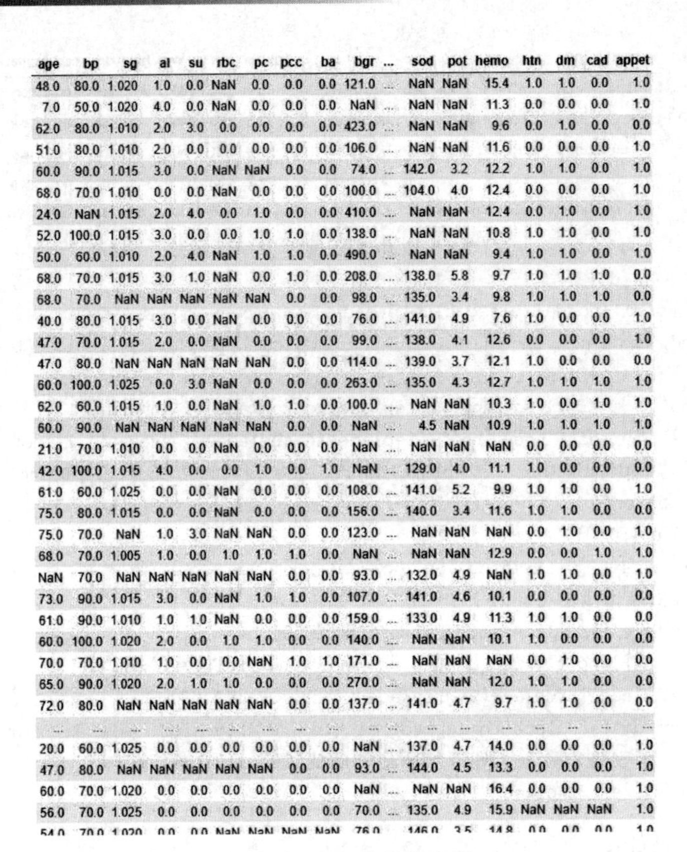

age	bp	sg	al	su	rbc	pc	pcc	ba	bgr	...	sod	pot	hemo	htn	dm	cad	appet
48.0	80.0	1.020	1.0	0.0	NaN	0.0	0.0	0.0	121.0	...	NaN	NaN	15.4	1.0	1.0	0.0	1.0
7.0	50.0	1.020	4.0	0.0	NaN	0.0	0.0	0.0	NaN	...	NaN	NaN	11.3	0.0	0.0	0.0	1.0
62.0	80.0	1.010	2.0	3.0	0.0	0.0	0.0	0.0	423.0	...	NaN	NaN	9.6	0.0	1.0	0.0	0.0
51.0	80.0	1.010	2.0	0.0	0.0	0.0	0.0	0.0	106.0	...	NaN	NaN	11.6	0.0	0.0	0.0	1.0
60.0	90.0	1.015	3.0	0.0	NaN	NaN	0.0	0.0	74.0	...	142.0	3.2	12.2	1.0	1.0	0.0	1.0
68.0	70.0	1.010	0.0	0.0	NaN	0.0	0.0	0.0	100.0	...	104.0	4.0	12.4	0.0	0.0	0.0	1.0
24.0	NaN	1.015	2.0	4.0	0.0	1.0	0.0	0.0	410.0	...	NaN	NaN	12.4	0.0	1.0	0.0	1.0
52.0	100.0	1.015	3.0	0.0	0.0	1.0	1.0	0.0	138.0	...	NaN	NaN	10.8	1.0	1.0	0.0	1.0
50.0	60.0	1.010	2.0	4.0	NaN	1.0	1.0	0.0	490.0	...	NaN	NaN	9.4	1.0	1.0	0.0	1.0
68.0	70.0	1.015	3.0	1.0	NaN	0.0	1.0	0.0	208.0	...	138.0	5.8	9.7	1.0	1.0	1.0	0.0
68.0	70.0	NaN	NaN	NaN	NaN	NaN	0.0	0.0	98.0	...	135.0	3.4	9.8	1.0	1.0	1.0	0.0
40.0	80.0	1.015	3.0	0.0	NaN	0.0	0.0	0.0	76.0	...	141.0	4.9	7.6	1.0	0.0	0.0	1.0
47.0	70.0	1.015	2.0	0.0	NaN	0.0	0.0	0.0	99.0	...	138.0	4.1	12.6	0.0	0.0	0.0	1.0
47.0	80.0	NaN	NaN	NaN	NaN	NaN	0.0	0.0	114.0	...	139.0	3.7	12.1	1.0	0.0	0.0	0.0
60.0	100.0	1.025	0.0	3.0	NaN	0.0	0.0	0.0	263.0	...	135.0	4.3	12.7	1.0	1.0	1.0	1.0
62.0	60.0	1.015	1.0	0.0	NaN	1.0	1.0	0.0	100.0	...	NaN	NaN	10.3	1.0	0.0	1.0	1.0
60.0	90.0	NaN	NaN	NaN	NaN	NaN	0.0	0.0	NaN	...	4.5	NaN	10.9	1.0	1.0	1.0	1.0
21.0	70.0	1.010	0.0	0.0	NaN	0.0	0.0	0.0	NaN	...	NaN	NaN	NaN	0.0	0.0	0.0	0.0
42.0	100.0	1.015	4.0	0.0	0.0	1.0	0.0	1.0	NaN	...	129.0	4.0	11.1	1.0	0.0	0.0	0.0
61.0	60.0	1.025	0.0	0.0	NaN	0.0	0.0	0.0	108.0	...	141.0	5.2	9.9	1.0	1.0	0.0	1.0
75.0	80.0	1.015	0.0	0.0	NaN	0.0	0.0	0.0	156.0	...	140.0	3.4	11.6	1.0	1.0	0.0	0.0
75.0	70.0	NaN	1.0	3.0	NaN	NaN	0.0	0.0	123.0	...	NaN	NaN	NaN	0.0	1.0	0.0	1.0
68.0	70.0	1.005	1.0	0.0	1.0	1.0	1.0	0.0	NaN	...	NaN	NaN	12.9	0.0	0.0	1.0	1.0
NaN	70.0	NaN	NaN	NaN	NaN	NaN	0.0	0.0	93.0	...	132.0	4.9	NaN	1.0	1.0	0.0	1.0
73.0	90.0	1.015	3.0	0.0	NaN	1.0	1.0	0.0	107.0	...	141.0	4.6	10.1	0.0	0.0	0.0	0.0
61.0	90.0	1.010	1.0	1.0	NaN	0.0	0.0	0.0	159.0	...	133.0	4.9	11.3	1.0	1.0	0.0	0.0
60.0	100.0	1.020	2.0	0.0	1.0	1.0	0.0	0.0	140.0	...	NaN	NaN	10.1	1.0	0.0	0.0	0.0
70.0	70.0	1.010	1.0	0.0	0.0	NaN	1.0	1.0	171.0	...	NaN	NaN	NaN	0.0	1.0	0.0	0.0
65.0	90.0	1.020	2.0	1.0	1.0	0.0	0.0	0.0	270.0	...	NaN	NaN	12.0	1.0	1.0	0.0	0.0
72.0	80.0	NaN	NaN	NaN	NaN	NaN	0.0	0.0	137.0	...	141.0	4.7	9.7	1.0	1.0	0.0	0.0
...	...	...	...	...	...	...	...	...	...	...	...	...	...	...	...	...	...
20.0	60.0	1.025	0.0	0.0	0.0	0.0	0.0	0.0	NaN	...	137.0	4.7	14.0	0.0	0.0	0.0	1.0
47.0	80.0	NaN	NaN	NaN	NaN	NaN	0.0	0.0	93.0	...	144.0	4.5	13.3	0.0	0.0	0.0	1.0
60.0	70.0	1.020	0.0	0.0	0.0	0.0	0.0	0.0	NaN	...	NaN	NaN	16.4	0.0	0.0	0.0	1.0
56.0	70.0	1.025	0.0	0.0	0.0	0.0	0.0	0.0	70.0	...	135.0	4.9	15.9	NaN	NaN	NaN	1.0
54.0	70.0	1.020	0.0	0.0	NaN	NaN	NaN	NaN	76.0	...	146.0	3.5	14.8	0.0	0.0	0.0	1.0

图 2-10　含有默认值变量

```
average0_pc = df.loc[df['class'] == True, 'pc'].mean()
average0_pcc = df.loc[df['class'] == True, 'pcc'].mean()
average0_ba = df.loc[df['class'] == True, 'ba'].mean()
average0_bgr = df.loc[df['class'] == True, 'bgr'].mean()
average0_bu = df.loc[df['class'] == True, 'bu'].mean()
average0_sc = df.loc[df['class'] == True, 'sc'].mean()
average0_sod = df.loc[df['class'] == True, 'sod'].mean()
average0_pot = df.loc[df['class'] == True, 'pot'].mean()
average0_hemo = df.loc[df['class'] == True, 'hemo'].mean()
average0_htn = df.loc[df['class'] == True, 'htn'].mean()
average0_dm = df.loc[df['class'] == True, 'dm'].mean()
average0_cad = df.loc[df['class'] == True, 'cad'].mean()
average0_appet = df.loc[df['class'] ==True, 'appet'].mean()
average0_pe = df.loc[df['class'] == True, 'pe'].mean()
average0_ane = df.loc[df['class'] == True, 'ane'].mean()
#对正常人所有测量值取均值
average1_age = df.loc[df['class'] == False, 'age'].mean()
average1_bp = df.loc[df['class'] == False, 'bp'].mean()
average1_sg = df.loc[df['class'] == False, 'sg'].mean()
average1_al = df.loc[df['class'] == False, 'al'].mean()
```

```
average1_su = df.loc[df['class'] == False, 'su'].mean()
average1_rbc = df.loc[df['class'] == False, 'rbc'].mean()
average1_pc = df.loc[df['class'] == False, 'pc'].mean()
average1_pcc = df.loc[df['class'] == False, 'pcc'].mean()
average1_ba = df.loc[df['class'] == False, 'ba'].mean()
average1_bgr = df.loc[df['class'] == False, 'bgr'].mean()
average1_bu = df.loc[df['class'] == False, 'bu'].mean()
average1_sc = df.loc[df['class'] == False, 'sc'].mean()
average1_sod = df.loc[df['class'] == False, 'sod'].mean()
average1_pot = df.loc[df['class'] == False, 'pot'].mean()
average1_hemo = df.loc[df['class'] == False, 'hemo'].mean()
average1_htn = df.loc[df['class'] == False, 'htn'].mean()
average1_dm = df.loc[df['class'] == False, 'dm'].mean()
average1_cad = df.loc[df['class'] == False, 'cad'].mean()
average1_appet = df.loc[df['class'] == False, 'appet'].mean()
average1_pe = df.loc[df['class'] == False, 'pe'].mean()
average1_ane = df.loc[df['class'] == False, 'ane'].mean()
#根据是患者还是正常人,求出的均值赋给所有默认值.如果为 null,则取均值
df.loc[(df['class']==True)&(df['age'].isnull()),'age']= average0_age
df.loc[(df['class']==True)&(df['bp'].isnull()),'bp']= average0_bp
df.loc[(df['class']==True)&(df['sg'].isnull()),'sg']= average0_sg
df.loc[(df['class']==True)&(df['al'].isnull()),'al']= average0_al
df.loc[(df['class']==True)&(df['su'].isnull()),'su']= average0_su
df.loc[(df['class']==True)&(df['rbc'].isnull()),'rbc']= average0_rbc
df.loc[(df['class']==True)&(df['pc'].isnull()),'pc']= average0_pc
df.loc[(df['class']==True)&(df['pcc'].isnull()),'pcc']= average0_pcc
df.loc[(df['class']==True)&(df['ba'].isnull()),'ba']= average0_ba
df.loc[(df['class']==True)&(df['bgr'].isnull()),'bgr']= average0_bgr
df.loc[(df['class']==True)&(df['bu'].isnull()),'bu']= average0_bu
df.loc[(df['class']==True) &(df['sc'].isnull()),'sc']= average0_sc
df.loc[(df['class']==True)&(df['sod'].isnull()),'sod']= average0_sod
df.loc[(df['class']==True)&(df['pot'].isnull()),'pot']= average0_pot
df.loc[(df['class']==True) &(df['hemo'].isnull()),'hemo'] =average0_hemo
df.loc[(df['class']==True) &(df['htn'].isnull()),'htn'] = average0_htn
df.loc[(df['class']==True) &(df['dm'].isnull()),'dm'] = average0_dm
df.loc[(df['class']==True) &(df['cad'].isnull()),'cad'] = average0_cad
df.loc[(df['class']==True)&(df['appet'].isnull()),'appet']=average0_appet
df.loc[(df['class']==True)&(df['pe'].isnull()),'pe'] = average0_pe
df.loc[(df['class']==True) &(df['ane'].isnull()),'ane'] = average0_ane
#正常人
df.loc[(df['class']==False)&(df['age'].isnull()),'age']= average1_age
df.loc[(df['class'] ==False) &(df['bp'].isnull()),'bp'] = average1_bp
df.loc[(df['class'] ==False) &(df['sg'].isnull()),'sg'] = average1_sg
df.loc[(df['class'] ==False) &(df['al'].isnull()),'al'] = average1_al
df.loc[(df['class'] ==False) &(df['su'].isnull()),'su'] = average1_su
df.loc[(df['class'] ==False) &(df['rbc'].isnull()),'rbc'] = average1_rbc
df.loc[(df['class'] ==False) &(df['pc'].isnull()),'pc'] = average1_pc
```

```
df.loc[(df['class'] == False)&(df['pcc'].isnull()),'pcc'] = average1_pcc
df.loc[(df['class'] == False)&(df['ba'].isnull()),'ba'] = average1_ba
df.loc[(df['class'] == False&(df['bgr'].isnull()),'bgr'] = average1_bgr
df.loc[(df['class'] == False)&(df['bu'].isnull()),'bu'] = average1_bu
df.loc[(df['class'] == False)&(df['sc'].isnull()),'sc'] = average1_sc
df.loc[(df['class'] == False)&(df['sod'].isnull()),'sod'] = average1_sod
df.loc[(df['class'] == False)&(df['pot'].isnull()),'pot'] = average1_pot
df.loc[(df['class'] == False)&(df['hemo'].isnull()),'hemo'] = average1_hemo
df.loc[(df['class'] == False)&(df['htn'].isnull()),'htn'] = average1_htn
df.loc[(df['class'] == False)&(df['dm'].isnull()),'dm'] = average1_dm
df.loc[(df['class'] == False) &(df['cad'].isnull()),'cad'] = average1_cad
df.loc[(df['class'] == False)&(df['appet'].isnull()),'appet'] = average1_appet
df.loc[(df['class'] == False) &(df['pe'].isnull()),'pe'] = average1_pe
df.loc[(df['class'] == False) &(df['ane'].isnull()),'ane'] = average1_ane
#再次检查是否有默认值
df.loc[(df['age'].isnull()) |
        (df['bp'].isnull()) |
        (df['sg'].isnull()) |
        (df['al'].isnull()) |
        (df['su'].isnull()) |
        (df['rbc'].isnull()) |
        (df['pc'].isnull()) |
        (df['pcc'].isnull()) |
        (df['ba'].isnull()) |
        (df['bgr'].isnull()) |
        (df['bu'].isnull()) |
        (df['sc'].isnull()) |
        (df['sod'].isnull()) |
        (df['pot'].isnull()) |
        (df['hemo'].isnull()) |
        (df['htn'].isnull()) |
        (df['dm'].isnull()) |
        (df['cad'].isnull()) |
        (df['appet'].isnull()) |
        (df['pe'].isnull()) |
        (df['ane'].isnull()) |
        (df['class'].isnull())]
#使用 Scikit-learn 的 train_test_split()函数自动划分训练集和测试集
X_train, X_test, y_train, y_test = train_test_split(df.iloc[:,:-1], df['class'],test_size
= 0.33, random_state=44,stratify= df['class'] )
#慢性肾病数据预处理完成
```

2. 模型训练及保存

数据加载进模型之后，需要定义模型结构，寻找优化参数并保存模型。

1）定义模型结构

本部分包括心脏病数据集定义模型和慢性肾病数据集定义模型。

（1）心脏病数据集定义模型。

相关代码如下：

```
#由于一次尝试过多参数会导致内存不足,所以分段寻找最大值
num = np.zeros(20, int)
for i in range(0,20):
    num[i] = i
"""
每次将 num 扩大 20,迭代改变随机森林中树的数量以及权重分配等参数.使用 GridSearchCV 自动寻
找最优参数
"""
from sklearn.ensemble import RandomForestClassifier
from sklearn.model_selection import train_test_split, GridSearchCV
tuned_parameters = [{'n_estimators':num,'class_weight':[None,{0: 0.33,1:0.67},'balanced'],
'random_state':[1]}]
rf = GridSearchCV(RandomForestClassifier(), tuned_parameters, cv = 10,scoring = 'f1')
rf.fit(x_train.T, y_train.T)
print('Best parameters:')
print(rf.best_params_)
#训练完成后,使用 print()函数输出最优参数,随机森林中有 1005 棵树时准确率最高
#保存最优参数,将最优参数代入模型进行训练
rf_best = rf.best_estimator_
rf_best.fit(x_train.T, y_train.T)
acc = rf.score(x_test.T,y_test.T) * 100
accuracies['Random Forest'] = acc
print("Random Forest Algorithm Accuracy Score : {:.2f} % ".format(acc))
#最优参数的模型训练完成后,在测试集上计算模型准确率,达 89.86 %
```

（2）慢性肾病数据集定义模型。

相关代码如下：

```
#寻找随机森林最优参数
tuned_parameters = [{'n_estimators':[7,8,9,10,11,12,13,14,15,16],'max_depth':[2,3,4,5,6,
None],'class_weight':[None,{0: 0.33,1:0.67},'balanced'],'random_state':[42]}]
clf = GridSearchCV(RandomForestClassifier(), tuned_parameters, cv = 10,scoring = 'f1')
clf.fit(X_train, y_train)
print('Best parameters:')
print(clf.best_params_)
#训练完成后,使用 print()函数输出最优参数,随机森林中有 7 棵树时准确率最高
#将最优参数代入模型进行训练
accuracies = {}
rf = RandomForestClassifier(class_weight = None, max_depth = 6,n_estimators = 7, random_
state = 42)
rf.fit(X_train, y_train)
acc = rf.score(X_test, y_test) * 100
accuracies['Random Forest'] = acc
print("Random Forest Algorithm Accuracy Score : {:.2f} % ".format(acc))
#最优参数的模型训练完成后,在测试集上计算模型准确率,达 100 %
```

2）保存模型

为了能够被 Python 程序读取，需要将模型保存为.pkl 格式的文件，利用 pickle 库中的模块进行模型的保存。

（1）心脏病模型保存。

相关代码如下：

```
import pickle
with open("model.pkl", "wb") as f:
    pickle.dump(rf, f)
```

（2）慢性肾病数据集定义模型。

相关代码如下：

```
    import pickle
with open("model_kidney.pkl", "wb") as f:
    pickle.dump(rf, f)
```

3. 模型应用

对于人的疾病来说，误诊带来的风险是极大的，正确率不是 100%对患者就是损失。然而以往仅仅预测是否患上疾病，是一个二分类问题。原理上，机器对疾病的预测基于各项指标的权重。本项目充分运用机器学习的优点，将各特征重要性与各指标的数值相乘求和，得到一个加权值。在程序内部，预先对患者和正常人的各指标平均值与对应特征重要性加权求和，得到患者和正常人的平均水平。在定性判断为病人后，将用户的数值与病人均值做对比，定量给出用户的病情相对于大多数患者严重程度；如果用户被判断为正常人，则将他的各项数值与正常人均值做对比，给出用户相对于大多数正常人的亚健康程度。经过处理，不仅做到定性判断，还对用户情况进行量化。一方面防止偶然的误诊带来风险；另一方面给予患者与疾病抗争的希望，给体检正常的人敲响亚健康的警钟。

1）心脏病模型应用

```
#通过 eli5 得到各特征重要性
import eli5
from eli5.sklearn import PermutationImportance
perm = PermutationImportance(rf, random_state = 1).fit(x_test.T, y_test.T)
eli5.show_weights(perm, feature_names = x_test.T.columns.tolist())
```

输出的各特征重要性如图 2-11 所示。

通过图 2-11 可以看出，年龄因素，对患病是否有影响，并不重要，符合常识。然后分别获得患者和正常人的平均值，如图 2-12 所示。

```
#求均值
df.groupby('target').mean()
#正常人平均水平
average0_count = np.multiply(average0,w)
```

Weight	Feature
0.0754 ± 0.0445	thalassemia_reversable defect
0.0459 ± 0.0321	max_heart_rate_achieved
0.0393 ± 0.0334	num_major_vessels
0.0295 ± 0.0245	st_depression
0.0197 ± 0.0382	thalassemia_fixed defect
0.0197 ± 0.0245	rest_ecg_normal
0.0164 ± 0.0000	exercise_induced_angina_yes
0.0131 ± 0.0131	sex_male
0.0131 ± 0.0131	cholesterol
0.0066 ± 0.0334	age
0 ± 0.0000	chest_pain_type_non-anginal pain
0 ± 0.0000	thalassemia_normal
0 ± 0.0000	fasting_blood_sugar_lower than 120mg/ml
0 ± 0.0000	rest_ecg_left ventricular hypertrophy
0 ± 0.0000	st_slope_upsloping
0 ± 0.0000	resting_blood_pressure
-0.0033 ± 0.0131	chest_pain_type_atypical angina
-0.0131 ± 0.0131	chest_pain_type_typical angina
-0.0328 ± 0.0207	st_slope_flat

图 2-11　心脏病特征重要性

	age	sex	trestbps	chol	fbs	restecg	thalach	exang	oldpeak	ca	...	cp_1	cp_2	cp_3	thal_0
target															
0	56.601449	0.826087	134.398551	251.086957	0.159420	0.449275	139.101449	0.550725	1.585507	1.166667	...	0.065217	0.130435	0.050725	0.007246
1	52.496970	0.563636	129.303030	242.230303	0.139394	0.593939	158.466667	0.139394	0.583030	0.363636	...	0.248485	0.418182	0.096970	0.006061

图 2-12　心脏病患者和正常人平均值

```
average0_sum = sum(average0_count)
#病人平均水平
average1_count = np.multiply(average1,w)
average1_sum = sum(average1_count)
#输出得到的数值
print(average1_sum)                #患者
print(average0_sum)                #正常人
```

患者和正常人加权求和后的值如图 2-13 所示。

```
[2.94673976]
[3.12316913]
```

图 2-13　心脏病患者和正常人加权求和后的值

将这个值保存，当用户使用时，判断出是患者还是正常人之后，根据比值大小定量判断具体情况。

2）慢性肾病模型应用创新

通过 eli5 得到各特征重要性，输出的各特征重要性如图 2-14 所示。

```
import eli5
from eli5.sklearn import PermutationImportance
```

```
perm = PermutationImportance(rf, random_state=1).fit(x_test.T, y_test.T)
eli5.show_weights(perm, feature_names = x_test.T.columns.tolist())
import eli5 #for purmutation importance
from eli5.sklearn import PermutationImportance
perm = PermutationImportance(rf, random_state=1).fit(X_test, y_test)
eli5.show_weights(perm, feature_names = X_test.columns.tolist())
```

Weight	Feature
0.1505 ± 0.0252	hemo
0.1060 ± 0.0236	sc
0.0545 ± 0.0146	sg
0.0510 ± 0.0144	bp
0.0280 ± 0.0153	bgr
0.0250 ± 0.0071	dm
0.0240 ± 0.0068	al
0.0190 ± 0.0040	bu
0.0025 ± 0.0045	sod
0.0020 ± 0.0020	age
0 ± 0.0000	pc
0 ± 0.0000	pcc
0 ± 0.0000	ba
0 ± 0.0000	cad
0 ± 0.0000	pe
0 ± 0.0000	su
0 ± 0.0000	pot
0 ± 0.0000	rbc
-0.0005 ± 0.0020	appet
-0.0005 ± 0.0020	ane
1 more	

图 2-14 慢性肾病患者和正常人特征重要性

分别获得患者和正常人的平均值，如图 2-15 所示。

```
#求均值
#正常人平均水平
average0_count = np.multiply(average0,w)
average0_sum = sum(average0_count)
#病人平均水平
average1_count = np.multiply(average1,w)
average1_sum = sum(average1_count)
print(average1_sum)                    #患者
print(average0_sum)                    #正常人
#输出得到的数值
print(average1_sum)                    #病人
print(average0_sum)                    #正常人
```

患者和正常人加权求和后的值如图 2-16 所示。

将这个值保存，当用户使用时，判断是患者还是正常人之后，根据比值大小定量出具体情况。

	age	bp	sg	al	su	rbc	pc	pcc	ba	bgr	...	sc	sod	pot	hemo	htn
class																
0.0	46.516779	71.351351	1.022414	0.000000	0.00000	0.000000	0.000000	0.000	0.000	107.722222	...	0.868966	141.731034	4.337931	15.188194	0.000
1.0	54.541322	79.625000	1.013918	1.722488	0.76699	0.439252	0.391753	0.168	0.088	175.419811	...	4.414916	133.901786	4.878443	10.647549	0.588

图 2-15 慢性肾病患者和正常人平均值

```
[10.06672071]
[12.62982294]
```

图 2-16 慢性肾病患者和正常人加权求和后的值

2.3.2 药物推荐

本模块是一个小型药物推荐系统，对 800 余种症状提供药物推荐。

1. 数据预处理

UCI ML 药品评论数据集来源 https://www.kaggle.com/jessicali9530/kuc-hackathon-winter-2018。包括超 20 多万条不同用户在某一种症状下服用某药物后的评论，并根据效果从 1～10 分进行打分。通过分析该数据集，可以对用户症状推荐大众认可的药物。

加载数据集和数据预处理，大部分通过 Pandas 实现，相关代码如下：

```
#导入相应库函数
import pandas as pd
#读取评论数据集
train = pd.read_csv('../Thursday9 10 11/drugsComTrain_raw.csv')
test = pd.read_csv('../Thursday9 10 11/drugsComTest_raw.csv')
```

会自动从 csv 数据源读取相应的数据，如图 2-17 所示。

	uniqueID	drugName	condition	review	rating	date	usefulCount
0	206461	Valsartan	Left Ventricular Dysfunction	"It has no side effect, I take it in combinati...	9	20-May-12	27
1	95260	Guanfacine	ADHD	"My son is halfway through his fourth week of ...	8	27-Apr-10	192
2	92703	Lybrel	Birth Control	"I used to take another oral contraceptive, wh...	5	14-Dec-09	17
3	138000	Ortho Evra	Birth Control	"This is my first time using any form of birth...	8	3-Nov-15	10
4	35696	Buprenorphine / naloxone	Opiate Dependence	"Suboxone has completely turned my life around...	9	27-Nov-16	37

图 2-17　成功读取心脏病数据集

数据集中有用户 ID（UniqueID）、症状（condition）、服用的药物（drugName）、服用该药物后的评论（review）、打分（rating），其他用户对该用户评论的点赞数（usefulCount）。

本项目根据用户对药物的打分判断是否推荐在该症状下服用此药物。打分为 1 分和 10 分可以认为用户不推荐和推荐该药物。然而，用户对药物的打分不只是 1 分和 10 分，一般来说，对一种药物有时有效但见效慢、好用但昂贵、有所缓解但效果不明显、副作用不容忽视等。打 4 分不一定代表评价者的否定态度，打 6 分也不一定意味着评价者支持。样本总量如图 2-18 所示，打 1 分和 10 分的评论总量如图 2-19 所示，用户打分分布如图 2-20 所示。

```
全部评论数:
161297
53766
```

图 2-18　样本总量

```
两端评分有:
72608
24315
```

图 2-19　1 分和 10 分的评论总量

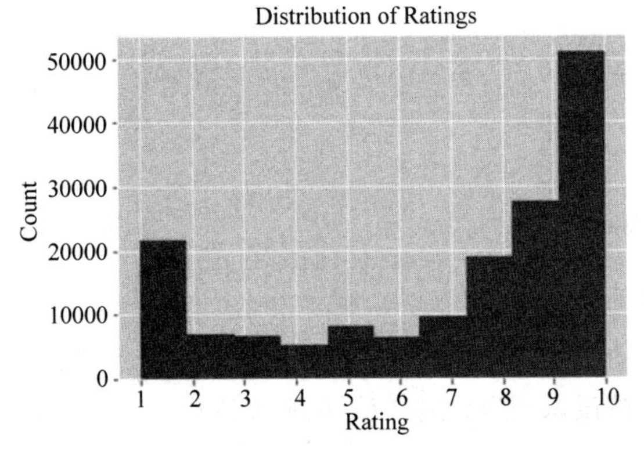

图 2-20　用户打分

```
#通过 Pandas 的统计,全部评论数为
print('全部评论数：')
print(len(train))
print(len(test))
print('两端评分有：')
print(len(train))
print(len(test))
```

打分分布如图 2-20 所示。

```
train.rating.hist(bins = 10)
plt.title('Distribution of Ratings')
plt.xlabel('Rating')
plt.ylabel('Count')
plt.xticks([i for i in range(1, 11)]);
```

图 2-19 和图 2-20 可以看出,超过一半的用户打 1 分和 10 分,样本数据量足够机器学习用户情感,使用学习到的情感,分析打分在 2～9 分的用户就是内心深处支持与否。打分为 1 分和 10 分的评论情感分析学习如图 2-21 所示。

```
#取出评分为 1 和 10 两端的数据
train = train[train.rating.isin([1,10])]
test = test[test.rating.isin([1,10])]
```

	uniqueID	drugName	condition	review	rating	date	usefulCount
6	165907	Levonorgestrel	Emergency Contraception	"He pulled out, but he cummed a bit in me. I t...	1	7-Mar-17	5
7	102654	Aripiprazole	Bipolar Disorde	"Abilify changed my life. There is hope. I was...	10	14-Mar-15	32
8	74811	Keppra	Epilepsy	" I Ve had nothing but problems with the Kepp...	1	9-Aug-16	11
11	75612	L-methylfolate	Depression	"I have taken anti-depressants for years, with...	10	9-Mar-17	54
18	212077	Lamotrigine	Bipolar Disorde	"I've been on every medicine under the su...	10	9-Nov-14	18

图 2-21 仅取出打分为 1 分和 10 分的评论情感分析学习

评论(review)中,句子两端有引号,编写函数将引号删除。

```
def remove_enclosing_quotes(s):
    if s[0] == '"' and s[-1] == '"':
        return s[1:-1]
    else:
        return s
#调用写好的函数,删除双引号
train.review = train.review.apply(remove_enclosing_quotes)
test.review = test.review.apply(remove_enclosing_quotes)
```

发现一句话中经常出现不合时宜的符号,该数据集是网络爬虫爬取的,所以有很多字符表示成 ASCII 码,防止被误识别为分隔,使用正则表达式从审阅文本中删除这些符号。

```
import re
```

```
train.review = train.review.apply(lambda x: re.sub(r'&#\d+;',r'', x))
test.review = test.review.apply(lambda x: re.sub(r'&#\d+;',r'', x))
```

预测的标签是喜欢与不喜欢，但是 drugName 和 condition 种类很多，写进程序中可以简化工作量，所以需要将 drugName 和 condition 列前置到 review 中，并将完整的字符串保存为 text 列。

```
#定义函数
def combine_text_columns(data_frame, text_cols):
    text_data = data_frame[text_cols]
    text_data.fillna("", inplace=True)
    return text_data.apply(lambda x: " ".join(x), axis=1)
#将 drugName 和 condition 列前置到 review 中
text_cols = ['drugName', 'condition', 'review']
train['text'] = combine_text_columns(train, text_cols)
test['text'] = combine_text_columns(test, text_cols)
```

CountVectorizer 类将文本中的词语转换为词频矩阵。通过分词后把所有文档中的全部词作为一个字典，将每行的词用 0、1 矩阵表示。并且每行的长度相同，长度为字典的长度，在词典中存在，置为 1，否则为 0。由于大部分文本只用词汇表中很少一部分词，因此，词向量中有大量的 0，说明词向量是稀疏的，在实际应用中使用稀疏矩阵存储。

```
#过滤规则,token 的正则表达式
TOKENS_ALPHANUMERIC = '[A-Za-z0-9]+(?=\\s+)'
#CountVectorizer 对象的实例化,停用词选为 english 内置的英语停用词
vec_alphanumeric = CountVectorizer(token_pattern=TOKENS_ALPHANUMERIC, ngram_range=(1,2),
lowercase=True, stop_words='english', min_df=2, max_df=0.99)
#fit_transform 是 fit 和 transform 的组合,对部分数据先拟合 fit,找到该 part 的整体指标,如均
#值、方差、最大值、最小值等,对 trainData 转换成 transform,实现数据的标准化、归一化
X = vec_alphanumeric.fit_transform(train.text)
#1 和 10 是两类,从 5 分开还是 6 分开无所谓,因为当前数据集中只有 1 分和 10 分
train['binary_rating'] = train['rating'] > 5
y = train.binary_rating
#使用 Scikit-learn 的 train_test_split 自动划分训练集和测试集
X_train, X_test, y_train, y_test = train_test_split(X, y, random_state=42, stratify=y,
test_size=0.1)
#UCI ML 药品评论预处理完成
```

2. 模型训练及应用

相关代码如下：

```
#使用逻辑斯蒂回归训练模型
X_train, X_test, y_train, y_test = train_test_split(X, y, random_state=42, stratify=y,
test_size=0.1)
clf_lr = LogisticRegression(penalty='l2', C=100).fit(X_train, y_train)
#在测试集检验模型准确度
```

```
pred = clf_lr.predict(X_test)
#输出模型准确度
print("Accuracy on training set: {}".format(clf_lr.score(X_train, y_train)))
print("Accuracy on test set: {}".format(clf_lr.score(X_test, y_test)))
```

仅取出打分为1分和10分的评论进行情感分析学习，如图2-22所示，打分2～9分的评论如图2-23所示，代入模型分析评论情感为支持或不支持如图2-24所示。

```
Accuracy on training set: 0.9999234853933616
Accuracy on test set: 0.9378873433411375
```

图2-22　仅取出打分为1分和10分的评论进行情感分析学习

	uniqueID	drugName	condition	review	rating	date	usefulCount
0	206461	Valsartan	Left Ventricular Dysfunction	"It has no side effect, I take it in combinati...	9	20-May-12	27
1	95260	Guanfacine	ADHD	"My son is halfway through his fourth week of ...	8	27-Apr-10	192
2	92703	Lybrel	Birth Control	"I used to take another oral contraceptive, wh...	5	14-Dec-09	17
3	138000	Ortho Evra	Birth Control	"This is my first time using any form of birth...	8	3-Nov-15	10
4	35696	Buprenorphine / naloxone	Opiate Dependence	"Suboxone has completely turned my life around...	9	27-Nov-16	37

图2-23　打分为2～9分的评论

```
[False  True False ...  True False  True]
```

图2-24　代入模型分析评论情感为支持或不支持

由于是评1分和10分，所以正确率高，接下来将训练好的模型应用到打分为2～9分的评论中。

```
#读取2～9分的评论
Train_0 = train_0[train.rating.isin([2,3,4,5,6,7,8,9])]
Train_0.head()
```

将评论经过数据预处理后，代入训练好的模型，得到评论感情分类。

```
pred_0 = clf_lr.predict(X_0)
#输出最终判决结果
print(pred_0)
#输出结果到csv文件中
import csv
data = pred_0
with open('medicine.csv','r') as csvFile: #此处的csv是源表
    rows = csv.reader(csvFile)
  with open('2.csv','w',newline = 'support') as f:#这里csv是最后输出得到的新表
        writer = csv.writer(f)
        i = 0
        for row in rows:
            row.append(data[i])
            print(i)
            i = i + 1
            writer.writerow(row)
```

3. 模型应用

将两个 csv 文件合并成一个，本项目对某一特定症状选取支持率前三名的药物。

```
help_dict = {}
#unique 方法不重复的记录所有症状,遍历
import csv
headers = ['condition','medicine_1','medicine_2','medicine_3']
with open('cure.csv','a',newline = '') as f:
    f_csv = csv.writer(f)
    f_csv.writerow(headers)
    for i in train.condition.unique():
        temp_ls = []
        #遍历这个症状所提到,且被认同的药物
        for j in train[train.condition == i & train.support == True ].drugName.unique():
         #如果这种药物至少 10 个人提及,则记录下来
            if np.sum(train.drugName == j) >= 10:
                temp_ls.append((j, np.sum(train[train.drugName == j].rating) / np.sum
(train.drugName == j)))
        #针对症状 i,从好到坏将刚提到的药进行排名
        help_dict[i] = pd.DataFrame(data = temp_ls, columns = ['drug', 'average_rating']).
sort_values(by = 'average_rating', ascending = False).reset_index(drop = True) rows = [(i,help_
dict[i].iloc[0:1].drug,help_dict[i].iloc[1:2].drug,help_dict[i].iloc[2:3].drug)]
        f_csv.writerows(rows)
    f.close()
#最终完成遍历时,在编译界面有一个反馈
print('ok')
```

得到一个 csv 数据库，但是数据库中除了特定的药物名称，还有一些特殊字符，通过编写 Python 脚本文件将它们清理干净。

2.3.3 模型测试

本部分包括模型导入及相关代码。

1. 模型导入

输入数据包括两部分：如性别、年龄、食欲需要用户手动输入；心率、心电图波形参数，需要用户接入不同的传感器测量。考虑到应用的便捷性，直接从传感器读取所有的参数进行预测。

一位用户输入的数据如图 2-25 所示，判决结果如图 2-26 所示。

```
client_result = rf.predict(client_x)
print('这就是分类预测结果')
print(client_result)
```

根据数据和模型，首先判断病与非病；其次判断病情严重程度，不能只用是否有病，而

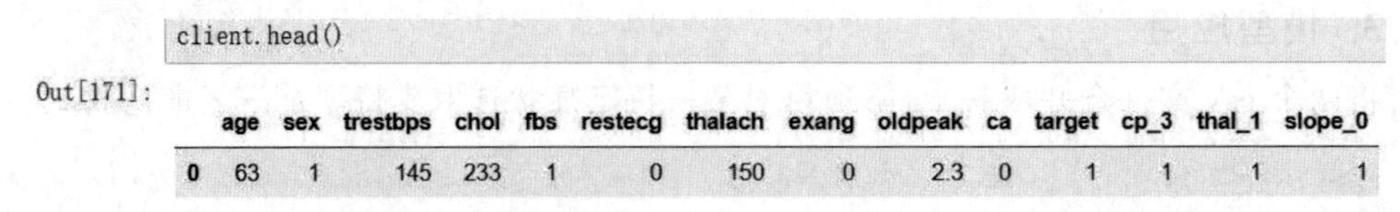

```
client.head()
```

Out[171]:

	age	sex	trestbps	chol	fbs	restecg	thalach	exang	oldpeak	ca	target	cp_3	thal_1	slope_0
0	63	1	145	233	1	0	150	0	2.3	0	1	1	1	1

图 2-25　一位用户的数据

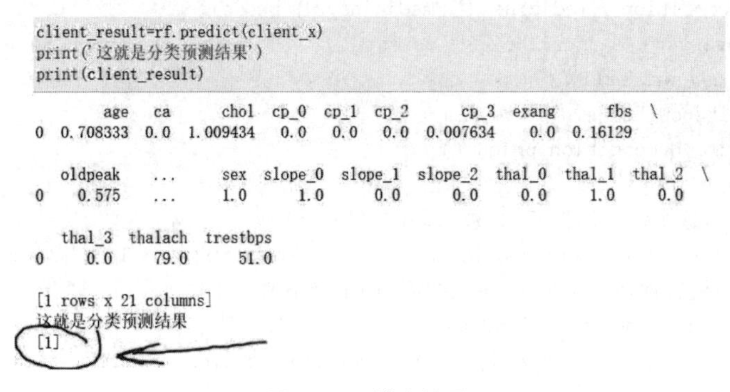

```
client_result=rf.predict(client_x)
print('这就是分类预测结果')
print(client_result)
```

```
        age   ca      chol  cp_0  cp_1  cp_2      cp_3  exang      fbs  \
0  0.708333  0.0  1.009434   0.0   0.0   0.0  0.007634    0.0  0.16129

   oldpeak  ...  sex  slope_0  slope_1  slope_2  thal_0  thal_1  thal_2  \
0    0.575  ...  1.0      1.0      0.0      0.0     0.0     1.0     0.0

   thal_3  thalach  trestbps
0     0.0     79.0      51.0

[1 rows x 21 columns]
这就是分类预测结果
[1]
```

图 2-26　判决结果

是给病情不同程度的评价。将数据乘以每个因素的权重和有病的人平均值做对比。如果直接告诉一个人，得病了，可能无法接受。如果说明情况不太严重，比大多数病人轻，量化后，容易接受，如图 2-27 所示。

之前平均值是病人比正常人的小，所以大于分界面更好。病情指数比平均数的四分之一还小，量化后督促病人抓紧时间治疗。

```
if client_result==1:
    client_index=client_sum/average1_sum
    print(client_index)
else:
    client_index=client_sum/average0_sum
    print(client_index)
```

```
[0.23453339]
```

图 2-27　量化

2. 相关代码

本部分包括模型预测代码、模型应用创新代码、用户接口及界面可视化代码。

1）模型预测

相关代码如下：

```
#心脏病预测模型建模
#导入所用库函数及数据集
import numpy as np
import pandas as pd
import matplotlib.pyplot as plt
import seaborn as sns
from sklearn.linear_model import LogisticRegression
from sklearn.model_selection import train_test_split
import os
#读入数据集中数据
df = pd.read_csv("C:/Users/Administrator/Desktop/dasanxia/Thursday9 10 11/heart.csv")
#输出读入的数据
```

```
df.head()
#检查是否有默认值
df.loc[(df['age'].isnull()) |
        (df['sex'].isnull()) |
        (df['cp'].isnull()) |
        (df['trestbps'].isnull()) |
        (df['chol'].isnull()) |
        (df['fbs'].isnull()) |
        (df['restecg'].isnull()) |
        (df['thalach'].isnull()) |
        (df['exang'].isnull()) |
        (df['oldpeak'].isnull()) |
        (df['slope'].isnull()) |
        (df['ca'].isnull()) |
        (df['target'].isnull())]
#通过绘图方式观察数据,能够更好地观察是否有错误
sns.pairplot(df.dropna(), hue = 'target')
#对血液中胆固醇含量绘制数据分布图
df['chol'].hist()
#对静息血压绘制数据分布图
df['trestbps'].hist()
#将类别变量转换为伪变量
a = pd.get_dummies(df['cp'], prefix = "cp")
b = pd.get_dummies(df['thal'], prefix = "thal")
c = pd.get_dummies(df['slope'], prefix = "slope")
frames = [df, a, b, c]
df = pd.concat(frames, axis = 1)
#数据集可视化
df.head()
#将原来的类别变量删掉,只保留伪变量
df = df.drop(columns = ['cp', 'thal', 'slope'])
#数据集可视化
df.head()
#数据预处理完成,选择、训练并保存模型
#target是标签
y = df.target.values
x_data = df.drop(['target'], axis = 1) #丢下最后一行 target
#划分训练集和测试集
x_train, x_test, y_train, y_test = train_test_split(x_data,y,test_size = 0.2,random_state = 0)
x_train = x_train.T
y_train = y_train.T
x_test = x_test.T
y_test = y_test.T
#创建数组,代入随机森林模型中迭代
import numpy as np
num = np.zeros(20,int)
for i in range(0,20):
```

```
    num[i] = i + 990
print(num)
#寻找最优参数
from sklearn.ensemble import RandomForestClassifier
from sklearn.model_selection import train_test_split, GridSearchCV
tuned_parameters = [{'n_estimators':num,
                    'class_weight':[None,{0: 0.33,1:0.67},'balanced'],'random_state':[1]}]
rf = GridSearchCV(RandomForestClassifier(), tuned_parameters, cv = 10,scoring = 'f1')
rf.fit(x_train.T, y_train.T)
#输出找到的最优参数
print('Best parameters:')
print(rf.best_params_)
rf_best = rf.best_estimator_
#代入最优参数的随机森林模型
accuracies = {}
rf_best.fit(x_train.T, y_train.T)
acc = rf.score(x_test.T,y_test.T) * 100
accuracies['Random Forest'] = acc
#输出模型准确率
print("Random Forest Algorithm Accuracy Score : {:.2f} % ".format(acc))
#绘制混淆矩阵
y_head_rf = rf_best.predict(x_test.T)
from sklearn.metrics import confusion_matrix
cm_rf = confusion_matrix(y_test,y_head_rf)
#图像大小 4×4
plt.figure(figsize = (4,4))
plt.title("Random Forest Confusion Matrix")
sns.heatmap(cm_rf,annot = True,cmap = "Blues",fmt = "d",cbar = False, annot_kws = {"size": 24})
plt.show()
#绘制 ROC 曲线
from sklearn.metrics import roc_curve, auc
fpr, tpr, thresholds = roc_curve(y_test, y_head_rf)
fig, ax = plt.subplots()
ax.plot(fpr, tpr)
ax.plot([0, 1], [0, 1], transform = ax.transAxes, ls = "--", c = ".3")
plt.xlim([0.0, 1.0])
plt.ylim([0.0, 1.0])
plt.rcParams['font.size'] = 12
plt.title('ROC curve for diabetes classifier')
plt.xlabel('False Positive Rate (1 - Specificity)')
plt.ylabel('True Positive Rate (Sensitivity)')
plt.grid(True)
#ROC 曲线图的面积
auc(fpr, tpr)
#慢性肾病数据集训练模型建模
import numpy as np
import pandas as pd
```

```
import seaborn as sns
import matplotlib.pyplot as plt
from sklearn.model_selection import train_test_split, GridSearchCV
from sklearn.metrics import roc_curve, auc, confusion_matrix, classification_report,accuracy_score
from sklearn.ensemble import RandomForestClassifier
import warnings
warnings.filterwarnings('ignore')
# % matplotlib inline
#读入数据集并可视化
df = pd.read_csv('C:/Users/Administrator/Desktop/dasanxia/Thursday9 10 11/kidney_disease.
csv')
df.head()
#数据预处理,将类别变量转换为伪变量
df[['htn','dm','cad','pe','ane']] = df[['htn','dm','cad','pe','ane']].replace(to_replace={'yes':1,
'no':0})
df[['rbc','pc']] = df[['rbc','pc']].replace(to_replace={'abnormal':1,'normal':0})
df[['pcc','ba']] = df[['pcc','ba']].replace(to_replace={'present':1,'notpresent':0})
df[['appet']] = df[['appet']].replace(to_replace={'good':1,'poor':0,'no':np.nan})
df['classification'] = df['classification'].replace(to_replace={'ckd':1.0,'ckd\t':1.0,'notckd':0.0,
'no':0.0})
df.rename(columns={'classification':'class'},inplace=True)
#进一步清洗
df['pe'] = df['pe'].replace(to_replace='good',value=0)
df['appet'] = df['appet'].replace(to_replace='no',value=0)
df['cad'] = df['cad'].replace(to_replace='\tno',value=0)
df['dm'] = df['dm'].replace(to_replace={'\tno':0,'\tyes':1,' yes':1, '':np.nan})
df.drop('id',axis=1,inplace=True)
df.head()
#列出所有 null 的数据
df.loc[(df['age'].isnull()) |
              (df['bp'].isnull()) |
              (df['sg'].isnull()) |
        (df['al'].isnull()) |
        (df['su'].isnull()) |
        (df['rbc'].isnull()) |
        (df['pc'].isnull()) |
        (df['pcc'].isnull()) |
        (df['ba'].isnull()) |
        (df['bgr'].isnull()) |
        (df['bu'].isnull()) |
        (df['sc'].isnull()) |
        (df['sod'].isnull()) |
        (df['pot'].isnull()) |
        (df['hemo'].isnull()) |
        (df['htn'].isnull()) |
        (df['dm'].isnull()) |
        (df['cad'].isnull()) |
```

```
            (df['appet'].isnull()) |
            (df['pe'].isnull()) |
            (df['ane'].isnull()) |
            (df['class'].isnull())]
    #出现空缺值,采用均值归一法,填补缺失值
    #病人均值
    average0_age = df.loc[df['class'] == True, 'age'].mean()
    average0_bp = df.loc[df['class'] == True, 'bp'].mean()
    average0_sg = df.loc[df['class'] == True, 'sg'].mean()
    average0_al = df.loc[df['class'] == True, 'al'].mean()
    average0_su = df.loc[df['class'] == True, 'su'].mean()
    average0_rbc = df.loc[df['class'] == True, 'rbc'].mean()
    average0_pc = df.loc[df['class'] == True, 'pc'].mean()
    average0_pcc = df.loc[df['class'] == True, 'pcc'].mean()
    average0_ba = df.loc[df['class'] == True, 'ba'].mean()
    average0_bgr = df.loc[df['class'] == True, 'bgr'].mean()
    average0_bu = df.loc[df['class'] == True, 'bu'].mean()
    average0_sc = df.loc[df['class'] == True, 'sc'].mean()
    average0_sod = df.loc[df['class'] == True, 'sod'].mean()
    average0_pot = df.loc[df['class'] == True, 'pot'].mean()
    average0_hemo = df.loc[df['class'] == True, 'hemo'].mean()
    average0_htn = df.loc[df['class'] == True, 'htn'].mean()
    average0_dm = df.loc[df['class'] == True, 'dm'].mean()
    average0_cad = df.loc[df['class'] == True, 'cad'].mean()
    average0_appet = df.loc[df['class'] == True, 'appet'].mean()
    average0_pe = df.loc[df['class'] == True, 'pe'].mean()
    average0_ane = df.loc[df['class'] == True, 'ane'].mean()
    #正常人均值
    average1_age = df.loc[df['class'] == False, 'age'].mean()
    average1_bp = df.loc[df['class'] == False, 'bp'].mean()
    average1_sg = df.loc[df['class'] == False, 'sg'].mean()
    average1_al = df.loc[df['class'] == False, 'al'].mean()
    average1_su = df.loc[df['class'] == False, 'su'].mean()
    average1_rbc = df.loc[df['class'] == False, 'rbc'].mean()
    average1_pc = df.loc[df['class'] == False, 'pc'].mean()
    average1_pcc = df.loc[df['class'] == False, 'pcc'].mean()
    average1_ba = df.loc[df['class'] == False, 'ba'].mean()
    average1_bgr = df.loc[df['class'] == False, 'bgr'].mean()
    average1_bu = df.loc[df['class'] == False, 'bu'].mean()
    average1_sc = df.loc[df['class'] == False, 'sc'].mean()
    average1_sod = df.loc[df['class'] == False, 'sod'].mean()
    average1_pot = df.loc[df['class'] == False, 'pot'].mean()
    average1_hemo = df.loc[df['class'] == False, 'hemo'].mean()
    average1_htn = df.loc[df['class'] == False, 'htn'].mean()
    average1_dm = df.loc[df['class'] == False, 'dm'].mean()
    average1_cad = df.loc[df['class'] == False, 'cad'].mean()
    average1_appet = df.loc[df['class'] == False, 'appet'].mean()
```

```
average1_pe = df.loc[df['class'] == False, 'pe'].mean()
average1_ane = df.loc[df['class'] == False, 'ane'].mean()
#如果为 null,则取均值
df.loc[(df['class'] == True) &(df['age'].isnull()),'age'] = average0_age
df.loc[(df['class'] == True) &(df['bp'].isnull()),'bp'] = average0_bp
df.loc[(df['class'] == True) &(df['sg'].isnull()),'sg'] = average0_sg
df.loc[(df['class'] == True) &(df['al'].isnull()),'al'] = average0_al
df.loc[(df['class'] == True) &(df['su'].isnull()),'su'] = average0_su
df.loc[(df['class'] == True) &(df['rbc'].isnull()),'rbc'] = average0_rbc
df.loc[(df['class'] == True) &(df['pc'].isnull()),'pc'] = average0_pc
df.loc[(df['class'] == True) &(df['pcc'].isnull()),'pcc'] = average0_pcc
df.loc[(df['class'] == True) &(df['ba'].isnull()),'ba'] = average0_ba
df.loc[(df['class'] == True) &(df['bgr'].isnull()),'bgr'] = average0_bgr
df.loc[(df['class'] == True) &(df['bu'].isnull()),'bu'] = average0_bu
df.loc[(df['class'] == True) &(df['sc'].isnull()),'sc'] = average0_sc
df.loc[(df['class'] == True) &(df['sod'].isnull()),'sod'] = average0_sod
df.loc[(df['class'] == True) &(df['pot'].isnull()),'pot'] = average0_pot
df.loc[(df['class'] == True) &(df['hemo'].isnull()),'hemo'] = average0_hemo
df.loc[(df['class'] == True) &(df['htn'].isnull()),'htn'] = average0_htn
df.loc[(df['class'] == True) &(df['dm'].isnull()),'dm'] = average0_dm
df.loc[(df['class'] == True) &(df['cad'].isnull()),'cad'] = average0_cad
df.loc[(df['class'] == True) &(df['appet'].isnull()),'appet'] = average0_appet
df.loc[(df['class'] == True)&(df['pe'].isnull()),'pe'] = average0_pe
df.loc[(df['class'] == True) &(df['ane'].isnull()),'ane'] = average0_ane
df.loc[(df['class'] == False) &(df['age'].isnull()),'age'] = average1_age
df.loc[(df['class'] == False) &(df['bp'].isnull()),'bp'] = average1_bp
df.loc[(df['class'] == False) &(df['sg'].isnull()),'sg'] = average1_sg
df.loc[(df['class'] == False) &(df['al'].isnull()),'al'] = average1_al
df.loc[(df['class'] == False) &(df['su'].isnull()),'su'] = average1_su
df.loc[(df['class'] == False) &(df['rbc'].isnull()),'rbc'] = average1_rbc
df.loc[(df['class'] == False) &(df['pc'].isnull()),'pc'] = average1_pc
df.loc[(df['class'] == False) &(df['pcc'].isnull()),'pcc'] = average1_pcc
df.loc[(df['class'] == False) &(df['ba'].isnull()),'ba'] = average1_ba
df.loc[(df['class'] == False) &(df['bgr'].isnull()),'bgr'] = average1_bgr
df.loc[(df['class'] == False) &(df['bu'].isnull()),'bu'] = average1_bu
df.loc[(df['class'] == False) &(df['sc'].isnull()),'sc'] = average1_sc
df.loc[(df['class'] == False) &(df['sod'].isnull()),'sod'] = average1_sod
df.loc[(df['class'] == False) &(df['pot'].isnull()),'pot'] = average1_pot
df.loc[(df['class'] == False) &(df['hemo'].isnull()),'hemo'] = average1_hemo
df.loc[(df['class'] == False) &(df['htn'].isnull()),'htn'] = average1_htn
df.loc[(df['class'] == False) &(df['dm'].isnull()),'dm'] = average1_dm
df.loc[(df['class'] == False) &(df['cad'].isnull()),'cad'] = average1_cad
df.loc[(df['class'] == False) &(df['appet'].isnull()),'appet'] = average1_appet
df.loc[(df['class'] == False) &(df['pe'].isnull()),'pe'] = average1_pe
df.loc[(df['class'] == False) &(df['ane'].isnull()),'ane'] = average1_ane
#重新检查是否有默认值
df.loc[(df['age'].isnull()) |
```

```
            (df['bp'].isnull()) |
            (df['sg'].isnull()) |
            (df['al'].isnull()) |
            (df['su'].isnull()) |
            (df['rbc'].isnull()) |
            (df['pc'].isnull()) |
            (df['pcc'].isnull()) |
            (df['ba'].isnull()) |
            (df['bgr'].isnull()) |
            (df['bu'].isnull()) |
            (df['sc'].isnull()) |
            (df['sod'].isnull()) |
            (df['pot'].isnull()) |
            (df['hemo'].isnull()) |
           (df['htn'].isnull()) |
           (df['dm'].isnull()) |
           (df['cad'].isnull()) |
           (df['appet'].isnull()) |
           (df['pe'].isnull()) |
           (df['ane'].isnull()) |
           (df['class'].isnull())]
#划分训练集和测试集
X_train, X_test, y_train, y_test = train_test_split(df.iloc[:,:-1], df['class'], test_size = 
0.33, random_state=44,stratify= df['class'] )
print(X_train.shape)
print(X_test.shape)
#寻找随机森林最优参数
tuned_parameters = [{'n_estimators':[7,8,9,10,11,12,13,14,15,16],'max_depth':[2,3,4,5,6,
None],'class_weight':[None,{0: 0.33,1:0.67},'balanced'],'random_state':[42]}]
clf = GridSearchCV(RandomForestClassifier(), tuned_parameters, cv=10,scoring='f1')
clf.fit(X_train, y_train)
#输出最优参数
print('Best parameters:')
print(clf.best_params_)
clf_best = clf.best_estimator_
#将最优参数代入随机森林模型
accuracies = {}
rf = RandomForestClassifier(class_weight = None, max_depth = 6,n_estimators = 7, random_
state = 42)
rf.fit(X_train, y_train)
#计算模型准确率
acc = rf.score(X_test, y_test)*100
accuracies['Random Forest'] = acc
print("Random Forest Algorithm Accuracy Score : {:.2f} %".format(acc))
#药物评论情感分析建模
#导入库函数
import warnings
```

```
warnings.filterwarnings('ignore')
import numpy as np
import pandas as pd
import matplotlib.pyplot as plt
from matplotlib import style; style.use('ggplot')
import re
import xgboost as xgb
from nltk.sentiment.vader import SentimentIntensityAnalyzer
from sklearn.model_selection import train_test_split
from sklearn.pipeline import Pipeline
from sklearn.ensemble import RandomForestClassifier
from sklearn.feature_extraction.text import CountVectorizer
from sklearn.feature_extraction.text import TfidfVectorizer
from sklearn.linear_model import LogisticRegression
from sklearn.metrics import confusion_matrix, classification_report, roc_curve, roc_auc_score
from sklearn.naive_bayes import MultinomialNB, GaussianNB
from sklearn.feature_extraction.text import HashingVectorizer
from sklearn.feature_selection import chi2, SelectKBest
from sklearn.preprocessing import StandardScaler
from sklearn.svm import SVC
from wordcloud import WordCloud, STOPWORDS
from keras.models import Sequential
from keras.layers import Dense, LSTM, Embedding
from keras.utils import to_categorical
#读入训练集和测试集
train = pd.read_csv('C:/Users/Administrator/Desktop/dasanxia/Thursday9 10 11/drugsComTrain_
raw.csv')
test = pd.read_csv('C:/Users/Administrator/Desktop/dasanxia/Thursday9 10 11/drugsComTest_
raw.csv')
#输出可视化
print('全部评论数：')
print(len(train))
print(len(test))
#仅保留评分为 1 分和 10 分两端的评论
X_train = train[train.rating.isin([1,10])]
X_train.head()
X_test = test[test.rating.isin([1,10])]
X_test.head()
#编写去除评论中引号的函数
def remove_enclosing_quotes(s):
    if s[0] == '"' and s[-1] == '"':
        return s[1:-1]
    else:
        return s
#调用函数
train.review = train.review.apply(remove_enclosing_quotes)
test.review = test.review.apply(remove_enclosing_quotes)
```

```
#用正则表达式去除乱码,防止对后续分隔句子造成影响
import re
train.review = train.review.apply(lambda x: re.sub(r'&#\d+;',r'', x))
test.review = test.review.apply(lambda x: re.sub(r'&#\d+;',r'', x))
#编写函数,将症状、药物写进评论中,拼成一个整体
def combine_text_columns(data_frame, text_cols):
    text_data = data_frame[text_cols]
    text_data.fillna("", inplace=True)
    return text_data.apply(lambda x: " ".join(x), axis=1)
#调用函数
text_cols = ['drugName', 'condition', 'review']
train['text'] = combine_text_columns(train, text_cols)
test['text'] = combine_text_columns(test, text_cols)
#过滤规则,token的正则表达式
TOKENS_ALPHANUMERIC = '[A-Za-z0-9]+(?=\\s+)'
#CountVectorizer类将文本中的词语转换为词频矩阵
vec_alphanumeric = CountVectorizer(token_pattern=TOKENS_ALPHANUMERIC, ngram_range=(1,2),
lowercase=True, stop_words='english', min_df=2, max_df=0.99)
#转换transform,从而实现数据的标准化、归一化
X = vec_alphanumeric.fit_transform(train.text)
#将1分和10分评论二分类,归位两堆
train['binary_rating'] = train['rating'] > 5
y = train.binary_rating
#划分训练集和测试集
X_train, X_test, y_train, y_test = train_test_split(X, y, random_state=42, stratify=y,
test_size=0.1)
#逻辑回归训练模型
clf_lr = LogisticRegression(penalty='l2', C=100).fit(X_train, y_train)
pred = clf_lr.predict(X_test)
#模型在训练集准确率
print("Accuracy on training set: {}".format(clf_lr.score(X_train, y_train)))
#模型在测试集准确率
print("Accuracy on test set: {}".format(clf_lr.score(X_test, y_test)))
#绘制混淆矩阵
print("Confusion Matrix")
print(confusion_matrix(y_test, pred))
print(classification_report(y_test, pred))
```

2）模型应用创新

相关代码如下：

```
#得到心脏病数据集中特征重要性
import eli5
from eli5.sklearn import PermutationImportance
perm = PermutationImportance(rf, random_state=1).fit(x_test.T, y_test.T)
eli5.show_weights(perm, feature_names = x_test.T.columns.tolist())
#得到正常人和患者均值
```

```
df.groupby('target').mean()
#正常人平均水平
average0_count = np.multiply(average0,w)
average0_sum = sum(average0_count)
#病人平均水平
average1_count = np.multiply(average1,w)
average1_sum = sum(average1_count)
#得到慢性肾病数据集中特征重要性
import eli5 #for purmutation importance
from eli5.sklearn import PermutationImportance
perm = PermutationImportance(rf, random_state = 1).fit(X_test, y_test)
eli5.show_weights(perm, feature_names = X_test.columns.tolist())
df.groupby('class').mean()
#病人平均水平
average0_count = np.multiply(average0,w)
average0_sum = sum(average0_count)
#正常人平均水平
average1_count = np.multiply(average1,w)
average1_sum = sum(average1_count)
#对感情不明确的进行情感分析
train_0 = pd.read_csv('C:/Users/Administrator/Desktop/dasanxia/Thursday9 10 11/drugsComTrain_raw.csv')
test_0 = pd.read_csv('C:/Users/Administrator/Desktop/dasanxia/Thursday9 10 11/drugsComTest_raw.csv')
#仅读入打分为2~9分的评论
train_0 = train_0[train_0.rating.isin([2,3,4,5,6,7,8,9])]
test_0 = test_0[test_0.rating.isin([2,3,4,5,6,7,8,9])]
#去除双引号
train_0.review = train_0.review.apply(remove_enclosing_quotes)
test_0.review = test_0.review.apply(remove_enclosing_quotes)
#去除特殊字符
train_0.review = train_0.review.apply(lambda x: re.sub(r'&#\d+;',r'', x))
test_0.review = test_0.review.apply(lambda x: re.sub(r'&#\d+;',r'', x))
#将症状、药物与评论三者融为一段文字
train_0['text'] = combine_text_columns(train_0, text_cols)
test_0['text'] = combine_text_columns(test_0, text_cols)
#数据归一化
X_0 = vec_alphanumeric.fit_transform(train.text)
#调用模型进行预测
pred_0 = clf_lr.predict(X_0)
#输出预测结果
print(pred_0)
```

3）用户接口及界面可视化

本部分为主界面GUI设计及子界面调用。

```
#导入库函数
```

```
from PyQt5 import QtCore, QtGui, QtWidgets
from PyQt5.QtCore import QCoreApplication
#GUI 界面大小,按钮设置
class Ui_Dialog(object):
    def setupUi(self, Dialog):
        Dialog.setObjectName("Dialog")
        Dialog.resize(1600, 1000)
        Dialog.setFixedSize(1600, 1000)
        self.label = QtWidgets.QLabel(Dialog)
        self.label.setGeometry(QtCore.QRect(680, 60, 250, 61))
        self.label.setObjectName("label")
        self.label.setStyleSheet('font - size:40px')
        self.pushButton = QtWidgets.QPushButton(Dialog)
        self.pushButton.setGeometry(QtCore.QRect(720, 300, 150, 50))
        self.pushButton.setObjectName("pushButton")
        self.pushButton.setStyleSheet('font - size:30px')
        self.pushButton_2 = QtWidgets.QPushButton(Dialog)
        self.pushButton_2.setGeometry(QtCore.QRect(720, 500, 150, 50))
        self.pushButton_2.setObjectName("pushButton_2")
        self.pushButton_2.setStyleSheet('font - size:30px')
        self.pushButton_3 = QtWidgets.QPushButton(Dialog)
        self.pushButton_3.setGeometry(QtCore.QRect(720, 800, 150, 50))
        self.pushButton_3.setObjectName("pushButton_3")
        self.pushButton_3.setStyleSheet('font - size:30px')
        self.pushButton_3.clicked.connect(QCoreApplication.instance().quit)
        self.retranslateUi(Dialog)
        QtCore.QMetaObject.connectSlotsByName(Dialog)
        #为按钮起名字
    def retranslateUi(self, Dialog):
        _translate = QtCore.QCoreApplication.translate
        Dialog.setWindowTitle(_translate("Dialog", "智能健康助手"))
        self.label.setText(_translate("Dialog", "智能健康助手"))
        self.pushButton.setText(_translate("Dialog", "健康预测"))
        self.pushButton_2.setText(_translate("Dialog", "药物推荐"))
        self.pushButton_3.setText(_translate("Dialog", "退出程序"))
#调用机器学习模型,对用户的数据进行分析
#导入库函数
import csv
import pandas as pd
import pickle
import numpy as np
from PyQt5 import QtCore, QtGui, QtWidgets
from databank import result
#GUI 界面大小,按键设置
class Ui_Dialog(object):
    def setupUi(self, Dialog):
        Dialog.setObjectName("Dialog")
```

```
Dialog.resize(1600, 1000)
Dialog.setFixedSize(1600,1000)
self.label = QtWidgets.QLabel(Dialog)
self.label.setGeometry(QtCore.QRect(650,40,300,80)) #标签位置及大小
self.label.setTextFormat(QtCore.Qt.AutoText)
self.label.setAlignment(QtCore.Qt.AlignCenter)
self.label.setObjectName("label")
self.label.setStyleSheet('font - size:40px')
self.age = QtWidgets.QLabel(Dialog)
self.age.setGeometry(QtCore.QRect(700, 200, 200, 40))
self.age.setObjectName("age")
self.age.setStyleSheet('font - size:30px')
self.ageinput = QtWidgets.QLineEdit(Dialog)
self.ageinput.setGeometry(QtCore.QRect(850, 200, 50, 40))
self.ageinput.setObjectName("ageinput")
agelimit = QtCore.QRegExp("[1 - 9][0 - 9]{1,2}")
age_validator = QtGui.QRegExpValidator(agelimit, self.ageinput)
self.ageinput.setValidator(age_validator)
font = QtGui.QFont()
font.setPointSize(20)
self.ageinput.setFont(font)
self.sex = QtWidgets.QLabel(Dialog)
self.sex.setGeometry(QtCore.QRect(700, 300, 200, 40))
self.sex.setObjectName("sex")
self.sex.setStyleSheet('font - size:30px')
self.sexinput = QtWidgets.QComboBox(Dialog)
self.sexinput.setGeometry(QtCore.QRect(850, 300, 60, 45))
self.sexinput.setObjectName("sexinput")
self.sexinput.addItem("")
self.sexinput.addItem("")
self.sexinput.setStyleSheet('font - size:30px')
self.taste = QtWidgets.QLabel(Dialog)
self.taste.setGeometry(QtCore.QRect(700, 400, 200, 40))
self.taste.setObjectName("taste")
self.taste.setStyleSheet('font - size:30px')
self.tasteinput = QtWidgets.QComboBox(Dialog)
self.tasteinput.setGeometry(QtCore.QRect(850, 400, 100, 45))
self.tasteinput.setObjectName("tasteinput")
self.tasteinput.addItem("")
self.tasteinput.addItem("")
self.tasteinput.setStyleSheet('font - size:30px')
self.pushButton = QtWidgets.QPushButton(Dialog)
self.pushButton.setGeometry(QtCore.QRect(750, 800, 100, 40))
self.pushButton.setObjectName("pushButton")
self.pushButton.setStyleSheet('font - size:30px')
self.pushButton.clicked.connect(self.do)
self.Button = QtWidgets.QPushButton(Dialog)
```

```
        self.Button.setGeometry(QtCore.QRect(700, 700, 200, 40))
        self.Button.setObjectName("Button")
        self.Button.setStyleSheet('font - size:30px')
        self.Button.clicked.connect(self.get)
        self.Button2 = QtWidgets.QPushButton(Dialog)
        self.Button2.setGeometry(QtCore.QRect(750, 950, 100, 40))
        self.Button2.setObjectName("Button")
        self.Button2.setStyleSheet('font - size:30px')
        self.label_2 = QtWidgets.QLabel(Dialog)
        self.label_2.setGeometry(QtCore.QRect(900, 700, 200, 40))
        self.label_2.setStyleSheet('font - size:30px')
        self.label_2.setObjectName("label_2")
        self.progressBar = QtWidgets.QProgressBar(Dialog)
        self.progressBar.setGeometry(QtCore.QRect(760, 900, 118, 23))
        self.progressBar.setProperty("value", 0)
        self.progressBar.setObjectName("progressBar")
        self.retranslateUi(Dialog)
        QtCore.QMetaObject.connectSlotsByName(Dialog)
        #读入用户输入数据
    def get(self):
        age = self.ageinput.text()
        sex = self.sexinput.currentIndex()
        taste = self.tasteinput.currentIndex()
        a = [age,sex,145,233,1,0,150,0,2.3,0,0,0,0,1,0,1,0,0,1,0,0]
        b = [age,80,1.02,1,0,0.439252336,0,0,0,121,36,1.2,133.9017857,4.878443114,15.4,
1,1,0,taste,0,0]
        #将用户数据输出到csv文件,并进行定性化分析
        with open('./databank/test.csv', "a",newline = '') as file:
            csv_file = csv.writer(file)
            csv_file.writerow(a)
            file.close()
        with open('./databank/test2.csv', "a",newline = '') as file:
            csv_file = csv.writer(file)
            csv_file.writerow(b)
            file.close()
        self.label_2.setText(QtCore.QCoreApplication.translate("Dialog", "写入成功"))
        self.progressBar.setProperty("value", 0)
        #对用户数据定量化分析
    def caculate1(self,client1,client_result1,):
        #判断病情,数据来源于模型
        average1_sum = 2.94673976 #病人
        average0_sum = 3.12316913 #正常人
        #权重矩阵
        w = np.ones((21, 1))
        w[0, 0] = 0.0066 #client_x['age']
        w[1, 0] = 0.059 #client_x['ca']
        w[2, 0] = 0.0033 #client_x['chol']
```

```
w[3, 0] = 0.0590 #client_x['cp_0']
w[4, 0] = 0 #client_x['cp_1']
w[5, 0] = 0.0197 #client_x['cp_2']
w[6, 0] = 0.0131 #client_x['cp_3']
w[7, 0] = -0.0033 #client_x['exang']
w[8, 0] = -0.0033 #client_x['fbs']
w[9, 0] = 0.0098 #client_x['oldpeak']
w[10, 0] = 0.0131 #client_x['restecg']
w[11, 0] = 0.0131 #client_x['trestbps']
w[12, 0] = 0.0098 #client_x['sex']
w[13, 0] = 0 #client_x['slope_0']
w[14, 0] = 0.0033 #client_x['slope_1']
w[15, 0] = 0.0066 #client_x['slope_2']
w[16, 0] = 0 #client_x['thal_0']
w[17, 0] = 0 #client_x['thal_1']
w[18, 0] = 0.0361 #client_x['thal_2']
w[19, 0] = 0.0131 #client_x['thal_3']
w[20, 0] = 0 #client_x['thalach']
#用户数据转化为矩阵
client_message = np.ones((21, 1))
client_message[0, 0] = client1['age']
client_message[1, 0] = client1['ca']
client_message[2, 0] = client1['chol']
client_message[3, 0] = client1['cp_0']
client_message[4, 0] = client1['cp_1']
client_message[5, 0] = client1['cp_2']
client_message[6, 0] = client1['cp_3']
client_message[7, 0] = client1['exang']
client_message[8, 0] = client1['fbs']
client_message[9, 0] = client1['oldpeak']
client_message[10, 0] = client1['restecg']
client_message[11, 0] = client1['trestbps']
client_message[12, 0] = client1['sex']
client_message[13, 0] = client1['slope_0']
client_message[14, 0] = client1['slope_1']
client_message[15, 0] = client1['slope_2']
client_message[16, 0] = client1['thal_0']
client_message[17, 0] = client1['thal_1']
client_message[18, 0] = client1['thal_2']
client_message[19, 0] = client1['thal_3']
client_message[20, 0] = client1['thalach']
client_count = np.multiply(client_message, w)
client_sum = sum(client_count)
#判断用户是否为病人
if client_result1 == 1:
    client_index = client_sum / average1_sum
    return(client_index)
```

```
        else:
            client_index = client_sum / average0_sum
            return(client_index)
        #在判断用户是否为病人后继续定量化分析
    def caculate2(self,client2,client_result2,):
        #判断病情,数据来源于模型
        average1_sum = 10.06672071 #病人
        average0_sum = 12.62982294 #正常人
        #权重矩阵
        w = np.ones((21, 1))
        w[0, 0] = 0.002 #client_x['age']
        w[1, 0] = 0.051 #client_x['bp']
        w[2, 0] = 0.0545 #client_x['sg']
        w[3, 0] = 0.024 #client_x['al']
        w[4, 0] = 0 #client_x['su']
        w[5, 0] = 0.179 #client_x['rbc']
        w[6, 0] = 0 #client_x['pc']
        w[7, 0] = 0 #client_x['pcc']
        w[8, 0] = 0 #client_x['ba']
        w[9, 0] = 0.028 #client_x['bgr']
        w[10, 0] = 0.019 #client_x['bu']
        w[11, 0] = 0 #client_x['sc']
        w[12, 0] = 0.0025 #client_x['sod']
        w[13, 0] = 0 #client_x['pot']
        w[14, 0] = 0.1505 #client_x['hemo']
        w[15, 0] = 0.08 #client_x['htn']
        w[16, 0] = 0.025 #client_x['dm']
        w[17, 0] = 0 #client_x['cad']
        w[18, 0] = -0.0005 #client_x['appet']
        w[19, 0] = 0 #client_x['pe']
        w[20, 0] = -0.0005 #client_x['ane']
        client_message = np.ones((21, 1))
        client_message[0, 0] = client2['age']
        client_message[1, 0] = client2['bp']
        client_message[2, 0] = client2['sg']
        client_message[3, 0] = client2['al']
        client_message[4, 0] = client2['su']
        client_message[5, 0] = client2['rbc']
        client_message[6, 0] = client2['pc']
        client_message[7, 0] = client2['pcc']
        client_message[8, 0] = client2['ba']
        client_message[9, 0] = client2['bgr']
        client_message[10, 0] = client2['bu']
        client_message[11, 0] = client2['sc']
        client_message[12, 0] = client2['sod']
        client_message[13, 0] = client2['pot']
        client_message[14, 0] = client2['hemo']
```

```
        client_message[15, 0] = client2['htn']
        client_message[16, 0] = client2['dm']
        client_message[17, 0] = client2['cad']
        client_message[18, 0] = client2['appet']
        client_message[19, 0] = client2['pe']
        client_message[20, 0] = client2['ane']
        client_count = np.multiply(client_message, w)
        client_sum = sum(client_count)
        #print(client_sum)调试代码
        if client_result2 == 1:
            client_index = client_sum / average1_sum
            return(client_index)
        else:
            client_index = client_sum / average0_sum
            return(client_index)
        #输出模型结果,可视化
    def do(self):
        self.label_2.setText(QtCore.QCoreApplication.translate("Dialog", ""))
        #QtWidgets.QMessageBox.about(None, "Warning", "跳转成功")调试代码
        client = pd.read_csv("./databank/test.csv")
        #QtWidgets.QMessageBox.about(None, "Warning", "打开 csv 成功")调试代码
        with open("./databank/model.pkl", "rb") as f:
            rf = pickle.load(f)
        list = []
        #QtWidgets.QMessageBox.about(None, "Warning", "打开模型成功")调试代码
        print(client.shape[0] - 1)
        for i in range(0, client.shape[0] - 1):
            list.append(i)
        client = client.drop(list)
        print(client)
        #QtWidgets.QMessageBox.about(None, "Warning", "数据载入成功")调试代码
        client_result = rf.predict(client)
        #QtWidgets.QMessageBox.about(None, "Warning", "预测成功")调试代码
        print('这就是分类预测结果')
        print(client_result)
        self.progressBar.setProperty("value", 25)
        self.score1 = self.caculate1(client,client_result)
        print("得分结果: ", self.score1)
        self.progressBar.setProperty("value", 50)
        client2 = pd.read_csv("./databank/test2.csv")
        with open("./databank/model_kidney.pkl", "rb") as f:
            rf2 = pickle.load(f)
        list2 = []
        for i in range(0, client2.shape[0] - 1):
            list2.append(i)
        client2 = client2.drop(list)
        client2_result = rf.predict(client2)
```

```
            print('这就是分类预测结果')
            print(client2_result)
            self.progressBar.setProperty("value", 75)
            self.score2 = self.caculate2(client2, client2_result)
            print("得分结果：",self.score2)
            self.progressBar.setProperty("value", 100)
            self.c_widget = QtWidgets.QWidget()
            self.c = result.Ui_Dialog() self.c.setupUi(client_result[0],client2_result[0],
    self.score1[0],self.score2[0],self.c_widget)
            self.c.pushButton.clicked.connect(self.c_widget.close)
            self.c_widget.show()
            #子界面文字设计
        def retranslateUi(self, Dialog):
            _translate = QtCore.QCoreApplication.translate
            Dialog.setWindowTitle(_translate("Dialog", "健康预测系统"))
            self.label.setText(_translate("Dialog", "健康预测系统"))
            self.age.setText(_translate("Dialog", "您的年龄："))
            self.sex.setText(_translate("Dialog", "您的性别："))
            self.sexinput.setItemText(0, _translate("Dialog", "男"))
            self.sexinput.setItemText(1, _translate("Dialog", "女"))
            self.taste.setText(_translate("Dialog", "最近食欲："))
            self.tasteinput.setItemText(0, _translate("Dialog", "good"))
            self.tasteinput.setItemText(1, _translate("Dialog", "pure"))
            self.pushButton.setText(_translate("Dialog", "检测"))
            self.Button.setText(_translate("Dialog", "一键获取"))
            self.Button2.setText(_translate("Dialog", "返回"))
#预测结果可视化,对用户的数据定性+定量进行化分析
from PyQt5 import QtCore, QtGui, QtWidgets
from PyQt5.QtCore import QCoreApplication
from PyQt5.QtWidgets import QMessageBox
#疾病预测结果展示子界面GUI设计、大小按钮设计
class Ui_Dialog(object):
    def setupUi(self, result1,result2,score1,score2,Dialog):
        Dialog.setObjectName("Dialog")
        Dialog.resize(1600, 1000)
        Dialog.setFixedSize(1600, 1000)
        self.label = QtWidgets.QLabel(Dialog)
        self.label.setGeometry(QtCore.QRect(150, 240, 300, 40))
        self.label.setObjectName("label")
        self.label.setStyleSheet('font-size:35px')
        self.label_2 = QtWidgets.QLabel(Dialog)
        self.label_2.setGeometry(QtCore.QRect(420, 240, 100, 40))
        self.label_2.setObjectName("label_2")
        self.label_2.setStyleSheet('font-size:35px')
        self.label_3 = QtWidgets.QLabel(Dialog)
        self.label_3.setGeometry(QtCore.QRect(100, 400, 537, 213))
        self.label_3.setObjectName("label_3")
```

```
        self.label_4 = QtWidgets.QLabel(Dialog)
        self.label_4.setGeometry(QtCore.QRect(950, 240, 300, 40))
        self.label_4.setObjectName("label_4")
        self.label_4.setStyleSheet('font - size:35px')
        self.label_5 = QtWidgets.QLabel(Dialog)
        self.label_5.setGeometry(QtCore.QRect(1220, 240, 100, 40))
        self.label_5.setObjectName("label_5")
        self.label_5.setStyleSheet('font - size:35px')
        self.label_6 = QtWidgets.QLabel(Dialog)
        self.label_6.setGeometry(QtCore.QRect(900, 400, 537, 213))
        self.label_6.setObjectName("label_6")
        self.pushButton = QtWidgets.QPushButton(Dialog)
        self.pushButton.setGeometry(QtCore.QRect(700, 800, 200, 40))
        self.pushButton.setObjectName("pushButton")
        self.pushButton.setStyleSheet('font - size:30px')
        #需要用到的图片调用地址
        self.png1 = QtGui.QPixmap('./databank/healthy1.png')
        self.png2 = QtGui.QPixmap('./databank/healthy2.png')
        self.png3 = QtGui.QPixmap('./databank/weak1.png')
        self.png4 = QtGui.QPixmap('./databank/weak2.png')
        self.result1 = result1
        self.result2 = result2
        self.score1 = score1
        self.score2 = score2
        self.retranslateUi(Dialog)
        QtCore.QMetaObject.connectSlotsByName(Dialog)
        #对疾病预测结果进行分析,是轻度或重度中毒
    def retranslateUi(self, Dialog):
        _translate = QtCore.QCoreApplication.translate
        Dialog.setWindowTitle(_translate("Dialog", "预测结果"))
        self.label.setText(_translate("Dialog", "您心脏的状态是: "))
        self.label_4.setText(_translate("Dialog", "您肾脏的状态是: "))
        self.pushButton.setText(_translate("Dialog", "退出"))
        print(self.score1,self.score2)
        if self.result1 == 0:
            self.label_2.setText(_translate("Dialog", "健康"))
            if self.score1 < 1:
                self.label_3.setPixmap(self.png1)
            #print 函数仅在编译时输出,用于检测程序 debug
                print("ok")
            else :
                self.label_3.setPixmap(self.png2)
                print("ok")
        if self.result2 == 0:
            self.label_5.setText(_translate("Dialog", "健康"))
            if self.score2 < 1:
                self.label_6.setPixmap(self.png1)
```

```
                print("ok")
            else :
                self.label_6.setPixmap(self.png2)
                print("ok")
        if self.result1 == 1:
            self.label_2.setText(_translate("Dialog", "虚弱"))
            if self.score1 < 1:
                self.label_3.setPixmap(self.png3)
                print("ok")
            else :
                self.label_3.setPixmap(self.png4)
                print("ok")
        if self.result2 == 1:
            self.label_5.setText(_translate("Dialog", "虚弱"))
            if self.score2 < 1:
                self.label_6.setPixmap(self.png3)
                print("ok")
            else :
                self.label_6.setPixmap(self.png4)
                print("ok")
#药物查询
#导入库函数
from PyQt5 import QtCore, QtGui, QtWidgets
from databank import medicineres
#GUI界面大小,按键设置
class Ui_Dialog(object):
    def setupUi(self, Dialog):
        Dialog.setObjectName("Dialog")
        Dialog.resize(1600, 1000)
        Dialog.setFixedSize(1600, 1000)
        self.label = QtWidgets.QLabel(Dialog)
        self.label.setGeometry(QtCore.QRect(680, 60, 250, 61))
        self.label.setObjectName("label")
        self.label.setStyleSheet('font-size:40px')
        self.label_2 = QtWidgets.QLabel(Dialog)
        self.label_2.setGeometry(QtCore.QRect(640, 200, 450, 400))
        self.label_2.setObjectName("label_2")
        self.label_2.setStyleSheet('font-size:25px')
        self.pushButton_3 = QtWidgets.QPushButton(Dialog)
        self.pushButton_3.setGeometry(QtCore.QRect(720, 800, 150, 50))
        self.pushButton_3.setObjectName("pushButton_3")
        self.pushButton_3.setStyleSheet('font-size:30px')
        self.pushButton_3.clicked.connect(self.getresult)
        self.textEdit = QtWidgets.QTextEdit(Dialog)
        self.textEdit.setGeometry(QtCore.QRect(660, 500, 291, 201))
        self.textEdit.setObjectName("textEdit")
        self.textEdit.setStyleSheet('font-size:30px')
```

```
        self.pushButton_2 = QtWidgets.QPushButton(Dialog)
        self.pushButton_2.setGeometry(QtCore.QRect(720, 900, 150, 50))
        self.pushButton_2.setObjectName("pushButton_3")
        self.pushButton_2.setStyleSheet('font - size:30px')
        self.retranslateUi(Dialog)
        QtCore.QMetaObject.connectSlotsByName(Dialog)
        #接收用户输入,调用数据库
    def getresult(self):
        condition = self.textEdit.toPlainText()
        self.a_widget = QtWidgets.QWidget()
        self.a = medicineres.Ui_Dialog()
        self.a.setupUi(self.a_widget,condition)
        self.a.pushButton.clicked.connect(self.a_widget.close)
        self.a_widget.show()
        #输出匹配到数据库中的数据
    def retranslateUi(self, Dialog):
        _translate = QtCore.QCoreApplication.translate
        Dialog.setWindowTitle(_translate("Dialog", "Dialog"))
        self.label.setText(_translate("Dialog", "药物推荐助手"))
        self.label_2.setText(_translate("Dialog","请输入您的症状以#作为间隔"))
        self.pushButton_3.setText(_translate("Dialog", "查询"))
        self.pushButton_2.setText(_translate("Dialog", "返回"))
#将匹配到的数据库结果可视化
#导入库函数
from PyQt5 import QtCore, QtGui, QtWidgets
import pandas as pd
#GUI界面设计、大小和按钮
class Ui_Dialog(object):
    def setupUi(self, Dialog,condition):
        _translate = QtCore.QCoreApplication.translate
        Dialog.setObjectName("Dialog")
        Dialog.setWindowTitle(_translate("Dialog", "查询结果"))
        Dialog.resize(600, 400)
        Dialog.setFixedSize(600, 400)
        self.pushButton = QtWidgets.QPushButton(Dialog)
        self.pushButton.setGeometry(QtCore.QRect(200, 300, 200, 40))
        self.pushButton.setObjectName("pushButton")
        self.pushButton.setStyleSheet('font - size:30px')
        self.pushButton.setText(_translate("Dialog", "退出"))
        self.tableWidget = QtWidgets.QTableWidget(Dialog)
        self.tableWidget.setGeometry(QtCore.QRect(0, 0, 600, 300))
        self.tableWidget.setObjectName("tableWidget")
        self.tableWidget.setEditTriggers(QtWidgets.QAbstractItemView.NoEditTriggers)
        self.tableWidget.setColumnCount(3)
        item = QtWidgets.QTableWidgetItem()
        #接收输入的用户症状
        item.setText(_translate("Dialog", "medicine_1"))
```

```
        self.tableWidget.setHorizontalHeaderItem(0, item)
        item = QtWidgets.QTableWidgetItem()
        item.setText(_translate("Dialog", "medicine_2"))
        self.tableWidget.setHorizontalHeaderItem(1, item)
        item = QtWidgets.QTableWidgetItem()
        item.setText(_translate("Dialog", "medicine_3"))
        print(item)
        self.tableWidget.setHorizontalHeaderItem(2, item)
        self.condition = condition.split("#")
        #读取数据库
        df = pd.read_csv("./databank/cure_clean.csv")
        self.tableWidget.setRowCount(len(self.condition))
        for i in self.condition:
            medicine = []
            medicine_1 = df.loc[df['condition'] == i, 'medicine_1']
            medicine_2 = df.loc[df['condition'] == i, 'medicine_2']
            medicine_3 = df.loc[df['condition'] == i, 'medicine_3']
            if len(medicine_1) == 0 or len(medicine_2) == 0 or len(medicine_3) == 0:
                info = "%s Not Found" % (i)
                QtWidgets.QMessageBox.about(None,"Warning",info)
self.tableWidget.setVerticalHeaderItem(self.condition.index(i),
QtWidgets.QTableWidgetItem(i))
            else:
self.tableWidget.setVerticalHeaderItem(self.condition.index(i),
QtWidgets.QTableWidgetItem(i))
                #输出排名前三的药物
                medicine_1 = medicine_1.values[0]
                medicine_2 = medicine_2.values[0]
                medicine_3 = medicine_3.values[0]
                medicine_1= medicine_1.strip().replace('Series([], )', '')
                medicine_2= medicine_2.strip().replace('Series([], )', '')
                medicine_3= medicine_3.strip().replace('Series([], )', '')
                medicine.append(medicine_1)
                medicine.append(medicine_2)
                medicine.append(medicine_3)
                for j in medicine:
                    self.tableWidget.setItem(self.condition.index(i), medicine.index(j),
                                             QtWidgets.QTableWidgetItem(j))
        QtWidgets.QTableWidget.resizeColumnsToContents(self.tableWidget)
        QtCore.QMetaObject.connectSlotsByName(Dialog)
#测试文件代码
#导入库函数
import PyQt5
from PyQt5 import QtCore, QtGui, QtWidgets
from PyQt5.QtCore import QCoreApplication
import sys,xlsxwriter,csv,os
from databank import jiance,mainwindow,medicine,medicineres
```

```
#打开疾病预测模块,预测疾病;创建或打开疾病记录,记录用户数据
with open("./databank/test.csv", 'w') as f:
    csv_write = csv.writer(f)
    data_row = ["age", "sex","trestbps","chol","fbs","restecg","thalach","exang",
"oldpeak","ca","cp_0","cp_1","cp_2","cp_3","thal_0","thal_1","thal_2","thal_3","slope_
0","slope_1","slope_2"]
    csv_write.writerow(data_row)
    f.close()
with open("./databank/test2.csv", 'w') as f:
    csv_write = csv.writer(f)
    data_row = ["age", "bp","sg","al","su","rbc","pc","pcc","ba","bgr","bu","sc","sod",
"pot","hemo","htn","dm","cad","appet","pe","ane"]
    csv_write.writerow(data_row)
    f.close()
#打开药物推荐模块,推荐药物
app = QtWidgets.QApplication(sys.argv)
a_widget = QtWidgets.QWidget()
b_widget = QtWidgets.QWidget()
c_widget = QtWidgets.QWidget()
#GUI界面设计及输出
a = mainwindow.Ui_Dialog()
a.setupUi(a_widget)
a_widget.show()
b = jiance.Ui_Dialog()
b.setupUi(b_widget)
c = medicine.Ui_Dialog()
c.setupUi(c_widget)
a.pushButton.clicked.connect(b_widget.show)
c.pushButton_2.clicked.connect(c_widget.close)
b.Button2.clicked.connect(b_widget.close)
a.pushButton_2.clicked.connect(c_widget.show)
sys.exit(app.exec_())
```

2.4 系统测试

本部分包括训练准确度、测试效果和模型应用。

2.4.1 训练准确度

心脏病预测准确率达到89%以上,模型训练比较成功,如图2-28~图2-31所示。

随机森林模型准确率 : 89.86%

图2-28 模型准确率

慢性肾病预测准确率达到100%,如图2-32~图2-35所示。

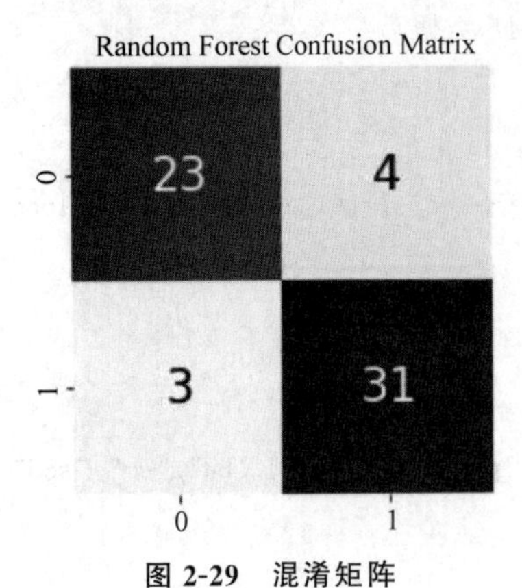

图 2-29　混淆矩阵

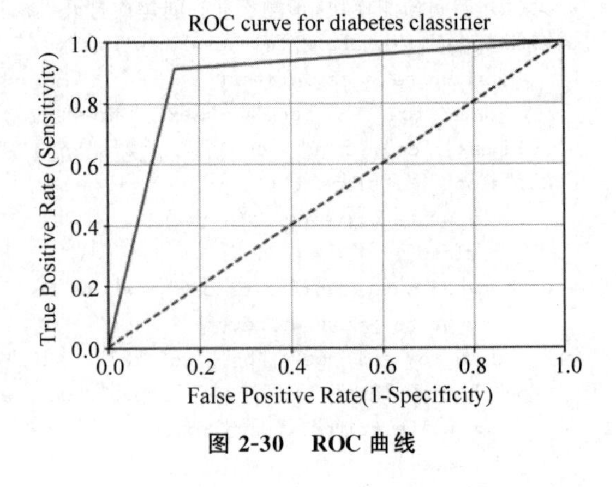

图 2-30　ROC 曲线

ROC曲线面积

0.8818082788671023

图 2-31　ROC 曲线面积

随机森林模型准确率 ： 100.00%

图 2-32　模型准确率

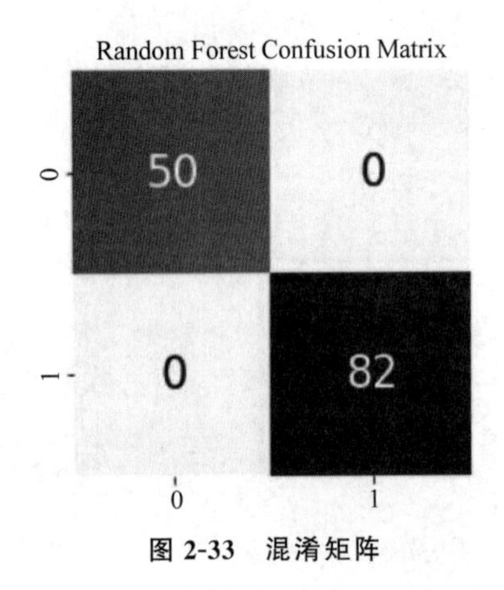

图 2-33　混淆矩阵

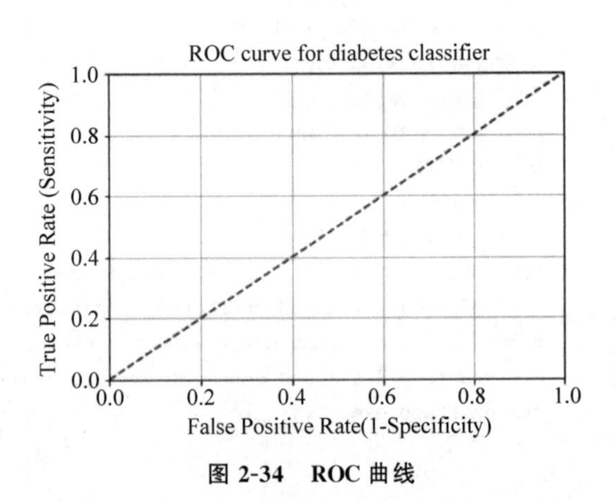

图 2-34　ROC 曲线

ROC曲线面积

1.0

图 2-35　ROC 曲线面积

2.4.2　测试效果

将数据代入模型进行测试，分类的标签与原始数据进行显示和对比，可以得到验证：模型可以实现疾病预测和药物推荐。模型训练效果如图 2-36 所示，药物推荐效果如图 2-37 所示。

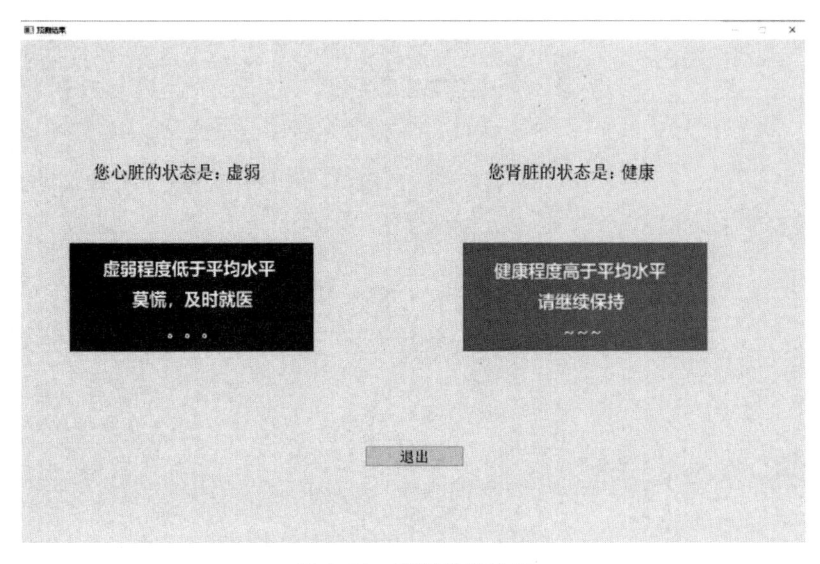

图 2-36　模型训练效果

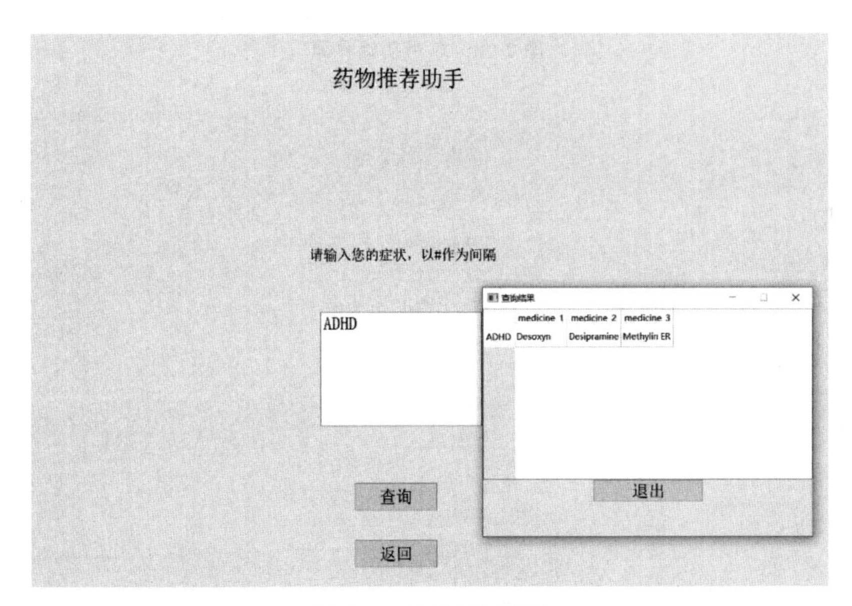

图 2-37　药物推荐效果

2.4.3　模型应用

打开 cmd 命令，到程序所在文件夹；输入 python test.py 开始测试；打开应用，初始界面如图 2-38 所示。

界面从上至下，分别有三个按钮。单击第一个按钮“健康预测”，可以看到界面跳转到疾病预测界面，如图 2-39 所示。

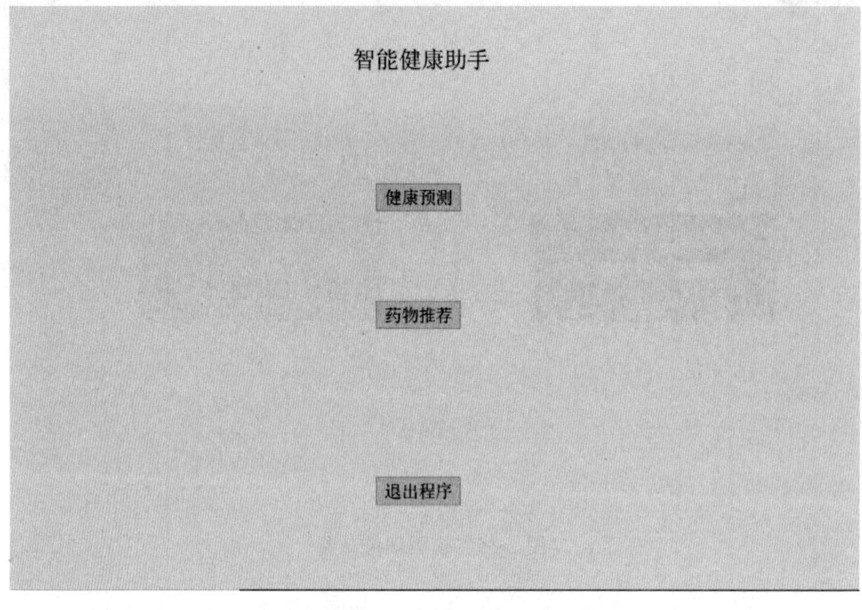

图 2-38 应用初始界面

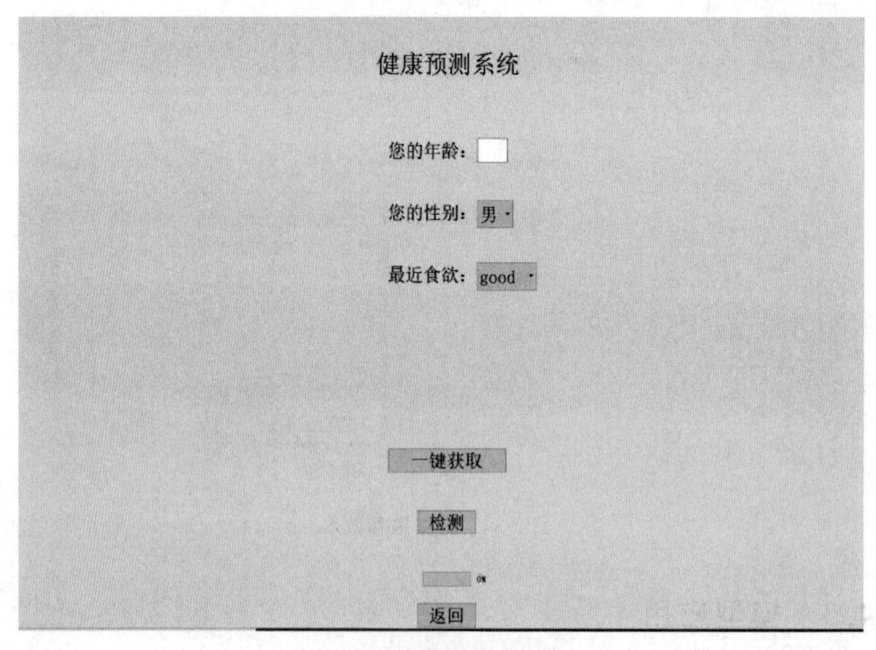

图 2-39 疾病预测显示界面

返回主界面后，单击第二个按钮“药物推荐”，看到界面跳转到药物推荐界面，如图 2-40 所示；药物推荐助手如图 2-41 所示；对不在数据库中的症状，提示不存在，不输出任何疾病信息，如图 2-42 所示。

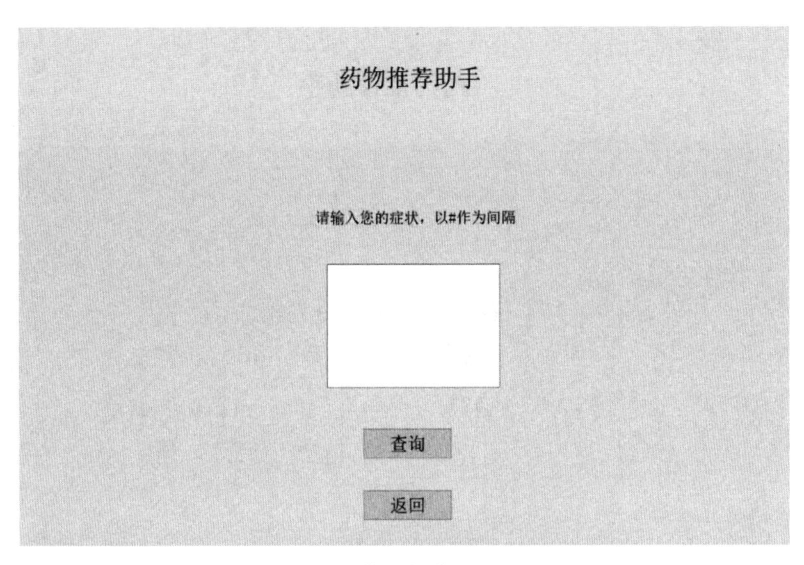

图 2-40　药物推荐显示界面

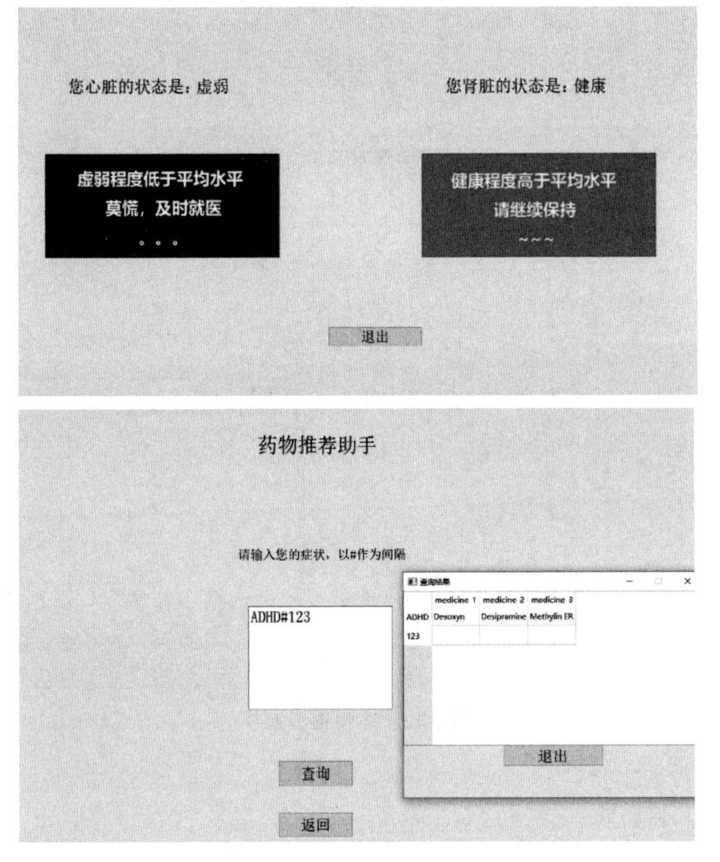

图 2-41　测试结果

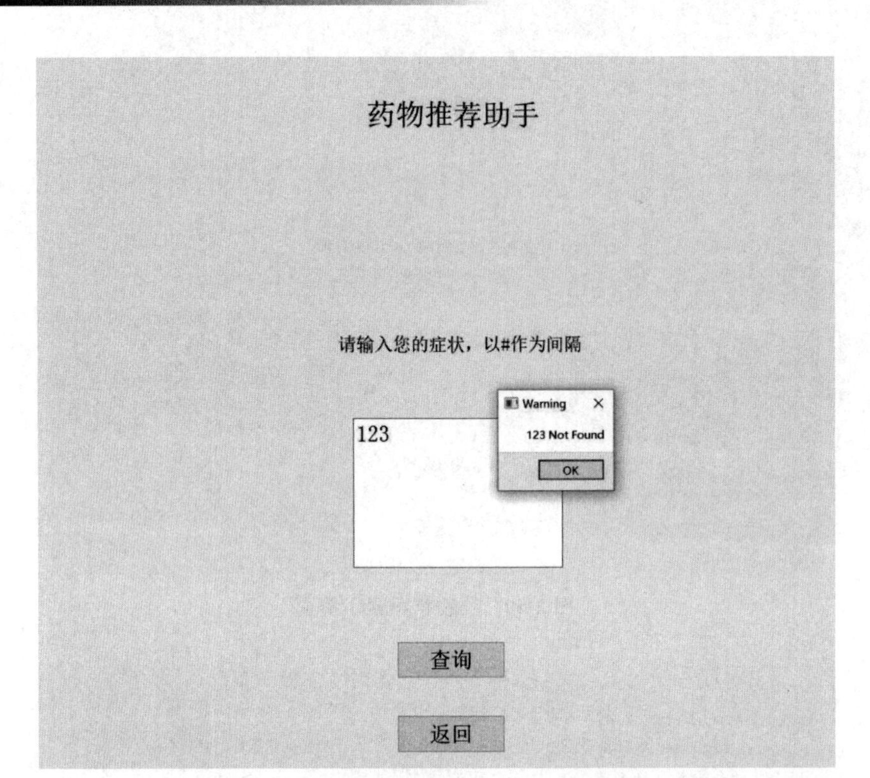
药物推荐助手
请输入您的症状，以#作为间隔
123
Warning
123 Not Found
OK
查询
返回

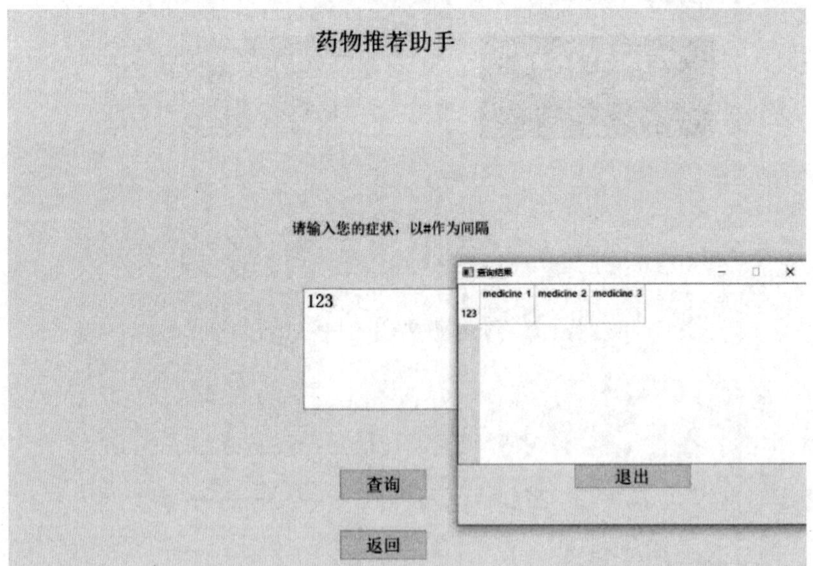
药物推荐助手
请输入您的症状，以#作为间隔
123
medicine 1
medicine 2
medicine 3
123
退出
查询
返回

图 2-42 药物推荐助手

项目 3

PROJECT 3

基于 SVM 的酒店评论推荐系统

本项目是以向量机(SVM)作为技术支持,使用酒店评论集作为数据集,训练出针对酒店评论情感的分析模型,使用 word2vec 产生词向量,实现服务器端提供数据、客户端查询数据的打分推荐系统。

3.1 总体设计

本部分包括系统整体结构和系统流程。

3.1.1 系统整体结构

系统整体结构如图 3-1 所示。

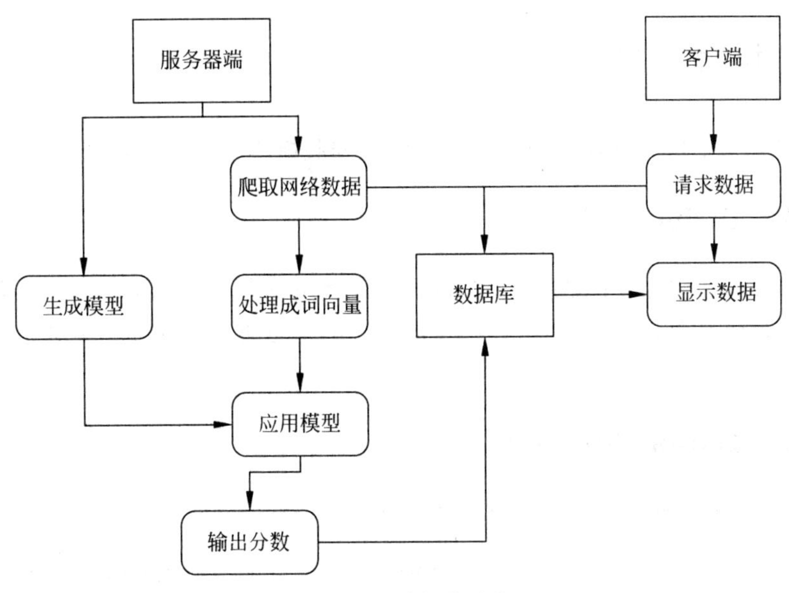

图 3-1 系统整体结构

3.1.2 系统流程

系统流程如图 3-2 所示。

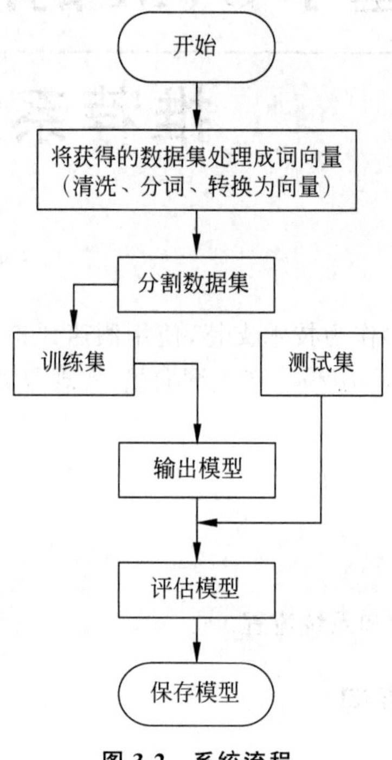

图 3-2 系统流程

3.2 运行环境

本部分包括 Python 环境、TensorFlow 环境、安装模块、MySQL 数据库。

3.2.1 Python 环境

需要 Python 3.6 及以上配置，在 Windows 环境下推荐下载 Anaconda 完成 Python 所需的配置，下载地址为 https://www.anaconda.com/，也可下载虚拟机在 Linux 环境下运行代码。

3.2.2 TensorFlow 环境

打开 Anaconda Prompt，输入清华仓库镜像。

```
conda config --add channels https://mirrors.tuna.tsinghua.edu.cn/anaconda/pkgs/free/
conda config --set show_channel_urls yes
```

创建 Python 3.5 的环境，名称为 TensorFlow，此时 Python 版本和后面 TensorFlow 的版本有匹配问题，此步选择 Python 3.x。

```
conda create -n tensorflow python=3.5
```

有需要确认的地方，都输入 y，在 Anaconda Prompt 中激活 TensorFlow 环境：

```
activate tensorflow
```

安装 CPU 版本的 TensorFlow：

```
pip install -upgrade --ignore-installed tensorflow
```

安装完毕。

3.2.3 安装其他模块

在 anaconda prompt 中使用命令行切换到 TensorFlow 环境：

```
$ activate tensorflow
```

安装 Scikit-learn 模块：

```
$ pip install scikit-learn -i https://pypi.tuna.tsinghua.edu.cn/simple
```

安装 jieba 模块：

```
$ pip install jieba -i https://pypi.tuna.tsinghua.edu.cn/simple
```

安装 gensim 模块：

```
$ pip install gensim -i https://pypi.tuna.tsinghua.edu.cn/simple
```

安装 Django 模块：

下载并解压 Django，和 Python 安装在同一个根目录，进入 Django 目录，执行：

```
python setup.py install
```

Django 被安装到 Python 的 Lib 下 site-packages。将这些目录添加到系统环境变量中：C:\Python33\Lib\site-packages\django；C:\Python33\Scripts，使用 Django 的 django-admin.py 命令新建工程。

3.2.4 安装 MySQL 数据库

下载 MySQL 安装并配置。在计算机高级属性的系统变量中写好 MySQL 所在位置，方便用命令行操作 MySQL，在服务里启动数据库服务，登录数据库：

```
mysql -u root -p
```

创建数据库 grades：

```
CREATE DATABASE grades;
```

在数据库里创建表单：

```
USE grades;
mysql > CREATE TABLE grades
     -> (
     -> hotel VARCHAR(25),
     -> grades INT(10)UNSIGNED DEFAULT NULL,
     -> data LONGTEXT DEFAULT NULL
     -> ) ENGINE = InnoDB DEFAULT CHARSET = gb2312;
```

3.3 模块实现

本项目包括 3 个模块：数据预处理、模型训练及保存、模型测试，下面分别给出各模块的功能介绍及相关代码。

3.3.1 数据预处理

数据集下载链接为 https://www.aitechclub.com/data-detail?data_id=29，停用词典下载链接为 http://www.datasoldier.net/archives/636。

1. 数据整合

原始数据包含在两个文件夹中，每个文件夹各有 2000 条消极和 2000 条积极的评论，因此，需要先做评论数据整合，将两个评论放在.txt 文档中。

```
#读取每条文字内容
def getContent(fullname):
    f = open(fullname,'rb+')
    content = f.readlines()
    f.close()
    return content
    #将积极和消极评论分别写入两个文件中
for parent,dirnames,filenames in os.walk(rootdir):
            for filename in filenames:
            #使用getContent()函数，得到每条评论的具体内容
                content = getContent(rootdir + '\\' + filename)
                output.writelines(content)
                i = i+1
        output.close()
```

2. 文本清洗

进行文本特殊符号(如表情)的清理删除。

```
#文本清洗
def clearTxt(line):
        if line != '':
          #删除末尾的空格
line = line.strip()
          pun_num = string.punctuation + string.digits
          intab = pun_num
          outtab = " " * len(pun_num)
          #删除所有标点和数字
          trantab = str.maketrans(intab, outtab)
          line = line.translate(trantab)
          #删除文本中的英文和数字
          line = re.sub("[a-zA-Z0-9]", "", line)
          #删除文本中的中文符号和英文符号
             line = re.sub("[\s+\.\!\/_,$%^*(+\"\'; :"".]+|[+——!= =°【】,
÷.??、~@#¥%……&*()]+", "", line)
        return line
    #进行文本分词
    #引入 jieba 模块
     import jieba
import jieba.analyse
import codecs,sys,string,re
    #文本分词
def sent2word(line):
      segList = jieba.cut(line,cut_all=False)
      segSentence = ''
    for word in segList:
        if word != '\t':
            segSentence += word + " "
    return segSentence.strip()
#删除分词后文本里的停用词
def delstopword(line,stopkey):
    wordList = line.split(' ')
    sentence = ''
    for word in wordList:
        word = word.strip()
#spotkey是在主函数中获取的评论行数
#逐行删除,不破坏词所在每行的位置,始终保持每条评论的间隔
        if word not in stopkey:
            if word != '\t':
                sentence += word + " "
    return sentence.strip()
```

3. 文本分词

将分词后的文本转化为以高维向量表示的方式,这里使用微信中文语料训练的开源模型。

```
#载入模型
fdir = 'E:\word2vec\word2vec_from_weixin\word2vec'
    inp = fdir + '\word2vec_wx'
    model = gensim.models.Word2Vec.load(inp)
#把词语转化为词向量的函数
def getWordVecs(wordList,model):
    vecs = []
    for word in wordList:
        word = word.replace('\n','')
        #print word
        try:
            vecs.append(model[word])
        except KeyError:
            continue
    return np.array(vecs, dtype = 'float')
#转化为词向量
def buildVecs(filename,model):
    fileVecs = []
    with codecs.open(filename, 'rb', encoding = 'utf - 8') as contents:
        for line in contents:
            wordList = line.split(' ')
            #调用 getwordVecs()函数,获取每条评论的词向量
            vecs = getWordVecs(wordList,model)
            if len(vecs) > 0:
                vecsArray = sum(np.array(vecs))/len(vecs)
                fileVecs.append(vecsArray)
    return fileVecs
    #建立词向量表,其中积极的首列填充为 1,消极的首列填充为 0
    Y = np.concatenate((np.ones(len(posInput)), np.zeros(len(negInput))))
    X = posInput[:]
    for neg in negInput:
        X.append(neg)
    X = np.array(X)
```

3.3.2 模型训练及保存

通过训练集训练数据得出模型,使模型进行情感分类。这里,使用训练集和测试集来拟合并保存模型。

1. 加载词向量表,并设置训练集和测试集

相关代码如下:

```
fdir = ''
df = pd.read_csv(fdir + '2000_data.csv')
#导入每条词向量为 x,对应的结果为 y
y = df.iloc[:,1].values
```

```
x = df.iloc[:,2:].values
#分割训练集和测试集
(x_train,x_test,y_train,y_test) = train_test_split(x,y,test_size = 0.2,random_state = 1)
```

2. 模型训练并保存

相关代码如下：

```
#进行模型的训练
clf = svm.SVC(C = 10,kernel = 'rbf',gamma = 0.38,probability = True) #训练
clf.fit(x_train,y_train)
#打印模型在训练集上的准确率
print 'train Accuracy: %.2f' % clf.score(x_train,y_train)
#打印模型在测试集上的准确率
print 'Test Accuracy: %.2f' % clf.score(x_test,y_test)
pred_probas = clf.predict_proba(x)[:,1] #score
fpr,tpr,_ = metrics.roc_curve(y, pred_probas)
roc_auc = metrics.auc(fpr,tpr)
#画出模型的 ROC 曲线,便于后续分析调整模型
plt.plot(fpr, tpr, label = 'area = %.2f' % roc_auc)
plt.plot([0, 1], [0, 1], 'k--')
plt.xlim([0.0, 1.0])
plt.ylim([0.0, 1.05])
plt.legend(loc = 'lower right')
plt.show()
#保存模型
joblib.dump(clf, "my_model_1.m")
```

3.3.3　模型测试

使用模型对已经爬取的评论集进行打分。

1. 爬取评论

在携程酒店爬取指定酒店 ID 的评论集。

```
#爬虫输入网页请求参数,得到相应网页
def getResponse(url,pageindex):
data = {"hotelId":1737627,"pageIndex":pageindex,"tagId":0,"pageSize":10,"groupTypeBitMap":
2,"needStatisticInfo": 0,"order": 0,"basicRoomName":"","travelType": 1,"head": {"cid":
"09031179411625216472","ctok":"","cver":"1.0","lang":"01","sid":"8888","syscode":"09",
"auth":"","extension":[]}}
    data = json.dumps(data).encode(encoding = 'utf-8')
    #模拟普通浏览器的方式
     header_dict = {'User-Agent': 'Mozilla/5.0 (Windows NT 6.1; Trident/7.0; rv:11.0) like
Gecko',"Content-Type": "application/json"}
url_request = request.Request(url = url,data = data,headers = header_dict)
    print("正在采集的是第%d页", %i)
```

```
url_response = request.urlopen(url_request)
    return url_response
if _name_ == "_main_":
    #循环爬取所有页数
    for i in range(1,434):
    #输入采集网页的地址
http_ response = getResponse ( " http://m. ctrip. com/restapi/soa2/16765/gethotelcomment? _
fxpcqlniredt = 09031144211504567945",i)
        data = http_response.read().decode('utf - 8')
        dic = json.loads(data)
        ungz = dic['othersCommentList']
         #网页结构是每页有 10 条评论
        for k in range(10):
            content = ungz[k]
            comment = content['content']
          #存储到本地文件中
            with open('comment_beiwai.txt', 'a', encoding = 'utf - 8') as f:
              f.write(json.dumps(comment, ensure_ascii = False) + '\n' + '\n')
#每个采集页延迟 10s
        time.sleep(10)
    #将爬取的评论写入数据库中,使用 longtext 存储,为节省空间只存储了前 100 个字符
def into(path,string):
#连接数据库
    conn = mysql.connector.connect(user = 'root', password = 'password', database = 'grades',
use_unicode = True)
    cursor = conn.cursor()
    f = codecs.open(path, 'r', encoding = 'utf - 8')
    f = f.read()
    #删除评论里的换行符,节省存储空间
    f = filter_emoji(f,restr = '')
    f = f.replace('\r','')
    f = f.replace('\n','')
    f = f.replace('"',"")
    f = f[0:100]
    print(f)
    def filter_emoji(desstr,restr = ""):
    #过滤表情
    try:
        co = re.compile(u'[\U00010000 - \U0010ffff]')
    except re.error:
        co = re.compile(u'[\uD800 - \uDBFF][\uDC00 - \uDFFF]')
    return co.sub(restr, desstr)
    try:
        print(string)
        print(f)
        #插入酒店和分数到数据库
  cursor.execute('insert into grades (hotel,date) values( % s, % s)',[string,f]) conn.commit()
```

```
    except:
        #插入不成功回滚,并且报错
        conn.rollback()
        print("fail")
```

2. 酒店打分

将爬取的评论用模型训练时处理数据的方式进行同样的处理,相关代码如下:

```
import warnings
warnings.filterwarnings(action = 'ignore', category = UserWarning, module = 'gensim') #忽略警告
import logging
import os.path
import codecs,sys
import numpy as np
import pandas as pd
import gensim
import matplotlib.pyplot as plt
from sklearn.decomposition import PCA
from sklearn import svm
from sklearn import metrics
from sklearn.externals import joblib
import collections
import mysql.connector
import jieba
import jieba.analyse
import string,re
def prepareData(sourceFile,targetFile):
    f = open(sourceFile, 'r', encoding = 'utf - 8')
    target = ""
    print( 'open source file: '+ sourceFile)
    print ('open target file: '+ targetFile)
    lineNum = 1
    line = f.readline()
    while line:
        print( '-- - processing ',lineNum,' article-- - ')
        line = clearTxt(line)
        seg_line = sent2word(line)
        target.writelines(seg_line + '\n')
        lineNum = lineNum + 1
        line = f.readline()
    f.close()
    return target
#清洗文本
def clearTxt(line):
        if line != '':
          line = line.strip()
```

```
            pun_num = string.punctuation + string.digits
            intab = pun_num
            outtab = " " * len(pun_num)
            #删除所有标点和数字
            trantab = str.maketrans(intab, outtab)
            line = line.translate(trantab)
            #删除文本中的英文和数字
            line = re.sub("[a-zA-Z0-9]", "", line)
            #删除文本中的中文符号和英文符号
            line = re.sub("[\s+\.\!\/_, $ %^*(+\"\'; : "".]+|[+——!= =°【】, ÷ .??、~@
#¥%......&*()]+", "", line)
        return line
#文本切割
def sent2word(line):
    segList = jieba.cut(line,cut_all=False)
    segSentence = ''
    for word in segList:
        if word != '\t':
            segSentence += word + " "
    return segSentence.strip()
def stopWord(source,stopkey):
    sourcef = source
    lineNum = 1
    line = sourcef.readline()
    target = ""
    while line:
        print ('---processing ',lineNum,' article---')
        sentence = delstopword(line,stopkey)
        #print sentence
        target.writelines(sentence + '\n')
        lineNum = lineNum + 1
        line = sourcef.readline()
    return target
    #构建特征词向量
def getWordVecs(wordList,model):
    vecs = []
    for word in wordList:
        word = word.replace('\n','')
        #print word
        try:
            vecs.append(model[word])
        except KeyError:
            continue
    return np.array(vecs, dtype = 'float')
    #构建文档词向量
def buildVecs(input,model):
    fileVecs = []
```

```
    with codecs.open(filename, 'rb', encoding='utf-8') as contents:
        for line in contents:
            logger.info("Start line: " + line)
            wordList = line.split(' ')
            vecs = getWordVecs(wordList,model)
            #print vecs
            #sys.exit()
            #for each sentence, the mean vector of all its vectors is used to represent
this sentence
            if len(vecs) > 0:
                vecsArray = sum(np.array(vecs))/len(vecs) # mean
                #print vecsArray
                #sys.exit()
                fileVecs.append(vecsArray)
    return fileVecs
if _name_ == '_main_':
    sourceFile = '../comment.txt'
    #分词
    result1 = prepareData(sourceFile)
    stopkey = [w.strip() for w in result1.readlines()]
    #删除停用词
    result2 = stopWord(source,stopkey)
    program = os.path.basename(sys.argv[0])
    logger = logging.getLogger(program)
logging.basicConfig(format='%(asctime)s: %(levelname)s: %(message)s',level=logging.
INFO)
    logger.info("running %s" % ''.join(sys.argv))
    #加载模型
    fdir = 'E:\word2vec\word2vec_from_weixin\word2vec'
    inp = fdir + '\word2vec_wx'
    model = gensim.models.Word2Vec.load(inp)
    fdir1 = 'C:\Users\zhoua\\test_a_review'
    #开始构建词向量表
    output = buildVecs(result2,model)
    Y = np.ones(len(posInput))
    X = output[:]
    X = np.array(X)
    df_x = pd.DataFrame(X)
    df_y = pd.DataFrame(Y)
    data = pd.concat([df_y,df_x],axis = 1)
    data.to_csv(fdir1 + '\\comment_data.csv')
#加载模型,统计模型的0与1占比,根据一定规则进行打分,并且将分数存入数据库
clf = joblib.load("my_model_1.m")
def countgrades(filename):
    df = pd.read_csv(filename)
    x = df.iloc[:,2:]
    predict = clf.predict(x)
```

```
    pred_probas = clf.predict_proba(x)
    x = collections.Counter(predict)
    #统计 0 和 1 的比例,并给出分数
    x0 = x[0]
    x1 = x[1]
    grades = 100 * x1/(x1 + x0)
    return grades
if __name__ == "__main__":
    #存入数据库
    conn = mysql.connector.connect(user = 'root', password = 'zhou19990806', database = 'grades',
use_unicode = True)
    cursor = conn.cursor()
    filename1 = "comment_data.csv"
    grades1 = countgrades(filename1)
    cursor.execute('insert into grades grades = % s where hotel = % s', (int(grades1),'南京全季
酒店'))
    print '南京全季酒店的分数是: %.2f' % grades1
    filename2 = "comment_bupt_data.csv"
    grades2 = countgrades(filename2)
    cursor.execute('insert into grades grades = % s where hotel = % s', (int(grades2),'北邮科技
酒店'))
    print '北邮科技酒店的分数是: %.2f' % grades2
    filename3 = "comment_pku_data.csv"
    grades3 = countgrades(filename3)
    cursor.execute('insert into grades grades = % s where hotel = % s', (int(grades3),'北大博雅
酒店'))
    print '北大博雅酒店的分数是: %.2f' % grades3
    filename4 = "comment_beiwai_data.csv"
    grades4 = countgrades(filename4)
    cursor.execute('insert into grades grades = % s where hotel = % s', (int(grades4),'鹤佳酒店'))
    print '鹤佳酒店的分数是: %.2f' % grades4
    filename5 = "comment_beijiao_data.csv"
    grades5 = countgrades(filename5)
    cursor.execute('insert into grades grades = % s where hotel = % s', (int(grades5),'乐家服务
酒店'))
    print '乐家服务酒店的分数是: %.2f' % grades5
    conn.commit()
    cursor.close()
```

3. 界面设置

本部分输入指定名称，在数据库中搜索数据，调出酒店分数和排名。生成 Django 项目，包括 hello.html、view.py、settings.py、urls.py。

1）创建 Django 项目

进入命令行环境，输入命令，生成 HelloWorld 项目：

```
django-admin startproject HelloWorld
```

在 HelloWorld 目录下创建 templates，并建立 hello.html 文件。本部分包括界面文件和处理提交数据，从数据库中搜索给出相关信息。

2）html 布局文件

相关代码如下：

```
<!DOCTYPE html>
<html>
<head>
<meta charset = "utf - 8">
<title>酒店分数查询</title>
<style type = "text/css">
<!—表单的样式 -->
#bg{
      width:700px;
      height:400px;
      margin:0 auto;
   }
   .bordered {
            border - style:solid;
            width:600px;
            height:300px;
         }
</style>
</head>
<body>
<!—查询框 -->
<body align = "center"/>
<body style = "color:black"/>
<br/><br/><br/><br/>     
<div id = "bg" class = "bordered">
<fieldset>
<legend><h1 align = "center" >查询页面</h1></legend>
    <form action = "/search - post" method = "post">
        {% csrf_token %}
      <p><strong>酒店名</strong>  <input type = "text" name = "q"></p>
      <br/>
       <p><input type = "submit"value = "查询"style = "width:70px;height:30px" ></p>
    </form>
    <!—预留内容，展示输出内容 -->
</fieldset>
    <p id = "view">{{ rlt1 }}</p>
    <p id = "view">{{ rlt2 }}</p>
<div>
</body>
</html>
```

3）后台调用数据库

相关代码如下：

```
import mysql.connector
#接收POST请求数据
def search_post(request):
#连接数据库
    conn = mysql.connector.connect(user='root', password='password', database='grades',
use_unicode=True)
    cursor = conn.cursor()
    ctx = {}
    if request.POST:
        #获取表单中填入内容
        res=request.POST['q']
        #在数据库中搜索并展示结果
        sql="SELECT * FROM grades WHERE hotel = %s"
        cursor.execute(sql,(res,))
        results = cursor.fetchall()
        results=results[0]
        grade=results[1]
        data=results[2]
        #展示该酒店的打分
        ctx['rlt1'] = "分数:"+str(grade)
        #展示该酒店的评论
        ctx['rlt2']="评论:"+str(data)+"......"
        cursor.close()
         #返回响应内容
    return render(request, "hello.html", ctx)
```

4）Django项目中其余两个重要文件

相关代码如下：

```
#Django中自动生成的urls.py文件,将提交动作与后台响应函数绑定
from django.conf.urls import url
from . import view
urlpatterns = [
    url(r'^search-post$', view.search_post),
]
#Django中自动生成的settings.py文件
import os
BASE_DIR = os.path.dirname(os.path.dirname(os.path.abspath(__file__)))
SECRET_KEY = '_$&5uv^$+5@$*&&%9c+0+-c7v8%dmsj(ycnq=sh34a_)s+7n=p'
DEBUG = True
ALLOWED_HOSTS = ['*']
INSTALLED_APPS = [
    'django.contrib.admin',
    'django.contrib.auth',
```

```
    'django.contrib.contenttypes',
    'django.contrib.sessions',
    'django.contrib.messages',
    'django.contrib.staticfiles',
]
MIDDLEWARE = [
    'django.middleware.security.SecurityMiddleware',
    'django.contrib.sessions.middleware.SessionMiddleware',
    'django.middleware.common.CommonMiddleware',
    'django.middleware.csrf.CsrfViewMiddleware',
    'django.contrib.auth.middleware.AuthenticationMiddleware',
    'django.contrib.messages.middleware.MessageMiddleware',
    'django.middleware.clickjacking.XFrameOptionsMiddleware',
]
ROOT_URLCONF = 'HelloWorld.urls'
TEMPLATES = [
    {
        'BACKEND': 'django.template.backends.django.DjangoTemplates',
        'DIRS': [BASE_DIR + "/templates",],
        'APP_DIRS': True,
        'OPTIONS': {
            'context_processors': [
                'django.template.context_processors.debug',
                'django.template.context_processors.request',
                'django.contrib.auth.context_processors.auth',
                'django.contrib.messages.context_processors.messages',
            ],
        },
    },
]
WSGI_APPLICATION = 'HelloWorld.wsgi.application'
DATABASES = {
    'default': {
        'ENGINE': 'django.db.backends.sqlite3',
        'NAME': os.path.join(BASE_DIR, 'db.sqlite3'),
    }
}
AUTH_PASSWORD_VALIDATORS = [
    {
        'NAME': 'django.contrib.auth.password_validation.UserAttributeSimilarityValidator',
    },
    {
        'NAME': 'django.contrib.auth.password_validation.MinimumLengthValidator',
    },
    {
        'NAME': 'django.contrib.auth.password_validation.CommonPasswordValidator',
    },
```

```
    {
        'NAME': 'django.contrib.auth.password_validation.NumericPasswordValidator',
    },
]
LANGUAGE_CODE = 'en-us'
TIME_ZONE = 'UTC'
USE_I18N = True
USE_L10N = True
USE_TZ = True
STATIC_URL = '/static/'
```

3.4 系统测试

本部分包括训练准确率、测试效果及模型应用。

3.4.1 训练准确率

测试准确率达到97%，意味着预测模型训练比较成功。通过调整惩罚系数(C)、核函数参数(gamma)的值，在测试集上准确率达到85%，如图3-3和图3-4所示。

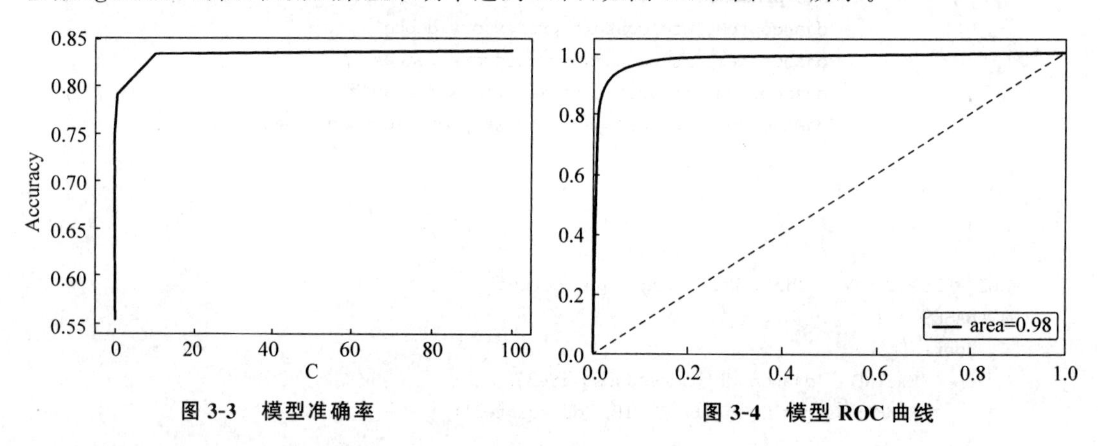

图3-3 模型准确率

图3-4 模型ROC曲线

3.4.2 测试效果

将网上爬取的酒店评论集经过处理后加载模型，按照一定规则得到最终的分数，如图3-5所示，数据库中存储的结果显示如图3-6所示。

```
南京全季酒店的分数是: 84.00
北邮科技酒店的分数是: 78.00
北大博雅酒店的分数是: 79.00
速8酒店的分数是: 76.00
乐家服务酒店的分数是: 80.00
```

图3-5 模型训练效果

3.4.3 模型应用

因为资源有限，无法将Django项目部署到云服务器，只

```
| hotel                             | grades | date
+-----------------------------------+--------+------------------------------------------------------------
| 乐家服务酒店                      |     80 | 在北京而言，性价比还是比较高的了。毕竟大北京啊，能找到两百
蛮大的，真不容易啊。 房间里有洗衣机，很暖和。洗完以后，衣服放在晾衣架，挂了一晚上就干了。这点很赞 房间空间
所的花
| 北京三元桥CitiGO欢阁酒店         |   NULL | 酒店位置很好找，就在苹果园东口，对面有物美大卖场，有肯德基、
啡，楼下有便利店、麦当劳、好利来还有东方宫牛肉面，吃饭很方便，交通也很方便，可能是酒店时间有点长，淋浴不
小，而且
| 北大博雅酒店                      |     79 | 适合带孩子住在这里，宾馆的最大优点是拿着房卡可以无限次出入
左侧校门直接进入北大，步行不到五分钟就可以看到未名湖、博雅塔！设施陈旧、卫生差、服务态度差，一楼吃饭不开发
税钱，
| 北邮科技酒店                      |     78 | 很脏，各种擦不掉的东西，马桶上、桌子上。客观的说，服务态度
位酒店，但设备太老旧，淋浴是坏的。餐厅也很难吃，价格倒不贵，但难吃。找朋友没订到，从携程上却订到了，到了
套房，得
| 南京全季酒店                      |     84 | 酒店位置就在南京路步行街上，一出门就是m巧克力豆的店，孩子很
因为有巧克力豆在对面！酒店靠近人民广场那边，离江滩也比较近！酒店非常干净，逛街出去玩也非常方便！就是出了地
会才能
| 鹤佳酒店                          |     76 | 离北外东门真的很近，第一次来时还是七天，觉得破旧，这次再来，
入住，发现大变样了，房间虽小，但很温馨，设备也很新，设施不输给星级酒店，还送了免费咖啡和饮料，马桶还是智能
好，下次
+-----------------------------------+--------+------------------------------------------------------------
6 rows in set (0.44 sec)
```

图 3-6　数据库存储结果

能在本地运行程序，下载 Django 项目到本地进入 view. py 页面，修改代码参数，连接到远程数据库。打开命令行窗口，进入文件所在的位置，输入命令：

```
$ python manage.py migrate
$ python manage.py runserver
```

打开浏览器界面，输入 127.0.0.1:8000/search-post，打开 Python 界面文件，如图 3-7 所示。

图 3-7　应用初始界面

界面中有一个输入框和一个查询按钮，结果在最下方输出，输入指定酒店的名称(数据库中存在)，得到酒店的评分和评论，如图3-8所示。

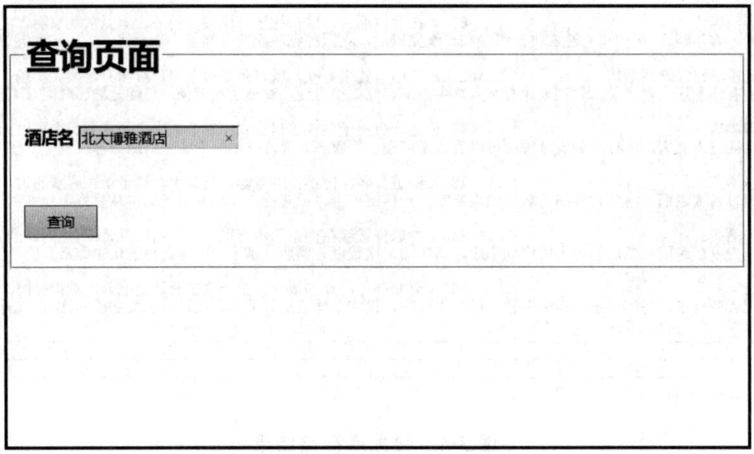

图3-8　应用使用界面

单击“查询”按钮，得到该酒店的评分，如图3-9所示。

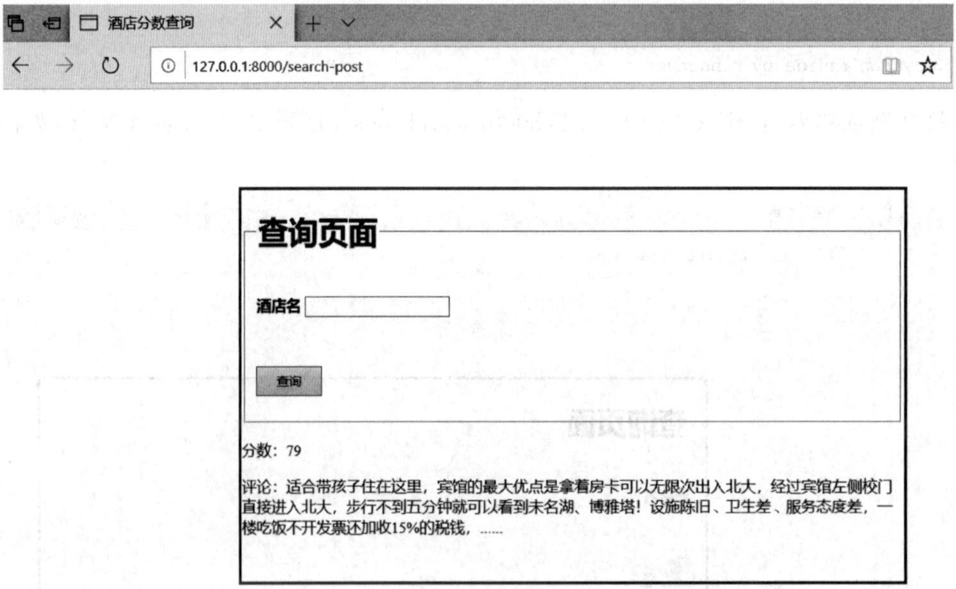

图3-9　测试结果

项目 4

PROJECT 4

基于 MovieLens 数据集的电影推荐系统

本项目针对 MovieLens 数据集，基于 TensorFlow 的 2D 文本卷积网络模型，使用协同过滤算法计算余弦相似度，通过单击电影的方式与小程序交互，实现两种不同的电影推荐方式。

4.1 总体设计

本部分包括系统整体结构和系统流程。

4.1.1 系统整体结构

系统整体结构如图 4-1 所示。

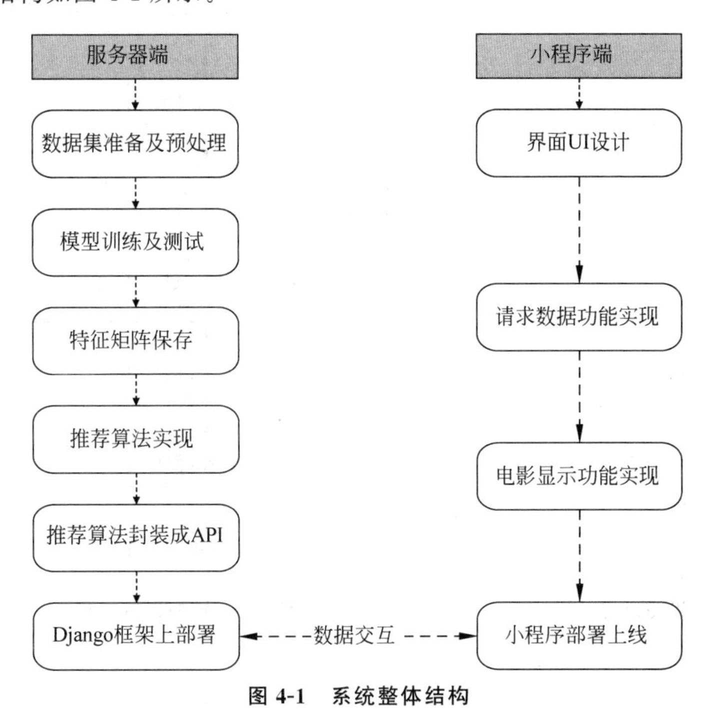

图 4-1 系统整体结构

4.1.2 系统流程

系统流程如图 4-2 所示，模型训练流程如图 4-3 所示，服务器运行流程如图 4-4 所示。

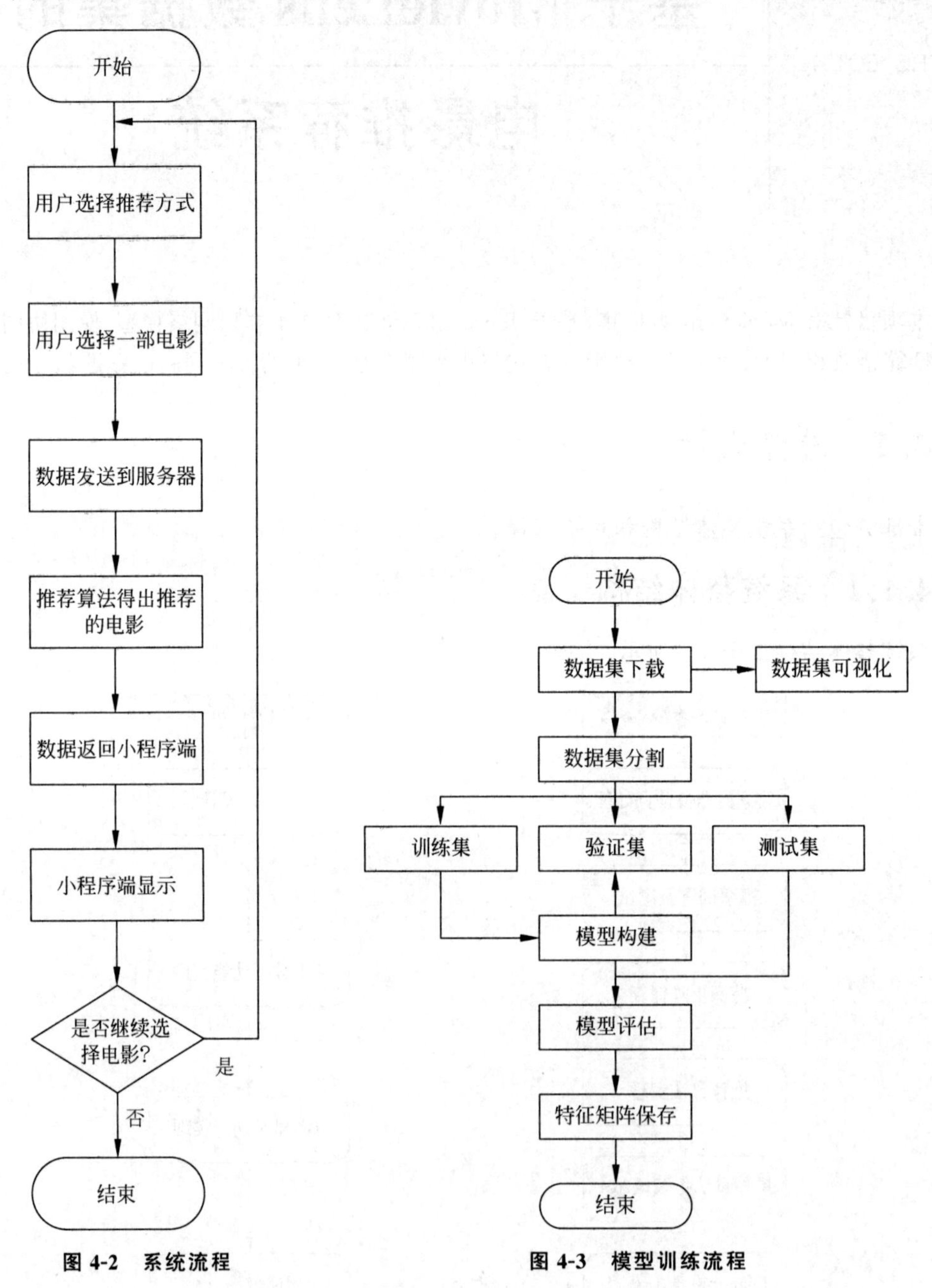

图 4-2 系统流程　　　　图 4-3 模型训练流程

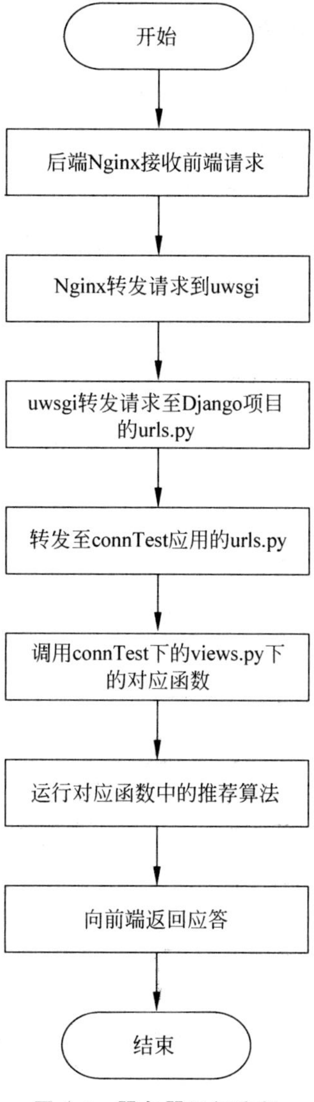

图 4-4 服务器运行流程

4.2 运行环境

本部分包括 Python 环境、TensorFlow 环境、后端服务器、Django 和微信小程序环境。

4.2.1 Python 环境

需要 Python 3.6 及以上配置，在 Windows 环境推荐下载 Anaconda 完成 Python 所需的配置，下载地址为 https://www.anaconda.com/，也可下载虚拟机在 Linux 环境下运行代码。

4.2.2 TensorFlow 环境

打开 Anaconda Prompt，输入清华仓库镜像：

```
conda config --add channels https://mirrors.tuna.tsinghua.edu.cn/anaconda/pkgs/free/
conda config --set show_channel_urls yes
```

创建 Python 3.5 的环境，名称为 TensorFlow，此时 Python 版本和后面 TensorFlow 的版本有匹配问题，此步选择 Python 3.5。

```
conda create -n tensorflow python=3.5
```

有需要确认的地方，都输入 y。

在 Anaconda Prompt 中激活 TensorFlow 环境：

```
activate tensorflow
```

安装 CPU 版本的 TensorFlow：

```
pip install -upgrade --ignore-installed tensorflow
```

安装完毕。

4.2.3 后端服务器

使用阿里云服务器，镜像为 centos_7_05_64_20G_alibase_20181210.vhd。在服务器 LNMP 上一键安装包 1.6 版本(https://lnmp.org/notice/lnmp-v1-6.html)，包含 Nginx、MySQL、PHP 在内的一系列所需软件。通过 Xshell 远程登录到服务器后，输入命令安装 LNMP：

```
wget http://soft.vpser.net/lnmp/lnmp1.6.tar.gz -cO lnmp1.6.tar.gz && tar zxf lnmp1.6.tar.gz
&& cd lnmp1.6 && ./install.sh lnmp
```

完成安装后使用阿里云购买域名并且实名认证、备案等，这些操作可以通过域名访问服务器。

修改 Nginx 配置文件/usr/local/nginx/conf/nginx.conf：

```
events {
  worker_connections 1024; #默认 1024
}
http{
    #以下属性中以 ssl 开头的代表与证书配置有关，其他属性根据自己的需要进行配置
server {
    listen 443 ssl;        #SSL 协议访问端口号为 443.未添加 ssl，会造成 Nginx 无法启动
    server_name localhost; #localhost 为证书绑定的域名，例如：www.example.com
ssl_certificate cert/domain name.pem; #将 domain name.pem 替换成证书的文件名
ssl_certificate_key cert/domain name.key;
```

```
#将 domain name.key 替换成证书的密钥文件名
    ssl_session_timeout 5m;
    ssl_ciphers ECDHE - RSA - AES128 - GCM - SHA256:ECDHE:ECDH:AES:HIGH:!NULL:!aNULL:!MD5:!
ADH:!RC4;                                         #使用此加密套件
    ssl_protocols TLSv1 TLSv1.1 TLSv1.2;          #使用该协议进行配置
    ssl_prefer_server_ciphers on;
        location / {
        include uwsgi_params;
                uwsgi_pass 127.0.0.1:8000;
    }
}
}
```

修改注释,重启 Nginx 服务。在阿里云上开通免费版个人 SSL 证书,下载证书后通过 Xftp 上传至服务器,在服务器上使用 Nginx 部署。安装 Miniconda,通过清华镜像源下载安装文件:

```
wget -c https://mirrors.tuna.tsinghua.edu.cn/anaconda/miniconda/Miniconda3 - latest - Linux
- x86_64.sh
```

安装:bash Miniconda3-latest-Linux-x86_64.sh。

按照提示输入 ENTER 或者 yes 即可。安装完成后移动当前目录下的 miniconda3 至 /usr/sbin/目录下,输入命令:

```
mv ./miniconda3 /usr/sbin/
```

修改对应的环境变量后,输入命令 source .bashrc,使用 conda 管理环境。通过 conda create -n py36 python=3.6 创建一个新的环境,输入命令后按照提示输入 y 即可创建成功。

4.2.4　Django 环境配置

安装 virtualenv,用于管理 Django 项目环境:

```
pip install virtualenv
```

新建目录名称 recommender,使用 virtualenv 创建 Django 项目环境,版本为 miniconda 的 Python 3.6:

```
virtualenv -p /usr/sbin/miniconda3/envs/py36/bin/python 3.6 env
```

在当前目录下出现.env 文件夹,使用 source activate ./env/bin/activate 进入项目环境。进入环境后安装所需的包:

```
pip install django == 2.2 numpy pandas uwsgi
```

按照提示安装和项目环境配置,使用 Django 命令创建项目:django-admin startproject mysite,命令执行完成后文件夹下会出现 mysite,里面包含相关文件。

进入 mysite 目录下，使用 manage. py 创建应用：python manage. py startapp contest。至此，Django 环境配置完成。

4.2.5 微信小程序环境

根据所需的操作系统版本下载微信开发者工具，下载地址为 https://developers.weixin.qq.com/miniprogram/dev/devtools/download.html，安装微信开发者工具，下载安装包后，单击“下一步”按钮即可。申请小程序管理员账号，获取开发者 APPID。申请账号：可参考 https://mp.weixin.qq.com/wxopen/waregister?action=step1。获取 APPID：小程序管理平台→开发→开发设置→开发者 ID。该 APPID 将在微信开发者工具打开小程序时进行身份验证。

通过已授权的微信扫描登录开发者工具。新建项目，填写 APPID，编写前端代码，后期使用微信开发者工具预览和调试小程序，如图 4-5 所示。

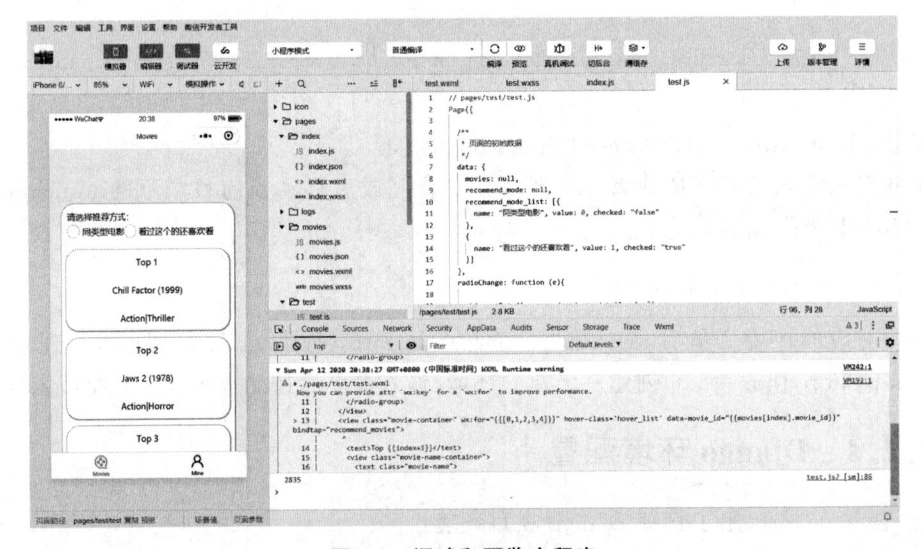

图 4-5 调试和预览小程序

项目开发时，为了能够在暂时无域名的情况下调试微信小程序与远程服务器的通信，可以在微信开发者工具的详情本地设置页面，勾选“不检验合法域名、web-view（业务域名）、TLS 版本以及 HTTPS 证书”选项，服务器域名配置后，在微信公众平台上（https://mp.weixin.qq.com/），登录创建好的小程序账户，项目开发设置页面下的服务器域名中加入在阿里云购买的域名，再去除勾选微信开发者工具中的选项即可。

4.3 模块实现

本项目包括 3 个模块：模型训练、后端 Django、前端微信小程序模块，下面分别给出各模块的功能介绍及相关代码。

4.3.1 模型训练

下载数据集，解压到项目目录下的./ml-1m 文件夹下。数据集分用户数据 users.dat、电影数据 movies.dat 和评分数据 ratings.dat。

1. 数据集分析

user.dat：分别有用户 ID、性别、年龄、职业 ID 和邮编等字段。

数据集网站地址为 http://files.grouplens.org/datasets/movielens/ml-1m-README.txt 对数据的描述：

使用 UserID、Gender、Age、Occupation、Zip-code 分别表示用户 ID、性别、年龄、职业和邮政编码，M 表示男性，F 表示女性。年龄范围表示：

```
1: "Under 18"       18: "18～24"     25: "25～34"     35: "35～44"
45: "45～49"        50: "50～55"     56: "56 + "
```

职业表示：

```
0: other or not specified     1: academic/educator         2: artist
3: clerical/admin             4: college/grad student      5: customer service
6: doctor/health care         7: executive/managerial      8: farmer
9: homemaker                  10: K - 12 student           11: lawyer
12: programmer                13: retired                  14: sales/marketing
15: scientist                 16: self - employed          17: technician/engineer
18: tradesman/craftsman       19: unemployed               20: writer
```

查看 user.dat 中的前 5 个数据，相关代码如下：

```
users_title = ['UserID', 'Gender', 'Age', 'OccupationID', 'Zip - code']
users = pd.read_table('./ml - 1m/users.dat', sep = '::', header = None, names = users_title,
engine = 'python')
users.head()
```

结果如图 4-6 所示。

UserID、Gender、Age 和 Occupation 都是类别字段，其中邮编字段不使用。rating.dat 数据分别有用户 ID、电影 ID、评分和时间戳等字段。数据集网站的描述：UserID 范围为 1～6040；MovieID 范围为 1～3952；Rating 表示评分，最高 5 星；Timestamp 为时间戳，每个用户至少 20 个评分。查看 ratings.dat 的前 5 个数据，结果如图 4-7 所示，相关代码如下：

```
ratings_title = ['UserID','MovieID', 'Rating', 'timestamps']
ratings = pd.read_table('./ml - 1m/ratings.dat', sep = '::', header = None, names = ratings_
title, engine = 'python')
ratings.head()
```

评分字段 Rating 是监督学习的目标，时间戳字段不使用。movies.dat 数据集分别有电影 ID、电影名和电影风格等字段。数据集网站的描述：

	UserID	Gender	Age	OccupationID	Zip-code
0	1	F	1	10	48067
1	2	M	56	16	70072
2	3	M	25	15	55117
3	4	M	45	7	02460
4	5	M	25	20	55455

图 4-6 user.dat 数据

	UserID	MovieID	Rating	timestamps
0	1	1193	5	978300760
1	1	661	3	978302109
2	1	914	3	978301968
3	1	3408	4	978300275
4	1	2355	5	978824291

图 4-7 ratings.dat 数据

使用 MovieID、Title 和 Genres，其中 MovieID 和 Genres 是类别字段，Title 是文本。Title 与 IMDB 提供的标题相同(包括发行年份)，Genres 是管道分隔，并且选自以下流派：

```
Action      Adventure     Animation   Children's   Comedy
Crime       Documentary   Drama       Fantasy      Film-Noir
Horror      Musical       Mystery     Romance      Sci-Fi
Thriller    War           Western
```

查看 movies.dat 中前 3 个数据，结果如图 4-8 所示，相关代码如下：

```
movies_title = ['MovieID', 'Title', 'Genres']
movies = pd.read_table('./ml-1m/movies.dat', sep='::', header=None, names = movies_title,
engine = 'python')
movies.head()
```

	MovieID	Title	Genres
0	1	Toy Story (1995)	Animation|Children's|Comedy
1	2	Jumanji (1995)	Adventure|Children's|Fantasy
2	3	Grumpier Old Men (1995)	Comedy|Romance
3	4	Waiting to Exhale (1995)	Comedy|Drama
4	5	Father of the Bride Part II (1995)	Comedy

图 4-8 movies.dat 数据

2. 数据预处理

通过研究数据集中的字段类型，发现有一些是类别字段，将其转成独热编码，但是 UserID、MovieID 的字段会变稀疏，输入数据的维度急剧膨胀，所以在预处理数据时将这些字段转成数字。操作如下：

UserID、Occupation 和 MovieID 不变。

Gender 字段：需要将 F 和 M 转换成 0 和 1。

Age 字段：转成 7 个连续数字 0～6。

Genres 字段：是分类字段，要转成数字。将 Genres 中的类别转成字符串到数字的字典，由于部分电影是多个 Genres 的组合，将每个电影的 Genres 字段转成数字列表。

Title 字段：处理方式与 Genres 一样，首先，创建文本到数字的字典；其次，将 Title 中的描述转成数字列表，删除 Title 中的年份。

统一 Genres 和 Title 字段长度，这样在神经网络中方便处理。空白部分用< PAD >对应的数字填充。实现数据预处理相关代码如下：

```
#数据预处理
def load_data():
    #处理 users.dat
    users_title = ['UserID', 'Gender', 'Age', 'JobID', 'Zip-code']
    users = pd.read_table('./ml-1m/users.dat', sep='::', header=None, names=users_title,
engine = 'python')
    #删除邮编
    users = users.filter(regex='UserID|Gender|Age|JobID')
    users_orig = users.values
    #改变数据中的性别和年龄
    gender_map = {'F':0, 'M':1}
    users['Gender'] = users['Gender'].map(gender_map)
    age_map = {val:ii for ii,val in enumerate(set(users['Age']))}
    users['Age'] = users['Age'].map(age_map)
    #处理 movies.dat
    movies_title = ['MovieID', 'Title', 'Genres']
    movies = pd.read_table('./ml-1m/movies.dat', sep='::', header=None, names=movies_
title, engine = 'python')
    movies_orig = movies.values
    #删除 Title 中的年份
    pattern = re.compile(r'^(.*)\((\d+)\)$')
    title_map = {val:pattern.match(val).group(1) for ii,val in enumerate(set(movies['Title']))}
    movies['Title'] = movies['Title'].map(title_map)
    #电影类型转数字字典
    genres_set = set()
    for val in movies['Genres'].str.split('|'):
        genres_set.update(val)
    genres_set.add('<PAD>')
    genres2int = {val:ii for ii, val in enumerate(genres_set)}
    #将电影类型转成等长数字列表,长度是18
    genres_map = {val:[genres2int[row] for row in val.split('|')] for ii,val in enumerate(set
(movies['Genres']))}
    for key in genres_map:
       for cnt in range(max(genres2int.values()) - len(genres_map[key])):
    genres_map[key].insert(len(genres_map[key]) + cnt,genres2int['<PAD>'])
    movies['Genres'] = movies['Genres'].map(genres_map)
    #电影 Title 转数字字典
    title_set = set()
    for val in movies['Title'].str.split():
        title_set.update(val)
    title_set.add('<PAD>')
    title2int = {val:ii for ii, val in enumerate(title_set)}
    #将电影 Title 转成等长数字列表,长度是15
    title_count = 15
```

```
    title_map = {val:[title2int[row] for row in val.split()] for ii,val in enumerate(set
(movies['Title']))}
    for key in title_map:
        for cnt in range(title_count - len(title_map[key])):
            title_map[key].insert(len(title_map[key]) + cnt,title2int['<PAD>'])
    movies['Title'] = movies['Title'].map(title_map)
    #处理 ratings.dat
    ratings_title = ['UserID','MovieID', 'ratings', 'timestamps']
    ratings = pd.read_table('./ml-1m/ratings.dat', sep='::', header=None, names=ratings_
title, engine = 'python')
    ratings = ratings.filter(regex='UserID|MovieID|ratings')
    #合并三个表
    data = pd.merge(pd.merge(ratings, users), movies)
    #将数据分成 x 和 y 两张表
    target_fields = ['ratings']
    features_pd, targets_pd = data.drop(target_fields, axis=1), data[target_fields]
    features = features_pd.values
    targets_values = targets_pd.values
    return title_count, title_set, genres2int, features, targets_values, ratings, users,
movies, data, movies_orig, users_orig
#加载数据并保存到本地
#title_count: Title 字段的长度(15)
#title_set: Title 文本的集合
#genres2int: 电影类型转数字的字典
#features: 是输入 x
#targets_values: 是学习目标 y
#ratings: 评分数据集的 Pandas 对象
#users: 用户数据集的 Pandas 对象
#movies: 电影数据集的 Pandas 对象
#data: 三个数据集组合在一起的 Pandas 对象
#movies_orig: 没有做数据处理的原始电影数据
#users_orig: 没有做数据处理的原始用户数据
#调用数据处理函数
title_count, title_set, genres2int, features, targets_values, ratings, users, movies, data,
movies_orig, users_orig = load_data()
#保存预处理结果
pickle.dump((title_count, title_set, genres2int, features,
             targets_values, ratings, users, movies, data,
             movies_orig, users_orig), open('preprocess.p', 'wb'))
```

查看预处理后的 users 数据，如图 4-9 所示。

	UserID	Gender	Age	JobID
0	1	0	0	10
1	2	1	5	16
2	3	1	6	15
3	4	1	2	7
4	5	1	6	20

图 4-9　预处理后的 users 数据

预处理后的 movies 数据如图 4-10 所示。

3. 模型创建

从本地读取数据，相关代码如下：

```
title_count, title_set, genres2int, features, targets_
```

	MovieID	Title	Genres
0	1	[1351, 2039, 1765, 1765, 1765, 1765, 1765, 176...	[5, 15, 1, 0, 0, 0, 0, 0, 0, 0, 0, 0, 0, 0, 0,...
1	2	[4840, 1765, 1765, 1765, 1765, 1765, 1765, 176...	[8, 15, 16, 0, 0, 0, 0, 0, 0, 0, 0, 0, 0, 0, 0...
2	3	[2876, 1952, 1025, 1765, 1765, 1765, 1765, 176...	[1, 9, 0, 0, 0, 0, 0, 0, 0, 0, 0, 0, 0, 0, 0, ...
3	4	[1528, 4211, 2053, 1765, 1765, 1765, 1765, 176...	[1, 18, 0, 0, 0, 0, 0, 0, 0, 0, 0, 0, 0, 0, 0,...
4	5	[1110, 654, 2827, 860, 4063, 930, 1765, 1765, ...	[1, 0, 0, 0, 0, 0, 0, 0, 0, 0, 0, 0, 0, 0, 0, ...

图 4-10　预处理后的 movies 数据

```
values, ratings, users, movies, data, movies_orig, users_orig = pickle.load(open
('preprocess.p', mode='rb'))
```

加载数据后定义神经网络的模型结构：

1）定义参数

相关代码如下：

```
#嵌入矩阵的维度
embed_dim = 32
#用户 ID 个数
uid_max = max(features.take(0,1)) + 1 #6040
#性别个数
gender_max = max(features.take(2,1)) + 1 #1+1=2
#年龄类别个数
age_max = max(features.take(3,1)) + 1 #6+1=7
#职业个数
job_max = max(features.take(4,1)) + 1 #20+1=21
#电影 ID 个数
movie_id_max = max(features.take(1,1)) + 1 #3952
#电影类型个数
movie_categories_max = max(genres2int.values()) + 1 #18+1=19
#电影名单词个数
movie_title_max = len(title_set) #5216
#对电影类型嵌入向量做求和操作的标志,考虑过使用 mean 做平均,但是没实现 mean
combiner = "sum"
#电影名长度
sentences_size = title_count #15
#文本卷积滑动窗口,分别滑动 2,3, 4, 5 个单词
window_sizes = {2, 3, 4, 5}
#文本卷积核数量
filter_num = 8
#电影 ID 转下标的字典,数据集中电影 ID 跟下标不一致,例如第 5 行的数据电影 ID 不一定是 5
movieid2idx = {val[0]:i for i, val in enumerate(movies.values)}
```

2）定义网络数据输入占位符

```
def get_inputs():
    #输入占位符
```

```
    #用户数据输入
    uid = tf.placeholder(tf.int32, [None, 1], name = "uid")
    user_gender = tf.placeholder(tf.int32, [None, 1], name = "user_gender")
    user_age = tf.placeholder(tf.int32, [None, 1], name = "user_age")
    user_job = tf.placeholder(tf.int32, [None, 1], name = "user_job")
    #电影数据输入
    movie_id = tf.placeholder(tf.int32, [None, 1], name = "movie_id")
    movie_categories = tf.placeholder(tf.int32, [None, 18], name = "movie_categories")
    movie_titles = tf.placeholder(tf.int32, [None, 15], name = "movie_titles")
    #目标评分
    targets = tf.placeholder(tf.int32, [None, 1], name = "targets")
    #学习率
    LearningRate = tf.placeholder(tf.float32, name = "LearningRate")
    #弃用率
    dropout_keep_prob = tf.placeholder(tf.float32, name = "dropout_keep_prob")
    return uid, user_gender, user_age, user_job, movie_id, movie_categories, movie_titles,
targets, LearningRate, dropout_keep_prob
```

3）定义用户嵌入矩阵

在预处理数据时将UserID、MovieID的字段转成数字，当作嵌入矩阵的索引，在网络的第一层使用嵌入层，维度是(N,32)和(N,16)，其中N是电影总数。定义用户嵌入矩阵的相关代码如下：

```
def get_user_embedding(uid, user_gender, user_age, user_job):
    #定义 User 的嵌入矩阵,返回某个 userid 的嵌入层向量
    with tf.name_scope("user_embedding"):
        #用户 ID 嵌入矩阵
        uid_embed_matrix = tf.Variable(tf.random_uniform([uid_max, embed_dim], -1, 1),
name = "uid_embed_matrix")
        uid_embed_layer = tf.nn.embedding_lookup(uid_embed_matrix, uid, name = "uid_embed_
layer")
        #用户性别嵌入矩阵
        gender_embed_matrix = tf.Variable(tf.random_uniform([gender_max, embed_dim // 2],
-1, 1), name = "gender_embed_matrix")
        gender_embed_layer = tf.nn.embedding_lookup(gender_embed_matrix, user_gender, name =
"gender_embed_layer")
        #用户年龄嵌入矩阵
        age_embed_matrix = tf.Variable(tf.random_uniform([age_max, embed_dim // 2], -1,
1), name = "age_embed_matrix")
        age_embed_layer = tf.nn.embedding_lookup(age_embed_matrix, user_age, name = "age_
embed_layer")
        #用户职业嵌入矩阵
        job_embed_matrix = tf.Variable(tf.random_uniform([job_max, embed_dim // 2], -1,
1), name = "job_embed_matrix")
        job_embed_layer = tf.nn.embedding_lookup(job_embed_matrix, user_job, name = "job_
embed_layer")
```

```
    return uid_embed_layer, gender_embed_layer, age_embed_layer, job_embed_layer
```

4）定义电影嵌入矩阵

相关代码如下：

```
def get_movie_id_embed_layer(movie_id):
    #定义 MovieId 的嵌入矩阵,返回某个电影 ID 的嵌入层向量
    with tf.name_scope("movie_embedding"):
        movie_id_embed_matrix = tf.Variable(tf.random_uniform([movie_id_max, embed_dim],
-1, 1), name = "movie_id_embed_matrix")
        movie_id_embed_layer = tf.nn.embedding_lookup(movie_id_embed_matrix, movie_id,
name = "movie_id_embed_layer")
    return movie_id_embed_layer
```

5）定义电影类型嵌入矩阵

有时一个电影有多个类型，从嵌入矩阵索引出来是一个(n,32)的矩阵，这里的 n 是指某部电影所包含的类型。因为有多个类型，所以要将这个矩阵求和，变成(1,32)的向量。相关代码如下：

```
def get_movie_categories_layers(movie_categories):
    #电影类型的嵌入矩阵,返回某部电影所有类型向量的和
    with tf.name_scope("movie_categories_layers"):
    #定义嵌入矩阵
        movie_categories_embed_matrix = tf.Variable(tf.random_uniform([movie_categories_
max, embed_dim], -1, 1), name = "movie_categories_embed_matrix")
        #根据索引选择电影类型向量
        movie_categories_embed_layer = tf.nn.embedding_lookup(movie_categories_embed_
matrix, movie_categories, name = "movie_categories_embed_layer")
        #向量元素相加
        if combiner == "sum":
            movie_categories_embed_layer = tf.reduce_sum(movie_categories_embed_layer,
axis = 1, keep_dims = True)
    return movie_categories_embed_layer
```

6）处理电影名称

电影名的处理比较特殊，未使用循环神经网络，而是用了文本卷积网络。网络的第一层是词嵌入层，由每个单词的嵌入向量组成矩阵。第二层使用多个不同尺寸(窗口大小)的卷积核在嵌入矩阵上做卷积，窗口大小指的是每次卷积覆盖几个单词。这里与图像做卷积不同，图像卷积通常用 2×2、3×3、5×5 的尺寸，而文本卷积要覆盖整个单词的嵌入向量，尺寸是单词数、向量维度，例如，每次滑动 3、4 或 5 个单词。第三层网络是最大池化得到一个长向量，第四层使用丢弃做正则化，得到电影 Title 的特征。相关代码如下：

```
def get_movie_cnn_layer(movie_titles):
    #从嵌入矩阵中得到电影名对应的各单词嵌入向量
    with tf.name_scope("movie_embedding"):
```

```
movie_title_embed_matrix = tf.Variable(tf.random_uniform([movie_title_max, embed_dim], -1,
1), name = "movie_title_embed_matrix")
movie_title_embed_layer = tf.nn.embedding_lookup(movie_title_embed_matrix, movie_titles,
name = "movie_title_embed_layer")
movie_title_embed_layer_expand = tf.expand_dims(movie_title_embed_layer, -1)
    #对文本嵌入层使用不同尺寸的卷积核做卷积和最大池化
    pool_layer_lst = []
    for window_size in window_sizes:
        with tf.name_scope("movie_txt_conv_maxpool_{}".format(window_size)):
            #权重
            filter_weights = tf.Variable(tf.truncated_normal([window_size, embed_dim, 1,
filter_num],stddev = 0.1),name = "filter_weights")
            filter_bias = tf.Variable(tf.constant(0.1, shape = [filter_num]), name = "filter_
bias")
            #卷积层
            conv_layer = tf.nn.conv2d(movie_title_embed_layer_expand, filter_weights, [1,
1,1,1], padding = "VALID", name = "conv_layer")
            relu_layer = tf.nn.relu(tf.nn.bias_add(conv_layer,filter_bias), name = "relu_
layer")
            #池化层
            maxpool_layer = tf.nn.max_pool(relu_layer, [1,sentences_size - window_size +
1 ,1,1], [1,1,1,1], padding = "VALID", name = "maxpool_layer")
            pool_layer_lst.append(maxpool_layer)
    #丢弃层
    with tf.name_scope("pool_dropout"):
        pool_layer = tf.concat(pool_layer_lst, 3, name = "pool_layer")
        max_num = len(window_sizes) * filter_num
        pool_layer_flat = tf.reshape(pool_layer , [-1, 1, max_num], name = "pool_layer_
flat")
        dropout_layer = tf.nn.dropout(pool_layer_flat, dropout_keep_prob, name = "dropout_
layer")
    return pool_layer_flat, dropout_layer
```

7）全连接层

从嵌入层索引出特征后，传入全连接层，将输出再次传入全连接层，模型结构如图 4-11 所示，最终分别得到(1,200)的用户和电影两个特征向量。

相关代码如下：

```
#用户嵌入层向量全连接层定义函数
def get_user_feature_layer(uid_embed_layer, gender_embed_layer, age_embed_layer, job_embed_
layer):
    #用户嵌入层向量全连接
    with tf.name_scope("user_fc"):
        #第一层全连接
        uid_fc_layer = tf.layers.dense(uid_embed_layer, embed_dim, name = "uid_fc_layer",
activation = tf.nn.relu)
```

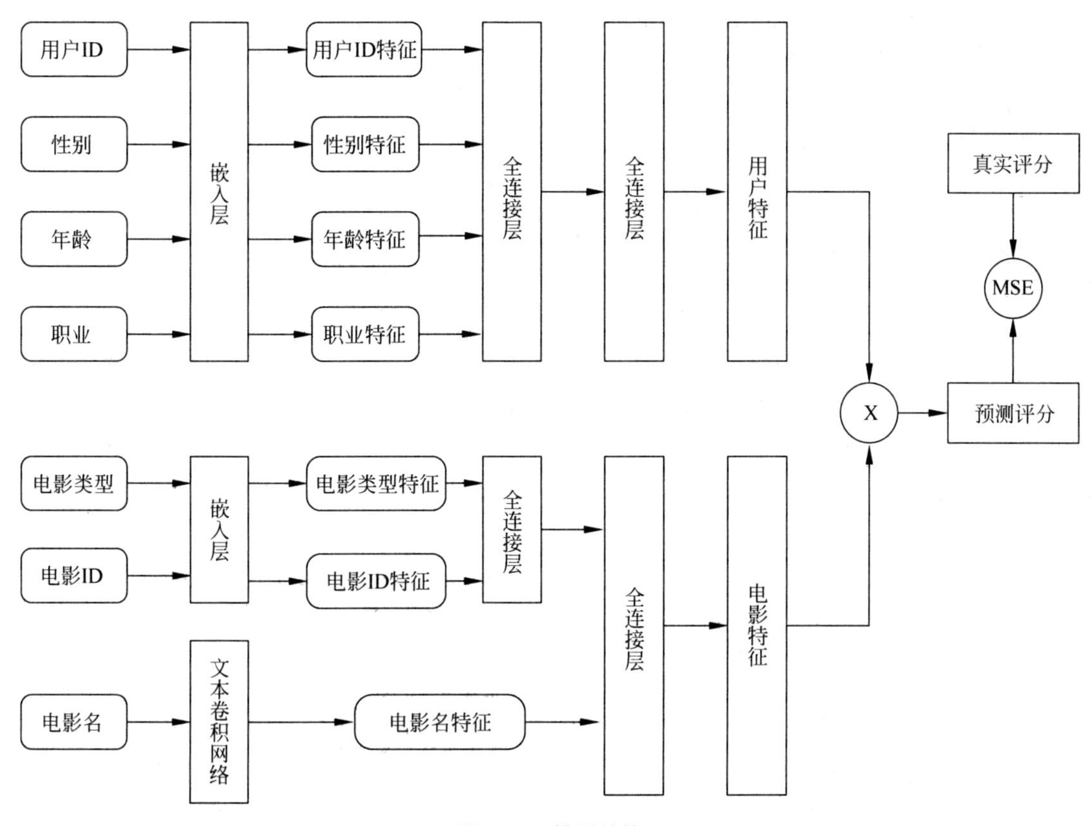

图 4-11　模型结构

```
        gender_fc_layer = tf.layers.dense(gender_embed_layer, embed_dim, name = "gender_fc_layer", activation = tf.nn.relu)
        age_fc_layer = tf.layers.dense(age_embed_layer, embed_dim, name = "age_fc_layer", activation = tf.nn.relu)
        job_fc_layer = tf.layers.dense(job_embed_layer, embed_dim, name = "job_fc_layer", activation = tf.nn.relu)
        #第二层全连接
        user_combine_layer = tf.concat([uid_fc_layer, gender_fc_layer, age_fc_layer, job_fc_layer], 2) #(?, 1, 128)
        user_combine_layer = tf.contrib.layers.fully_connected(user_combine_layer, 200, tf.tanh) #(?, 1, 200)
        user_combine_layer_flat = tf.reshape(user_combine_layer, [-1, 200])
    return user_combine_layer, user_combine_layer_flat
        #电影特征全连接层定义函数
def get_movie_feature_layer(movie_id_embed_layer, movie_categories_embed_layer, dropout_layer):
        #所有电影特征全连接
    with tf.name_scope("movie_fc"):
        #第一层全连接
```

```
        movie_id_fc_layer = tf.layers.dense(movie_id_embed_layer, embed_dim, name = "movie_id_fc_layer", activation = tf.nn.relu)
        movie_categories_fc_layer = tf.layers.dense(movie_categories_embed_layer, embed_dim, name = "movie_categories_fc_layer", activation = tf.nn.relu)
        #第二层全连接
        movie_combine_layer = tf.concat([movie_id_fc_layer, movie_categories_fc_layer, dropout_layer], 2) #(?, 1, 96) movie_combine_layer = tf.contrib.layers.fully_connected(movie_combine_layer,200,tf.tanh) #(?,1, 200)
        movie_combine_layer_flat = tf.reshape(movie_combine_layer, [-1, 200])
        return movie_combine_layer, movie_combine_layer_flat
```

8）定义计算图

目的是训练出用户特征和电影特征，在实现推荐功能时使用。得到这两个特征以后，可以选择任意的方式来拟合评分。对用户特征和电影特征两个(1,200)向量做乘法，将结果与真实评分做回归，采用 MSE 优化损失。相关代码如下：

```
    #计算图定义
tf.reset_default_graph()
train_graph = tf.Graph()
with train_graph.as_default():
    #获取输入占位符
    uid, user_gender, user_age, user_job, movie_id, movie_categories, movie_titles, targets, lr, dropout_keep_prob = get_inputs()
    #获取 User 的 4 个嵌入向量
    uid_embed_layer, gender_embed_layer, age_embed_layer, job_embed_layer = get_user_embedding(uid, user_gender, user_age, user_job)
    #得到用户特征
    user_combine_layer, user_combine_layer_flat = get_user_feature_layer(uid_embed_layer, gender_embed_layer, age_embed_layer, job_embed_layer)
    #获取电影 ID 的嵌入向量
    movie_id_embed_layer = get_movie_id_embed_layer(movie_id)
    #获取电影类型的嵌入向量
movie_categories_embed_layer = get_movie_categories_layers(movie_categories)
    #获取电影名的特征向量
    pool_layer_flat, dropout_layer = get_movie_cnn_layer(movie_titles)
    #得到电影特征
    movie_combine_layer, movie_combine_layer_flat = get_movie_feature_layer(movie_id_embed_layer, movie_categories_embed_layer, dropout_layer)
    with tf.name_scope("inference"):
        #将用户特征和电影特征做矩阵乘法得到一个预测评分
        inference = tf.reduce_sum(user_combine_layer_flat * movie_combine_layer_flat, axis = 1)
        inference = tf.expand_dims(inference, axis = 1)
    with tf.name_scope("loss"):
        #MSE 损失，将计算值回归到评分
        cost = tf.losses.mean_squared_error(targets, inference )
```

```
        loss = tf.reduce_mean(cost)
    #优化损失
    global_step = tf.Variable(0, name = "global_step", trainable = False)
    optimizer = tf.train.AdamOptimizer(lr)
    gradients = optimizer.compute_gradients(loss)                #代价
    train_op = optimizer.apply_gradients(gradients,global_step = global_step)
```

4. 模型训练

定义超参数的代码如下：

```
#训练迭代次数
num_epochs = 5
#每个 Batch 大小
batch_size = 256
#丢弃率
dropout_keep = 0.5
#学习率
learning_rate = 0.0001
#每 n 个 batches 显示信息
show_every_n_batches = 20
#保存路径
save_dir = './save'
#定义取得 batch 的函数
def get_batches(Xs, ys, batch_size):
    for start in range(0, len(Xs), batch_size):
        end = min(start + batch_size, len(Xs))
        yield Xs[start:end], ys[start:end]
#定义保存参数的函数
import pickle
def save_params(params):
    #保存参数到文件中
    pickle.dump(params, open('params.p', 'wb'))
def load_params():
    #从文件中加载参数
    return pickle.load(open('params.p', mode = 'rb'))
    #作图
%matplotlib inline
%config InlineBackend.figure_format = 'retina'
import matplotlib.pyplot as plt
import time
import datetime
    #记录损失,用于画图
losses = {'train':[], 'test':[]}
with tf.Session(graph = train_graph) as sess:
    #搜集数据给 TensorBoard 使用
    #跟踪渐变值和稀疏度
```

```
    grad_summaries = []
    for g, v in gradients:
        if g is not None:
            grad_hist_summary = tf.summary.histogram("{}/grad/hist".format(v.name.replace
(':', '_')), g)
            sparsity_summary = tf.summary.scalar("{}/grad/sparsity".format(v.name.replace
(':', '_')), tf.nn.zero_fraction(g))
            grad_summaries.append(grad_hist_summary)
            grad_summaries.append(sparsity_summary)
    grad_summaries_merged = tf.summary.merge(grad_summaries)
    #输出文件夹
    timestamp = str(int(time.time()))
    out_dir = os.path.abspath(os.path.join(os.path.curdir, "runs", timestamp))
    print("Writing to {}\n".format(out_dir))
    #损失与精度的总结
    loss_summary = tf.summary.scalar("loss", loss)
    #训练的总结
    train_summary_op = tf.summary.merge([loss_summary, grad_summaries_merged])
    train_summary_dir = os.path.join(out_dir, "summaries", "train")
    train_summary_writer = tf.summary.FileWriter(train_summary_dir, sess.graph)
    #测试总结
    inference_summary_op = tf.summary.merge([loss_summary])
    inference_summary_dir = os.path.join(out_dir,"summaries","inference")
    inference_summary_writer = tf.summary.FileWriter(inference_summary_dir, sess.graph)
    #变量初始化
    sess.run(tf.global_variables_initializer())
    #模型保存
    saver = tf.train.Saver()
    for epoch_i in range(num_epochs):
    #将数据集分成训练集和测试集,随机种子不固定
        train_X,test_X, train_y, test_y = train_test_split(features,
                                                           targets_values,
                                                           test_size = 0.2,
                                                           random_state = 0)
    #分开batches
        train_batches = get_batches(train_X, train_y, batch_size)
        test_batches = get_batches(test_X, test_y, batch_size)
    #训练的迭代,保存训练损失
        for batch_i in range(len(train_X) // batch_size):
            x, y = next(train_batches)
            categories = np.zeros([batch_size, 18])
            for i in range(batch_size):
                categories[i] = x.take(6,1)[i]
            titles = np.zeros([batch_size, sentences_size])
            for i in range(batch_size):
                titles[i] = x.take(5,1)[i]
            #传入数据
```

```
            feed = {
                uid: np.reshape(x.take(0,1), [batch_size, 1]),
                user_gender: np.reshape(x.take(2,1), [batch_size, 1]),
                user_age: np.reshape(x.take(3,1), [batch_size, 1]),
                user_job: np.reshape(x.take(4,1), [batch_size, 1]),
                movie_id: np.reshape(x.take(1,1), [batch_size, 1]),
                movie_categories: categories, #x.take(6,1)
                movie_titles: titles, #x.take(5,1)
                targets: np.reshape(y, [batch_size, 1]),
                dropout_keep_prob: dropout_keep, #dropout_keep
                lr: learning_rate}
            #计算结果
            step, train_loss, summaries, _ = sess.run([global_step, loss, train_summary_op,
train_op], feed) #cost
            losses['train'].append(train_loss)
            #保存记录
            train_summary_writer.add_summary(summaries, step)
            #每多少个 batches 显示一次
            if (epoch_i * (len(train_X) // batch_size) + batch_i) % show_every_n_batches == 0:
         time_str = datetime.datetime.now().isoformat()
       print('{}: Epoch {:>3} Batch {:>4}/{} train_loss = {:.3f}'.format(
                    time_str,
                    epoch_i,
                    batch_i,
                    (len(train_X) // batch_size),
                    train_loss))
        #使用测试数据的迭代
        for batch_i in range(len(test_X) // batch_size):
            x, y = next(test_batches)
            categories = np.zeros([batch_size, 18])
            for i in range(batch_size):
                categories[i] = x.take(6,1)[i]
            titles = np.zeros([batch_size, sentences_size])
            for i in range(batch_size):
                titles[i] = x.take(5,1)[i]
            #传入数据
            feed = {
                uid: np.reshape(x.take(0,1), [batch_size, 1]),
                user_gender: np.reshape(x.take(2,1), [batch_size, 1]),
                user_age: np.reshape(x.take(3,1), [batch_size, 1]),
                user_job: np.reshape(x.take(4,1), [batch_size, 1]),
                movie_id: np.reshape(x.take(1,1), [batch_size, 1]),
                movie_categories: categories, #x.take(6,1)
                movie_titles: titles, #x.take(5,1)
                targets: np.reshape(y, [batch_size, 1]),
                dropout_keep_prob: 1,
                lr: learning_rate}
```

```
            #计算结果
            step, test_loss, summaries = sess.run([global_step, loss, inference_summary_
op], feed) #cost
            #保存测试损失
            losses['test'].append(test_loss)
            inference_summary_writer.add_summary(summaries, step)
            #每多少个 batches 显示一次
            time_str = datetime.datetime.now().isoformat()
            if (epoch_i * (len(test_X) // batch_size) + batch_i) % show_every_n_batches == 0:
                print('{}: Epoch {:>3} Batch {:>4}/{} test_loss = {:.3f}'.format(
                    time_str,
                    epoch_i,
                    batch_i,
                    (len(test_X) // batch_size),
                    test_loss))
    #保存模型
    saver.save(sess, save_dir)
    print('Model Trained and Saved')
```

其中，一个 batch 就是在一次前向/后向传播过程用到的训练样例数量，训练 5 轮，每轮第一个 batch_size 为 3125，作为训练集，训练步长为 20，第二个 batch_size 为 781，作为测试集，训练步长为 20，训练集训练结果如图 4-12 所示，测试集训练结果如图 4-13 所示。

```
2020-04-11T21:10:30.721391: Epoch   4 Batch 2240/3125   train_loss = 0.862
2020-04-11T21:10:31.758285: Epoch   4 Batch 2260/3125   train_loss = 0.912
2020-04-11T21:10:32.748859: Epoch   4 Batch 2280/3125   train_loss = 0.925
2020-04-11T21:10:33.778218: Epoch   4 Batch 2300/3125   train_loss = 0.878
2020-04-11T21:10:34.785224: Epoch   4 Batch 2320/3125   train_loss = 0.979
2020-04-11T21:10:35.780036: Epoch   4 Batch 2340/3125   train_loss = 0.883
2020-04-11T21:10:36.796323: Epoch   4 Batch 2360/3125   train_loss = 0.877
```

图 4-12　训练集训练结果

```
2020-04-11T21:11:23.774135: Epoch   4 Batch  676/781   test_loss = 1.076
2020-04-11T21:11:24.046913: Epoch   4 Batch  696/781   test_loss = 0.839
2020-04-11T21:11:24.271316: Epoch   4 Batch  716/781   test_loss = 0.920
2020-04-11T21:11:24.485739: Epoch   4 Batch  736/781   test_loss = 1.051
2020-04-11T21:11:24.731082: Epoch   4 Batch  756/781   test_loss = 0.878
2020-04-11T21:11:24.907613: Epoch   4 Batch  776/781   test_loss = 0.750
```

图 4-13　测试集训练结果

通过观察训练集和测试集损失函数的大小来评估模型的训练程度，进行模型训练的进一步决策。一般来说，训练集和测试集的损失函数不变且基本相等为模型训练的较佳状态。可以将训练过程中保存的损失函数以图片的形式表现出来，方便观察，相关代码如下：

```
#保存参数
save_params((save_dir))
```

```
load_dir = load_params()
#作图画出训练损失
plt.figure(figsize=(8, 6))
plt.plot(losses['train'], label='Training loss')
plt.legend()
plt.xlabel("Batches")
plt.ylabel("Loss")
_ = plt.ylim()
#作图画出测试损失
plt.figure(figsize=(8,6))
plt.plot(losses['test'], label='Test loss')
plt.legend()
plt.xlabel("Batches")
plt.ylabel("Loss")
_ = plt.ylim()
```

5. 获取特征矩阵

本部分包括定义函数张量、生成电影特征矩阵、生成用户特征矩阵。

1）定义函数用于获取保存的张量

相关代码如下：

```
def get_tensors(loaded_graph):
    #使用get_tensor_by_name()函数从loaded_graph模块中获取张量
    uid = loaded_graph.get_tensor_by_name("uid:0")
    user_gender = loaded_graph.get_tensor_by_name("user_gender:0")
    user_age = loaded_graph.get_tensor_by_name("user_age:0")
    user_job = loaded_graph.get_tensor_by_name("user_job:0")
    movie_id = loaded_graph.get_tensor_by_name("movie_id:0")
    movie_categories = loaded_graph.get_tensor_by_name("movie_categories:0")
    movie_titles = loaded_graph.get_tensor_by_name("movie_titles:0")
    targets = loaded_graph.get_tensor_by_name("targets:0")
    dropout_keep_prob = loaded_graph.get_tensor_by_name("dropout_keep_prob:0")
    lr = loaded_graph.get_tensor_by_name("LearningRate:0")
    inference = loaded_graph.get_tensor_by_name("inference/ExpandDims:0")
    movie_combine_layer_flat = loaded_graph.get_tensor_by_name("movie_fc/Reshape:0")
    user_combine_layer_flat = loaded_graph.get_tensor_by_name("user_fc/Reshape:0")
    return uid, user_gender, user_age, user_job, movie_id, movie_categories, movie_titles,
targets, lr, dropout_keep_prob, inference, movie_combine_layer_flat, user_combine_layer_flat
```

2）生成电影特征矩阵

相关代码如下：

```
loaded_graph = tf.Graph()
movie_matrics = []
with tf.Session(graph=loaded_graph) as sess:
    #载入保存好的模型
```

```
    loader = tf.train.import_meta_graph(load_dir + '.meta')
    loader.restore(sess, load_dir)
    #调用函数提取 tensors
    uid, user_gender, user_age, user_job, movie_id, movie_categories, movie_titles, targets,
lr, dropout_keep_prob, _, movie_combine_layer_flat, __ = get_tensors(loaded_graph)
    for item in movies.values:
        categories = np.zeros([1, 18])
        categories[0] = item.take(2)
        titles = np.zeros([1, sentences_size])
        titles[0] = item.take(1)
        feed = {
            movie_id: np.reshape(item.take(0), [1, 1]),
            movie_categories: categories,
            movie_titles: titles,
            dropout_keep_prob: 1}
        movie_combine_layer_flat_val = sess.run([movie_combine_layer_flat], feed)
        #添加进一个 list 中
        movie_matrics.append(movie_combine_layer_flat_val)
        #保存成.p 文件
pickle.dump((np.array(movie_matrics).reshape(-1, 200)), open('movie_matrics.p', 'wb'))
        #读取文件
movie_matrics = pickle.load(open('movie_matrics.p', mode='rb'))
```

3）生成用户特征矩阵

相关代码如下：

```
loaded_graph = tf.Graph()
users_matrics = []
with tf.Session(graph=loaded_graph) as sess:
    #载入保存好的模型
    loader = tf.train.import_meta_graph(load_dir + '.meta')
    loader.restore(sess, load_dir)
    #调用函数提取张量
    uid, user_gender, user_age, user_job, movie_id, movie_categories, movie_titles, targets, lr,
dropout_keep_prob, _, __,user_combine_layer_flat = get_tensors(loaded_graph) #loaded_graph
    for item in users.values:
        feed = {
            uid: np.reshape(item.take(0), [1, 1]),
            user_gender: np.reshape(item.take(1), [1, 1]),
            user_age: np.reshape(item.take(2), [1, 1]),
            user_job: np.reshape(item.take(3), [1, 1]),
            dropout_keep_prob: 1}
    user_combine_layer_flat_val = sess.run([user_combine_layer_flat], feed)
        #添加进一个 list 中
        users_matrics.append(user_combine_layer_flat_val)
#保存成.p 文件
pickle.dump((np.array(users_matrics).reshape(-1, 200)), open('users_matrics.p', 'wb'))
```

```
#读取文件
users_matrics = pickle.load(open('users_matrics.p', mode = 'rb'))
```

完成模型训练生成 preprocess.p、movie_matrics.p 和 users_matrics.p 数据文件。这三个文件会放进后端 Django 框架中，以便调用。

4.3.2 后端 Django

该模块实现了推荐算法的封装与前端数据交互功能。Django 项目 mysite 目录下的文件树如下：

```
├── connTest
│   ├── admin.py
│   ├── apps.py
│   ├── __init__.py
│   ├── migrations
│   │   ├── __init__.py
│   │   └── __pycache__
│   │       └── __init__.cpython-37.pyc
│   ├── models.py
│   ├── my_data.py
│   ├── __pycache__
│   │   ├── admin.cpython-37.pyc
│   │   ├── __init__.cpython-37.pyc
│   │   ├── models.cpython-37.pyc
│   │   ├── my_data.cpython-37.pyc
│   │   ├── urls.cpython-37.pyc
│   │   └── views.cpython-37.pyc
│   ├── templates
│   │   └── connTest
│   │       └── connTestResponse.html
│   ├── urls.py
│   └── views.py
├── manage.py
├── mysite
│   ├── __init__.py
│   ├── movie_matrics.p
│   ├── preprocess.p
│   ├── __pycache__
│   │   ├── __init__.cpython-37.pyc
│   │   ├── settings.cpython-37.pyc
│   │   ├── urls.cpython-37.pyc
│   │   └── wsgi.cpython-37.pyc
│   ├── settings.py
│   ├── urls.py
│   ├── users_matrics.p
│   └── wsgi.py
├── run.log
└── uwsgi.ini
```

manage.py 用于控制项目各种功能；mysite 与当前文件夹同名，注意区分，主要装的是项目的全局配置文件以及推荐算法用到的数据文件，同时需要在 settings.py 文件中设置对应文件路径；connTest 是 Django 的应用文件夹，实施相应的功能；uwsgi.ini 是配置 uwsgi 应用，与 Nginx 软件实施数据通信功能；run.log 文件是运行日志。

1. 路由文件

路由相关的文件./mysite/urls.py 和./connTest/urls.py，一旦前端发起请求，服务器上的 Nginx 监听 443 端口并转发到 uwsgi 应用的端口 8000，根据项目文件夹下的./mysite/urls.py 判断路由规则。

./mysite/urls.py 的相关代码如下：

```
from django.contrib import admin
from django.urls import include, path
urlpatterns = [
    #转发至 connTest 应用
    path('connTest/', include('connTest.urls')),
    #管理功能,默认生成,不使用
    path('admin/', admin.site.urls),
]
```

如果请求中包含 connTest/，则将请求转发至应用 connTest 的 urls.py 文件，./connTest/urls.py 的相关代码如下：

```
from django.urls import path
#导入 connTest 下的视图层 views.py
from . import views
urlpatterns = [
    #请求中不包含其他字符,调用视图层中的 index 函数
    path('', views.index, name='index'),
    #请求中包含"get_rand_movies/",调用视图层中的 get_rand_movies()函数
  path('get_rand_movies/',views.get_rand_movies,name='get_rand_movies'),
    #请求中包含"get_this_movie/",调用视图层中的 get_this_movie()函数
    path('get_this_movie/', views.get_this_movie, name='get_this_movie'),
    #请求中包含"post_st_movies/",调用视图层中的 post_st_movies()函数
    path('post_st_movies/', views.post_st_movies, name='post_st_movies'),
    #请求中包含"post_of_movies/",调用视图层中的 post_of_movies()函数
     path('post_of_movies/',views.post_of_movies,name='post_of_movies'),
]
```

如果请求中有对应的字符串，则转发至相应的处理函数。

2. 视图层文件

路由文件将请求转发到相应的视图层文件函数中，connTest 应用的视图层文件 views.py 的相关代码如下：

```
#用于返回应答
from django.http import HttpResponse
#自定义文件 my_data.py,用于封装推荐算法函数
from . import my_data
#路径
import os
#特征向量文件所在目录所需文件 settings.PROJECT
from django.conf import settings
#处理 json 文件,API 返回格式为 json
import json
#index 函数,接收视图层请求,此函数用于测试,推荐算法中不使用
def index(request):
#如果请求方法是 POST
    if(request.method == 'POST'):
        data = request.POST['choice']
        #返回 get_random_movies()结果
        rand_movies_list = my_data.get_random_movies(settings.PROJECT_ROOT)
        results = {}
        for i in range(5):
            result = {}
            result['movie_id'] = rand_movies_list[i][0]
            result['movie_name'] = rand_movies_list[i][1]
            result['movie_genres'] = rand_movies_list[i][2]
            results[str(i)] = result
        results = json.dumps(results)
        return HttpResponse(results)
    elif(request.method == 'GET'):
    #如果请求方法是 GET
        return HttpResponse("Hello,this is connTest index.")
    #get_rand_movies 函数,接收视图层请求,返回 5 个随机电影
def get_rand_movies(request):
    #调用 my_data 中的 get_rand_movies()函数,获得电影
    rand_movies_list = my_data.get_random_movies(settings.PROJECT_ROOT)
    results = {}
    #遍历 list 转换成 dict
    for i in range(5):
        result = {}
        result['movie_id'] = rand_movies_list[i][0]
        result['movie_name'] = rand_movies_list[i][1]
        result['movie_genres'] = rand_movies_list[i][2]
        results[str(i)] = result
    #转换为 json 格式
    results = json.dumps(results)
    #返回应答
    return HttpResponse(results)
    #get_this_movie 函数,接收视图层请求,返回电影相关信息,系统中未使用,仅做测试使用
def get_this_movie(request):
```

```
    #POST 请求,接收参数 movie_id
    movie_id = request.POST['movie_id']
    movie_id = int(movie_id)
    #调用 my_data 中的 get_a_movie()函数,获得电影
    this_movie_data = my_data.get_a_movie(settings.PROJECT_ROOT,movie_id)
    #转化成 dict
    results = {}
    result = {}
    result['movie_id'] = this_movie_data[0]
    result['movie_name'] = this_movie_data[1]
    result['movie_genres'] = this_movie_data[2]
    results["0"] = result
    #转换成 json 格式
    results = json.dumps(results)
    #返回应答
    return HttpResponse(results)
    #post_st_movies()函数,接收视图层请求,返回某个电影的同种电影
def post_st_movies(request):
    #接收 POST 请求参数
    movie_id = request.POST['movie_id']
    movie_id = int(movie_id)
    #调用 my_data 中的 recommend_same_type_movie()函数,获得同种电影列表
    st_movies_list = my_data.recommend_same_type_movie(settings.PROJECT_ROOT,movie_id)
    #list 转换成 dict
    results = {}
    for i in range(5):
        result = {}
        result['movie_id'] = st_movies_list[i][0]
        result['movie_name'] = st_movies_list[i][1]
        result['movie_genres'] = st_movies_list[i][2]
        results[str(i)] = result
    #转换成 json 格式
    results = json.dumps(results)
    #返回应答
    return HttpResponse(results)
    #post_of_movies 函数,接收视图层请求,返回看过某个电影的人喜欢的电影
def post_of_movies(request):
    #接收 POST 请求参数
    movie_id = request.POST['movie_id']
    movie_id = int(movie_id)
    #调用 my_data 中的 recommend_other_favorite_movie ()函数,获得电影列表
    of_movies_list = my_data.recommend_other_favorite_movie(settings.PROJECT_ROOT,movie_id)
    #list 转换成 dict
    results = {}
    for i in range(5):
        result = {}
        result['movie_id'] = of_movies_list[i][0]
```

```
            result['movie_name'] = of_movies_list[i][1]
            result['movie_genres'] = of_movies_list[i][2]
            results[str(i)] = result
        #转化成 json 格式
        results = json.dumps(results)
        #返回应答
        return HttpResponse(results)
```

实现推荐算法文件 my_data.py 相关代码如下：

```
#导入需要用到的包
import pandas as pd
import numpy as np
import pickle
import random
import os
#get_random_movies 函数返回 5 个随机电影
def get_random_movies(PROJECT_ROOT):
    #读取数据
    title_count, title_set, genres2int, features, targets_values, ratings, users, movies,
data, movies_orig, users_orig = pickle.load(open(os.path.join(PROJECT_ROOT,'preprocess.p'),
mode='rb'))
    #随机 5 个索引
    random_movies = [random.randint(0,3833) for i in range(5)]
    #返回电影数据列表
    return movies_orig[random_movies]
    #get_a_movie 函数,参数电影 ID 对应信息
def get_a_movie(PROJECT_ROOT,movie_id):
    title_count, title_set, genres2int, features, targets_values, ratings, users, movies,
data, movies_orig, users_orig = pickle.load(open(os.path.join(PROJECT_ROOT,'preprocess.p'),
mode='rb'))
#电影 ID 转下标的字典,数据集中电影 ID 跟下标不一致,例如,第 5 行的数据电影 ID 不一定是 5
    movieid2idx = {val[0]:i for i, val in enumerate(movies.values)}
    this_movie_data = movies_orig[movieid2idx[movie_id]]
    return this_movie_data
#recommend_same_type_movie 函数返回同种类电影列表
def recommend_same_type_movie(PROJECT_ROOT,movie_id_val, top_k=20):
    #读取数据
title_count, title_set, genres2int, features, targets_values, ratings, users, movies, data, movies_
orig, users_orig = pickle.load(open(os.path.join(PROJECT_ROOT,'preprocess.p'), mode='rb'))
#电影 ID 转下标的字典,数据集中电影 ID 跟下标不一致,例如,第 5 行的数据电影 ID 不一定是 5
    movieid2idx = {val[0]:i for i, val in enumerate(movies.values)}
    #读取电影特征矩阵
movie_matrics=pickle.load(open(os.path.join(PROJECT_ROOT,'movie_matrics.p'), mode='rb'))
    #读取用户特征矩阵
users_matrics = pickle.load(open(os.path.join(PROJECT_ROOT,'users_matrics.p'), mode='rb'))
    #推荐与选择同类型的电影
```

```
    print("您选择的电影是：{}".format(movies_orig[movieid2idx[movie_id_val]]))
    #规范化电影特征矩阵
    norm_movie_matrics = np.sqrt(np.sum(np.square(movie_matrics),axis=1)).reshape(3883,1)
    normalized_movie_matrics = movie_matrics/norm_movie_matrics
    #获取所选电影特征向量
    probs_embeddings = (movie_matrics[movieid2idx[movie_id_val]]).reshape([1, 200])
    probs_embeddings = probs_embeddings/np.sqrt(np.sum(np.square(probs_embeddings)))
    #计算相似度
    probs_similarity = np.matmul(probs_embeddings, np.transpose(normalized_movie_matrics))
    #print("根据您看的电影类型给您的推荐：")
    p = np.squeeze(probs_similarity)
    #获取 topk 个电影
    p[np.argsort(p)[:-top_k]] = 0
    p = p / np.sum(p)
    results = set()
    #在 topk 个电影汇总选取 5 个
    while len(results) != 5:
        c = np.random.choice(3883, 1, p=p)[0]
        results.add(c)
    final_results = [movies_orig[val] for val in results]
    #返回电影列表
    return final_results
    #recommend_other_favorite_movie 函数,返回看过同一个电影的人喜欢的电影
    def recommend_other_favorite_movie(PROJECT_ROOT,movie_id_val, top_k=20):
    #读取数据
    title_count, title_set, genres2int, features, targets_values, ratings, users, movies,
data, movies_orig, users_orig = pickle.load(open(os.path.join(PROJECT_ROOT,'preprocess.p'),
mode='rb'))
#电影 ID 转下标的字典,数据集中电影 ID 跟下标不一致,例如,第 5 行的数据电影 ID 不一定是 5
    movieid2idx = {val[0]:i for i, val in enumerate(movies.values)}
    #读取电影特征与用户特征矩阵
    movie_matrics = pickle.load(open(os.path.join(PROJECT_ROOT,'movie_matrics.p'), mode='rb'))
    users_matrics = pickle.load(open(os.path.join(PROJECT_ROOT,'users_matrics.p'), mode='rb'))
    #推荐看过同一个电影的人喜欢的电影
    print("您看的电影是：{}".format(movies_orig[movieid2idx[movie_id_val]]))
    #根据电影寻找相似的人
    probs_movie_embeddings = (movie_matrics[movieid2idx[movie_id_val]]).reshape([1, 200])
    probs_movie_embeddings = probs_movie_embeddings/np.sqrt(np.sum(np.square(probs_movie_
embeddings)))
    norm_users_matrics = np.sqrt(np.sum(np.square(users_matrics),axis=1)).reshape(6040,1)
    normalized_users_matrics = users_matrics/norm_users_matrics
    #计算相似度
    probs_user_favorite_similarity = np.matmul(probs_movie_embeddings, np.transpose
(normalized_users_matrics))
    favorite_user_id = np.argsort(probs_user_favorite_similarity)[0][-top_k:]
    print("喜欢看这个电影的人是：{}".format(users_orig[favorite_user_id-1]))
    #他们喜欢什么样的电影
```

```
    probs_users_embeddings = (users_matrics[favorite_user_id - 1]).reshape([ - 1, 200])
    probs_users_embeddings = probs_users_embeddings/np.sqrt(np.sum(np.square(probs_users_
embeddings)))
    norm_movie_matrics = np.sqrt(np.sum(np.square(movie_matrics),axis = 1)).reshape(3883,1)
    normalized_movie_matrics = movie_matrics/norm_movie_matrics
    #计算相似度
    probs_similarity = np.matmul(probs_users_embeddings, np.transpose(normalized_movie_
matrics))
    p = np.argmax(probs_similarity, 1)
    #print("喜欢看这个电影的人还喜欢看：")
    results = set()
    #随机选取5个
    while len(results) != 5:
        c = p[random.randrange(top_k)]
        results.add(c)
    final_results = [movies_orig[val] for val in results]
    return final_results
```

3. 项目设置文件

项目设置在./mysite/settings.py文件中，相关代码如下：

```
#用于路径
import os
#默认设置
BASE_DIR = os.path.dirname(os.path.dirname(os.path.abspath(__file__)))
SECRET_KEY = ''                    #项目的密钥,这里不显示
DEBUG = False
#允许接入的用户,通常填写域名,例如:
#ALLOWED_HOSTS = ['www.baidu.com']
ALLOWED_HOSTS = ['']               #这里不显示
#Application definition
INSTALLED_APPS = [
#添加应用 connTest
    'connTest',
    'django.contrib.admin',
    'django.contrib.auth',
    'django.contrib.contenttypes',
    'django.contrib.sessions',
    'django.contrib.messages',
    'django.contrib.staticfiles',
]
MIDDLEWARE = [
    'django.middleware.security.SecurityMiddleware',
    'django.contrib.sessions.middleware.SessionMiddleware',
    'django.middleware.common.CommonMiddleware',
    #如果报错,直接注释掉即可
```

```
    # 'django.middleware.csrf.CsrfViewMiddleware',
    'django.contrib.auth.middleware.AuthenticationMiddleware',
    'django.contrib.messages.middleware.MessageMiddleware',
    'django.middleware.clickjacking.XFrameOptionsMiddleware',
]
ROOT_URLCONF = 'mysite.urls'
PROJECT_ROOT = os.path.abspath(os.path.dirname(__file__))
TEMPLATES = [
    {
        'BACKEND': 'django.template.backends.django.DjangoTemplates',
        'DIRS': [os.path.join(BASE_DIR, 'templates')],
        'APP_DIRS': True,
        'OPTIONS': {
            'context_processors': [
                'django.template.context_processors.debug',
                'django.template.context_processors.request',
                'django.contrib.auth.context_processors.auth',
                'django.contrib.messages.context_processors.messages',
            ],
        },
    },
]
WSGI_APPLICATION = 'mysite.wsgi.application'
#数据库
#参考 https://docs.djangoproject.com/en/2.2/ref/settings/#databases
#数据库在此更换,此处未用到数据库,所以不需更换
DATABASES = {
    'default': {
        'ENGINE': 'django.db.backends.sqlite3',
        'NAME': os.path.join(BASE_DIR, 'db.sqlite3'),
    }
}
#密码验证
AUTH_PASSWORD_VALIDATORS = [
    {
        'NAME': 'django.contrib.auth.password_validation.UserAttributeSimilarityValidator',
    },
    {
        'NAME': 'django.contrib.auth.password_validation.MinimumLengthValidator',
    },
    {
        'NAME': 'django.contrib.auth.password_validation.CommonPasswordValidator',
    },
    {
        'NAME': 'django.contrib.auth.password_validation.NumericPasswordValidator',
    },
]
```

```
#语言
LANGUAGE_CODE = 'en-us'
#时区
TIME_ZONE = 'UTC'
USE_I18N = True
USE_L10N = True
USE_TZ = True
STATIC_URL = '/static/'
```

4.3.3 前端微信小程序

该模块实现用户交互以及与后端数据的传输功能，通过微信开发者平台进行前端开发。

1. 小程序全局配置文件

全局配置文件通常以 APP 开头，包括 app.js、app.json、app.wxss 等，这些文件在新建小程序时，由微信开发者平台自动生成。

app.js 相关代码如下：

```
//app.js
App({
  onLaunch: function () {
    console.log("app launch")
    //展示本地存储能力
    var logs = wx.getStorageSync('logs') || []
    logs.unshift(Date.now())
    wx.setStorageSync('logs', logs)
    //登录
    wx.login({
      success: res => {
      }
    });
    //获取用户信息
    wx.getSetting({
      success: res => {
        if (res.authSetting['scope.userInfo']) {
          //已经授权，可以直接调用 getUserInfo 获取头像昵称，不会弹框
          wx.getUserInfo({
            success: res => {
              //可以将 res 发送给后台解码出 unionId
              this.globalData.userInfo = res.userInfo
              //由于 getUserInfo 是网络请求，可能会在 Page.onLoad 之后才返回
              //此处加入 callback 以防止类似情况
              if (this.userInfoReadyCallback) {
                this.userInfoReadyCallback(res)
              }
            }
```

```
            })
          }
        }
      })
    },
    globalData: {
      userInfo: null,
    }
  })
```

文件 app.json 为 json 格式，不能添加注释。pages 表示小程序包含的页面，共有三个，一是电影推荐页面 movies；二是个人信息页面 index；三是用户登录记录 logs；window 是标题栏设置，可以更改文字类型、背景颜色、标题文字；tabBar 是底部导航栏，可以选择当前页面，包含各页面的路径以及图标，图标可以在阿里巴巴矢量图标库 https://www.iconfont.cn/中找到，其他为默认配置。相关代码如下：

```
{
  "pages": [
    "pages/movies/movies",
    "pages/index/index",
    "pages/logs/logs"
  ],
  "window": {
    "backgroundTextStyle": "light",
    "navigationBarBackgroundColor": "#fff",
    "navigationBarTitleText": "Movies",
    "navigationBarTextStyle": "black"
  },
  "tabBar": {
    "list": [
      {
        "pagePath": "pages/movies/movies",
        "text": "Movies",
        "iconPath": "/icon/movie.png",
        "selectedIconPath": "/icon/movie_selected.png"
      },
      {
        "pagePath": "pages/index/index",
        "text": "Mine",
        "iconPath": "/icon/user.png",
        "selectedIconPath": "/icon/user_selected.png"
      }
    ]
  },
  "style": "v2",
  "sitemapLocation": "sitemap.json"
}
```

文件 app. wxss 中描述了小程序的样式表，用于配置全局页面元素样式，app. wxss 相关代码如下：

```
/** app.wxss **/
@import './weui-miniprogram/weui-wxss/dist/style/weui.wxss';
/* 定义了 container 的样式 */
.container {
  height: 100%;
  display: flex;
  flex-direction: column;
  align-items: center;
  justify-content: space-between;
  padding: 200rpx 0;
  box-sizing: border-box;
}
```

2. 推荐电影页面

推荐电影页面 movies，包含 movies. js、movies. json、movies. wxml、movies. wxss。其中 movies. js 记录的是逻辑层；movies. wxml 记录的是视图层；movies. wxss 记录页面元素的样式表；movies. json 类似于 app. json，记录这个页面的相关配置信息。相关代码如下：

```
//pages/movies/movies.js
Page({
  /* 页面的初始数据 */
  data: {
    //电影相关信息
    movies: null,
    //推荐方式
    recommend_mode: null,
    //推荐方式选择信息
    recommend_mode_list: [{
      name: "同类型电影", value: 0, checked: "false"
    },
    {
      name: "看过这个的还喜欢看", value: 1, checked: "true"
    }]
  },
  //页面单选按钮逻辑功能函数,选择推荐方式时触发
  radioChange: function (e) {
    //用单选按钮给推荐方式变量赋值
    this.setData({ recommend_mode: e.detail.value })
    console.log(this.data.recommend_mode)
  },
  //推荐同类型电影
```

```
post_st_movies: function (event) {
  var that = this;
  //向后端服务器发出请求
  wx.request({
    //这里 url 填写用户服务器的域名,不显示
    url: '',
    //发送数据为电影的 ID
    data: {
      movie_id: event.currentTarget.dataset.movie_id,
    },
    //POST 方法
    method: 'post',
    header: {
      'content-type': 'application/x-www-form-urlencoded'          //默认值
    },
    //成功后执行
    success(res) {
    //更新电影信息
      that.setData({ movies: res.data })
      console.log(that.data.movies[0].movie_id);
    }
  })
},
  //推荐看过这个电影的人喜欢的电影
post_of_movies: function (event) {
  var that = this;
  //向后端服务器发出请求
  wx.request({
    //这里 url 填写用户服务器的域名,不显示
    url: '',
    //发送数据为电影的 ID
    data: {
      movie_id: event.currentTarget.dataset.movie_id,
    },
    //POST 方法
    method: 'post',
    header: {
      'content-type': 'application/x-www-form-urlencoded'          //默认值
    },
    //成功后执行
    success(res) {
      //更新电影信息
      that.setData({ movies: res.data })
      console.log(that.data.movies[0].movie_id);
    }
  })
},
```

```
//电影推荐按钮的逻辑功能
recommend_movies: function (event) {
  //如果是 0 模式
  if (this.data.recommend_mode == 0) {
    this.post_st_movies(event);
  }
  //如果是 1 模式
  else if (this.data.recommend_mode == 1) {
    this.post_of_movies(event);
  }
},
 //随机获取电影函数逻辑功能
get_rand_movies: function () {
  var that = this;
  //向后端服务器发出请求
  wx.request({
    //url 填写用户服务器的域名,不显示
    url: '',
    data: {
    },
    //GET 方法
    method: 'get',
    header: {
      'content-type': 'application/x-www-form-urlencoded'        //默认值
    },
    //成功后执行
    success(res) {
      //更新电影信息
      that.setData({ movies: res.data })
      console.log(that.data.movies[0].movie_id);
    }
  })
},
/* 生命周期函数——监听页面加载 */
onLoad: function (options) {
  this.get_rand_movies();
},
/* 生命周期函数——监听页面初次渲染完成 */
onReady: function () {
},
/*  生命周期函数——监听页面显示 */
onShow: function () {
},
/* 生命周期函数——监听页面隐藏 */
onHide: function () {
},
/* 生命周期函数——监听页面卸载 */
```

```
  onUnload: function () {
  },
  /*页面相关事件处理函数——监听用户下拉动作*/
  onPullDownRefresh: function () {
  },
  /*页面上拉触底事件的处理函数*/
  onReachBottom: function () {
  },
  /*用户单击右上角分享*/
  onShareAppMessage: function () {
  }
})
//文件 movies.json 代码为空,movies.wxml 相关代码如下:
<!-- pages/movies/movies.wxml -->
<!-- 页面容器 -->
<view class = "container">
  <!-- 页面 -->
  <view class = "page - body">
    <!-- 推荐方式选择容器 -->
    <view class = "mode - choose - container">
      <text>请选择推荐方式:</text>
      <radio - group class = "mode - choose" bindchange = "radioChange">
        <radio class = "radio" wx:for - items = "{{recommend_mode_list}}" value = "{{item.
value}}" >
          <text>{{item.name}}</text>
        </radio>
      </radio - group>
    </view>
    <!-- 电影信息容器 -->
    <view class = "movie - container" wx:for = "{{[0,1,2,3,4]}}" hover - class = 'hover_list'
data - movie_id = "{{movies[index].movie_id}}" bindtap = "recommend_movies">
      <text> Top {{index + 1}}</text>
      <!-- 电影名称 -->
      <view class = "movie - name - container">
        <text class = "movie - name">
          {{movies[index].movie_name}}
        </text>
      </view>
      <!-- 电影流派 -->
      <view class = "movie - genres - container">
        <text class = "movie - genres">
          {{movies[index].movie_genres}}
        </text>
      </view>
    </view>
  </view>
</view>
```

```
//movies.wxss 相关代码如下:
/* pages/movies/movies.wxss */
.container {
  /* 透明度: 0.1 */
  align-items: center;
  background: #f5f5f5;
}
.page-body {
  /* 透明度:0.2 */
  align-items: center;
  background: #fefefe;
  border-style: solid;
  border-color: #b2b2b2;
  border-width: thin medium medium thin;
  border-radius: 50rpx;
  width: 660rpx;
}
.mode-choose-container {
  align-items: center;
  padding:20rpx;
}
.movie-container {
  align-items: center;
  border-style: solid;
  border-color: #b2b2b2;
  border-width: thin medium medium thin;
  border-radius: 50rpx;
  margin: 20rpx 15rpx 20rpx 15rpx;
  padding:20rpx;
  text-align: center;
}
.hover_list {
  opacity: 0.9;
  background: #f7f7f7;
}
```

3. 个人信息页面以及用户登录记录页面

这两个页面是新建小程序时系统自动生成的,不做改动。以下个人信息页面由 index.js、index.html、index.json、index.wxss 等文件构成。index.js 相关代码如下:

```
//获取应用实例
const app = getApp()
Page({
  data: {
    motto: 'Hope you find your peace.',
    userInfo: {},
```

```
      hasUserInfo: false,
      canIUse: wx.canIUse('button.open-type.getUserInfo')
    },
    //事件处理函数
    bindViewTap: function() {
      wx.navigateTo({
        url: '../logs/logs'
      })
    },
    onLoad: function () {
      if (app.globalData.userInfo) {
        this.setData({
          userInfo: app.globalData.userInfo,
          hasUserInfo: true
        })
      } else if (this.data.canIUse){
  //由于 getUserInfo 是网络请求,可能会在 Page.onLoad 后才返回
  //此处加入 callback 防止这种情况发生
        app.userInfoReadyCallback = res => {
          this.setData({
            userInfo: res.userInfo,
            hasUserInfo: true
          })
        }
      } else {
        //在没有 open-type=getUserInfo 版本的兼容处理
        wx.getUserInfo({
          success: res => {
            app.globalData.userInfo = res.userInfo
            this.setData({
              userInfo: res.userInfo,
              hasUserInfo: true
            })
          }
        })
      }
    },
    getUserInfo: function(e) {
      console.log(e)
      app.globalData.userInfo = e.detail.userInfo
      this.setData({
        userInfo: e.detail.userInfo,
        hasUserInfo: true
      })
    }
  })
  //index.html 相关代码如下:
```

```
<! -- index.wxml -->
<view class = "container">
  <view class = "userinfo">
    <button wx:if = "{{!hasUserInfo && canIUse}}" open - type = "getUserInfo" bindgetuserinfo =
"getUserInfo"> 获取头像昵称 </button>
    <block wx:else>
      <image bindtap = "bindViewTap" class = "userinfo - avatar" src = "{{userInfo.
avatarUrl}}" mode = "cover"></image>
      <text class = "userinfo - nickname">{{userInfo.nickName}}</text>
    </block>
  </view>
  <view class = "usermotto">
    <text class = "user - motto">{{motto}}</text>
  </view>
</view>
//文件 index.json 为空,index.wxss 相关代码如下:
/** index.wxss **/
.userinfo {
  display: flex;
  flex - direction: column;
  align - items: center;
}
.userinfo - avatar {
  width: 128rpx;
  height: 128rpx;
  margin: 20rpx;
  border - radius: 50%;
}
.userinfo - nickname {
  color: #aaa;
}
.usermotto {
  margin - top: 200px;
}
```

以下是用户登录记录页面,由 logs.js、logs.html、logs.json、logs.wxss 等文件构成。logs.js 相关代码如下:

```
//logs.js
const util = require('../../utils/util.js')
Page({
  data: {
    logs: []
  },
  onLoad: function () {
    this.setData({
      logs: (wx.getStorageSync('logs') || []).map(log => {
```

```
            return util.formatTime(new Date(log))
          })
        })
      }
    })
//logs.html 相关代码如下：
<!-- logs.wxml -->
<view class="container log-list">
  <block wx:for="{{logs}}" wx:for-item="log">
    <text class="log-item">{{index + 1}}. {{log}}</text>
  </block>
</view>
//logs.wxss 代码如下：
.log-list {
  display: flex;
  flex-direction: column;
  padding: 40rpx;
}
.log-item {
  margin: 10rpx;
}
//文件 logs.json 代码如下：
{
  "navigationBarTitleText": "查看启动日志",
  "usingComponents": {}
}
```

4.4 系统测试

本部分包括模型损失曲线及测试效果。

4.4.1 模型损失曲线

模型使用真实评分与预测评分的 MSE 作为损失函数，随着迭代次数的增多，在训练数据、测试数据上的损失逐渐降低，最终趋于稳定，经过 5 次迭代后，损失稳定为 1。训练损失如图 4-14 所示，测试损失如图 4-15 所示。

4.4.2 测试效果

前端小程序开发完成后，在微信开发者平台中进行预览，操作界面如图 4-16 所示。

Movies 页面中有两种推荐方式选择按钮，下面还有 5 部随机显示的电影信息。选择其中一种方式进行电影推荐，也就是“同类型电影”的推荐方式，再选择其中一部电影，例如，选择当前屏幕中的第一部电影 Last Night,可以看到推荐了很多同类型的电影,如图 4-17 所示。

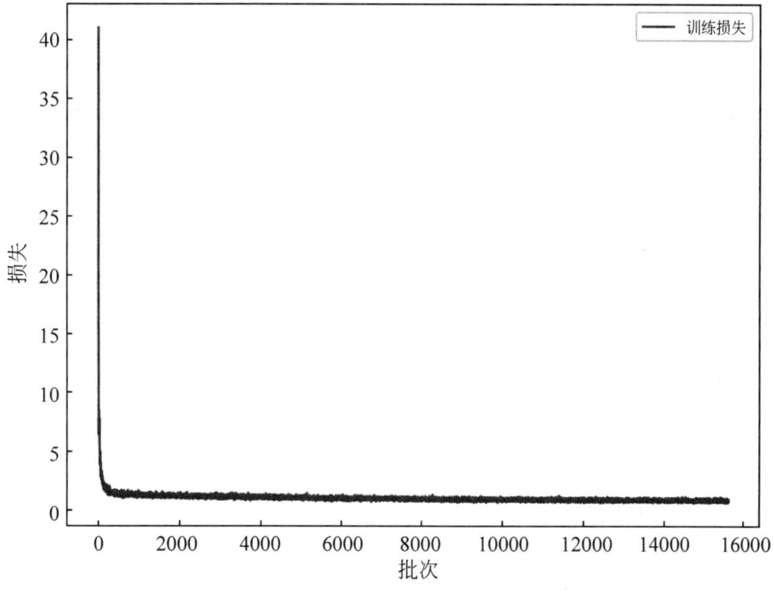

图 4-14 训练损失

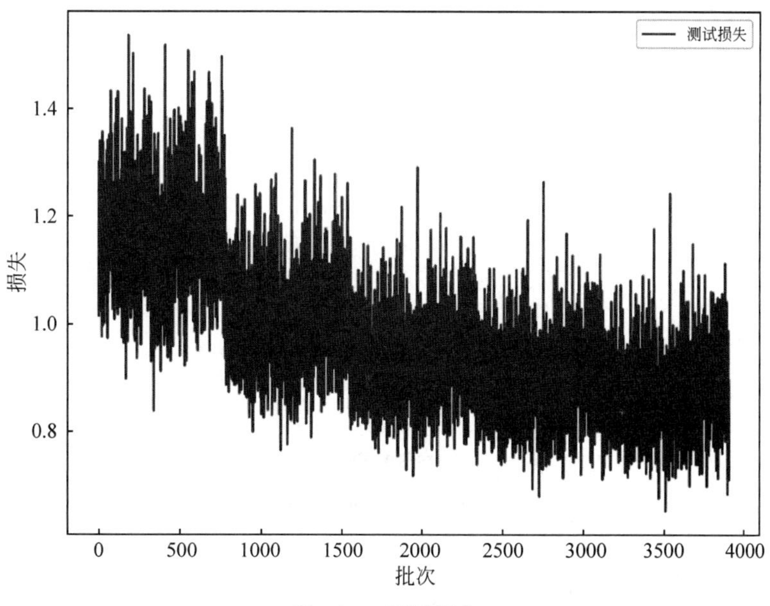

图 4-15 测试损失

选择另一种方式,即"看过这个的还喜欢看"的推荐方式,继续选择第一部电影,出现其他电影,如图 4-18 所示。

图 4-16　微信小程序操作界面

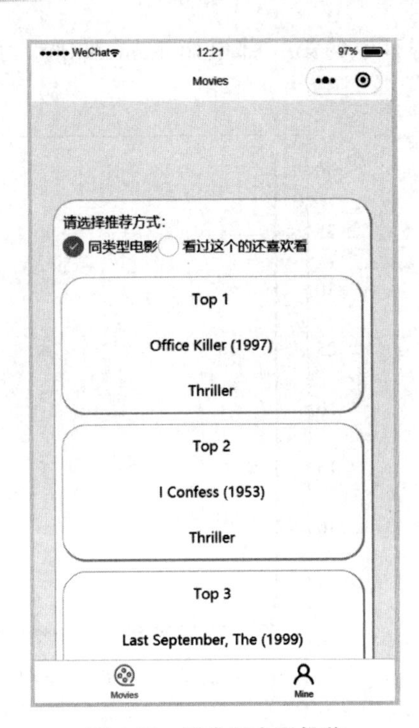

图 4-17　同类型电影推荐

图 4-18　看过同样电影的人还喜欢看什么电影

项目 5

PROJECT 5

基于排队时间预测的智能导航推荐系统

本项目采用百度地图 API 获取步行时间，基于 GBDT 模型对排队时间进行预测。实现用户自主选择多个目的地，系统输出最佳路线规划的结果，并根据用户的选择给出智能化推荐。

5.1 总体设计

本部分包括系统整体结构和系统流程。

5.1.1 系统整体结构

系统整体结构如图 5-1 所示。

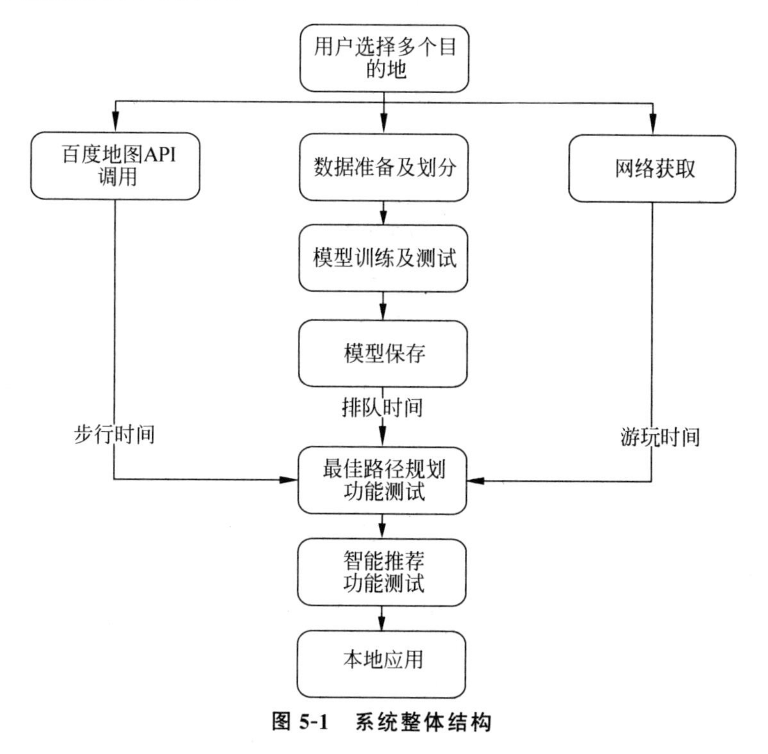

图 5-1 系统整体结构

5.1.2 系统流程

系统流程如图 5-2 所示，路径规划流程如图 5-3 所示，计算路径耗时流程如图 5-4 所示。

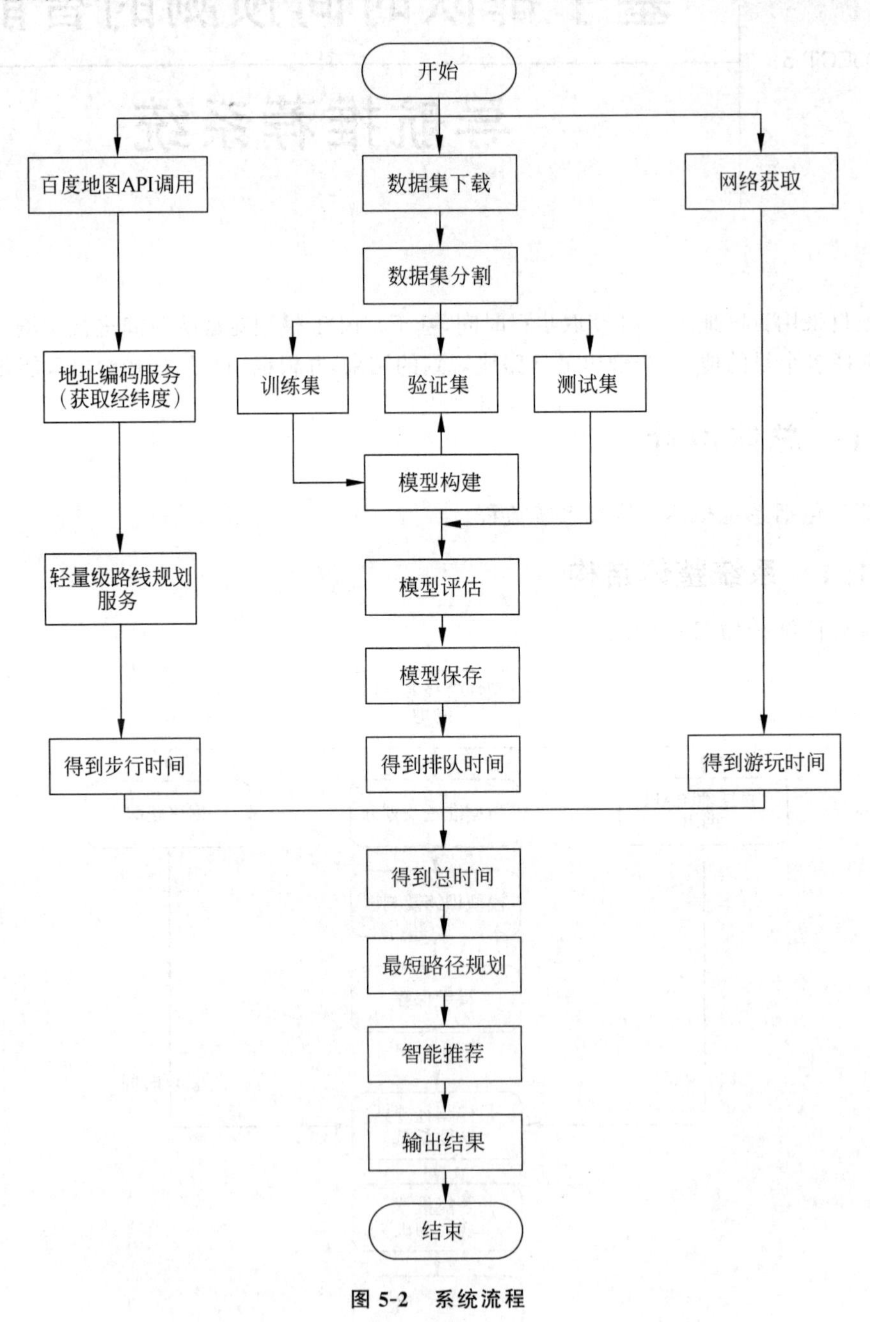

图 5-2 系统流程

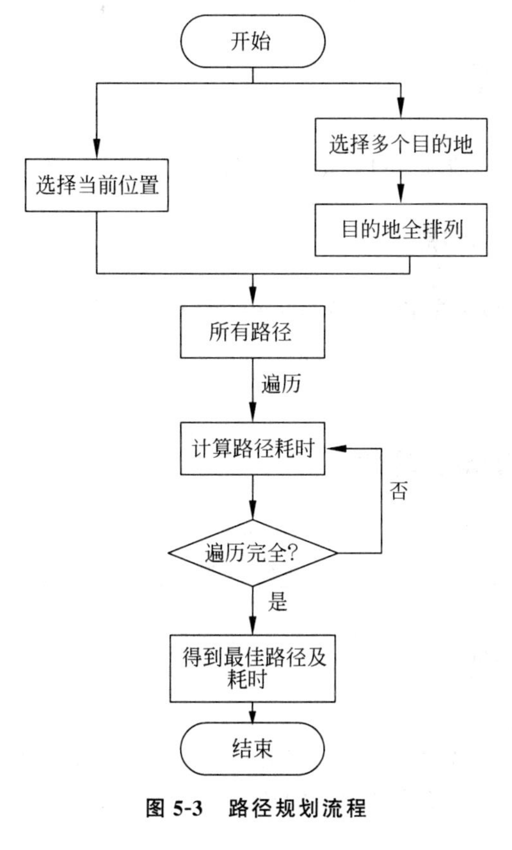

图 5-3 路径规划流程

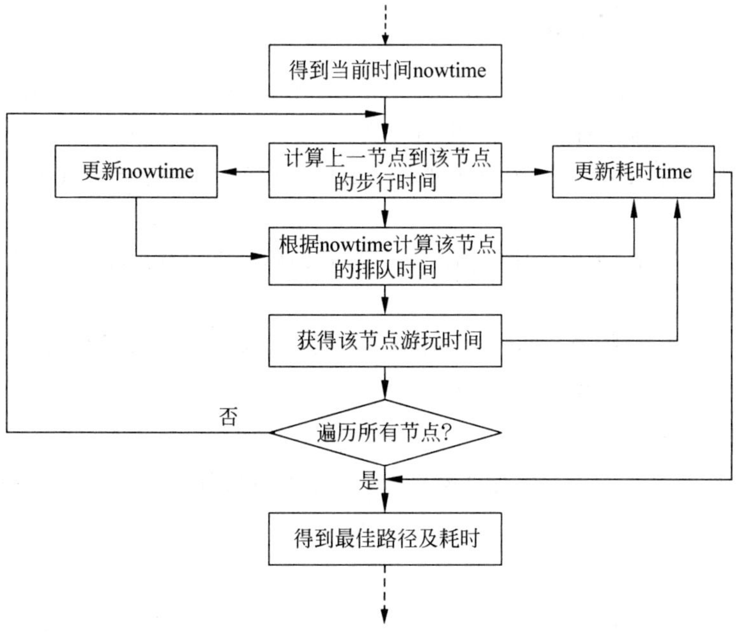

图 5-4 计算路径耗时流程

5.2 运行环境

本部分包括 Python 环境和 Scikit-learn 环境。

5.2.1 Python 环境

需要 Python 3.6 及以上配置，在 Windows 环境下推荐下载 Anaconda 完成 Python 所需的配置，下载地址为 https://www.anaconda.com/，也可下载虚拟机在 Linux 环境下运行代码。

5.2.2 Scikit-learn 环境

安装 CPU 版本的 Scikit-learn：pip install -U --ignore-installed scikit-learn，或者从 Anaconda 环境中直接搜索 scikit-learn 包进行下载、安装。

5.3 模块实现

本项目包括 6 个模块：数据预处理、客流预测、百度地图 API 调用、GUI 界面设计、路径规划和智能推荐，下面分别给出各模块的功能介绍及相关代码。

5.3.1 数据预处理

数据集链接地址为 https://pan.baidu.com/s/1vRsr_ur7fgtSz7GHzlALSw 密码：x1r4。

乘车刷卡交易数据表 train_data 使用城市：use_city、线路名称：line_name、刷卡终端 ID：terminal_id、卡片 ID：card_id、发卡地：create_city、交易时间：deal_time、卡类型：card_type。

公交线路信息表 line_desc 线路名称：line_name、线路站点数量：stop_cnt、线路类型：_line_type。

广州市天气状况信息表 weather_report，日期：data_time、天气状况：weather、气温：temperature、风向风力：wind_direction_force。

1. 加载数据集

使用 DealTrainData.py 程序加载数据集，初步查看数据集中所有项，以便后续选择需要的项作为特征，相关代码如下：

```
import pandas as pd
#乘车刷卡交易数据表
train_data = pd.read_csv('C:/Users/99509/Desktop/信息系统设计/data/gd_train_data.txt',
```

```
header = None, names = ['use_city', 'line_name', 'terminal_id', 'card_id', 'create_city', 'deal_time', 'card
_type'])
#公交线路信息表
line_desc = pd.read_csv('C:/Users/99509/Desktop/信息系统设计/data/gd_line_desc.txt',
header = None, names = ['line_name', 'stop_cnt', 'line_type'])
#广州市天气状况信息表
weather_report = pd.read_csv('C:/Users/99509/Desktop/信息系统设计/data/gd_weather_report.
txt', header = None, names = ['data', 'weather', 'temperature', 'wind_direction_force'])
#虽然公交线路数据表中有 21 条线路,但是数据集只包含 2 条线路的详细数据
print(train_data)
```

初始 train_data 数据如图 5-5 所示。

```
print(line_desc)
```

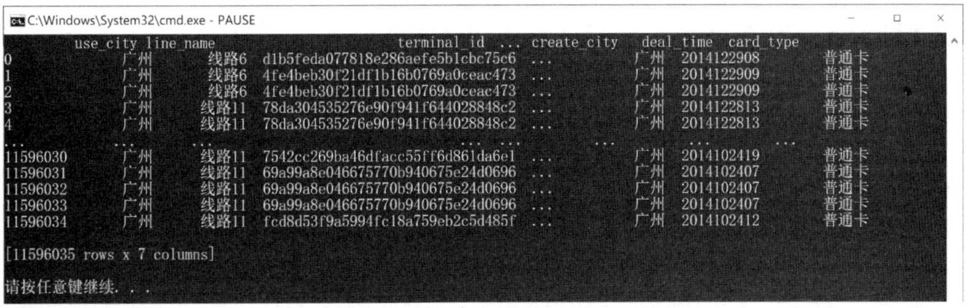

```
C:\Windows\System32\cmd.exe - PAUSE
         use_city line_name                        terminal_id  ... create_city   deal_time  card_type
0              广州       线路6  d1b5feda077818e286aefe5b1cbc75c6  ...          广州  2014122908        普通卡
1              广州       线路6  4fe4beb30f21df1b16b0769a0ceac473  ...          广州  2014122909        普通卡
2              广州       线路6  4fe4beb30f21df1b16b0769a0ceac473  ...          广州  2014122909        普通卡
3              广州      线路11  78da304535276e90f941f644028848c2  ...          广州  2014122813        普通卡
4              广州      线路11  78da304535276e90f941f644028848c2  ...          广州  2014122813        普通卡
...           ...       ...                               ...  ...         ...         ...        ...
11596030       广州      线路11  7542cc269ba46dfacc55ff6d861da6e1  ...          广州  2014102419        普通卡
11596031       广州      线路11  69a99a8e046675770b940675e24d0696  ...          广州  2014102407        普通卡
11596032       广州      线路11  69a99a8e046675770b940675e24d0696  ...          广州  2014102407        普通卡
11596033       广州      线路11  69a99a8e046675770b940675e24d0696  ...          广州  2014102407        普通卡
11596034       广州      线路11  fcd8d53f9a5994fc18a759eb2c5d485f  ...          广州  2014102412        普通卡

[11596035 rows x 7 columns]

请按任意键继续. . .
```

图 5-5 初始 train_data 数据

初始 line_desc 数据如图 5-6 所示。

```
print(weather_report)
```

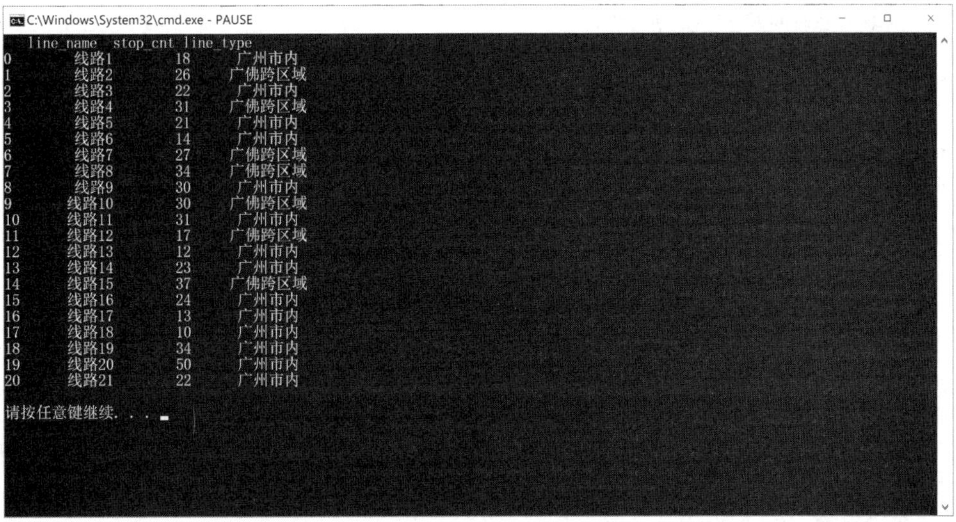

```
C:\Windows\System32\cmd.exe - PAUSE
   line_name  stop_cnt line_type
0        线路1        18      广州市内
1        线路2        26    广佛跨区域
2        线路3        22      广州市内
3        线路4        31    广佛跨区域
4        线路5        21      广州市内
5        线路6        14      广州市内
6        线路7        27    广佛跨区域
7        线路8        34    广佛跨区域
8        线路9        30      广州市内
9       线路10        30    广佛跨区域
10      线路11        31      广州市内
11      线路12        17    广佛跨区域
12      线路13        12      广州市内
13      线路14        23      广州市内
14      线路15        37    广佛跨区域
15      线路16        24      广州市内
16      线路17        13      广州市内
17      线路18        10      广州市内
18      线路19        34      广州市内
19      线路20        50      广州市内
20      线路21        22      广州市内

请按任意键继续. . .
```

图 5-6 初始 line_desc 数据

初始 weather_report 数据如图 5-7 所示。

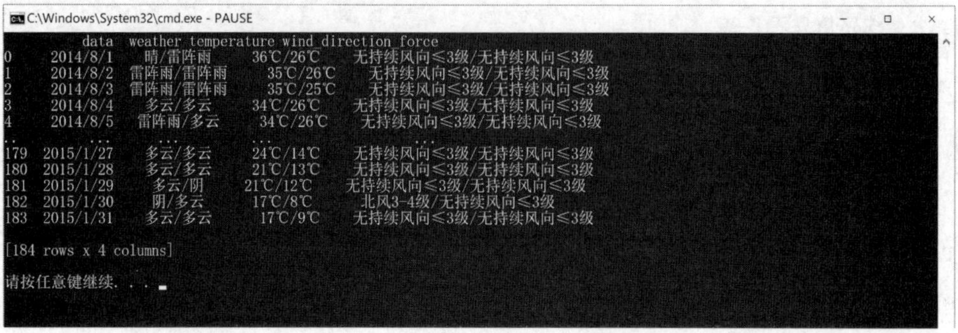

```
C:\Windows\System32\cmd.exe - PAUSE
       data   weather temperature wind direction force
0     2014/8/1    晴/雷阵雨     36℃/26℃    无持续风向≤3级/无持续风向≤3级
1     2014/8/2  雷阵雨/雷阵雨     35℃/26℃    无持续风向≤3级/无持续风向≤3级
2     2014/8/3  雷阵雨/雷阵雨     35℃/25℃    无持续风向≤3级/无持续风向≤3级
3     2014/8/4    多云/多云     34℃/26℃    无持续风向≤3级/无持续风向≤3级
4     2014/8/5   雷阵雨/多云     34℃/26℃    无持续风向≤3级/无持续风向≤3级
..         ...       ...          ...          ...
179  2015/1/27    多云/多云     24℃/14℃    无持续风向≤3级/无持续风向≤3级
180  2015/1/28    多云/多云     21℃/13℃    无持续风向≤3级/无持续风向≤3级
181  2015/1/29     多云/阴     21℃/12℃    无持续风向≤3级/无持续风向≤3级
182  2015/1/30     阴/多云      17℃/8℃    北风3-4级/无持续风向≤3级
183  2015/1/31    多云/多云      17℃/9℃    无持续风向≤3级/无持续风向≤3级

[184 rows x 4 columns]

请按任意键继续. . .
```

图 5-7　初始 weather_report 数据

2. 时间划分与保存

将 deal_time 按小时划分并保存，程序为 DealTrainData.py，分别将线路 6 和线路 11 按小时划分，并保存至表格，相关代码如下：

```
for i in ['线路6', '线路11']:
    train_data_lineX = train_data[train_data['line_name'] == i]
    #取原始乘车表中对应线路符合的数据
    #把交易数据的日期和小时分成两个字段
    train_data_lineX['date'] = train_data_lineX['deal_time'].apply(lambda x: str(x).split(' ')[0])
    #日期
    train_data_lineX['time'] = train_data_lineX['deal_time'].apply(lambda x: int(str(x).
split(' ')[1].split(':')[0])) #小时
    train_data_lineX_date_time = train_data_lineX.drop('deal_time', axis = 1, inplace =
False) #删除原始交易时间元素
    #取交易时间在6～21点的数据
    train_data_lineX_date_time_06 = train_data_lineX_date_time[6 <= train_data_lineX_date_time
['time']]
    train_data_lineX_date_time_06_21 = train_data_lineX_date_time_06[train_data_lineX_
date_time_06['time'] <= 21]
    #数据按小时划分并累计单位小时内客流量
    lineX_passenger_hour = DataFrame(train_data_lineX_date_time_06_21.groupby(['date',
'time']).count()['card_id']).reset_index()
    #保存最终所需数据
    if i == '线路6':
        lineX_passenger_hour.to_csv('C:/Users/99509/Desktop/信息系统设计/data/line6_
passenger_hour.csv', header = 1, index = 0, encoding = 'utf - 8')
    if i == '线路11':
        lineX_passenger_hour.to_csv('C:/Users/99509/Desktop/信息系统设计/data/line11_
passenger_hour.csv', header = 1, index = 0, encoding = 'utf - 8')
```

按小时划分后的客流数据如图 5-8 所示。

line6_passenger_hour

date	time	card_id
2014/8/1	6	1003
2014/8/1	7	3303
2014/8/1	8	4109
2014/8/1	9	2707
2014/8/1	10	2003
2014/8/1	11	1579
2014/8/1	12	1554
2014/8/1	13	1678
2014/8/1	14	1858
2014/8/1	15	1862
2014/8/1	16	1892
2014/8/1	17	2863
2014/8/1	18	3159
2014/8/1	19	1914
2014/8/1	20	1537
2014/8/1	21	1228
2014/8/2	6	942
2014/8/2	7	1945
2014/8/2	8	2739
2014/8/2	9	2530
2014/8/2	10	1934
2014/8/2	11	1528
2014/8/2	12	1608
2014/8/2	13	1507
2014/8/2	14	1604
2014/8/2	15	1577
2014/8/2	16	1810
2014/8/2	17	2376
2014/8/2	18	1705
2014/8/2	19	1167

line11_passenger_hour

date	time	card_id
2014/8/1	6	1639
2014/8/1	7	4108
2014/8/1	8	5189
2014/8/1	9	3799
2014/8/1	10	2872
2014/8/1	11	2216
2014/8/1	12	1722
2014/8/1	13	1899
2014/8/1	14	2070
2014/8/1	15	2272
2014/8/1	16	2434
2014/8/1	17	3842
2014/8/1	18	3954
2014/8/1	19	2430
2014/8/1	20	2156
2014/8/1	21	1956
2014/8/2	6	1351
2014/8/2	7	2440
2014/8/2	8	3662
2014/8/2	9	3455
2014/8/2	10	2997
2014/8/2	11	2584
2014/8/2	12	2219
2014/8/2	13	2245
2014/8/2	14	2404
2014/8/2	15	2335
2014/8/2	16	2317
2014/8/2	17	2842
2014/8/2	18	2196

图 5-8 按小时划分后的客流数据

3. 处理天气预报数据

使用程序 DealWeatherData.py 将天气预报数据集中的天气 weather、温度 temperature、风力风向 wind_direction_force 数字标准化。

将天气按照以下方式划分并一一映射：晴：0，多云：1，阴：2，小雨：3，小到中雨：4，中雨：5，中到大雨：6，大雨：7，大到暴雨：8，霾：9，阵雨：10，雷阵雨：11，取平均值作为特征。

将风力风向按照以下方式映射：无持续风向≤3 级：0，无持续风向微风转 3～4 级：1，北风微风转 3～4 级：1，东北风 3～4 级：2，北风 3～4 级：2，东南风 3～4 级：2，东风 4～5 级：3，北风 4～5 级：3，求平均值作为特征。

相关代码如下：

```
#日期标准化 eg: '10/10'转换为'10','10' '1/1'转换为'01','01'
def changeDate(date):
    dateList = date.split('/')
    if int(dateList[1]) < 10:
        month = '0' + dateList[1]
    else:
        month = dateList[1]
    if int(dateList[2]) < 10:
        day = '0' + dateList[2]
    else:
```

```
        day = dateList[2]
    return dateList[0] + month + day
#转换天气预报数组中的日期格式
weather_report['datestr'] = weather_report['date'].apply(lambda x: changeDate(x))
#将相应字段分开
weather_report['weather_d'] = weather_report['weather'].apply(lambda x: x.split('/')[0])
                                                        #白天
weather_report['weather_n'] = weather_report['weather'].apply(lambda x: x.split('/')[1])
                                                        #晚上
weather_report['temperature_h'] = weather_report['temperature'].apply(lambda x: int(re.sub(r
'\D', '', x.split('/')[0])))                            #最高温
weather_report['temperature_l'] = weather_report['temperature'].apply(lambda x: int(re.sub(r
'\D', '', x.split('/')[1])))                            #最低温
weather_report['wind_direction_force_d'] = weather_report['wind_direction_force'].apply
(lambda x: x.split('/')[0])
#白天风向风力
weather_report['wind_direction_force_n'] = weather_report['wind_direction_force'].apply
(lambda x: x.split('/')[1])
#晚上风向风力
weather_report['temperature_average'] = (weather_report['temperature_h'] + weather_report
['temperature_l']) / 2.0                                #平均温度
weather_report['temperature_abs'] = abs(weather_report['temperature_h'] - weather_report
['temperature_l'])                                      #温差
#降低风向影响,着重考虑风力影响,按照以下形式将风力、风向数字化
print(pd.concat([weather_report['wind_direction_force_d'], weather_report['wind_direction_
force_n']],ignore_index = True).drop_duplicates()) #数组合并去冗余,得到所有的风力、风向
                                                        #种类
windmap = {'无持续风向≤3级': 0, '无持续风向微风转3~4级': 1, '北风微风转3~4级': 1, '东
北风3~4级': 2, '北风3~4级': 2, '东南风3~4级': 2, '东风4~5级': 3,'北风4~5级': 3}
                                                        #划分
weather_report['wind_direction_force_d_map'] = weather_report['wind_direction_force_d'].map
(windmap) #将原始数据替换为标准化数据
weather_report['wind_direction_force_n_map'] = weather_report['wind_direction_force_n'].map
(windmap) #将原始数据替换为标准化数据
weather_report['wind_average'] = (weather_report['wind_direction_force_d_map'] + weather_
report['wind_direction_force_n_map']) / 2.0             #做风力、风向平均值
weather_report['wind_abs'] = abs(weather_report['wind_direction_force_d_map'] - weather_
report['wind_direction_force_n_map'])                   #做风力、风向差
#将天气按照以下形式数字化
print(pd.concat([weather_report['weather_d'], weather_report['weather_n']], ignore_index =
True).drop_duplicates())
#数据组合并去冗余,得到所有天气种类
weathermap = {'晴': 0, '多云': 1, '阴': 2, '小雨': 3, '小到中雨': 4, '中雨': 5, '中到大雨': 6,
'大雨': 7, '大到暴雨': 8, '霾': 9, '阵雨': 10,'雷阵雨': 11}       #划分
weather_report['weather_d_map'] = weather_report['weather_d'].map(weathermap)
                                                        #将原始数据替换为标准化数据
weather_report['weather_n_map'] = weather_report['weather_n'].map(weathermap)
```

```
                                                    #将原始数据替换为标准化数据
weather_report['weather_average'] = (weather_report['weather_d_map'] + weather_report
['weather_n_map']) / 2.0 #做天气平均值
weather_report['weather_abs'] = abs(weather_report['weather_d_map'] - weather_report
['weather_n_map']) #做天气差
#删除多余项,留下标准化日期、风力风向、风力风向均值、风力风向差、天气、天气均值、天气差
weather_report_result = weather_report.drop(['date', 'weather', 'temperature', 'wind_direction
_force', 'weather_d', 'weather_n', 'wind_direction_force_d','wind_direction_force_n'], axis = 1,
inplace = False)
#输出
weather_report_result = weather_report_result.reset_index(drop = True)
#重置索引
print(weather_report_result)
for i in range(len(weather_report_result)):
    weather_report_result.loc[i, 'datestr'] = pd.to_datetime(weather_report_result.loc[i,
'datestr'],format = '%Y%m%d').strftime('%Y-%m-%d') #将时间格式化为 year-month-day
weather_report_result.to_csv('C:/Users/99509/Desktop/信息系统设计/data/weather_report_
result.csv', header = 0, index = 0, encoding = 'utf-8')
```

天气预报处理后的数据如图 5-9 所示。

	A	B	C	D	E	F	G	H	I	J	K	L	M
1	2014/8/1	36	26	31	10	0	0	0	0	0	11	5.5	11
2	2014/8/2	35	26	30.5	9	0	0	0	0	11	11	11	0
3	2014/8/3	35	25	30	10	0	0	0	0	11	11	11	0
4	2014/8/4	34	26	30	8	0	0	0	0	1	1	1	0
5	2014/8/5	34	26	30	8	0	0	0	0	11	1	6	10
6	2014/8/6	34	26	30	8	0	0	0	0	11	11	11	0
7	2014/8/7	32	26	29	6	0	0	0	0	11	11	11	0
8	2014/8/8	34	25	29.5	9	0	0	0	0	11	11	11	0
9	2014/8/9	34	25	29.5	9	0	0	0	0	11	11	11	0
10	2014/8/10	33	26	29.5	7	0	0	0	0	11	11	11	0
11	2014/8/11	33	26	29.5	7	0	0	0	0	11	11	11	0
12	2014/8/12	33	25	29	8	0	0	0	0	11	11	11	0
13	2014/8/13	30	24	27	6	0	0	0	0	7	6	6.5	1
14	2014/8/14	31	25	28	6	0	0	0	0	6	11	8.5	5
15	2014/8/15	33	25	29	8	0	0	0	0	1	1	1	0
16	2014/8/16	34	25	29.5	9	0	0	0	0	1	1	1	0
17	2014/8/17	34	25	29.5	9	0	0	0	0	1	1	1	0
18	2014/8/18	34	25	29.5	9	0	0	0	0	1	11	6	10
19	2014/8/19	32	24	28	8	0	0	0	0	7	8	7.5	1
20	2014/8/20	30	25	27.5	5	0	0	0	0	6	11	8.5	5
21	2014/8/21	31	25	28	6	0	0	0	0	11	11	11	0

weather_report_result

图 5-9　处理后的天气预报数据

4. 增加特征

使用程序 TestDataResult.py 增加是否为节假日和星期几的特征,相关代码如下:

```
weather_report_data = pd.read_csv('C:/Users/99509/Desktop/信息系统设计/data/weather_
report_result.csv', header = None, names = ['date', 'temperature_h', 'temperature_l',
'temperature_average', 'temperature_abs', 'wind_d_map', 'wind_n_map', 'wind_average', 'wind_abs',
'weather_d_map', 'weather_n_map', 'weather_average', 'weather_abs'])
holiday = pd.read_csv('C:/Users/99509/Desktop/信息系统设计/data/date_holiday.txt', header =
None, names = ['date', 'isholiday'])
```

```
#日期,是否是假期
testdate = pd.date_range('2014-12-25', '2014-12-31') #测试集日期范围：2014.12.25-
2014.12.31
#获得测试集完整日期时间范围
datetimelist = []
for idate in testdate:
    datetime = pd.date_range(str(idate) + '6:00', str(idate) + '21:00', freq='H')
                                                    #测试集时间范围：6：00～21：00
    datetimelist.append(DataFrame(datetime))
datetimeDf = pd.concat(datetimelist, ignore_index=True)          #忽略索引连接数组
datetimeDf.columns = ['datetime']                                #修改列名为 datetime
datetimeDf['date'] = datetimeDf['datetime'].apply(lambda x: str(x).split(' ')[0])
                                                                 #分离出日期
datetimeDf['time'] = datetimeDf['datetime'].apply(lambda x: int(str(x).split(' ')[1].split(':')
[0]))                                                            #分离出时间
datetimeDf_date_time = datetimeDf.drop('datetime', axis=1, inplace=False)
                                                  #保存测试所有时间段：7天*15小时
#判断是否为节假日,数据预处理
for i in ['6', '11']:
    lineX_passenger_hour_path = "C:/Users/99509/Desktop/信息系统设计/data/line%s_
passenger_hour.csv" % i
#得到线路6/11的训练集中每小时客流量的路径(因为%s在字符串中,所以%i表示用i替换s)
    lineX_passenger_hour = pd.read_csv(lineX_passenger_hour_path)
    #得到线路6或11训练集中每小时的客流量
    train_passenger_test = pd.concat([lineX_passenger_hour, datetimeDf_date_time], ignore_
index=True)
    #连接测试集和训练集中线路6或11的每小时客流量
    #取线路6或11的交集(得到完整数据：日期、最高温、最低温、平均温度、温差、标准化白天风
    #力风向、标准化夜晚风力风向、平均风力风向、风力风向差、标准化白天天气、标准化夜晚天气、
    #平均天气、天气差、客流量)
    test_data_weather = pd.merge(train_passenger_test, weather_report_data, on='date', how=
'left')
    test_data_weather_holiday = pd.merge(test_data_weather, holiday, on='date', how='left')
#测试集中节假日的数据
    test_data_weather_holiday['dayofweek'] = test_data_weather_holiday['date'].apply(lambda
x: pd.to_datetime(x).dayofweek) #添加是否为周末元素至测试集
```

5. 合并特征值

使用程序 finaldata.py 数据预处理最后一步，得到 7 项特征值(平均温度 temperature_average、平均风力风向 wind_average、平均天气 weather_average、单位时间客流 card_id、时间 time、是否是节假日 isholiday、星期几 dayofweek)，将所有特征值放入一个表格内。相关代码如下：

```
weather_report_data = pd.read_csv('C:/Users/99509/Desktop/信息系统设计/data/weather_
report_result.csv', header=None,names=['date', 'temperature_h','temperature_l','temperature
_average','temperature_abs', 'wind_d_map','wind_n_map','wind_average','wind_abs','weather_d_map',
```

```
'weather_n_map','weather_average','weather_abs'])          #读取数据 8.1~1.31
line6_weather = weather_report_data[:146]                  #读取数据 8.1~12.24 (天)
line6_dateinfo = pd.read_csv('C:/Users/99509/Desktop/信息系统设计/data/line6_train_data_
no_dum_scale.csv',header = None,names = ['card_id','date','time','temperature_h','temperature_
l','temperature_average','temperature_abs', 'wind_d_map','wind_n_map','wind_average','wind_abs',
'weather_d_map','weather_n_map','weather_average','weather_abs', 'isholiday','dayofweek' ])
#读取数据 8.1~12.24 (小时)
#print(line6_dateinfo)调试代码
line6_weather_date = pd.DataFrame()
line6_weather_date['card_id'] = line6_dateinfo['card_id'].drop(0)
line6_weather_date['time'] = line6_dateinfo['time']
line6_weather_date['date'] = line6_dateinfo['date']
line6_weather_date['isholiday'] = line6_dateinfo['isholiday']
line6_weather_date['dayofweek'] = line6_dateinfo['dayofweek']
line6_weather_date_f = pd.merge(line6_weather,line6_weather_date)
line6_weather_date_final = line6_weather_date_f.drop(['date', 'temperature_h','temperature_l',
'temperature_abs','wind_d_map','wind_n_map','wind_abs','weather_d_map','weather_n_map',
'weather_abs'], axis = 1,inplace = False)
line6_weather_date_final.to_csv('C:/Users/99509/Desktop/信息系统设计/修改/line6_weather_
date_final.csv',header = 1, index = 0, encoding = 'utf - 8')
```

所有特征数据如图 5-10 所示。

	A	B	C	D	E	F	G
1	temperatu	wind_aver	weather_a	card_id	time	isholiday	dayofweek
2	31	0	5.5	1003	6	0	4
3	31	0	5.5	3303	7	0	4
4	31	0	5.5	4109	8	0	4
5	31	0	5.5	2707	9	0	4
6	31	0	5.5	2003	10	0	4
7	31	0	5.5	1579	11	0	4
8	31	0	5.5	1554	12	0	4
9	31	0	5.5	1678	13	0	4
10	31	0	5.5	1858	14	0	4
11	31	0	5.5	1862	15	0	4
12	31	0	5.5	1892	16	0	4
13	31	0	5.5	2863	17	0	4
14	31	0	5.5	3159	18	0	4
15	31	0	5.5	1914	19	0	4
16	31	0	5.5	1537	20	0	4
17	31	0	5.5	1228	21	0	4
18	30.5	0	11	942	6	1	5
19	30.5	0	11	1945	7	1	5

图 5-10 所有特征数据

5.3.2 客流预测

选用 GBDT 建立模型。GBDT 通过多轮迭代,每轮迭代产生一个弱分类器,每个分类器在上一轮的残差基础上进行训练。

用数据处理阶段准备好的特征和标签来训练模型，保存以便后续使用。同时，自定义损失函数，为预测数据可靠性后续调参提供保障。

采用GBDT模型进行预测，输入当前天气、温度、风力风向、日期（是否是节假日、星期几）和时间即可得出当前客流量。当前客流量在后续预测排队时做一系列操作即可转换为排队时间。

1. 创建并保存模型

使用程序gbdtmodel.py建立GBDT模型。

```
#建立GBDT模型
gbdt = ensemble.GradientBoostingRegressor(learning_rate = 0.5, n_estimators = 80, max_depth = 3)
#用GridSearchCV进行调参后确定的参数
#print(cross_val_score(gbdt, features, lables, scoring = score, cv = cv))
gbdt.fit(features, lables)
gbdt_model_path = "D:/～STUDY～/Grade3/信息系统设计/final_files/data/模型/gbdt_6.model"
joblib.dump(gbdt, gbdt_model_path)
```

2. 损失函数

使用程序error.py自定义损失函数。

```
#损失函数：偏差 = |真实值 - 预测值|/真实值
def error(true_labels, predict_labels):
    deviation = abs(true_labels - predict_labels) / true_labels
    return deviation.mean()
```

3. 测试集测试

使用程序predict.py测试并得出损失函数。

```
#将12.25～12.31的数据当作测试集测试
line6_passenger_hour_test_path = "D:/～STUDY～/Grade3/信息系统设计/final_files/data/过程
数据/line6_passenger_hour_test.csv"
line_passenger_hour_test = pd.read_csv(line6_passenger_hour_test_path)
test_labels = line_passenger_hour_test['card_id']                    #得到测试集标签
gbdt_6_model_path = "D:/～STUDY～/Grade3/信息系统设计/final_files/data/模型/gbdt_
6.model"
gbdt_model = joblib.load(gbdt_6_model_path)                          #载入模型
test_data_path = "D:/～STUDY～/Grade3/信息系统设计/final_files/data/过程数据/test_line6_
weather_date_final.csv"
test_data = pd.read_csv(test_data_path)
features = test_data                                                 #得到测试集特征
gbdt_predict_labels = gbdt_model.predict(features)                   #预测
plt.plot(gbdt_predict_labels,label = u'predict_value')
plt.plot(test_labels,label = u'test_value')
plt.xlabel("No.")                              #xlabel、ylabel：分别设置X、Y轴的标题文字
```

```
plt.ylabel("passenger crowding")
plt.legend(loc = 0,ncol = 2)
plt.show()
err = error(gbdt_predict_labels, test_labels)                        #得出损失函数
print('错误率为:' + str(err * 100) + '%')
```

模型错误率如图5-11所示。

```
Command Prompt
D:\~STUDY~\Grade3\信息系统设计\final_files\source>python predict.py
错误率为:8.236038075741128%
```

图5-11　模型错误率

4. 自定义特征并预测

使用程序singlepredict.py自定义一个特征并预测。

```
#输入特征
test_data1 = pd.DataFrame({'temperature_average':[20],
                           'wind_average':[0],
                           'weather_average':[6],
                              'time':[12],
                              'isholiday':[0],
                              'dayofweek':[1]})
features  = test_data1
gbdt_predict_labels  =  gbdt_model.predict(features)                  #预测
print(gbdt_predict_labels)
```

自定义特征测试输出结果如图5-12所示。

```
Command Prompt
D:\~STUDY~\Grade3\信息系统设计\final_files\source>python singlepredict.py
[1301.15036289]
```

图5-12　自定义测试输出结果

5.3.3　百度地图API调用

一是申请密钥(AK)；二是调用地址编码服务，获取每个地点的经纬度；三是调用轻量级路线规划服务，获取任意两点之间的步行时间，最后获取输出。

1. 申请密钥

申请密钥网址为http://lbsyun.baidu.com，登录百度账号注册成为开发者，找到控制台→应用管理→我的应用，单击"创建应用"，如图5-13所示。

依次输入应用名称、应用类型和启用服务，设置请求校验方式为IP白名单校验，设置IP白名单为0.0.0.0/0。

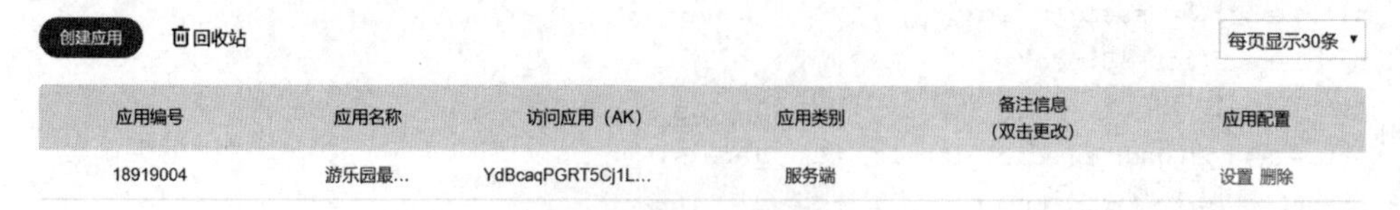

图 5-13　创建应用

申请应用 AK 的详细信息如图 5-14 所示。

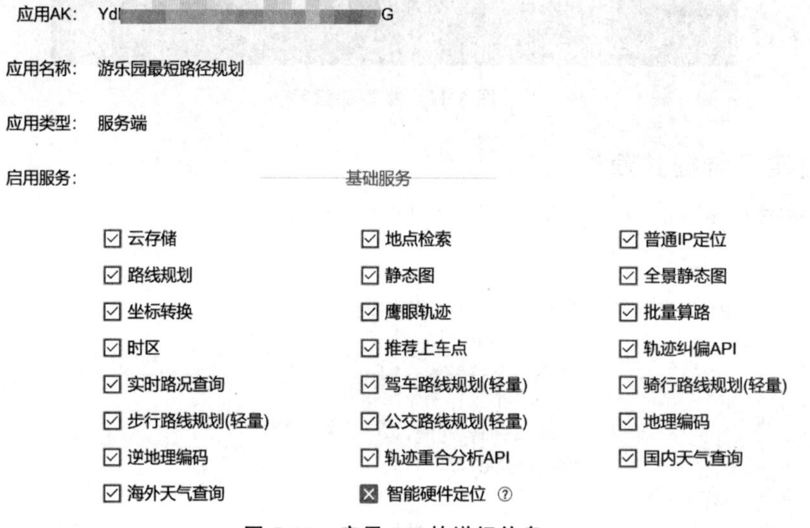

图 5-14　应用 AK 的详细信息

2. 地址编码服务

相关操作如下：

(1) 地址编码服务是将结构化数据(如：北京市海淀区西土城路 10 号)转换为对应坐标点(经纬度)的功能。

接口为 http://api.map.baidu.com/geocoding/v3/?address=北京市海淀区西土城路 10 号 &output=json&ak=您的 ak&callback=showLocation,GET 请求。

(2) 用熟知的场所确保精度满足需求,明确各参数含义。

(3) 获取所需经纬度,将每点的坐标写入文档。

```
#调用地址编码服务获取经纬度 getjingwei.py
import requests
import json
url = 'http://api.map.baidu.com/geocoding/v3/'
params = { 'address' : '北京欢乐谷 - 极速飞车',                  #输入地点
           'ak' : 'YdBcaxxxxxxxxxxxxxxxxxxxxxxxxG',              #百度密钥
           'output': 'json'                                      #输出结果设置为 json 格式
           }
```

```
res = requests.get(url,params)
jd = json.loads(res.text)                                #将 json 格式转化为 Python 字典
print(jd)
coords = jd['result']['location']
print(coords)
```

运行结果如图 5-15 所示。

```
D:\~STUDY~\Grade3\信息系统设计\final_files\source>python getjingwei.py
{'status': 0, 'result': {'location': {'lng': 116.50177588133832, 'lat': 39.87256197992445}
, 'precise': 0, 'confidence': 50, 'comprehension': 100, 'level': '旅游景点'}}
{'lng': 116.50177588133832, 'lat': 39.87256197992445}
```

图 5-15 运行结果

得到起点、终点坐标.xlsx 文件，如图 5-16 所示。

序号	起点纬度	起点经度	终点纬度	终点经度
1	39.87384806030416	116.5013659845341	39.87541458135077	116.5007922368049
2	39.87384806030416	116.5013659845341	39.8727002797237	116.49716254356127
3	39.87384806030416	116.5013659845341	39.873668093575965	116.49767197261599
4	39.87384806030416	116.5013659845341	39.874923282369885	116.50456467079404
5	39.87384806030416	116.5013659845341	39.87489511113172	116.50004601441775
6	39.87384806030416	116.5013659845341	39.87324807706782	116.49662796195229
7	39.87384806030416	116.5013659845341	39.87401577502276	116.50198482719993

图 5-16 起点、终点坐标

3. 轻量级路线规划服务

相关操作如下：

（1）支持驾车、骑行、步行、公交路线规划。根据起点、终点坐标（经纬度）可规划步行路线的耗时。接口地址为 http://api.map.baidu.com/routematrix/v2/walking?origin=40.01116,116.339303&destination=39.936404,116.452562&ak=您的 AK，GET 请求。

（2）获取任意两点之间的步行时间，写入文档。

```
#调用轻量级路线规划服务获取步行时间 getdistance.py
import pandas
import csv
import json
from urllib.request import urlopen
#原数据文件格式：序号 + 起点纬度 + 起点经度 + 终点纬度 + 终点经度
origin_path = 'D:/～STUDY～/Grade3/信息系统设计/final_files/data/过程数据/起点终点坐标
.xlsx'                                          #原始坐标文件路径
result_path = r'D:/～STUDY～/Grade3/信息系统设计/final_files/data/过程数据/walk_result_
raw.csv'                                        #爬取数据文件保存路径
#声明坐标格式，bd09ll(百度经纬度坐标);bd09mc(百度摩卡托坐标);gcj02(国测局加密坐标),
#WGS84 坐标(GPS 设备获取的坐标)
cod = r"&coord_type = bd09ll"
#AK 为从百度地图网站申请的密钥
AK = ['YdBcxxxxxxxxxxxxxxxxxxxxG',]
```

```
dfBase = pandas.read_excel(origin_path, names=['序号','起点纬度','起点经度','终点纬度','终
点经度'])
dfBase.head()
dataList = []                          #存储获取的路线数据
akn = 0                                #使用第几个 ak
for i in range(len(dfBase)):
    print(i)
    ak = AK[akn]
    out_lat = dfBase.at[i,'起点纬度']
    out_lng = dfBase.at[i,'起点经度']
    des_lat = dfBase.at[i,'终点纬度']
    des_lng = dfBase.at[i,'终点经度']
#获取步行路径
url_walk = r"http://api.map.baidu.com/routematrix/v2/walking?output=json&origins={0},{1}
&destinations={2},{3}&{4}&tactics=11&ak={4}".format(out_lat,out_lng,des_lat,des_lng,ak)
    result_walk = json.loads(urlopen(url_walk).read()) #json 转 dict
    status_walk = result_walk['status']
    print('ak 密钥: {0} 获取步行路线状态码 status: {1}'.format(ak, status_walk))
    if status_walk == 0:               #状态码为 0: 无异常
   timesec_walk = result_walk['result'][0]['duration']['value']#耗时(秒)
    elif status_walk == 302 or status_walk == 210 or status_walk == 201:
        #302:额度不足;210:IP 验证未通过
        timesec_walk = 'AK 错误'
        akn += 1
        ak = AK[akn]
    else:
        timesec_walk = '请求错误'
    dataList.append([ak,status_walk,timesec_walk])
dfAll = pandas.DataFrame(dataList, columns=['ak','status_walk','timesec_walk'])
dfAll.to_csv(result_path) #将生成的 cvs 保存到路径
```

walk_time_result.csv 文件结果，如图 5-17 所示。

	0	1	2	3	4	5	6	7
0	0	691	560	584	551	771	597	42
1	691	0	456	305	290	79	423	639
2	560	456	0	120	748	398	69	604
3	584	305	120	0	596	246	107	628
4	551	290	748	596	0	370	714	499
5	771	79	398	246	370	0	364	719
6	597	423	69	107	714	364	0	641
7	42	639	604	628	499	719	641	0

图 5-17 walk_time_result.csv 结果

5.3.4 GUI 设计

导入 Tkinter 包进行 GUI 设计。用户通过下拉菜单手动选择当前位置，勾选目的地。单击“确认”按钮后调用 create()函数跳转至最佳路线输出界面。

1. 手绘地图导入

相关代码如下：

```
#背景初始化部分
window = tkinter.Tk()
window.geometry('900x500')
window.title('智能导航系统——欢乐谷')
#显示图片
#通过 PIL 打开图片
img = Image.open('C:/Users/99509/Desktop/map.jpg')
img = img.resize((750,500),Image.ANTIALIAS) #Image.ANTIALIAS 使图片不模糊
#通过 PIL 生成 PhotoImage 对象,即可正常加载
photo = ImageTk.PhotoImage(img)
imageLabel = Label(window, image=photo)
imageLabel.pack(side=LEFT)
```

2. 下拉菜单设计

相关代码如下：

```
ss=Label(window,text="您当前位置为",justify=RIGHT)
ss.pack()
comvalue=tkinter.StringVar()                                    #窗体自带的文本,新建一个值
comboxlist=ttk.Combobox(window,textvariable=comvalue)           #初始化
comboxlist["values"]=("入口","玛雅天灾","雪域金翅","异域魔窟","奥德赛之旅","太阳神
车","天地双雄","能量风暴")
all_paths_first=""
def xFunc(event):
  global all_paths_first
  #print(comboxlist.get())
  #当前位置
  if comboxlist.get()=="入口":
        all_paths_first=0
  elif comboxlist.get()=="玛雅天灾":
        all_paths_first=1
  elif comboxlist.get()=="雪域金翅":
        all_paths_first=2
  elif comboxlist.get()=="异域魔窟":
        all_paths_first=3
  elif comboxlist.get()=="奥德赛之旅":
        all_paths_first=4
  elif comboxlist.get()=="太阳神车":
        all_paths_first=5
  elif comboxlist.get()=="天地双雄":
        all_paths_first=6
  elif comboxlist.get()=="能量风暴":
        all_paths_first=7
```

```
comboxlist.bind("<<ComboboxSelected>>",xFunc)
#绑定事件,(下拉列表框被选中时,绑定 xFunc()函数)
comboxlist.pack()
```

3. 复选框设计

复选框格式是一致的,为了界面简洁,只展示一个复选框设计。

```
#count 判断是否需要调用百度地图 API,奇数表示选中
count1 = 0
N = []
def myEvent1():
    global count1
    if count1 % 2 == 0:
        count1 += 1
    else:
        count1 += 1
#项目选择部分
v1 = IntVar()
c1 = Checkbutton(window,text = '入口',variable = v1,justify = RIGHT,command = myEvent1)
                                                                          #存放选中状态
c1.pack()
l1 = Label(window,textvariable = v1,justify = RIGHT)
l1.pack() #未选中显示为 0,选中显示为 1
```

4. 最佳路线结果输出界面设计

相关代码如下:

```
total = []                                                  #存放被选择的目的地
total_n = []                                                #存放未被选择的地点
#选择地点完成后调出最佳路线结果输出界面
def create():
    window2 = tkinter.Toplevel()                            #新建子窗口 window2
    window2.geometry('300 * 200')
    window2.title('计算页面')
    s0 = Label(window2,text = "您选择了: ")                  #文字框 s0
    s0.pack()
    #选择目的地
    if count1 % 2 == 1:                                     #如果被选中
        N.append(0)                                         #N 列表中增加 0
        total.append("入口")                                #total 列表中增加"入口"
    else:                                                   #如果未被选中
        N_notchoose.append(0) #N_notchoose 列表中增加 0
        total_n.append("入口") #total_n 列表中增加"入口"
    if count2 % 2 == 1:                                     #以下同理
        N.append(1)
        total.append("玛雅天灾")
```

```
else:
    N_notchoose.append(1)
    total_n.append("玛雅天灾")
if count3 % 2 == 1:
    N.append(2)
    total.append("雪域金翅")
else:
    N_notchoose.append(2)
    total_n.append("雪域金翅")
if count4 % 2 == 1:
    N.append(3)
    total.append("异域魔窟")
else:
    N_notchoose.append(3)
    total_n.append("异域魔窟")
if count5 % 2 == 1:
    N.append(4)
    total.append("奥德赛之旅")
else:
    N_notchoose.append(4)
    total_n.append("奥德赛之旅")
if count6 % 2 == 1:
    N.append(5)
    total.append("太阳神车")
else:
    N_notchoose.append(5)
    total_n.append("太阳神车")
if count7 % 2 == 1:
    N.append(6)
    total.append("天地双雄")
else:
    N_notchoose.append(6)
    total_n.append("天地双雄")
if count8 % 2 == 1:
    N.append(7)
    total.append("能量风暴")
else:
    N_notchoose.append(7)
    total_n.append("能量风暴")
s_total = Label(window2,text = total)                    #输出用户选中的地点
s_total.pack()
s9 = Label(window2,text = "最佳路线为: ")                  #文字框 s9
s9.pack()
get_time(N)                                              #调用 get_time 进行运算
PLAN = []                                                #用于存放计划路线
#输出路线
for i in range(0,len(N) + 1):
```

```
        if PATH[i] == 0:
            PLAN.append("入口")
        elif PATH[i] == 1:
            PLAN.append("玛雅天灾")
        elif PATH[i] == 2:
            PLAN.append("雪域金翅")
        elif PATH[i] == 3:
            PLAN.append("异域魔窟")
        elif PATH[i] == 4:
            PLAN.append("奥德赛之旅")
        elif PATH[i] == 5:
            PLAN.append("太阳神车")
        elif PATH[i] == 6:
            PLAN.append("天地双雄")
        else:
            PLAN.append("能量风暴")
    s10 = Label(window2,text = PLAN)                    #输出计划的最佳路线
    s10.pack()
    s11 = Label(window2,text = "\n 大约耗时: " + str(round(TIME[0],2)) + "小时")
    #输出对应的总耗时
    s11.pack()
    b2 = Button(window2,text = '猜你喜欢',command = create_guess)
    #新建"猜你喜欢"按钮进入智能推荐模块
    b2.pack()
    b3 = Button(window2,text = '退出',command = window.destroy)       #"退出"按钮,退出程序
    b3.pack()
```

5. 智能推荐结果输出设计

相关代码如下：

```
#创建智能推荐的页面
def create_guess():
    window3 = tkinter.Toplevel()                  #新建子窗口 window3
    window3.geometry('400x250')
    window3.title('猜你喜欢')
    s0 = Label(window3,text = "您选择了: ")         #文字框 s0
    s0.pack()
    s_total = Label(window3,text = total)         #输出用户选中的地点
    s_total.pack()
    s7 = Label(window3,text = "为您推荐: ")         #文字框 s7
    s7.pack()
    try:
        guess_time(N) #调用 guess_time 函数,计算推荐地点及推荐最佳路线
    except:
        tkinter.messagebox.showwarning("提示", "选取地点有误!\n 请退出重新选取")
    #加入异常处理,跳出提示框
```

```
    PLAN = [] #存放推荐最佳路线
    #输出路线
    for i in range(0,len(N) + 2):
        if PATH_guess[i] == 0:
            PLAN.append("入口")
        elif PATH_guess[i] == 1:
            PLAN.append("玛雅天灾")
        elif PATH_guess[i] == 2:
            PLAN.append("雪域金翅")
        elif PATH_guess[i] == 3:
            PLAN.append("异域魔窟")
        elif PATH_guess[i] == 4:
            PLAN.append("奥德赛之旅")
        elif PATH_guess[i] == 5:
            PLAN.append("太阳神车")
        elif PATH_guess[i] == 6:
            PLAN.append("天地双雄")
        else:
            PLAN.append("能量风暴")
s8 = Label(window3,text = location[recommend])  #输出推荐的地点
s8.pack()
s9 = Label(window3,text = "加入推荐地点的最佳路线为: ") #文本框 s9
s9.pack()
s10 = Label(window3,text = PLAN) #输出推荐的最佳路线
s10.pack()
s11 = Label(window3,text = "\n 大约耗时: " + str(round(TIME_guess[0],2)) + "小时")
                                                      #输出推荐的总耗时
    s11.pack()
    s12 = Label(window3,text = "预计比原路线多花费: " + str(round((TIME_guess[0] - TIME[0]),
2)) + "小时") #输出推荐一个地点后的总耗时与之前总耗时的差
    s12.pack()
    b3 = Button(window3,text = '返回',command = window3.destroy)
    #"返回"按钮,返回上一界面
    b3.pack()
    b4 = Button(window3,text = '退出',command = window.destroy)
    #"退出"按钮,退出程序
    b4.pack()
```

6. 界面展示

GUI 主页面如图 5-18 所示,下拉菜单如图 5-19 所示。

5.3.5　路径规划

通过调用百度地图 API 模块产生节点之间的步行时间矩阵和客流模型,应用穷举法设计算法,得出最佳路线规划。

图 5-18　GUI 主界面

GUI 界面下拉菜单中选择当前位置作为所有可能线路的起点，复选框中目的地作为节点，调用 itertools 库中的 permutations()函数进行全排列，路线每到节点时间、排队时间输出在 cmd 窗口，如图 5-20 所示，最佳路线和总耗时输出在 GUI 模块设计的界面当中，如图 5-21 所示。

您当前位置为
入口
入口
玛雅天灾
雪域金翅
异域魔窟
奥德赛之旅
太阳神车
天地双雄
能量风暴

图 5-19　下拉菜单

相关代码如下：

```
#获得最佳路线和出游时间
def get_time(N):
  global TIME
  global PATH
  gbdt_6_model_path = "D:/～STUDY～/Grade3/信息系统设计/final_files/data/模型/gbdt_6.
model"
  gbdt_model = joblib.load(gbdt_6_model_path)              #加载模型
  #初始化客流模型顺序不可改变
  features = pd.DataFrame({'temperature_average':[2],
                'wind_average':[0],
                'weather_average':[6],
                  'time':[0],
                  'isholiday':[0],
                  'dayofweek':[1]})
  #N = [0,1,2,3]                                          #GUI 界面选择
  n = len(N) + 1
  print(all_paths_first)
```

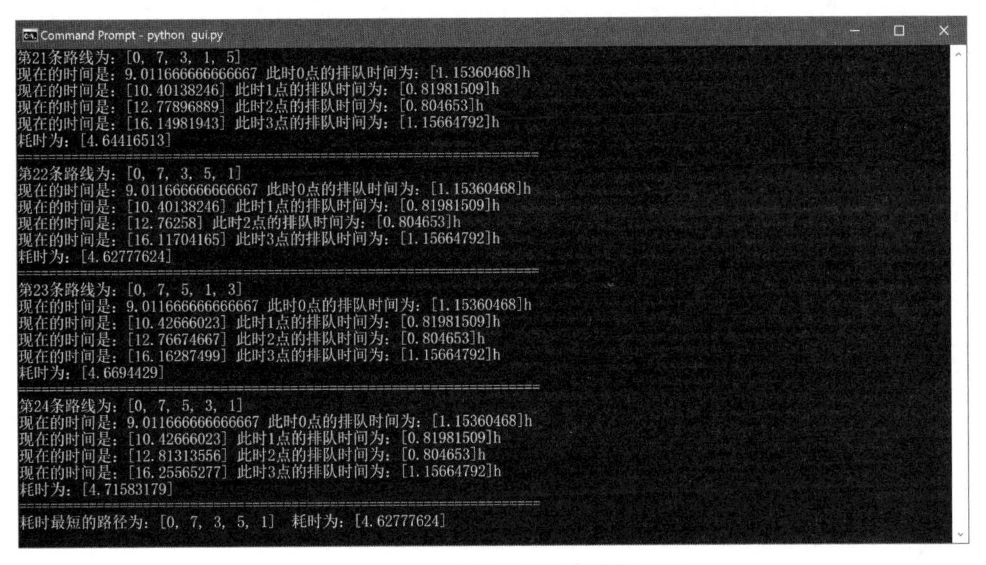

图 5-20　cmd 中显示所有路线及耗时

图 5-21　GUI 界面显示最佳路线

```
all_paths_tuple = list(itertools.permutations(N,n - 1))
#得到的全排列是元组 tuple
all_paths = []
#tuple 类型不能插入操作,所以转换成 list
for i in range(0,math.factorial(n - 1)):
  all_paths.append(list(all_paths_tuple[i]))
  all_paths[i].insert(0,all_paths_first)
```

```
    path = list()
    all_time = float('inf')                        #无穷大
    #第i条路线
    for i in range(0,math.factorial(n-1)):
      time = 0                                     #(h)
      nowtime = 9                                  #可以获取当前时间,需要时间表示的转换(h)
      print("第"+str(i+1)+"条路线为:"+str(all_paths[i]))
      #第i条路线的第j个地点
      for j in range(0,n-1):
        time = time + (walk_time[all_paths[i][j]][all_paths[i][j+1]]/3600)
        #到达一个地点的时间
        nowtime = nowtime+time
        features['time'] = nowtime
        gbdt_predict_labels = gbdt_model.predict(features)/2000
        #客流量/2000当作时间(h)
        print("现在的时间是:"+str(nowtime)+" 此时"+str(j)+"点的排队时间为:"+str(gbdt_
predict_labels)+"h")
        time = time + gbdt_predict_labels + (PLAYTIME[j]/60)
      print("耗时为:"+str(time))
print("==================================================================")
      if all_time>time:
        all_time = time
        path = all_paths[i]
    print("耗时最短的路线为:"+str(path)+" 耗时为:"+str(all_time))
    PATH = path
    TIME = all_time
```

5.3.6 智能推荐

系统将用户未选择的地点一次分别加入已选择的队列中进行运算，其基本思路与最佳路线规划模块一致，采用穷举法得到所有路线及其总耗时，最后将它们输出，实现智能推荐。相关代码如下：

```
#智能推荐"猜你喜欢"的运算
def guess_time(N):
    global TIME_guess
    global PATH_guess
    global recommend
    path_whole = list()
    all_time_whole = float('inf')                  #无穷大
    gbdt_6_model_path = "D:/~STUDY~/Grade3/信息系统设计/final_files/data/模型/gbdt_6.
model"
    gbdt_model = joblib.load(gbdt_6_model_path)    #加载模型
    features=pd.DataFrame({'temperature_average':[2],
                'wind_average':[0],
                'weather_average':[6],
```

```
                'time':[0],
                'isholiday':[0],
                'dayofweek':[1]})
    #N = [0,1,2,3] #GUI界面选择
    print('起点是：' + str(all_paths_first))
    for nn in range(0,len(N_notchoose)):
#把未选择的地点分别加入已选择的队列中进行计算
        guess_path = []
        guess_path = N[:]
        guess_path.append(N_notchoose[nn])          #构建推荐的列表
        print(guess_path)
        if(all_paths_first in guess_path):
            pass                                    #如果未选择的地点是起点,则跳过
        else:
all_paths_tuple = list(itertools.permutations(guess_path,len(guess_path)))
            #得到的全排列是元组 tuple
            all_paths = []
            #tuple类型不能插入操作,所以转换成 list
            #for i in range(0,math.factorial(n-1)):调试代码
            for i in range(0,math.factorial(len(guess_path))):
              all_paths.append(list(all_paths_tuple[i]))
              all_paths[i].insert(0,all_paths_first)
            path = list()
            all_time = float('inf')                 #无穷大
              #第 i 条路线
            for i in range(0,math.factorial(len(guess_path))):
              time = 0 #(h)
              nowtime = 9                           #可以获取当前时间,需要时间表示的转换(h)
              print("第" + str(i+1) + "条路线为：" + str(all_paths[i]))
              #第 i 条路线的第 j 个地点
              for j in range(0,len(guess_path)):
                time = time + (walk_time[all_paths[i][j]][all_paths[i][j+1]]/3600)
                #到达一个地点的时间
                nowtime = nowtime + time
                features['time'] = nowtime
                gbdt_predict_labels = gbdt_model.predict(features)/2000
                #客流量/2000当作时间(h)
                print("现在的时间是：" + str(nowtime) + " 此时" + str(j) + "点的排队时间为：
" + str(gbdt_predict_labels) + "h")
                time = time + gbdt_predict_labels + (PLAYTIME[j]/60)
              print("耗时为：" + str(time))
              print("")
              if all_time > time:
                all_time = time
                path = all_paths[i]
            if all_time_whole > all_time:
                all_time_whole = all_time
                path_whole = path[:]
                recommend = N_notchoose[nn]
                print("推荐第" + str(recommend) + "个景点")
```

```
print("推荐第" + str(recommend) + "个景点")
print("智能推荐耗时最短的路线为 a: " + str(path_whole) + "耗时为: " + str(all_time_whole))
PATH_guess = path_whole
TIME_guess = all_time_whole
```

在 cmd 窗口输出所有路线及该路线每到一节点的时间，如图 5-22 所示。

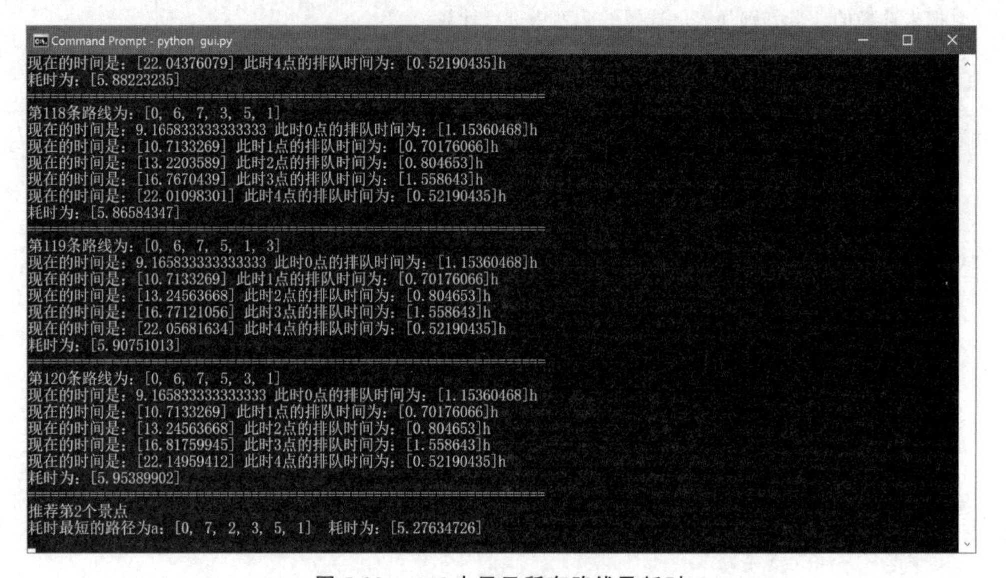

图 5-22 cmd 中显示所有路线及耗时

在 GUI 模块设计的界面中显示最佳路线和总耗时，如图 5-23 所示。

图 5-23 最佳路线

5.4 系统测试

本部分包括训练准确率、测试效果及程序应用。

5.4.1 训练准确率

经过调参后，测试的错误率为8.236%，如图5-24所示，准确率达到91.7%以上，意味着预测模型训练比较成功。

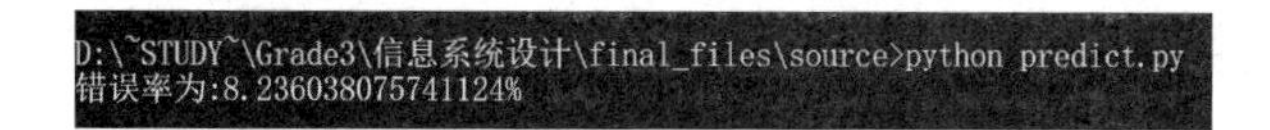
D:\~STUDY~\Grade3\信息系统设计\final_files\source>python predict.py
错误率为:8.236038075741124%

图5-24 模型错误率

5.4.2 测试效果

将数据代入模型进行测试，分类的标签与原始数据进行显示和对比，如图5-25所示，可以验证：模型可以实现预测客流量的功能。

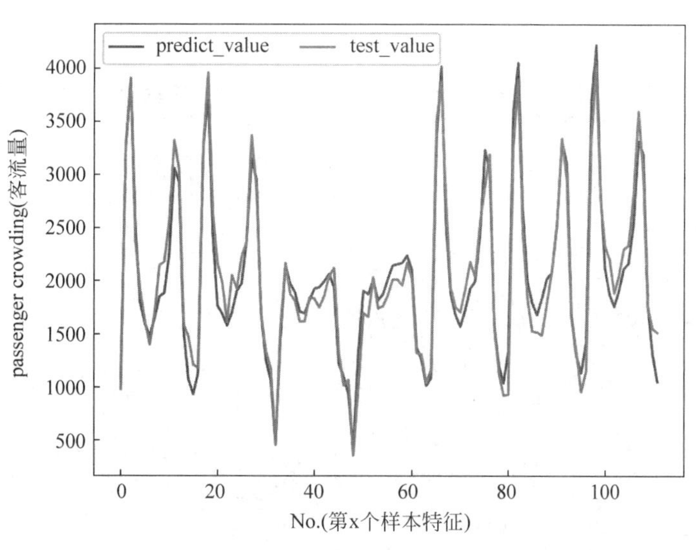

图5-25 模型训练效果

5.4.3 程序应用

打开gui.py，单击“运行”按钮，初始界面如图5-26所示。

界面从左至右，分别是一张北京欢乐谷园区的手绘地图，一个下拉菜单、一列目的地复选框。在下拉菜单中选择当前位置，复选框中选择目的地，如图5-27所示。

图 5-26 程序初始界面

图 5-27 选择目的地界面

单击“确定”按钮后，cmd窗口中会输出所有可能路线、耗时以及最短的路线、耗时，如图5-28所示。

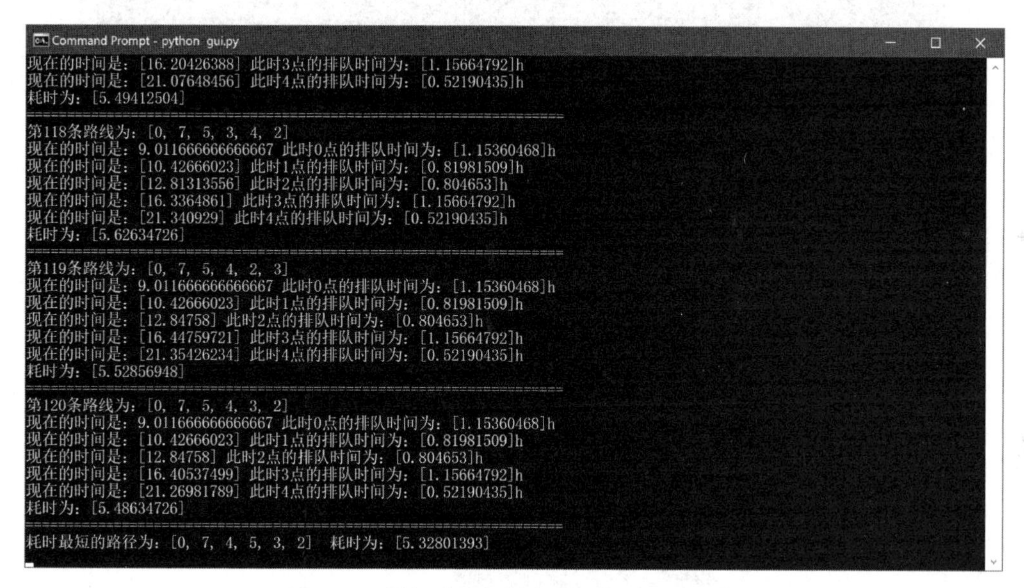

图5-28　最短路线规划在cmd窗口中的输出

单击“确定”按钮后出现第二个GUI界面，显示用户选择的目的地、经系统计算后的最佳路线及总耗时，如图5-29所示。

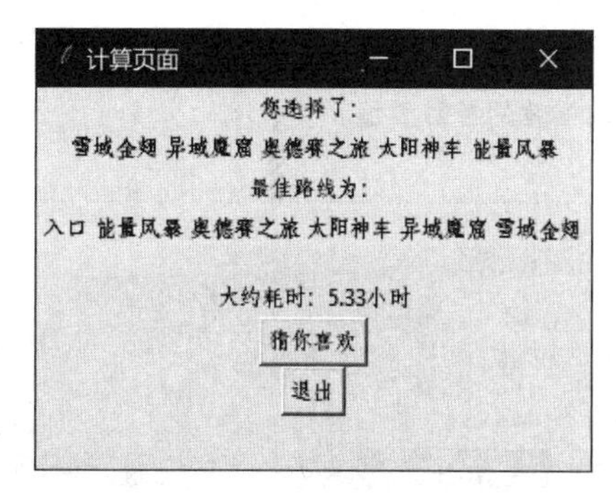

图5-29　最佳路线规划界面

单击“退出”按钮即可退出程序。单击“猜你喜欢”按钮进入智能推荐模块，cmd窗口中会输出所有可能路线及耗时，并且输出推荐最佳路线和耗时，如图5-30所示。

单击“猜你喜欢”按钮后，会出现第三个GUI界面，显示用户选择的目的地、系统推荐的地点、系统计算后的推荐最佳路线及总耗时，如图5-31所示。

若用户选择的起点与目的地有重复，导致程序出现异常，则跳出异常提示框，如图5-32所示。

总体测试结果如图5-33所示。

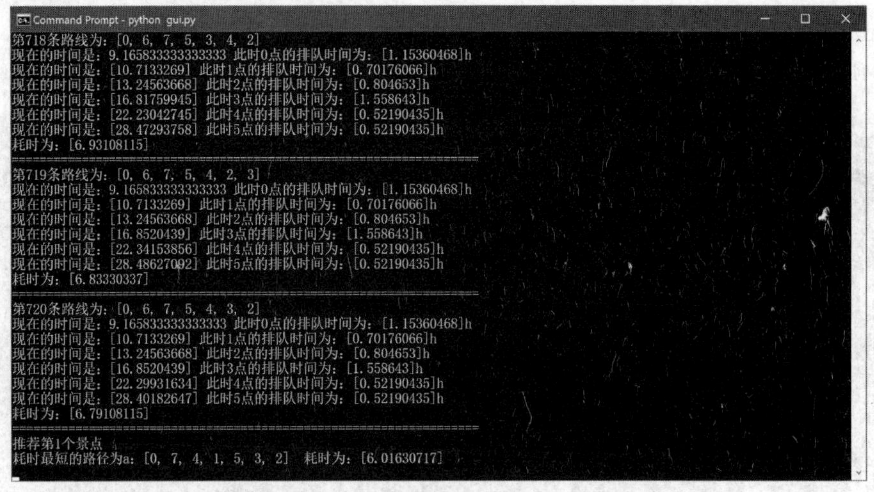

图 5-30　智能推荐在 cmd 窗口中的输出

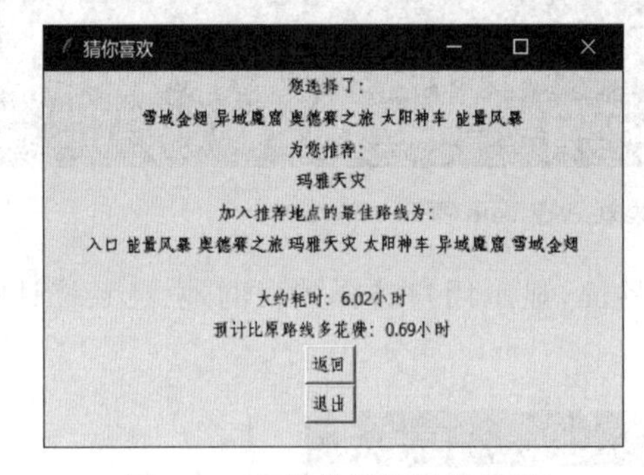

图 5-31　智能推荐的计算界面

图 5-32　异常提示界面

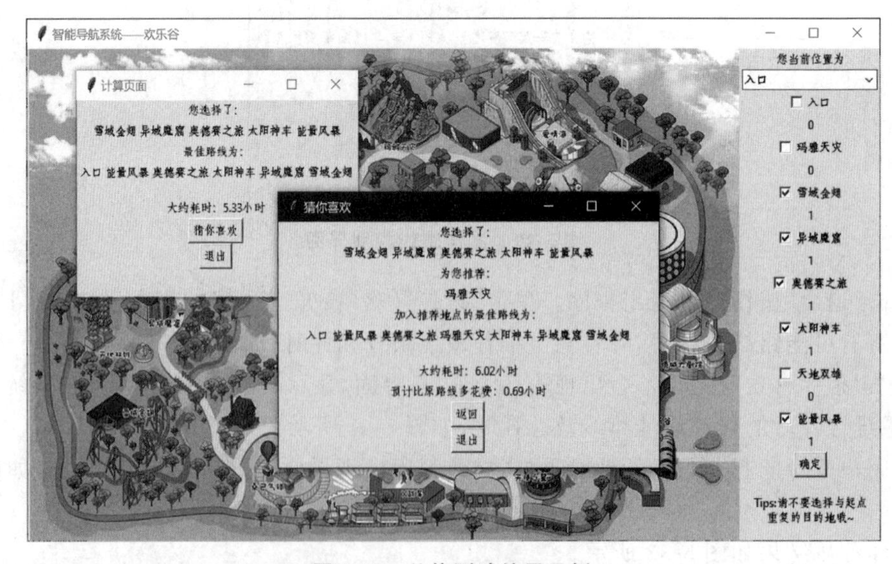

图 5-33　总体测试结果示例

项目 6

PROJECT 6

基于人工智能的面相推荐分析

本项目通过 Dlib 库的训练模型，获取面部特征，在检测人脸的同时，确定面部 68 个关键点的坐标，实现基于 SVM 面部特征的分类，完成面相分析。

6.1 总体设计

本部分主要包括系统整体结构、系统流程和模型流程。

6.1.1 系统整体结构

系统整体结构如图 6-1 所示。

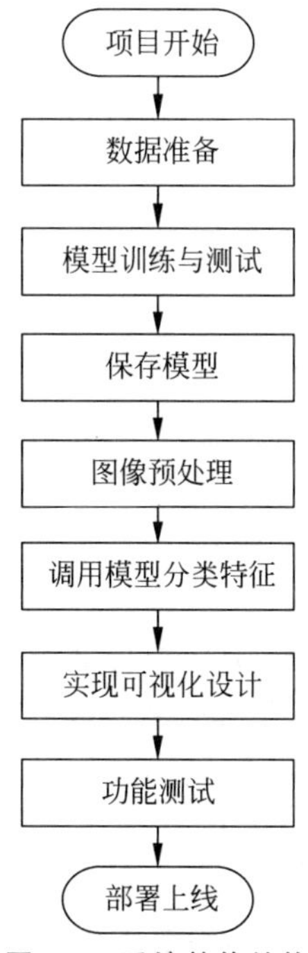

图 6-1 系统整体结构

6.1.2 系统流程

系统流程如图 6-2 所示，模型流程如图 6-3 所示。

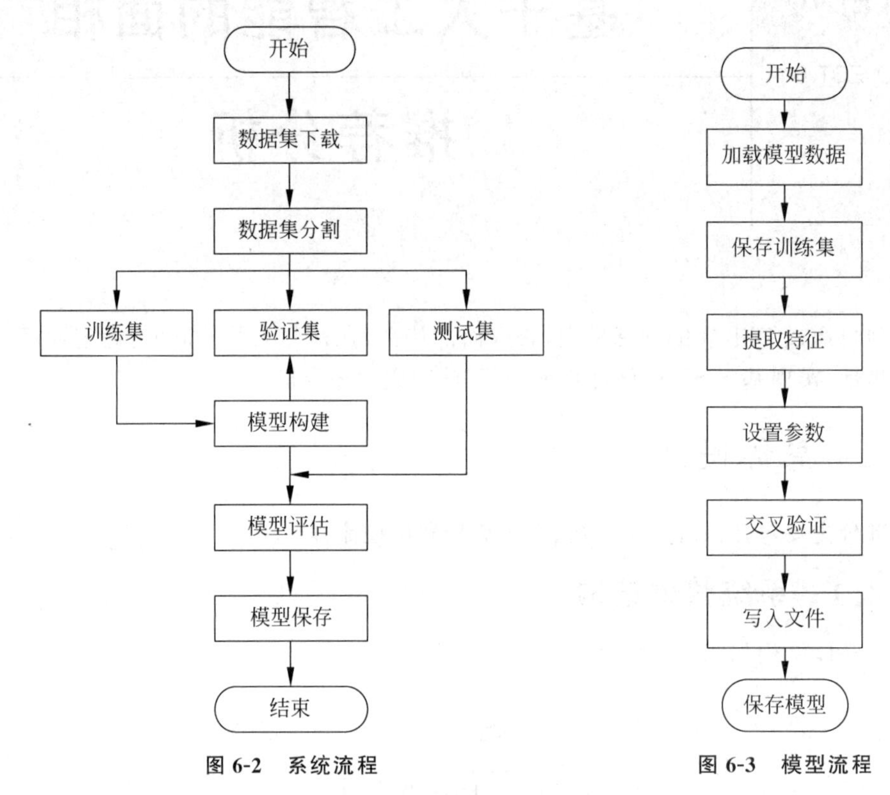

图 6-2 系统流程　　图 6-3 模型流程

6.2 运行环境

本部分包括 Python 环境、TensorFlow 环境和界面编程环境。

6.2.1 Python 环境

需要 Python 3.7 及以上配置，在 Windows 环境下推荐下载 Anaconda 完成对 Python 环境的配置，下载地址为 https://www.anaconda.com/。

对项目的代码编写并未使用 Anaconda 中自带的 Spyder，而是另行安装 PyCharm 作为编程的 IDE，实现智能代码完成、动态错误检查与快速修复项目导航。

PyCharm 下载地址为 https://www.jetbrains.com/pycharm/download/。

6.2.2 TensorFlow 环境

打开 Anaconda Prompt，输入清华仓库镜像。

```
conda config --add channels https://mirrors.tuna.tsinghua.edu.cn/anaconda/pkgs/free/
conda config -set show_channel_urls yes
```

创建 Python 3.7 的环境，名称为 TensorFlow，此时 Python 版本和后面 TensorFlow 的版本有匹配问题，此步选择 Python 3.x。

```
conda create -n tensorflow
```

有需要确认的地方，都输入 y。在 Anaconda Prompt 中激活 TensorFlow 环境：

```
activate tensorflow
```

安装 CPU 版本的 TensorFlow：

```
pip install -upgrade --ignore-installed tensorflow
```

安装完毕。

6.2.3 界面编程环境

使用 PyQt 5 工具包进行 GUI 应用的开发、便捷的 QtDesigner 直接进行界面绘制，分离 UI 与逻辑，避免手写界面，简化工作流程。

准备配置：PyCharm、Anaconda、Python 3.7，打开 Anaconda，在 environment 中选择安装 PyQt 5。安装完成后，在 Anaconda→Libra→bin 中找到 designer.exe。

打开 PyCharm，选择 File→Settings→External Tools，单击加号添加自己的工具，如图 6-4 所示。

单击 OK 按钮，完成对 QtDesigner 的配置，在 PyCharm 中进行界面绘制，如需将界面的.ui 文件转为.py 文件，还需对 PyUIC 进行配置。

在 External Tools 中单击加号进行配置，如图 6-5 所示。

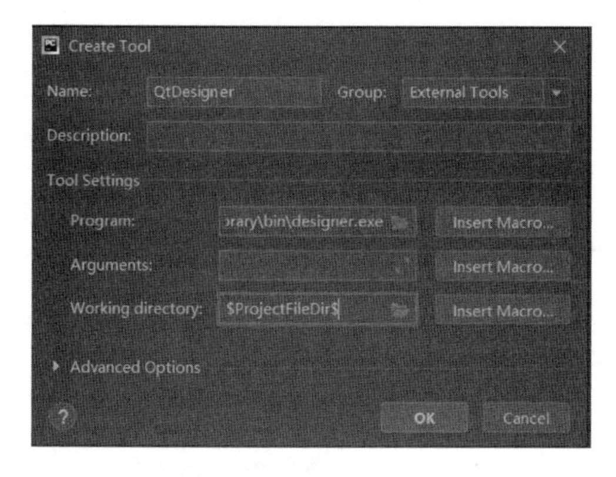

图 6-4 配置 QtDesigner 项目对话框

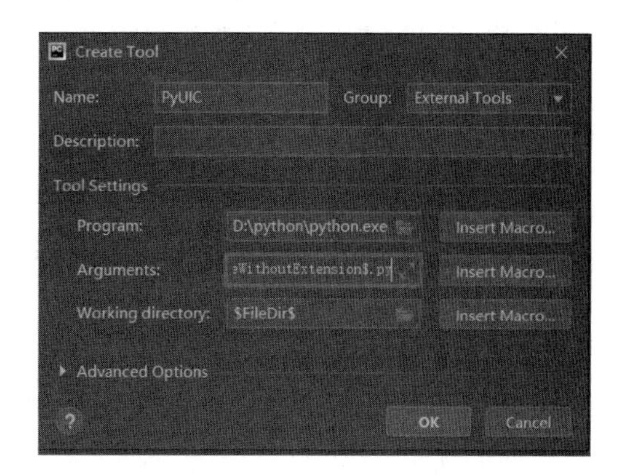

图 6-5 配置 PyUIC 项目对话框

在 PyCharm 中的 Tools→External Tools 中找到并打开 designer 进行图形界面绘制，得到. ui 文件，通过 External Tools 中的 PyUIC 工具将. ui 文件转化为. py 文件，以供完善逻辑使用。

6.3 模块实现

本项目包括 4 个模块，数据预处理、模型构建、模型训练及保存、模型测试，下面分别给出各模块的功能介绍及相关代码。

6.3.1 数据预处理

使用批量下载工具 Google-image-download，pip 安装后即可使用。下载数据集 analysis 的相关代码如下：

```
from __future__ import with_statement
from google_images_download import google_images_download
import json, os
TRAIN_DATA_DIR_PATH = "train_imgs"
    #下载 analysis 用于区域分类
with open('data/analysis.json',encoding = 'utf - 8') as f:
    analysis = json.load(f)
global_args = {
    "limit":75,
    "output_directory":TRAIN_DATA_DIR_PATH,
    "prefix":"",
    "keywords":"",
    "prefix_keywords":"面相"
}
    #从 google_images_download 中下载使用数据
for region in analysis["face_regions"]:
    region_name = region["name"]
    for feature in region["features"]:
        download_args = global_args
        download_args["output_directory"] = os.path.join(TRAIN_DATA_DIR_PATH, region_name)
        download_args["keywords"] = feature["name"]
        response = google_images_download.googleimagesdownload()
        response.download(download_args)
        default_fking_ugly_dirname = os.path.join(TRAIN_DATA_DIR_PATH, region_name,
download_args["prefix_keywords"] + " " + feature["name"])
        os.rename(default_fking_ugly_dirname,default_fking_ugly_dirname.replace( download_
args["prefix_keywords"] + " ", ""))
```

自动从数据源下载相应包，如图 6-6 所示。

analysis.json

图 6-6 读取代码成功

除此之外，还用到人脸识别检测器数据库 shape_predictor_68_face_landmarks.dat。dlib 官方下载地址为 http://dlib.net/files/，下载文件为 shape_predictor_68_face_landmarks.dat.bz2。

6.3.2　模型构建

数据加载进模型之后，需要定义模型结构，交叉验证模型优化。

1. 定义模型结构

从 LIBSVM 库中直接使用 SVM（支持向量机）的方法进行数据运算，调用代码如下：

```
svm.SVC(kernel = "linear", probability = True)
```

2. 交叉验证模型优化

支持向量机的优势：其一，高维空间非常高效，即使在数据维度比样本数量大的情况下仍然有效。其二，决策函数（称为支持向量）中使用训练集的子集，高效利用内存。

通用性：不同的核函数与特定的决策函数一一对应，常见的函数已经提供，也可以定制内核。交叉验证代码如下：

```
scores = cross_val_score(svms[region_name.encode()], X, y, cv = 5)
```

6.3.3　模型训练及保存

在定义模型架构和编译之后，通过训练集训练模型，使模型识别人脸面部特征。这里，将使用训练集和测试集拟合并保存模型。

```
#SVM 分类
import sys
path = 'E:\Anaconda\envs\\tensorflow36\Lib\site-packages\libsvm\python'
sys.path.append(path)
from svmutil import *
from utils import *
from sklearn import svm
from sklearn.externals import joblib
from sklearn.model_selection import train_test_split
from sklearn.model_selection import cross_val_score
import numpy as np
#设置数据模型存储路径
SAVE_PATH = "data/trained_svms.pkl"
SAVE_TRAIN_DATA_PATH = "data/train_data.pkl"
LIBSVM_SVMS_PATH = "data/%s.svm"
LIBSVM_LABELS_PATH = "data/labels.txt"
GET_CROSS_VAL = False                                    #是否进行交叉验证
IS_BUILD_LIBSVM_MODEL = False                            #判断是否是 LIBSVM 模型
#加载模型数据
```

```
    if os.path.isfile(SAVE_TRAIN_DATA_PATH):
        data = joblib.load(SAVE_TRAIN_DATA_PATH)
    else:
        data = loadData()
        joblib.dump(data, SAVE_TRAIN_DATA_PATH)                 #将模型保存至本地
    svms = {}
    if IS_BUILD_LIBSVM_MODEL:
        labels_file = open(LIBSVM_LABELS_PATH, 'w')
    for region_name, features in data.items():                #训练数据集
        print("training svm for %s" % (region_name))
        #将数据分为训练集和测试集
        if not IS_BUILD_LIBSVM_MODEL:
            X = []
            y = []
            for feature_name, feature_shapes in features.items():     #面部特征提取
                for shape in feature_shapes:
                    X.append(shape.flatten())                  #记录向量特征
                    y.append(feature_name)                     #记录向量名称
            X = np.squeeze(np.array(X))                        #改变向量维数
            y = np.array(y,dtype = 'S128')                     #128 位字符串
            #分割数据
            #X_train, X_test, y_train, y_test = train_test_split(X,y)
            svms[region_name.encode()] = svm.SVC(kernel = "linear", probability = True)
                                                               #设置支持向量机参数
            if GET_CROSS_VAL:                                  #交叉验证
                scores = cross_val_score(svms[region_name.encode()], X, y, cv = 5)
                #cv 表示选择折数
                print("Cross val score: ", scores)
                print("Accuracy: %0.2f(+/- %0.2f)" % (scores.mean(),scores.std() * 2))
            #训练部署
            svms[region_name.encode()].fit(X, y)               #用训练数据拟合分类器模型
        else: #对于 LIBSVM 的模型处理
        #为方便程序重复使用模型,运算效率更高,将模型保存为.svm 格式
            X = []
            y = []
            for i, (feature_name, feature_shapes) in enumerate(features.items()):
            #遍历面部特征,以下同上
                for shape in feature_shapes:
                    X.append(shape.flatten())
                    y.append(i)
            X = np.squeeze(np.array(X))
            y = np.array(y,dtype = 'uint8')                    #这里改为使用 int8 存储
            #将 LIBSVM 模型写入文件
            labels_file.write("%s\n" % region_name)
            labels_file.write(LIBSVM_SVMS_PATH % region_name)
            labels_file.write(" ")
            labels_file.write(" ".join([k.decode() for k in features.keys()]))
```

```
        labels_file.write("\n")
        #将数据训练并保存
        prob = svm_problem(y.tolist(), X.tolist())      #tolist 使数据列表化
        param = svm_parameter("-h 0 -s 0 -t 1 -b 1")
        m = svm_train(prob, param)
        svm_save_model(LIBSVM_SVMS_PATH % region_name, m)
if IS_BUILD_LIBSVM_MODEL:
    labels_file.close()
print("training svm... Done")
joblib.dump(svms, SAVE_PATH)                            #保存模型
print("svm saved!")
```

模型被保存后，可以被重用，也可以移植到其他环境中使用。

6.3.4 模型测试

该应用实现调用计算机摄像头对人进行拍照，拍照后依照面部区域特征进行判断分析，最终给出面相分析结果，即人工智能算命。

1. 摄像头调用

相关代码如下：

```
def getImgFromCam():
vs = VideoStream(usePiCamera=False).start()             #调用计算机摄像头
time.sleep(2.0)
while True:
    frame = vs.read()
    frame = imutils.resize(frame, width=400)
    gray = cv2.cvtColor(frame, cv2.COLOR_BGR2GRAY)
    #在灰度框中检测人脸
    rects = detector(gray, 0)
    if rects is not None and len(rects) > 0:            #当检测到有人脸存在时结束
        return frame
```

2. 模型导入及调用

将训练好的.svm 文件放入 data 目录下，并声明模型存放路径。

```
SAVE_PATH = "data/trained_svms.pkl"
SAVE_TRAIN_DATA_PATH = "data/train_data.pkl"
LIBSVM_SVMS_PATH = "data/%s.svm"
LIBSVM_LABELS_PATH = "data/labels.txt"
#将 LIBSVM 模型写入文件
labels_file.write("%s\n" % region_name)
labels_file.write(LIBSVM_SVMS_PATH % region_name)
labels_file.write(" ")
labels_file.write(" ".join([k.decode() for k in features.keys()]))
```

```
labels_file.write("\n")
```

3. 前端代码

本部分包括 UI 设计、训练函数、自定义工具函数和主活动类。

1) UI 设计

相关代码如下：

```
import sys
from PyQt5 import QtWidgets
from untitled import *
from PyQt5.QtWidgets import QFileDialog
from try_svm import *
from facereading import *
import dlib                                   #人脸处理库 Dlib
import numpy as np                            #数据处理库 Numpy
import cv2                                    #图像处理库 OpenCV
import os                                     #读写文件
import shutil                                 #读写文件
from QCandyUi.CandyWindow import colorful
global imgName
imgname = 00000
from utils import *
class MyPyQT_Form(QtWidgets.QMainWindow,Ui_MainWindow):
    def __init__(self):
        super(MyPyQT_Form,self).__init__()
        self.setupUi(self)
    #实现 pushButton_click()函数,textEdit 是文本框的 ID
    def slot1(self):
        detector = dlib.get_frontal_face_detector()
        #OpenCV 调用摄像头
        cap = cv2.VideoCapture(0)
        #人脸截图的计数器
        cnt_ss = 0
        #存储人脸的文件夹
        current_face_dir = ""
        #保存人脸图像的路径
        path_photos_from_camera = "data/data_faces_from_camera/"
        #新建保存人脸图像文件和数据 CSV 文件夹
        def pre_work_mkdir():
            #新建文件夹
            if os.path.isdir(path_photos_from_camera):
                pass
            else:
                os.mkdir(path_photos_from_camera)
        pre_work_mkdir()
        #可选，默认关闭
```

```
#删除之前保存的人脸数据文件夹
def pre_work_del_old_face_folders():
    folders_rd = os.listdir(path_photos_from_camera)
    for i in range(len(folders_rd)):
        shutil.rmtree(path_photos_from_camera + folders_rd[i])
    if os.path.isfile("data/features_all.csv"):
        os.remove("data/features_all.csv")
#每次程序录入时删掉之前保存的人脸数据
#如果打开程序,每次进行人脸录入时都会删掉之前的人脸图像文件夹
person_1/,person_2/,person_3/...
#如果启用此功能,将删除目录中所有旧数据 person_1/,person_2/,/person_3/...
#pre_work_del_old_face_folders()
#Check people order: person_cnt
#如果有之前录入的人脸
#在之前 person_x 的序号按照 person_x+1 开始录入
if os.listdir("data/data_faces_from_camera/"):
    #获取已录入的最后一个人脸序号
    person_list = os.listdir("data/data_faces_from_camera/")
    person_num_list = []
    for person in person_list:
        person_num_list.append(int(person.split('_')[-1]))
    person_cnt = max(person_num_list)
#如果第一次存储或者没有之前录入的人脸,按照 person_1 开始录入
else:
    person_cnt = 0
#flag 用来控制是否保存图像
save_flag = 1
#flag 用来检查是否先按 n 键再按 s 键
press_n_flag = 0
while cap.isOpened():
    flag, img_rd = cap.read()
    #print(img_rd.shape)调试代码
    #默认 Windows 和 Ubuntu 为 480*640,macOS 为 1280*720
    kk = cv2.waitKey(1)
    img_gray = cv2.cvtColor(img_rd, cv2.COLOR_RGB2GRAY)
    #人脸
    faces = detector(img_gray, 0)
    #使用的字体
    font = cv2.FONT_ITALIC
    #按 n 键新建存储人脸的文件夹
    if kk == ord('n'):
        person_cnt += 1
        current_face_dir = path_photos_from_camera + "person_" + str(person_cnt)
        os.makedirs(current_face_dir)
        print('\n')
        print("新建的人脸文件夹 / Create folders: ", current_face_dir)
        cnt_ss = 0                          #将人脸计数器清零
```

```
                press_n_flag = 1                          #已经按 n 键
                #检测到人脸
            if len(faces) != 0:
                #矩形框
                for k, d in enumerate(faces):
                    #(x,y), (宽度 width, 高度 height)
                    pos_start = tuple([d.left(), d.top()])
                    pos_end = tuple([d.right(), d.bottom()])
                    #计算矩形框大小
                    height = (d.bottom() - d.top())
                    width = (d.right() - d.left())
                    hh = int(height / 2)
                    ww = int(width / 2)
                    #设置颜色
                    color_rectangle = (255, 255, 255)
                    #判断人脸矩形框是否超出 640 * 480
                    if (d.right() + ww) > 640 or (d.bottom() + hh > 480) or (d.left() - ww < 0)
or (d.top() - hh < 0):
                        cv2.putText(img_rd, "OUT OF RANGE", (20, 300), font, 0.8, (0, 0, 255),
1, cv2.LINE_AA)
                        color_rectangle = (0, 0, 255)
                        save_flag = 0
                        if kk == ord('s'):
                            print("请调整位置/Please adjust your position")
                    else:
                        color_rectangle = (255, 255, 255)
                        save_flag = 1
                    cv2.rectangle(img_rd,
                                  tuple([d.left() - ww, d.top() - hh]),
                                  tuple([d.right() + ww, d.bottom() + hh]),
                                  color_rectangle, 2)
                    #根据人脸大小生成空的图像
                    im_blank = np.zeros((int(height * 2), width * 2, 3), np.uint8)
                    if save_flag:
                        #按 s 键保存摄像头中的人脸到本地
                        if kk == ord('s'):
                            #检查是否先按 n 键新建文件夹
                            if press_n_flag:
                                cnt_ss += 1
                                for ii in range(height * 2):
                                    for jj in range(width * 2):
                            im_blank[ii][jj] = img_rd[d.top() - hh + ii][d.left() - ww + jj]
        cv2.imwrite(current_face_dir + "/img_face_" + str(cnt_ss) + ".jpg", im_blank)
  print("写入本地 / Save into: ", str(current_face_dir) + "/img_face_" + str(cnt_ss) + ".jpg")
                            else:
       print("请在按 's'键之前先按 'n'键新建文件夹 / Please press 'n' before 's'")
            #显示人脸数
```

```
            cv2.putText(img_rd, "Faces: " + str(len(faces)), (20, 100), font, 0.8, (0, 255, 0),
1, cv2.LINE_AA)
            #添加说明
            cv2.putText(img_rd, "Face Register", (20, 40), font, 1, (0, 0, 0), 1, cv2.LINE_AA)
            cv2.putText(img_rd, "N: Create face folder", (20, 350), font, 0.8, (0, 0, 0), 1,
cv2.LINE_AA)
            cv2.putText(img_rd, "S: Save current face", (20, 400), font, 0.8, (0, 0, 0), 1,
cv2.LINE_AA)
            cv2.putText(img_rd, "Q: Quit", (20, 450), font, 0.8, (0, 0, 0), 1, cv2.LINE_AA)
            #按q键退出
            located = str('D:\\pylearn\\Face - Reading\\') + str(str(current_face_dir) +
"\\img_face_" + str(cnt_ss) + ".jpg")
            load_face = cv2.imread(located)
            if kk == ord('q'):
                print(located)
                png = QtGui.QPixmap(located).scaled(self.label.width(), self.label.height())
                                                  #适应设计标签时的大小
                self.label.setPixmap(png)
                wenben = apply(load_face)
                while not wenben.empty():
                    temp = wenben.get()
                    #print(temp)调试代码
                    self.textEdit.append(temp)
                break
            #如果需要摄像头窗口大小可调
            #cv2.namedWindow("camera", 0)调试代码
            cv2.imshow("camera", img_rd)
            #释放摄像头
        cap.release()
        cv2.destroyAllWindows()
    def duqu(self):
        global imgName
        print("笑一笑就好")
        imgName, imgType = QFileDialog.getOpenFileName(self,
          "打开图片",
          "", " *.jpg;;*.png;;*.jpeg;;*.bmp;;All Files (*)")
        #显示图片
        #print(str(imgName))调试代码
        png = QtGui.QPixmap(imgName).scaled(self.label.width(), self.label.height())
                                                  #适应设计标签时的大小
        self.label.setPixmap(png)
    def suanming(self):
        self.textEdit.setReadOnly(True)
        img2 = cv2.imread(imgName)
        wenben = apply(img2)
        while not wenben.empty():
            temp = wenben.get()
```

```
                # print(temp)
                self.textEdit.append(temp)
if __name__ == '__main__':
    app = QtWidgets.QApplication(sys.argv)
    my_pyqt_form = MyPyQT_Form()
    my_pyqt_form.show()
    sys.exit(app.exec_())
```

2）训练函数

相关代码如下：

```
#SVM 分类
import sys
path = 'E:\Anaconda\envs\\tensorflow36\Lib\site-packages\libsvm\python'
sys.path.append(path)
from svmutil import *
from utils import *
from sklearn import svm
from sklearn.externals import joblib
from sklearn.model_selection import train_test_split
from sklearn.model_selection import cross_val_score
import numpy as np
#设置数据模型存储路径
SAVE_PATH = "data/trained_svms.pkl"
SAVE_TRAIN_DATA_PATH = "data/train_data.pkl"
LIBSVM_SVMS_PATH = "data/%s.svm"
LIBSVM_LABELS_PATH = "data/labels.txt"
GET_CROSS_VAL = False                                     #是否进行交叉验证
IS_BUILD_LIBSVM_MODEL = False                             #判断是否为 LIBSVM 模型
#加载模型数据
if os.path.isfile(SAVE_TRAIN_DATA_PATH):
    data = joblib.load(SAVE_TRAIN_DATA_PATH)
else:
    data = loadData()
    joblib.dump(data, SAVE_TRAIN_DATA_PATH)               #将模型保存至本地
svms = {}
if IS_BUILD_LIBSVM_MODEL:
    labels_file = open(LIBSVM_LABELS_PATH, 'w')
for region_name, features in data.items():                #训练数据集
    print("training svm for %s" % (region_name))
    #分割数据为训练集和测试集
    if not IS_BUILD_LIBSVM_MODEL:
        X = []
        y = []
      for feature_name, feature_shapes in features.items(): #面部特征提取
            for shape in feature_shapes:
                X.append(shape.flatten())                 #记录向量特征
```

```
                y.append(feature_name)                    #记录向量名称
            X = np.squeeze(np.array(X))                   #改变向量维数
            y = np.array(y,dtype = 'S128')                #128位字符串
            #分割数据
            #X_train, X_test, y_train, y_test = train_test_split(X,y)
svms[region_name.encode()] = svm.SVC(kernel = "linear", probability = True)
            #设置支持向量机参数
            if GET_CROSS_VAL:                             #交叉验证
                scores = cross_val_score(svms[region_name.encode()], X, y, cv = 5)
                #cv表示选择折数
                print("Cross val score: ", scores)
               print("Accuracy: %0.2f (+/- %0.2f)" % (scores.mean(),scores.std() * 2))
            svms[region_name.encode()].fit(X, y)          #用训练数据拟合分类器模型
            print(svms[region_name.encode()].score(X,y))
        else: #对于LIBSVM模型的处理
            X = []
            y = []
for i, (feature_name, feature_shapes) in enumerate(features.items()):
#遍历面部特征,以下同上
                for shape in feature_shapes:
                    X.append(shape.flatten())
                    y.append(i)
            X = np.squeeze(np.array(X))
            y = np.array(y,dtype = 'uint8')               #这里使用int8存储
            #将LIBSVM模型写入文件
            labels_file.write("%s\n" % region_name)
            labels_file.write(LIBSVM_SVMS_PATH % region_name)
            labels_file.write(" ")
            labels_file.write(" ".join([k.decode() for k in features.keys()]))
            labels_file.write("\n")
            #将数据训练并保存
            prob = svm_problem(y.tolist(), X.tolist())    #tolist使数据列表化
            param = svm_parameter("-h 0 -s 0 -t 1 -b 1")
            m = svm_train(prob, param)
            svm_save_model(LIBSVM_SVMS_PATH % region_name, m)
if IS_BUILD_LIBSVM_MODEL:
    labels_file.close()
print("training svm... Done")
joblib.dump(svms, SAVE_PATH)                              #保存模型
print("svm saved!")
```

3）自定义工具函数

相关代码如下：

```
from __future__ import print_function
import os, sys
import cv2
```

```
import dlib
import imutils
from imutils.video import VideoStream
from imutils import face_utils
from imutils.face_utils import FaceAligner
from glob import glob
import numpy as np
#配置
USE_REGION = True # use part of the feature to train the svm, e.g. only use mouth feature points
LANDMARK_PATH = "data/shape_predictor_68_face_landmarks.dat"
#数据集 Dlib 人脸 68 个关键点
#Dlib 初始化配置
detector = dlib.get_frontal_face_detector()
predictor = dlib.shape_predictor(LANDMARK_PATH)
fa = FaceAligner(predictor, desiredFaceWidth=400)
faceRegions = {    #判断区域分类
    "eye_left": list(range(36,41+1)),
    "eye_right": list(range(42, 47+1)),
    "nose": list(range(27, 35+1)),
    "mouth": list(range(48, 60+1)),
    "face": list(range(0, 16+1)),
    "eyebrow_left": list(range(17,21+1)),
    "eyebrow_right": list(range(22,26+1))
}
faceRegions["eyes"] = faceRegions["eye_left"] + faceRegions["eye_right"]
faceRegions["eyebrows"] = faceRegions["eyebrow_left"] + faceRegions["eyebrow_right"]
def loadData(dir="train_imgs"):
    data = {"face":{}, "eyebrows":{}, "eyes":{}, "nose":{}, "mouth":{}}
    tc = 0
    for region_name, v in data.items():
        paths = os.path.join(dir, region_name, '*/*.*')      #路径设置
        rc = 0
        for path in glob(paths):                    #对于训练数据下的所有目录文件提取并进行训练
            _, feature_name = os.path.split(os.path.dirname(path))
            feature_name = feature_name.encode()
            if feature_name not in v:           #若区域未设置则该向量为空
                v[feature_name] = []
            img = cv2.imread(path)
            if img is None:                     #若图像为空则跳过
                continue
            points = getNormalizedFeature(region_name, feature_name, img)
            #若没有检测到人脸则跳过
            if points is not None:
                v[feature_name].append(points)
                rc += 1
                tc += 1
                sys.stdout.write("\033[K")
```

```
            print("loading... %s%d/%d" % (region_name,rc,tc), end="\r")
        print("")
    print("loading... Done")
    return data
#从图像中获取面部区域名称,面部区域特征的函数将图像进行标准化处理
def getNormalizedFeature(region_name, feature_name, img):
    img = imutils.resize(img, width=800)
    gray = cv2.cvtColor(img, cv2.COLOR_BGR2GRAY)
    rects = detector(gray, 0)
    if len(rects) == 0:                      #没有检测到人脸
        #sys.exit("No face is detected in %s of %s" % (feature_name, region_name))
        return None
    else:                                    #面部特征处理并提取
        faceImg = fa.align(img, gray, rects[0])
        full_rect = dlib.rectangle(0, 0, faceImg.shape[1], faceImg.shape[0])
        shape = predictor(faceImg, full_rect)
        if USE_REGION:
            shape =
    face_utils.shape_to_np(shape)[faceRegions[region_name]]
        else:
            shape = face_utils.shape_to_np(shape)
        return shape
#函数的重载,对仅提供图片参数的情况处理
def getNormalizedFeatures(img, display=False):
    img = imutils.resize(img, width=800)
    gray = cv2.cvtColor(img, cv2.COLOR_BGR2GRAY)
    data = {"face":[], "eyebrows":[], "eyes":[], "nose":[], "mouth":[]}
    rects = detector(gray, 0)
    if len(rects) == 0:                      #没有检测到人脸
        sys.exit("No face is detected")
        return None
    else:                                    #图像特征提取
        faceImg = fa.align(img, gray, rects[0])
        full_rect = dlib.rectangle(0, 0, faceImg.shape[1], faceImg.shape[0])
        points = predictor(faceImg, full_rect)
        points = face_utils.shape_to_np(points)
        if display:                          #显示图像
            cv2.imshow("face", faceImg)
            cv2.waitKey()
        for key in data:                     #关键特征提取
            if USE_REGION:
                data[key] = points[faceRegions[key]]
            else:
                data[key] = points
        return faceImg, data
```

4）主活动类

相关代码如下：

```
#测试训练数据
import argparse
import json
import time
import queue
from textwrap import fill
import cv2
import matplotlib.pyplot as plt
import numpy as np
from imutils.convenience import url_to_image
from sklearn.externals import joblib
from utils import *
#路径设置(图片保存和测试路径)
TEST_IMAGE_PATH = "test_imgs\\test1.png"
SAVE_PATH = "data/trained_svms.pkl"
#初始化选择系统,用于测试各项功能
ap = argparse.ArgumentParser()
ap.add_argument("-c", "--camera", default = False, action = "store_true",
   help = "get input from camera")
ap.add_argument("-i", "--image", type = str, default = None,
   help = "input image")
ap.add_argument("-u", "--url", type = str, default = None,
   help = "input image url")
args = vars(ap.parse_args())
#加载分析数据
with open('data/analysis.json','rb') as f:
    analysis = json.load(f)
#核心算法
def apply(img):
    wenben = queue.Queue()
    faceImg, data = getNormalizedFeatures(img, False)
    #调用utils工具中的函数获取面部特征(眼、鼻、口、眉)
    svms = joblib.load(SAVE_PATH)#调用训练好的模型
    #显示图像的测试函数
    #plt.imshow(imutils.opencv2matplotlib(faceImg))调试代码
    #plt.show()调试代码
    for region_name, points in data.items(): #图像data参数中的面部区域和特征点
        X = [points.flatten()]                #转变为向量形式处理
        y = svms[region_name.encode()].predict(X)[0].decode() #cv2当中的预测函数
        prob = svms[region_name.encode()].predict_proba(X)     #支撑向量机预测输出
        max_prob = np.amax(prob) * 100
        wenben1 = "【%s】\t%s%f%%" % (region_name, y, max_prob)
        for region in analysis["face_regions"]:                #文本存储判断的结果
            if region["name"] == region_name:
```

```
                for feature in region["features"]:
                    if feature["name"] == y:
                        wenben2 = fill(feature["analysis"], width=18)
            temp = str(wenben1) + '\n' + str(wenben2)
            wenben.put(str(temp))
            #print(wenben.get())
        return wenben
def getImgFromCam():
    vs = VideoStream(usePiCamera=False).start()                    #调用摄像头
    time.sleep(2.0)
    while True:
        frame = vs.read()
        frame = imutils.resize(frame, width=400)
        gray = cv2.cvtColor(frame, cv2.COLOR_BGR2GRAY)
        rects = detector(gray, 0)
        if rects is not None and len(rects) > 0:                   #当检测到有人脸存在时结束
            return frame
if __name__ == '__main__':
    if args["camera"]:
        img = getImgFromCam()
    elif args["image"] is not None:
        img = cv2.imread(args["image"])
    elif args["url"] is not None:
        img = url_to_image(args["url"])
    else:
        img = cv2.imread(TEST_IMAGE_PATH)
    apply(img)
```

6.4 系统测试

本部分包括训练准确率、测试效果和模型应用。

6.4.1 训练准确率

由于获取的数据存在差异，所以不同 SVM 模型训练效果不同，但是从总体来看，训练准确率最低 83%，最高 99%，均值接近 90%，如图 6-7 所示。

6.4.2 测试效果

将图片送入模型进行测试，分类的标签与图片的已知类型进行对比，测试得到面部特征的类型一致，可以实现对面部特征的分类。

6.4.3 模型应用

打开应用，初始界面如图 6-8 所示。

```
training svm for face
0.9314285714285714
training svm for eyebrows
0.8364705882352941
training svm for eyes
0.8377070063694267
training svm for nose
0.9288405797101449
training svm for mouth
0.9931658291457286
training svm... Done
svm saved!

Process finished with exit code 0
```

图 6-7 模型准确率

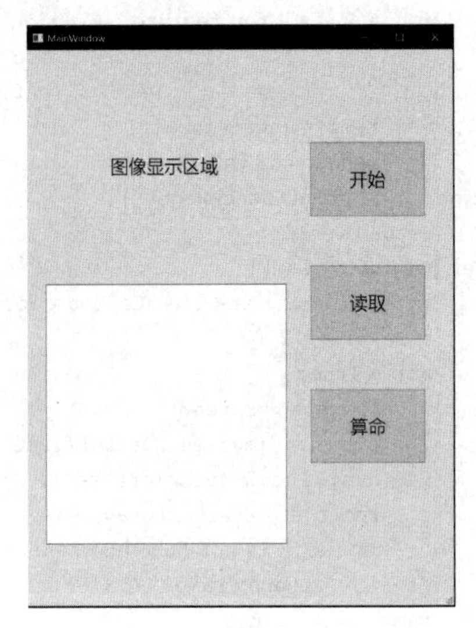

图 6-8 应用初始界面

界面右侧从上至下，分别是三个按钮："开始"是通过计算机摄像头对人脸拍照并进行面相分析；"读取"是读取计算机本地的图像，在左侧图像显示区域进行分析；"算命"是对已读取的图像进行面相分析。界面左侧下方文本框作为分析结果的输出区域。

项目 7

PROJECT 7

图片情感分析与匹配音乐生成推荐

本项目基于 Google 的 Magenta 平台，通过随机森林分类器识别图片的情感色彩，使用 RNN 生成与图片相匹配的音乐，实现在 GUI 上进行可视化结果展示。

7.1 总体设计

本部分包括系统整体结构和系统流程。

7.1.1 系统整体结构

系统整体结构如图 7-1 所示。

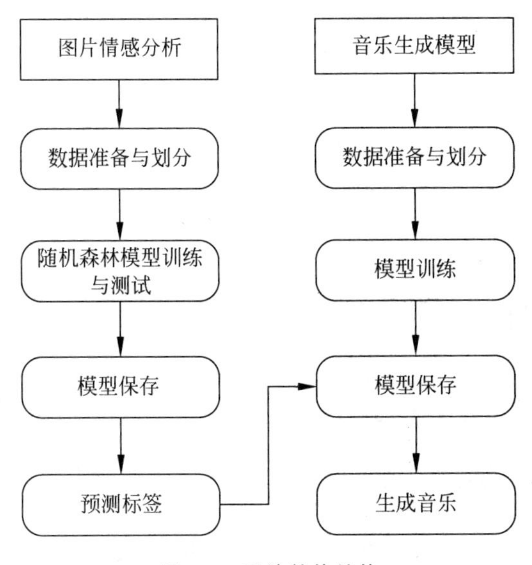

图 7-1 系统整体结构

7.1.2 系统流程

系统流程如图 7-2 所示。

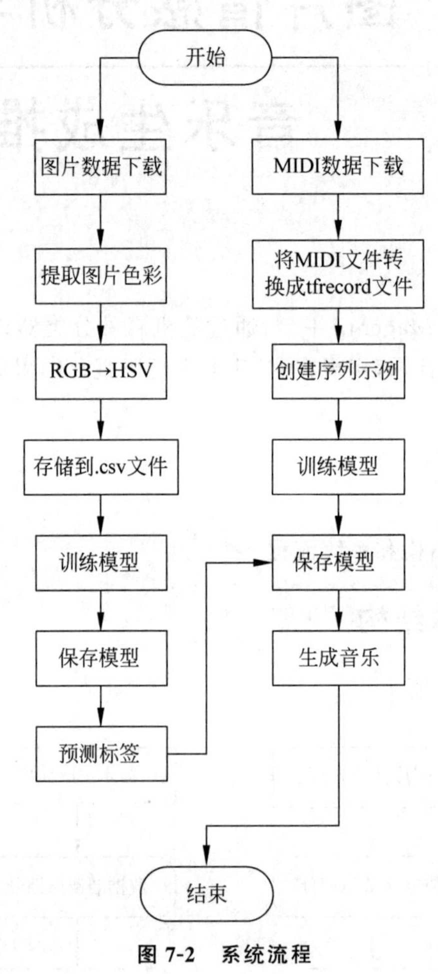

图 7-2 系统流程

7.2 运行环境

本部分包括 Python 环境和 Magenta 环境。

7.2.1 Python 环境

需要 Python 3.6 及以上配置，在 Windows 环境下载 Anaconda 完成 Python 所需的配置，下载地址为 https://www.anaconda.com/，也可下载虚拟机在 Linux 环境下运行代码。

7.2.2 Magenta 环境

安装指南为 https://github.com/tensorflow/magenta/blob/master/README.md#installation。

Magenta 支持 Python 2.7 以上版本与 Python 3.5 以上版本。对于 Linux 用户，Magenta 官方给出了安装脚本，使用方法如下：

```
curl https://raw.githubusercontent.com/tensorflow/magenta/master/magenta/tools/magenta
install.sh > /tmp/magenta-install.sh
bash /tmp/magenta-install.sh
```

上述脚本安装完成后，在 source activate magenta 中打开 Magenta 运行环境。对于 Windows 用户(Linux 用户也适用)，也可使用 Anaconda 等包管理工具安装 Magenta。

对于只使用 CPU 的用户：

```
conda create -n magenta python=3.6 #这里 3.5 也可以
activate magenta #(Linux 用户为 source activate magenta)
pip install magenta
```

Linux 用户在安装 Magenta 之前需要先安装一些运行库，用以安装 rimidi：

```
sudo apt-get install build-essential libasound2-dev libjack-dev
```

如果用到 GPU，直接将上文中 pip install magenta 替换成 pip install magenta-gpu。magenta 和 magenta-gpu 的区别仅在后者多了 tensorflow-gpu 库。

安装的 TensorFlow 版本为 1.15.2。

7.3 模块实现

本项目包括 3 个模块：数据预处理、模型构建、模型训练及保存，下面分别给出各模块的功能介绍及相关代码。

7.3.1 数据预处理

MIDI 下载地址为 http://midi.midicn.com/，图片在花瓣网收集获取地址为 https://huaban.com/boards/60930738/。音乐模型包含欢快和安静两类 MIDI 文件各 100 个，图片包含欢快和安静两类各 250 张，格式为.jpg。

1. 图片部分

提取图片中占比前十的色彩信息，将其转换成 hsv 格式，存储到.csv 文件中，便于后续使用。

```
# - * - coding: utf - 8 - * -
import sys
import csv
import traceback
import os
import pandas as pd
if sys.version_info < (3, 0):
    from urllib2 import urlopen
else:
    from urllib.request import urlopen
import io
from colorthief import ColorThief
def get_color(path): # 获取图片的色彩信息
    def rgb2hsv(tp): # 将其转换成 hsv 格式,h 是色相、s 是饱和度、v 是明度
        r,g,b = tp[0],tp[1],tp[2]
        r, g, b = r/255.0, g/255.0, b/255.0
        mx = max(r, g, b)
        mn = min(r, g, b)
        m = mx - mn
        if mx == mn:
            h = 0
        elif mx == r:
            if g >= b:
                h = ((g - b)/m) * 60
            else:
                h = ((g - b)/m) * 60 + 360
        elif mx == g:
            h = ((b - r)/m) * 60 + 120
        elif mx == b:
            h = ((r - g)/m) * 60 + 240
        if mx == 0:
            s = 0
        else:
            s = m/mx
        v = mx
        h,s,v = round(h,3),round(s,3),round(v,3)      # 保留小数点后三位
        h,s,v = str(h),str(s),str(v)                  # 转换成字符串类型能够写入 csv
        return h, s, v
    fd = urlopen(path)
    f = io.BytesIO(fd.read())
    color_thief = ColorThief(f)                       # 调用 colortheif()函数
    mc = color_thief.get_color(quality = 1)
# 获取画面最主要颜色,不一定出现在画面中,是整体均值,一个元组(r,g,b)
    cp = color_thief.get_palette(quality = 1)         # 获取调色盘
    hsv = rgb2hsv(mc)
    color_lists = [hsv]                               # 用列表存储最主要颜色信息,[h,s,v]
    clist = [color_lists[0][0],color_lists[0][1],color_lists[0][2]]
```

```
#获取最主要颜色的 h、s、v 值
    for c in cp:#遍历调色盘中的颜色
        hp = rgb2hsv(c)
        color_lists.append(hp)                          #追加信息到列表中
        for i in hp:                                    #获取每个色彩的 h、s、v 值
            clist.append(i)
    return clist
def to_csv(clist):                                      #将色彩信息列表存储到.csv 文件
    try:
        fpath = 'E:/college/synaes/image_csv/2.csv'
        #存储色彩信息的.csv 文件地址
        with open(fpath,'a',newline = '')as f:
            writer = csv.writer(f)
#writer.writerow(["h0","s0","v0","h1","s1","v1","h2","s2","v2","h3","s3","v3","h4",
"s4","v4","h5","s5","v5","h6","s6","v6","h7","s7","v7","h8","s8","v8","h9","s9","v9",
"Label"])
            writer.writerow(clist)
    except:
        print(traceback())
#get_color_to_file("file:///E:/college/synaes/image_test/test2.jpg")
path = "E:/college/synaes/image/happy"                  #图片存储路径
file_list = os.listdir(path)
for file in file_list:                                  #遍历路径中的每张图片
    clist = get_color("file:///" + path + "/" + file)
    to_csv(clist)
# - * - coding: utf - 8 - * -
#从图像中抓取调色板
_version_ = '0.2.1'
import math
from PIL import Image                                   #导入 pillow 中的 image 模块
class cached_property(object):
    #创建的装饰器将单一参数的方法转换为缓存实例的属性
        def _init_(self, func):
        self.func = func
    def _get_(self, instance, type):
        res = instance._dict_[self.func._name_] = self.func(instance)
        return res
class ColorThief(object):
    #抓取调色的类
    def _init_(self, file):
        self.image = Image.open(file)                   #打开图像
    def get_color(self, quality = 10):
    #获得主要的颜色和 quality 参数:1 是最高的 quality,数字越大,颜色返回越快
    #返回 tuple:(r, g, b)元组类型
        palette = self.get_palette(5, quality)
        return palette[0]
    def get_palette(self, color_count = 10, quality = 10):
```

```
    #获得调色盘,用中值切割算法聚类相似颜色
    #参数 color_count 为调色盘的大小
    #quality 参数同上
    #返回一个以(r,g,b)元组为元素的列表
        image = self.image.convert('RGBA')
        width, height = image.size
        pixels = image.getdata() #像素
        pixel_count = width * height
        valid_pixels = []
        for i in range(0, pixel_count, quality):
            r, g, b, a = pixels[i]
            #如果像素大部分是不透明的,则不是白色的
            if a >= 125:
                if not (r > 250 and g > 250 and b > 250):
                    valid_pixels.append((r, g, b))
        #则将数组传给 quantize()函数,该函数对值进行聚类,使用中值切割算法
        cmap = MMCQ.quantize(valid_pixels, color_count)
        return cmap.palette
class MMCQ(object):
    #MMCQ 基本是 Python 端口(改进的中值切割量化)
    #算法来自 Leptonica 库(http://www.leptonica.com/)
    SIGBITS = 5
    RSHIFT = 8 - SIGBITS
    MAX_ITERATION = 1000 #最大迭代次数
    FRACT_BY_POPULATIONS = 0.75
    @staticmethod
    def get_color_index(r, g, b):
        return (r << (2 * MMCQ.SIGBITS)) + (g << MMCQ.SIGBITS) + b
    @staticmethod
    def get_histo(pixels):
        histo = dict()
        for pixel in pixels:
            rval = pixel[0] >> MMCQ.RSHIFT
            gval = pixel[1] >> MMCQ.RSHIFT
            bval = pixel[2] >> MMCQ.RSHIFT
            index = MMCQ.get_color_index(rval, gval, bval)
            histo[index] = histo.setdefault(index, 0) + 1
        return histo
    @staticmethod
    def vbox_from_pixels(pixels, histo):
        rmin = 1000000
        rmax = 0
        gmin = 1000000
        gmax = 0
        bmin = 1000000
        bmax = 0
        for pixel in pixels:
```

```
            rval = pixel[0] >> MMCQ.RSHIFT
            gval = pixel[1] >> MMCQ.RSHIFT
            bval = pixel[2] >> MMCQ.RSHIFT
            rmin = min(rval, rmin)
            rmax = max(rval, rmax)
            gmin = min(gval, gmin)
            gmax = max(gval, gmax)
            bmin = min(bval, bmin)
            bmax = max(bval, bmax)
        return VBox(rmin, rmax, gmin, gmax, bmin, bmax, histo)
    @staticmethod
    def median_cut_apply(histo, vbox): #中值切割
        if not vbox.count:
            return (None, None)
        rw = vbox.r2 - vbox.r1 + 1
        gw = vbox.g2 - vbox.g1 + 1
        bw = vbox.b2 - vbox.b1 + 1
        maxw = max([rw, gw, bw])
        #如果只有一个像素,则不进行切割
        if vbox.count == 1:
            return (vbox.copy, None)
        #沿着选定的轴查找数组
        total = 0
        sum_ = 0
        partialsum = {}
        lookaheadsum = {}
        do_cut_color = None
        if maxw == rw:
            do_cut_color = 'r'
            for i in range(vbox.r1, vbox.r2 + 1):
                sum_ = 0
                for j in range(vbox.g1, vbox.g2 + 1):
                    for k in range(vbox.b1, vbox.b2 + 1):
                        index = MMCQ.get_color_index(i, j, k)
                        sum_ += histo.get(index, 0)
                total += sum_
                partialsum[i] = total
        elif maxw == gw:
            do_cut_color = 'g'
            for i in range(vbox.g1, vbox.g2 + 1):
                sum_ = 0
                for j in range(vbox.r1, vbox.r2 + 1):
                    for k in range(vbox.b1, vbox.b2 + 1):
                        index = MMCQ.get_color_index(j, i, k)
                        sum_ += histo.get(index, 0)
                total += sum_
                partialsum[i] = total
```

```
        else:  # maxw == bw
            do_cut_color = 'b'
            for i in range(vbox.b1, vbox.b2 + 1):
                sum_ = 0
                for j in range(vbox.r1, vbox.r2 + 1):
                    for k in range(vbox.g1, vbox.g2 + 1):
                        index = MMCQ.get_color_index(j, k, i)
                        sum_ += histo.get(index, 0)
                total += sum_
                partialsum[i] = total
        for i, d in partialsum.items():
            lookaheadsum[i] = total - d
        #确定切割平面
        dim1 = do_cut_color + '1'
        dim2 = do_cut_color + '2'
        dim1_val = getattr(vbox, dim1)
        dim2_val = getattr(vbox, dim2)
        for i in range(dim1_val, dim2_val + 1):
            if partialsum[i] > (total / 2):
                vbox1 = vbox.copy
                vbox2 = vbox.copy
                left = i - dim1_val
                right = dim2_val - i
                if left <= right:
                    d2 = min([dim2_val - 1, int(i + right / 2)])
                else:
                    d2 = max([dim1_val, int(i - 1 - left / 2)])
                while not partialsum.get(d2, False):
                    d2 += 1
                count2 = lookaheadsum.get(d2)
                while not count2 and partialsum.get(d2 - 1, False):
                    d2 -= 1
                    count2 = lookaheadsum.get(d2)
                #设置维度
                setattr(vbox1, dim2, d2)
                setattr(vbox2, dim1, getattr(vbox1, dim2) + 1)
                return (vbox1, vbox2)
        return (None, None)
    @staticmethod
    def quantize(pixels, max_color):                  #将颜色进行量化
        #参数 pixels 是一个以(r,g,b)形式的像素列表
        #参数 max_color 是颜色的最大数量
        if not pixels:
            raise Exception('Empty pixels when quantize.')
        if max_color < 2 or max_color > 256:
            raise Exception('Wrong number of max colors when quantize.')
        histo = MMCQ.get_histo(pixels)
```

```
        #检查是否低于 maxcolors
        if len(histo) <= max_color:
         #从 histo 生成新的颜色并返回
            pass
         #从颜色重新获取起始 vbox
        vbox = MMCQ.vbox_from_pixels(pixels, histo)
        pq = PQueue(lambda x: x.count)
        pq.push(vbox)
        #实现迭代的内部函数
        def iter_(lh, target):
            n_color = 1
            n_iter = 0
            while n_iter < MMCQ.MAX_ITERATION:
                vbox = lh.pop()
                if not vbox.count:  #返回
                    lh.push(vbox)
                    n_iter += 1
                    continue
                #实现切割
                vbox1, vbox2 = MMCQ.median_cut_apply(histo, vbox)
                if not vbox1:
                    raise Exception("vbox1 not defined; shouldn't happen!")
                lh.push(vbox1)
                if vbox2:  #vbox2 可以是 null
                    lh.push(vbox2)
                    n_color += 1
                if n_color >= target:
                    return
                if n_iter > MMCQ.MAX_ITERATION:
                    return
                n_iter += 1
        #第一组颜色,按数量排序
        iter_(pq, MMCQ.FRACT_BY_POPULATIONS * max_color)
        #按像素占用率乘以色彩空间大小的乘积重新排序
        pq2 = PQueue(lambda x: x.count * x.volume)
        while pq.size():
            pq2.push(pq.pop())
      #下一组使用(npix * vol)排序生成中值切割
        iter_(pq2, max_color - pq2.size())
      #计算实际颜色
        cmap = CMap()
        while pq2.size():
            cmap.push(pq2.pop())
        return cmap
class VBox(object):
    #3D 颜色空间
    def __init__(self, r1, r2, g1, g2, b1, b2, histo):
```

```
        self.r1 = r1
        self.r2 = r2
        self.g1 = g1
        self.g2 = g2
        self.b1 = b1
        self.b2 = b2
        self.histo = histo
    @cached_property
    def volume(self):
        sub_r = self.r2 - self.r1
        sub_g = self.g2 - self.g1
        sub_b = self.b2 - self.b1
        return (sub_r + 1) * (sub_g + 1) * (sub_b + 1)
    @property
    def copy(self):
        return VBox(self.r1, self.r2, self.g1, self.g2,
                    self.b1, self.b2, self.histo)
    @cached_property
    def avg(self):
        ntot = 0
        mult = 1 << (8 - MMCQ.SIGBITS)
        r_sum = 0
        g_sum = 0
        b_sum = 0
        for i in range(self.r1, self.r2 + 1):
            for j in range(self.g1, self.g2 + 1):
                for k in range(self.b1, self.b2 + 1):
                    histoindex = MMCQ.get_color_index(i, j, k)
                    hval = self.histo.get(histoindex, 0)
                    ntot += hval
                    r_sum += hval * (i + 0.5) * mult
                    g_sum += hval * (j + 0.5) * mult
                    b_sum += hval * (k + 0.5) * mult
        if ntot:
            r_avg = int(r_sum / ntot)
            g_avg = int(g_sum / ntot)
            b_avg = int(b_sum / ntot)
        else:
            r_avg = int(mult * (self.r1 + self.r2 + 1) / 2)
            g_avg = int(mult * (self.g1 + self.g2 + 1) / 2)
            b_avg = int(mult * (self.b1 + self.b2 + 1) / 2)
        return r_avg, g_avg, b_avg
    def contains(self, pixel):
        rval = pixel[0] >> MMCQ.RSHIFT
        gval = pixel[1] >> MMCQ.RSHIFT
        bval = pixel[2] >> MMCQ.RSHIFT
        return all([
```

```
            rval >= self.r1,
            rval <= self.r2,
            gval >= self.g1,
            gval <= self.g2,
            bval >= self.b1,
            bval <= self.b2,
        ])
    @cached_property
    def count(self):
        npix = 0
        for i in range(self.r1, self.r2 + 1):
            for j in range(self.g1, self.g2 + 1):
                for k in range(self.b1, self.b2 + 1):
                    index = MMCQ.get_color_index(i, j, k)
                    npix += self.histo.get(index, 0)
        return npix
class CMap(object):
    #颜色图
    def __init__(self):
        self.vboxes = PQueue(lambda x: x['vbox'].count * x['vbox'].volume)
    @property
    def palette(self):
        return self.vboxes.map(lambda x: x['color'])
    def push(self, vbox):
        self.vboxes.push({
            'vbox': vbox,
            'color': vbox.avg,
        })
    def size(self):
        return self.vboxes.size()
    def nearest(self, color):
        d1 = None
        p_color = None
        for i in range(self.vboxes.size()):
            vbox = self.vboxes.peek(i)
            d2 = math.sqrt(
                math.pow(color[0] - vbox['color'][0], 2) +
                math.pow(color[1] - vbox['color'][1], 2) +
                math.pow(color[2] - vbox['color'][2], 2)
            )
            if d1 is None or d2 < d1:
                d1 = d2
                p_color = vbox['color']
        return p_color
    def map(self, color):
        for i in range(self.vboxes.size()):
            vbox = self.vboxes.peek(i)
```

```
            if vbox['vbox'].contains(color):
                return vbox['color']
        return self.nearest(color)
class PQueue(object):
    #简单优先级队列
    def __init__(self, sort_key):
        self.sort_key = sort_key
        self.contents = []
        self._sorted = False
    def sort(self):
        self.contents.sort(key = self.sort_key)
        self._sorted = True
    def push(self, o):
        self.contents.append(o)
        self._sorted = False
    def peek(self, index = None):
        if not self._sorted:
            self.sort()
        if index is None:
            index = len(self.contents) - 1
        return self.contents[index]
    def pop(self):
        if not self._sorted:
            self.sort()
        return self.contents.pop()
    def size(self):
        return len(self.contents)
    def map(self, f):
        return list(map(f, self.contents))
```

2. 音乐部分

首先，对网上下载的音乐打标签，将其分为安静和欢快两类；其次，分别进行预处理。在 Magenta 中，原始数据(MIDI、MusicXML)被转换成基于缓存协议的 NoteSequence，根据模型的不同，将 NoteSequence 转换成该模型需要的输入。Magenta 支持 MIDI(.mid/.midi)、MusicXML(.xml/.mxl)等格式的原始数据文件做训练数据。并通过 convert_dir_to_note_sequences.py 转换为 NoteSequence，以 TFRecord 格式存储。这里使用的是 MIDI 文件格式转换。

```
FLAGS = tf.app.flags.FLAGS
tf.app.flags.DEFINE_string('input_dir', None,
                    'Directory containing files to convert.')          #输入 MIDI 文件路径
tf.app.flags.DEFINE_string('output_file', None,
                      'Path to output TFRecord file. Will be overwritten '
                               'if it already exists.')                #输出 TFRecord 文件路径
tf.app.flags.DEFINE_bool('recursive', False,
```

```
                'Whether or not to recurse into subdirectories.')
#是否递归查找子路径的文件
tf.app.flags.DEFINE_string('log', 'INFO',
                          'The threshold for what messages will be logged '
               'DEBUG, INFO, WARN, ERROR, or FATAL.')          #显示消息类型
  #转换文件
  #参数
  #root_dir:指定根目录的字符串
  #sub_dir:一个字符串,指定"根目录"下的路径
  #writer:一个记录
  #recursive:一个布尔值,指定是否递归转换文件,包含在指定目录的子目录中
  #返回:转换文件路径的映射
  def convert_files(root_dir, sub_dir, writer, recursive=False):
 dir_to_convert = os.path.join(root_dir, sub_dir)
 tf.logging.info("Converting files in '%s'.", dir_to_convert)
 files_in_dir = tf.gfile.ListDirectory(os.path.join(dir_to_convert))
 recurse_sub_dirs = []
 written_count = 0
 for file_in_dir in files_in_dir:
   tf.logging.log_every_n(tf.logging.INFO, '%d files converted.',
                          1000, written_count)
   full_file_path = os.path.join(dir_to_convert, file_in_dir)
   if (full_file_path.lower().endswith('.mid') or
       full_file_path.lower().endswith('.midi')):
     try:
       sequence = convert_midi(root_dir, sub_dir, full_file_path)
     except Exception as exc:   #pylint: disable=broad-except
     tf.logging.fatal('%r generated an exception: %s',full_file_path,exc)
       continue
     if sequence:
       writer.write(sequence)
   elif (full_file_path.lower().endswith('.xml') or
         full_file_path.lower().endswith('.mxl')):
     try:
       sequence = convert_musicxml(root_dir, sub_dir, full_file_path)
     except Exception as exc:   #pylint: disable=broad-except
    tf.logging.fatal('%r generated an exception: %s',full_file_path, exc)
       continue
     if sequence:
       writer.write(sequence)
   elif full_file_path.lower().endswith('.abc'):
     try:
       sequences = convert_abc(root_dir, sub_dir, full_file_path)
     except Exception as exc:   #pylint: disable=broad-except
      tf.logging.fatal('%r generated anexception: %s',full_file_path,exc)
       continue
     if sequences:
```

```
        for sequence in sequences:
          writer.write(sequence)
      else:
        if recursive and tf.gfile.IsDirectory(full_file_path):
          recurse_sub_dirs.append(os.path.join(sub_dir, file_in_dir))
        else:
          tf.logging.warning(
              'Unable to find a converter for file %s', full_file_path)
  for recurse_sub_dir in recurse_sub_dirs:
    convert_files(root_dir, recurse_sub_dir, writer, recursive)
#将 MIDI 文件转换为序列原型
#参数 root_dir:指定文件根目录的字符串已转换
#sub_dir: 当前正在转换的目录
#full_file_path: 要转换文件的完整路径
#return: 如果文件无法转换,则为注释序列原型或无
def convert_midi(root_dir, sub_dir, full_file_path):
  try:
    sequence = midi_io.midi_to_sequence_proto(
        tf.gfile.GFile(full_file_path, 'rb').read())
  except midi_io.MIDIConversionError as e:
    tf.logging.warning(
        'Could not parse MIDI file %s. It will be skipped. Error was: %s',
        full_file_path, e)
    return None                                                    #错误处理
  sequence.collection_name = os.path.basename(root_dir)
  sequence.filename = os.path.join(sub_dir, os.path.basename(full_file_path))
  sequence.id = note_sequence_io.generate_note_sequence_id(
      sequence.filename, sequence.collection_name, 'midi')
  tf.logging.info('Converted MIDI file %s.', full_file_path)
  return sequence
def convert_directory(root_dir, output_file, recursive=False):
  #将文件转换为注释序列并写入 output_file
  #在根目录中找到的输入文件被转换为带 root_dir 的基本名称
  #来自 root_dir 的文件作为文件名.如果递归为真,递归转换指定目录的任何子目录
  #参数 root_dir:指定根目录的字符串
  #output_file:要将结果写入 TFRecord 文件的路径
  #recursive:一个布尔值,指定是否递归转换文件,包含在指定目录的子目录中
  with note_sequence_io.NoteSequenceRecordWriter(output_file) as writer:
    convert_files(root_dir, '', writer, recursive)
#主函数
def main(unused_argv):
  tf.logging.set_verbosity(FLAGS.log)
  #错误处理
  if not FLAGS.input_dir:
    tf.logging.fatal('--input_dir required')
    return
  if not FLAGS.output_file:
```

```
      tf.logging.fatal('--output_file required')
      return
    input_dir = os.path.expanduser(FLAGS.input_dir)                    #输入路径
    output_file = os.path.expanduser(FLAGS.output_file)
    #输出文件
    output_dir = os.path.dirname(output_file)                          #输出路径
    if output_dir:
      tf.gfile.MakeDirs(output_dir)
    convert_directory(input_dir, output_file, FLAGS.recursive)
#运行主函数
def console_entry_point():
    tf.app.run(main)
```

将MIDI文件全部存储为TFRecord文件之后，使用polyphony_rnn_create_dataset.py建立数据集，用polyphony模型进行训练，得到音乐数据集。

```
flags = tf.app.flags
FLAGS = tf.app.flags.FLAGS
flags.DEFINE_string(
    'input', 'E:/college/synaes/midi/midi/tf/pst.tfrecord',
    'TFRecord to read NoteSequence protos from.')
#读取NoteSquence的TFReord文件
flags.DEFINE_string(
    'output_dir', 'E:/college/synaes/poly_rnn/datasets/pst',
    'Directory to write training and eval TFRecord files. The TFRecord files '
    'are populated with SequenceExample protos.')              #保存序列示例的路径
flags.DEFINE_float(
    'eval_ratio', 0.1,
    'Fraction of input to set aside for eval set. Partition is randomly '
    #测试集的比例,划分是随机的
    'selected.')
flags.DEFINE_string(
    'log', 'INFO',
    'The threshold for what messages will be logged DEBUG, INFO, WARN, ERROR, '
    'or FATAL.') #记录调试、信息、警告、错误或致命消息的阈值
#主函数
def main(unused_argv):
    tf.logging.set_verbosity(FLAGS.log)
    pipeline_instance = polyphony_rnn_pipeline.get_pipeline(
        min_steps=80,
        max_steps=512,
        eval_ratio=FLAGS.eval_ratio,
        config=polyphony_model.default_configs['polyphony'])
    #配置config为polyphony数据集
    input_dir = os.path.expanduser(FLAGS.input)                  #输入路径
    output_dir = os.path.expanduser(FLAGS.output_dir)            #输出路径
    pipeline.run_pipeline_serial(
```

```
        pipeline_instance,
        pipeline.tf_record_iterator(input_dir, pipeline_instance.input_type),
        output_dir)                                                    #生成数据集
#运行主函数
def console_entry_point():
  tf.app.run(main)
```

7.3.2 模型构建

数据加载进模型之后，定义模型结构，并优化损失函数。

1. 定义模型结构

本部分包括图片情感分析和复调音乐模型。

1) 图片情感分析

将 30 维特征送入随机森林分类器中，模型参数主要为决策树数量、树的深度和节点最小可分样本数。

2) 复调音乐模型

Polyphony 模型需要从初级轨道生成复音轨道，由此构建 PolyphonyRnnModel 类实现复音序列的生成，同时评估了复音序列的对数似然性。加载模型，配置 contrib_training_HParams 类参数，HParams 类是以名称-值对的形式保存一组超参数，HParams 对象包含用于构建和训练模型的超参数。

```
class PolyphonyRnnModel(events_rnn_model.EventSequenceRnnModel):
  #RNN 复音序列生成模型类
  def generate_polyphonic_sequence(
      self, num_steps, primer_sequence, temperature = 1.0, beam_size = 1,
      branch_factor = 1, steps_per_iteration = 1, modify_events_callback = None):
    #从初级复音轨道生成复音轨道
    #参数 num_steps:最后一个轨道的整数长度，以步长为单位，包括引物序列
    #primer_sequence: 引物序列，一个多音序对象
    #Temperature: 一个浮点值，指定逻辑值除以多少在计算 softmax 之前.大于 1.0 会使轨道更随
    #机，小于 1.0 则反之
    #beam_size: 一个整数，波束大小在生成轨迹时使用波束搜索
    #branch_factor: 要使用的整数波束搜索分支因子
    #steps_per_iteration: 一个整数，每次波束搜索需要的步数迭代
    #modify_events_callback: 用于修改事件列表的可选回调
    #返回生成的复音序列对象
    return self._generate_events(num_steps, primer_sequence, temperature,
          beam_size, branch_factor, steps_per_iteration,
          modify_events_callback = modify_events_callback)
  #返回生成的复音序列对象
  def polyphonic_sequence_log_likelihood(self, sequence):
    #评估复音序列的对数似然性
    #参数 sequence: 评估日志的复音序列对象的可能性
```

```
    return self._evaluate_log_likelihood([sequence])[0]
    #返回该模型下序列的对数似然性
    #配置模型参数
default_configs = {
    'polyphony': events_rnn_model.EventSequenceRnnConfig(
        generator_pb2.GeneratorDetails(
            id = 'polyphony',
            description = 'Polyphonic RNN'), #配置模型为 polyphony
        magenta.music.OneHotEventSequenceEncoderDecoder(
      polyphony_encoder_decoder.PolyphonyOneHotEncoding()),
      #将复音输入转化成模型之间的输入/输出
        contrib_training.HParams(
            batch_size = 64,
            rnn_layer_sizes = [256, 256, 256],
            dropout_keep_prob = 0.5,
            clip_norm = 5,
            learning_rate = 0.001)),
#HParams 类以名称 - 值对的形式保存一组超参数
}
```

2. 优化损失函数

本部分包括图片情感分析和复调音乐模型。

1）图片情感分析

由于所有的标签都带有相似的权重，使用精确度作为性能指标。在随机森林分类器中，特征处理和特征选择是较为重要的一环，未经特征选择时，准确率不到 80%，多次尝试后最终选择了 15 维特征，精确度达到了 95%。

2）复调音乐模型

经过训练之后的文件以精确度和损失作为性能指标，精确度达到 50%左右，而损失有 1.8，整体来说这个模型并不理想。但发现随着训练次数的增加，精确度有所提高，损失下降。主要原因是训练次数以及数据集的内容过少导致，想要达到更高的精确度和更小的损失，需要进行多次训练和扩充数据集的内容。

7.3.3　模型训练及保存

在定义模型架构和编译之后，使用训练集训练模型，使模型对图片的情感进行分类。

1. 图片情感分析

本部分包括模型训练和模型保存。

1）模型训练

```
def load_dataset(filename):                              #加载数据集
file_reader = csv.reader(open(filename, 'rt'), delimiter = ',')
X, y = [], []
```

```
    for row in file_reader:
        X.append(row[0:15])                              #获取前 15 维数据
        y.append(row[-1])                                #获取标签
    #提取特征名称
    feature_names = np.array(X[0])
    return  np.array(X[1:]).astype(np.float32), np.array(y[1:]).astype(np.float32),
feature_names
if __name__ == '__main__':
    X,y,feature_names = load_dataset('E:/college/synaes/image_csv/0411.csv')
    X, y = shuffle(X, y, random_state=7)                #打乱数据
    num_training = int(0.9 * len(X))                    #数据的 90% 作为训练集
    X_train, y_train = X[:num_training], y[:num_training]
    X_test, y_test = X[num_training:], y[num_training:]
    rf_clf = RandomForestClassifier(n_estimators=1000, max_depth=10, min_samples_split=2)
                         #设置随机森林分类器的参数、决策树的数量、树的深度、最小划分
    rf_clf.fit(X_train, y_train)
    y_pred = rf_clf.predict(X_test)
        print('accuracy:',sklearn.metrics.accuracy_score(y_test, y_pred))
```

2）模型保存

利用 joblib 库将模型保存为.m 格式的文件。

```
joblib.dump(rf_clf, "E:/college/synaes/image/classifier.m")
```

模型被保存后，可以被重用，也可以移植到其他环境中使用。

2. 音乐训练

本部分包括模型训练和模型保存的相关代码。

1）模型训练

相关代码如下：

```
FLAGS = tf.app.flags.FLAGS
tf.app.flags.DEFINE_string('run_dir', 'E:/college/synaes/poly_rnn/train_model/quiet',
                'Path to the directory where checkpoints and '
                'summary events will be saved during training and '
                'evaluation. Separate subdirectories for training '
                'events and eval events will be created within '
                '`run_dir`. Multiple runs can be stored within the '
                'parent directory of `run_dir`. Point TensorBoard '
                'to the parent directory of `run_dir` to see all '
                'your runs.')
#检查点的保存路径、保存训练和测试过程中的事件，可以通过 TensorBoard 查看运行状况
tf.app.flags.DEFINE_string('config', 'polyphony', 'The config to use')
#选择要用的配置
tf.app.flags.DEFINE_string('sequence_example_file', 'E:/college/synaes/poly_rnn/datasets/quiet'
                      '/training_poly_tracks.tfrecord',
                'Path to TFRecord file containing '
```

```
            #保存有序列示例的 TFRecord 文件
                                   'tf.SequenceExample records for training or '
                                   'evaluation.')
tf.app.flags.DEFINE_integer('num_training_steps', 0,
        'The the number of global training steps your '
        #训练步数,0是一直训练直到手动中止
                                    'model should take before exiting training. '
                                    'Leave as 0 to run until terminated manually.')
tf.app.flags.DEFINE_integer('num_eval_examples', 0,
                                    'The number of evaluation examples your model '
    'should process for each evaluation step.'
    #每次评估用到的训练样本数,0用整个测试样本
                                    'Leave as 0 to use the entire evaluation set.')
tf.app.flags.DEFINE_integer('summary_frequency', 10,
                                    'A summary statement will be logged every '
                                    '`summary_frequency`'
                                    ' steps during training or '
                                    'every `summary_frequency` seconds during '
                                    'evaluation.')
tf.app.flags.DEFINE_integer('num_checkpoints', 10,
                                 'The number of most recent checkpoints to keep in '
  'the training directory. Keeps all if 0.')
#保存训练目录里最近的检查点数量
tf.app.flags.DEFINE_boolean('eval', False,
                                    'If True, this process only evaluates the model '
  'and does not update weights.')
#如果是True,则仅进行测试,不改变模型
tf.app.flags.DEFINE_string('log', 'INFO',
                                   'The threshold for what messages will be logged '
                                   'DEBUG, INFO, WARN, ERROR, or FATAL.')      #容错
tf.app.flags.DEFINE_string(
'hparams', 'batch_size=64,rnn_layer_sizes=[64,64]',
'Comma-separated list of `name=value` pairs.For each pair, the value of '
'the hyperparameter named `name` is set to `value`. This mapping is merged '
    'with the default hyperparameters.')#指定batch的大小和RNN层的大小
#主函数
def main(unused_argv):
  tf.logging.set_verbosity(FLAGS.log)
  #报错提示
  if not FLAGS.run_dir:
    tf.logging.fatal('--run_dir required')
    return
  if not FLAGS.sequence_example_file:
    tf.logging.fatal('--sequence_example_file required')
    return
  #打开序列示例
  sequence_example_file_paths = tf.gfile.Glob(
```

```
        os.path.expanduser(FLAGS.sequence_example_file))
    run_dir = os.path.expanduser(FLAGS.run_dir)                         #保存训练事件
    #配置复调音乐模型
    config = polyphony_model.default_configs[FLAGS.config]
    config.hparams.parse(FLAGS.hparams)
    mode = 'eval' if FLAGS.eval else 'train'
    build_graph_fn = events_rnn_graph.get_build_graph_fn(
        mode, config, sequence_example_file_paths)
    #训练模型
    train_dir = os.path.join(run_dir, 'train')
    tf.gfile.MakeDirs(train_dir)
    tf.logging.info('Train dir: %s', train_dir)
    if FLAGS.eval: #是否测试,若为 True 则仅进行测试,不改变模型
      eval_dir = os.path.join(run_dir, 'eval')
      tf.gfile.MakeDirs(eval_dir)
      tf.logging.info('Eval dir: %s', eval_dir)
      num_batches = (
          (FLAGS.num_eval_examples or
           magenta.common.count_records(sequence_example_file_paths)) //
           config.hparams.batch_size)
      events_rnn_train.run_eval(build_graph_fn, train_dir, eval_dir, num_batches)
    else: #若为 False 则直接训练模型
      events_rnn_train.run_training(build_graph_fn, train_dir,
      FLAGS.num_training_steps,
      FLAGS.summary_frequency,
    checkpoints_to_keep = FLAGS.num_checkpoints)
  #配置训练模型各项参数(训练步数、保存训练目录里最近的检查点数量、训练样本数等)
  #运行主函数
  def console_entry_point():
    tf.app.run(main)
```

2) 模型保存

```
tf.app.flags.DEFINE_string('run_dir', 'E:/college/synaes/poly_rnn/train_model/quiet',
                          'Path to the directory where checkpoints and '
                          'summary events will be saved during training and '
                          'evaluation. Separate subdirectories for training '
                          'events and eval events will be created within '
                         '`run_dir`. Multiple runs can be stored within the '
                          'parent directory of `run_dir`. Point TensorBoard '
                           'to the parent directory of `run_dir` to see all '
                            'your runs.')
#检查点的保存路径、保存训练和测试过程中的事件,可以通过 TensorBoard 查看运行状况
run_dir = os.path.expanduser(FLAGS.run_dir)                     #保存训练事件
```

7.4　系统测试

本部分包括测试效果及模型应用。

7.4.1　测试效果

将测试集的数据代入模型进行测试，分类的标签与原始数据进行显示和对比，得到如图 7-3 的测试效果，得到验证：可以实现图片情感的分类。

```
input_path = "file:///E:/college/synaes/image/test1.jpg"
file = input_path[32:]
cl = get_color(input_path)
arr = [cl[0:15]]
print(len(arr))
with open("E:/college/synaes/image/classifier.m", "rb") as f:
    model = joblib.load(f)
    lb = model.predict(arr)
if lb == 1:
    print(file,'是欢快的')
elif lb == 0:
    print(file,'是宁静的')
```

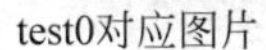

test0对应图片

test1对应图片

图 7-3　模型训练效果

通过测试得到 test0 对应图片是宁静的，test1 对应图片是欢快的，这与它们的真实标签是一致的。

7.4.2　模型应用

运行 GUI 源码，展示图形界面如图 7-4 所示。

界面从上至下，分别是三个按钮、一个文本框输入。文本框内直接填入图片路径，可以

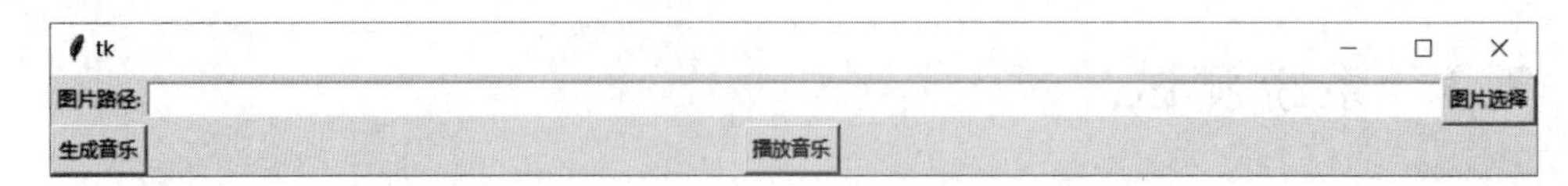

图 7-4 应用初始界面

是本地，也可以是网页链接，如图 7-5 所示，在文本框内显示对应路径，如图 7-6 所示。

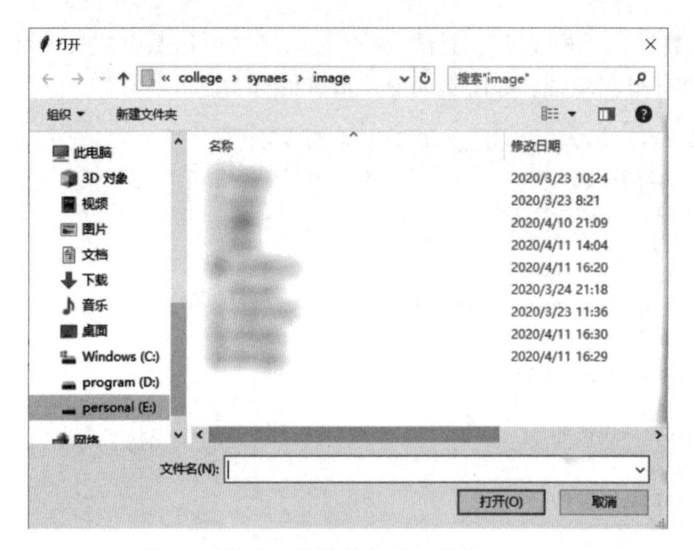

图 7-5 图片选择显示界面

图 7-6 测试结果

项目 8 新闻自动文摘推荐系统

PROJECT 8

本项目运用 TF-IDF 关键词提取，结合词云数据可视化、LDA（Latent Dirichlet Allocation）模型训练以及语音转换系统，实现基于 TensorFlow 的文本摘要程序。

8.1 总体设计

本部分包括系统整体结构和系统流程。

8.1.1 系统整体结构

系统整体结构如图 8-1 所示。

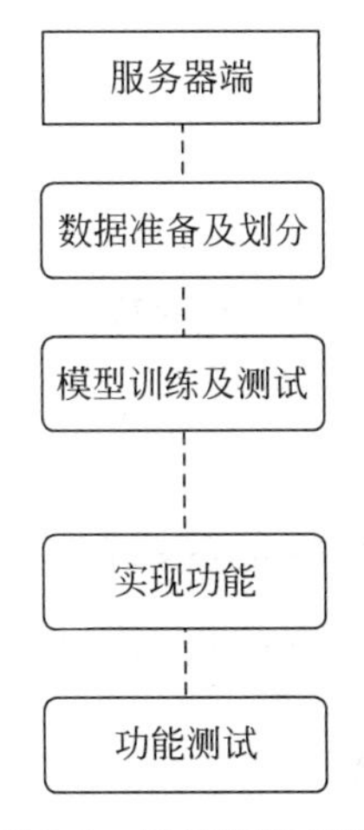

图 8-1 系统整体结构

8.1.2 系统流程

系统流程如图 8-2 所示。

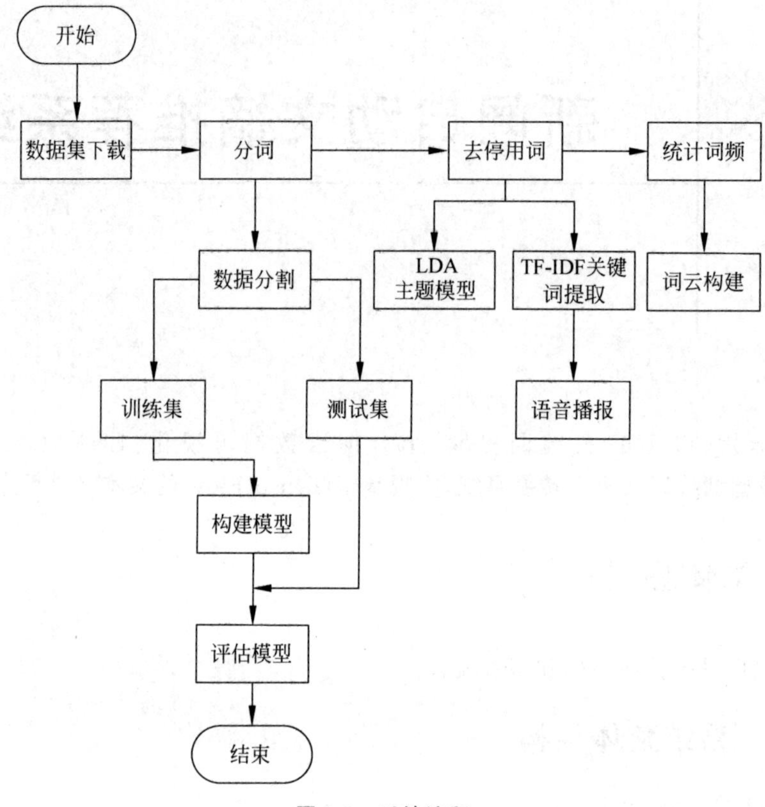

图 8-2 系统流程

8.2 运行环境

本部分包括 Python 环境和 TensorFlow 环境。

8.2.1 Python 环境

需要 Python 3.6 及以上配置，在 Windows 环境下载 Anaconda 完成 Python 所需的配置，下载地址为 https://www.anaconda.com/，也可下载虚拟机在 Linux 环境下运行代码。

8.2.2 TensorFlow 环境

安装方法如下：

方法一：打开 Anaconda Prompt，输入清华仓库镜像。

```
conda config --add channels https://mirrors.tuna.tsinghua.edu.cn/anaconda/pkgs/free/
conda config --set show_channel_urls yes
```

创建 Python 3.5 的环境,名称为 TensorFlow,此时 Python 版本和后面 TensorFlow 的版本有匹配问题,此步选择 Python 3.x。

```
conda create -n tensorflow python=3.5
```

有需要确认的地方,都输入 y。

在 Anaconda Prompt 中激活 TensorFlow 环境:

```
activate tensorflow
```

安装 CPU 版本的 TensorFlow:

```
pip install -upgrade --ignore-installed tensorflow
```

测试代码如下:

```
>>> import tensorflow as tf
>>> hello = tf.constant('Hello, TensorFlow!')
>>> sess = tf.Session()
>>> print sess.run(hello)
输出 b'Hello!TensorFlow'
```

安装完毕。

方法二:打开 Anaconda Navigator,进入 Environments 单击 Create,在弹出的对话框中输入 TensorFlow,选择合适的 Python 版本,创建好 TensorFlow 环境,然后进入 TensorFlow 环境,单击 Not installed 在搜索框内寻找需要用到的包。例如,TensorFlow,在右下方选择 apply,测试是否安装成功。在 Jupyter Notebook 编辑器中输入以下代码:

```
>>> import tensorflow as tf
>>> hello = tf.constant('Hello, TensorFlow!')
>>> sess = tf.Session()
>>> print sess.run(hello)
输出 b'Hello!TensorFlow'
```

能够输出 hello TensorFlow,说明安装成功。

8.3 模块实现

本项目包括 6 个模块:数据预处理、词云构建、关键词提取、语音播报、LDA 主题模型、模型构建,下面分别给出各模块的功能介绍及相关代码。

8.3.1 数据预处理

在清华大学 NLP 实验室推出的中文文本数据集 THUCNews 中下载,下载地址为 https://github.com/gaussic/text-classification-cnn-rnn。共包含 5000 条新闻文本,整合划

分出10个候选分类类别：财经、房产、家居、教育、科技、时尚、时政、体育、游戏、娱乐。

1. 导入数据

通过Jupyter Notebook来实现，相关代码如下：

```
#导入相应数据包
import pandas as pd
import numpy as np
#数据的读入及读出
df_news = pd.read_table("./cnews.val.txt",names = ["category","content"])
df_news.head()
```

从文件夹读出相应的数据，分别表示新闻数据的类别及内容，如图8-3所示。

```
#数据的类别及总量
df_news.category.unique()
df_news.content.shape
#为方便后续对数据的处理,将原始表格型数据结构转换成列表格式
content_list = df_news.content.values.tolist()
```

	category	content
0	体育	黄蜂vs湖人首发：科比带伤战保罗 加索尔救赎之战 新浪体育讯北京时间4月27日，NBA季后赛...
1	体育	1.7秒神之一击救马刺王朝于危难 这个新秀有点牛！新浪体育讯在刚刚结束的比赛中，回到主场的马...
2	体育	1人灭掘金！神般杜兰特！ 他想要分的时候没人能挡新浪体育讯在NBA的世界里，真的猛男，敢于直...
3	体育	韩国国奥20人名单：朴周永领衔 两世界杯国脚入选新浪体育讯据韩联社首尔9月17日电 韩国国奥...
4	体育	天才中锋崇拜王治郅 周琦：球员最终是靠实力说话2月14日从土耳其男篮邀请赛回到北京之后，周琦...

图8-3 读取代码成功

数据类别处理代码编译成功，如图8-4所示。

```
array(['体育', '娱乐', '家居', '房产', '教育', '时尚', '时政', '游戏', '科技', '财经'],
      dtype=object)

Out[4]: (5000,)
```

图8-4 代码编译成功

2. 数据清洗

新闻文本数据中不仅包括了中文字符，还包括了数字、英文字符、标点等，分词是中文文本分析的重要内容，正确的分词可以更好地构建模型。中文语料中词与词之间是紧密相连的，这一点不同于英文或者其他语种的语料，因此，不能像英文使用空格分词，而是使用jieba库中的分割方法。

```
    #jieba分词
    content_fenci = []                                  #建立一个空的
for line in content_list:
        text = jieba.lcut(line)                         #给每条都分词
        if len(text) > 1 and text != '\r':              #换行
```

```
        content_fenci.append(text)                    #将分词后的结果放入
#content_fenci[0]                                     #分词后的一个样本
df_content = pd.DataFrame({'content':content_fenci})
df_content.head()
```

分词后结果如图 8-5 所示。

```
#导入停用词
def drop_stopwords(contents,stopwords):
content_clean = []                    #放清理后的分词
all_words = []
for line in contents:
line_clean = []
for word in line:
if word in stopwords:
continue
line_clean.append(word)
all_words.append(str(word))
content_clean.append(line_clean)
return content_clean,all_words
content_clean,all_words = drop_stopwords(content_fenci,stopwords_list,)
df_clean = pd.DataFrame({'contents_clean':content_clean})
df_clean.head()
```

清洗后结果如图 8-6 所示。

	content
0	[黄蜂, vs, 湖人, 首发, :, , 科比, 带伤, 战, 保罗, , 加索尔, 救赎,...
1	[1.7, 秒, 神, 之一, 击救, 马刺, 王朝, 于, 危难, , 这个, 新秀, ...
2	[1, 人灭, 掘金, !, , 神般, 杜兰特, !, , 他, 想要, 分, 的, 时候,...
3	[韩国, 国奥, 20, 人, 名单, :, , 朴周, 永, 领衔, , 两, 世界杯, 国...
4	[天才, 中锋, 崇拜, 王治郅, , 周琦, :, , 球员, 最终, 是, 靠, 实力, ...

图 8-5 分词成功

	contents_clean
0	[黄蜂, vs, 湖人, 首发, 科比, 带伤, 战, 保罗, , 加索尔, 救赎, 之战...
1	[1.7, 秒, 神, 之一, 击救, 马刺, 王朝, 于, 危难, , 新秀, 有点, ...
2	[人灭, 掘金, 神般, 杜兰特, , 想要, 没人能, 挡, 新浪, 体育讯, NBA,...
3	[韩国, 国奥, 20, 名单, 朴周, 永, 领衔, , 两, 世界杯, 国脚, 入选,...
4	[天才, 中锋, 崇拜, 王治郅, , 周琦, 球员, 最终, 靠, 实力, 说话, 14...

图 8-6 清洗成功

3. 统计词频

统计文本中每个单词出现的次数，对该统计按单词频次进行排序。如图 8-7 所示，相关代码如下：

```
tf = Counter(all_words)
```

```
('公司', 3304),
('企业', 2530),
('进行', 2522),
('一', 2500),
('考试', 2419),
('产品', 2416),
('他们', 2317),
('表示', 2303),
```

图 8-7 统计结果

8.3.2 词云构建

词云是对文本中出现频率较高的关键词予以视觉化的展现，词云过滤掉大量低频低质的文本信息，使浏览者快速阅读文本就可领略文本的主旨。

```
#导入背景图片后的词云
mask = imread('4.png')                                    #读入图片
wc = wordcloud.WordCloud(font_path = font,mask = mask,background_color = 'white',scale = 2)
#scale:按照比例进行放大画布,如设置为2,则长和宽都是原来画布的2倍
wc.generate_from_frequencies(tf)
plt.imshow(wc)                                            #显示词云
plt.axis('off')                                           #关闭坐标轴
plt.show()
wc.to_file('ciyun.jpg')                                   #保存词云
```

8.3.3 关键词提取

TF-IDF是一种统计方法,字词的重要性随着它在文件中出现的次数成正比增加,但同时也会在语料库中出现的频率成反比下降,接下来通过TF-IDF算法的运用实现关键词提取。

```
import jieba.analyse
index = 2
    #print(df_clean['contents_clean'][index])
    #词之间相连
    content_S_str = "".join(content_clean[index])
    print(content_list[index])
    print('关键词: ')
    print(" ".join(jieba.analyse.extract_tags(content_S_str, topK = 10, withWeight = False)))
```

8.3.4 语音播报

将上述提取成功的关键词通过pyttsx 3转换成语音进行播报。

```
import pyttsx3
voice = pyttsx3.init()
voice.say(" ".join(jieba.analyse.extract_tags(content_S_str, topK = 10, withWeight =
False)))
print("准备语音播报…")
voice.runAndWait()
```

8.3.5 LDA主题模型

LDA是一种文档主题生成模型,也称为三层贝叶斯概率模型,模型中包含词语(W)、主题(Z)和文档(theta)三层结构。文档到主题、主题到词服从多项式分布,得出每个主题都有哪些关键词组成。在实际运行中,因为单词数量多,而一篇文档的单词数是有限的,如果采用密集矩阵表示,会造成内存浪费,所以gensim内部是用稀疏矩阵的形式来表示。首先,将分词清洗后的文档,使用dictionary = corpora.Dictionary(texts)生成词典;其次,将生成

的词典转化成稀疏向量。

```
def create_LDA(content_clean):
#基于文本集建立(词典),并获得特征数
dictionary = corpora.Dictionary(content_clean)
#基于词典,将分词列表集转换成稀疏向量集,称作语料库
dic = len(dictionary.token2id)
print('词典特征数: %d' % dic)
corpus = [dictionary.doc2bow(sentence) for sentence in content_clean]
#模型训练
lda = gensim.models.LdaModel(corpus=corpus, id2word = dictionary,num_topics = 10,passes=10)
#passes 训练几轮
print(lda.print_topic(1,topn=5))
print('-----------')
for topic in lda.print_topics(num_topics=10, num_words = 5):
print(topic[1])
create_LDA(content_clean)
```

8.3.6 模型构建

贝叶斯分类器的原理是通过某对象的先验概率,利用贝叶斯公式计算出后验概率,即该对象属于某一类的概率,选择具有最大后验概率的类作为所属类。一个 mapping 对象将可哈希的值映射为任意对象,映射是可变对象。目前 Python 中只有一种标准映射类型——字典,用花括号表示,但是花括号中的每个元素都是一个键值对(key:value),字典中的键值对也是无序的。

```
df_train=pd.DataFrame({"content":content_clean,"label":df_news['category']})
    #为了方便计算,把对应的标签字符类型转换为数字
    #映射类型(mapping)
    #非空字典
    label_mapping = {"体育": 0, "娱乐": 1, "家居": 2, "房产": 3, "教育":4, "时尚": 5,"时政": 6,"游戏": 7,"科技": 8,"财经": 9}
    df_train['label'] = df_train['label'].map(label_mapping)
    #df_train.head()
    #将每个新闻信息转换成字符串形式,CountVectorizer 和 TfidfVectorizer 的输入为字符串
    def create_words(data):
    words = []
    for index in range(len(data)):
            try:
                words.append( ''.join(data[index]))
            except Exception:
                print(index)
        return words
    #把数据分成测试集和训练集
    x_train,x_test,y_train,y_test =train_test_split(df_train['content'].values,df_train['label']
```

```
.values,random_state = 0)
train_words = create_words(x_train)
test_words = create_words(x_test)
#模型训练
#第一种
#CountVectorizer属于常见的特征数值计算类,是一种文本特征提取方法
#对于每个训练文本,只考虑每种词汇在该训练文本中出现的频率
vec = CountVectorizer(analyzer = 'word',max_features = 4000,lowercase = False)
vec.fit(train_words)
classifier = MultinomialNB()
classifier.fit(vec.transform(train_words),y_train)
print("模型准确率:",classifier.score(vec.transform(test_words), y_test))
#第二种,TfidfVectorizer除了考量某一词汇在当前训练文本中出现的频率之外
#关注包含这个词汇的其他训练文本数目的倒数,训练文本的数量越多,特征化的方法就越有优势
vectorizer = TfidfVectorizer(analyzer = 'word',max_features = 40000,
lowercase = False)
vectorizer.fit(train_words)
classifier.fit(vectorizer.transform(train_words),y_train)
print("模型准确率为:",classifier.score(vectorizer.transform(test_words),y_test))
```

8.4 系统测试

词云如图 8-8 所示,关键词提取如图 8-9 所示,LDA 测试结果如图 8-10 所示,贝叶斯结果如图 8-11 所示。

图 8-8 词云

```
1人灭掘金！神般杜兰特！ 他想要分的时候没人能挡新浪体育讯在NBA的世界里，真的猛男，敢于直面惨淡的手感，敢于正视落后的局面，然后用一己之力，力
挽狂澜，点燃球迷激情，最后微微一笑，带领球队在季后赛的战场上赢下比赛，并进入下一轮，今日雷霆凯文-杜兰特所做的，无非就是这样的事情。巨星这个
东西很难定义，有时候你就是30分30板也未必能得到一个巨星名头，反而会有可能会被称为刷子，而巨星不仅是数据上能够出类拔萃，也不仅仅是能够帮助球队
赢球，从意志力层面上来讲，母队比赛快输了，队友的腿都开始抖了，所有人都在看着你，球都到了你手中，此时你上去扶大厦于将倾，这，才是真巨星范儿。
而今天的比赛中，杜兰特的手感其实并不好，他在全场比赛还剩下5分31秒之前，只有19投8中，雷霆也以80-87落后掘金7分之多，而在剩下的比赛中，他一人8
投6中，其中包括一个三分球，再加上3次罚球，狂砍16分，最终雷霆也在主场以100-97战胜对手，昂首晋级次轮，而且，在终场前9秒，是杜兰特亲手封盖了J.
R.-史密斯的三分出手，也亲手送掘金回家钓鱼。而且，在雷霆最后5分31秒内这波20-10的进攻高潮中，除了拉塞尔-威斯布鲁克造犯规2罚1中得1分以外，还有1
6分为杜兰特自己所得，剩下的那个詹姆斯-哈登的三分球，也来自于杜兰特的助攻！也就是说，除了1分，杜兰特几乎包办了雷霆最后时刻的所有进攻，也等于
是杜兰特一个人，就决定了这场比赛，也决定了整个系列赛！少年是最锋利的刀，没有谁比年仅23岁的连续两届得分王杜兰特更想在季后赛里证明自己了！在常
规赛MVP的评选中，所有人都在谈论德里克-罗斯的进步，间或有人认为勒布朗-詹姆斯也相当不错，但是几乎没有人会想到杜兰特，没有人会想到这个将去年才
勉强西部第八晋级季后赛的球队带到今年首轮便获得主场优势的少年，所有人都被他的得分王的表象所迷惑，很难看清楚他究竟对目前这支雷霆队有着怎样的MV
P级别的影响力。甚至有人说过，雷霆今年的进步之大，与威斯布鲁克的成长之快有很大的联系，谁是雷霆真领袖尚未可知。那么我们来看看本场比赛之中威斯
布鲁克干了些什么吧，在杜兰特接管比赛之前，威斯布鲁克的手感状态也不很好，但是球队也给了他决定比赛走向的机会。第四节威少登场的时候，雷霆以76-8
3同样落后7分，威少一击三分球，全场球迷也登时沸腾了起来。但是在后面的几次进攻中，威少也想展示巨星风采，但是他失败了，他贡献给球队的是一次跳投
不中，一次三分不中。而连续两次进攻不中之后，分差再度被拉开到7分，此后便有了杜兰特的那一段经典的个人独秀。然而当杜兰特投中独秀中第一个中投
时，威少认为球队依然由他掌控，便又一次尝试了单打，结果依然是不中，而后他甚至在一次上篮中被威尔森-钱德勒赏了一击大帽。自这以后，威少除了一次
造犯规以外，便再也没有敢自己单干，因为，包括他在内，所有雷霆队员，都已经成为了杜兰特的观众。此一役之后，杜兰特和威少的球队地位以及终结能力高
下立判，而杜兰特是一个沉静且善于团结队友的人，用场上实力令威少信服的他，在接下来的比赛中，应该能带着这支青年军走得更远。(三儿)
关键词:
杜兰特 雷霆 威少 比赛 球队  威斯布鲁克 巨星 季后赛 三分球 手感
```

图 8-9　关键词提取

```
词典特征数：101880
----------
0.061*"基金" + 0.012*"公司" + 0.011*"投资" + 0.011*"市场" + 0.006*"分红"
0.007*"中国" + 0.005*"一个" + 0.005*"考试" + 0.005*"发展" + 0.005*"问题"
0.036*"基金" + 0.015*"私募" + 0.015*"经理" + 0.008*"券商" + 0.007*"公司"
0.011*"比赛" + 0.006*"他们" + 0.006*"球队" + 0.006*"热火" + 0.005*"球员"
0.026*" " + 0.014*" " + 0.009*"元" + 0.009*"像素" + 0.009*"功能"
0.005*"60" + 0.004*"橱柜" + 0.003*"万" + 0.003*"$" + 0.003*"联盟"
0.007*"项目" + 0.006*"北京" + 0.006*"平米" + 0.006*" " + 0.006*"市场"
0.360*" " + 0.094*" " + 0.017*"," + 0.008*"of" + 0.005*":"
0.011*" " + 0.006*"一个" + 0.006*"·" + 0.005*"电影" + 0.003*"…"
0.014*"玩家" + 0.013*"游戏" + 0.012*"活动" + 0.007*"手机" + 0.006*"获得"
```

图 8-10　LDA 结果

```
训练集准确率：0.9704
```

图 8-11　贝叶斯结果

项目 9 基于用户特征的预测流量套餐推荐

PROJECT 9

本项目采用逻辑回归和朴素贝叶斯两种模型，通过用户的特征进行手机流量套餐的预测，并根据二者中较优模型，判断是否会续约套餐服务。

9.1 总体设计

本部分包括系统整体结构和系统流程。

9.1.1 系统整体结构

系统整体结构如图 9-1 所示。

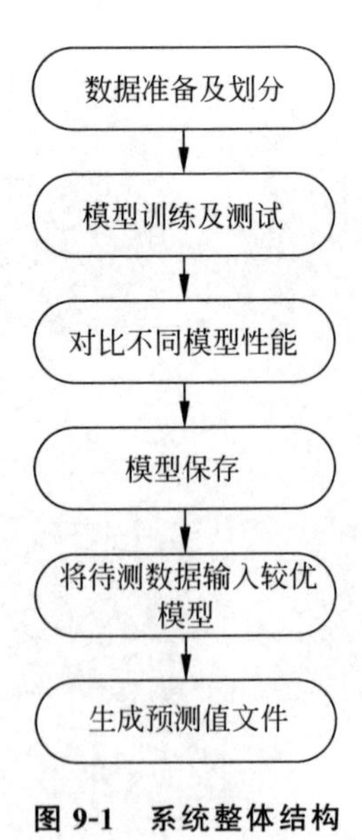

图 9-1 系统整体结构

9.1.2　系统流程

系统流程如图 9-2 所示。

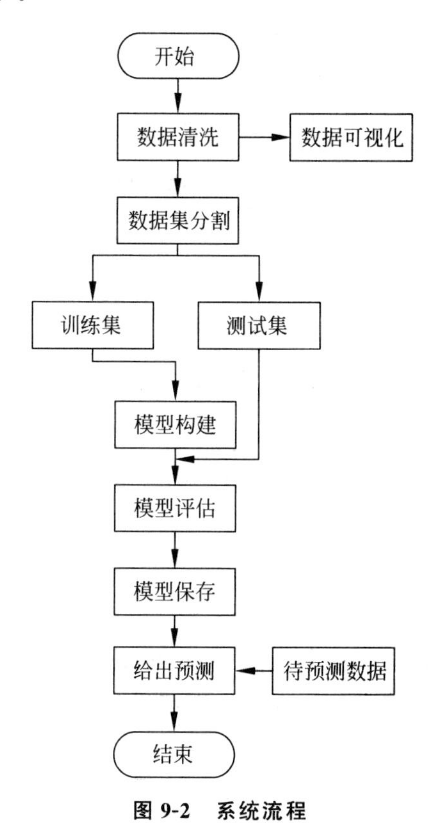

图 9-2　系统流程

9.2　运行环境

本部分包括 Python 环境和 Scikit-learn 库的安装。

9.2.1　Python 环境

需要 Python 3.6 及以上配置，在 Windows 环境下推荐下载 Anaconda 完成 Python 所需环境的配置，并安装 Jupyter Notebook。

9.2.2　Scikit-learn 库的安装

安装 numpy 依赖库(Python 3.7 Windows 64 版本)，下载安装包后在 Windows 的 DOS 命令窗口中输入如下指令安装：

```
pip install numpy-1.15.4+mkl-cp37-cp37m-win_amd64.whl
```

安装 scipy 依赖库，下载安装包后在 Windows 的 DOS 命令窗口中输入如下指令：

```
pip install scipy-1.2.1-cp37-cp37m-win_amd64.whl
```

安装 matplotlib 依赖库，下载安装包后在 Windows 的 DOS 命令窗口中输入如下指令：

```
pip install matplotlib-2.2.4-cp37-cp37m-win_amd64.whl
```

安装 sklearn 库，下载安装包后在 Windows 的 DOS 命令窗口中输入如下指令：

```
pip install scikit_learn-0.18.1-cp35-cp35m-win_amd64.whl
```

以上库经过测试后没有报错说明成功安装。

9.3 逻辑回归算法模块实现

本项目包括 4 个模块：数据预处理、模型构建、模型训练及保存、模型预测，下面分别给出各模块的功能介绍及相关代码。

9.3.1 数据预处理

数据集下载地址为 https://github.com/cassiebiu/cassiebiu.github.io。在使用逻辑回归算法的过程中，本项目使用了 numpy、pandas 和 matplotlib.pyplot 库。

```
#导入所需库
import numpy as np
import pandas as pd
import matplotlib.pyplot as plt
import csv
%matplotlib inline
plt.style.use("ggplot")
#导入数据
traindat = pd.read_csv(open('Train.csv','r'))
testdat = pd.read_csv(open('Test.csv','r'))
#数据的维度
traindat.shape
```

在数据清洗与清理过程中，主要进行以下几项工作：检测无效信息，若某些样本值全部为 0，则判定其为无效信息，并进行删除。检验缺失信息，对数值型缺失信息用均值进行填补。对非数值型信息，用 LabelEncoder 将其转化为可以处理的数值型信息。

```
#查看数据
traindat.head()
```

由于版面限制，只选取了部分列进行展示，如图 9-3 所示。

```
#目标变量在正负样本上的分布是不均匀的
traindat.y.value_counts()
#每个样本的缺失变量数
traindat.missing_var = traindat.isnull().sum(axis=1)
testdat.missing_var = testdat.isnull().sum(axis=1)
#如果部分样本有 90%以上的变量是缺失的,直接删除
traindat = traindat.loc[traindat.missing_var < 100, :]
testdat = testdat.loc[testdat.missing_var < 100, :]
traindat.shape
#如果某些变量全部为 0,不能提供有效信息,直接删除
traindat = traindat.loc[:, ~(traindat == 0).all(axis=0)]
testdat = testdat.loc[:, ~(testdat == 0).all(axis=0)]
traindat.shape
#非数值型变量
traindat2 = traindat.select_dtypes(include=['object'])
testdat2 = testdat.select_dtypes(include=['object'])
traindat2.head(3)
```

	age	job	marital	education	default	housing	loan	contact	month	day_of_week	...
0	25	blue-collar	single	basic.9y	no	yes	no	cellular	may	thu	...
1	56	technician	married	unknown	unknown	yes	no	cellular	jul	fri	...
2	35	services	single	high.school	no	no	no	cellular	may	fri	...
3	26	blue-collar	single	high.school	unknown	no	no	cellular	may	mon	...
4	32	technician	married	professional.course	no	yes	no	cellular	aug	thu	...

5 rows × 21 columns

图 9-3 数据集预览

数据集中的非数值型变量，如图 9-4 所示。

```
traindat2.shape
type(traindat2)
pandas.core.frame.DataFrame
#仅抽取数值型变量
traindat1 = traindat.select_dtypes(exclude=['object'])
testdat1 = testdat.select_dtypes(exclude=['object'])
traindat1.head(3)
```

	job	marital	education	default	housing	loan	contact	month	day_of_week	poutcome	y
0	blue-collar	single	basic.9y	no	yes	no	cellular	may	thu	nonexistent	no
1	technician	married	unknown	unknown	yes	no	cellular	jul	fri	nonexistent	no
2	services	single	high.school	no	no	no	cellular	may	fri	nonexistent	no

图 9-4 数据集中的非数值型变量

数据集中的数值型变量，如图 9-5 所示。

```
#用均值填补缺失的数值变量
traindat1 = traindat1.fillna(traindat1.mean())
testdat1 = testdat1.fillna(testdat1.mean())
traindat1.shape
from sklearn.preprocessing import LabelEncoder
var_mod1 = ['job','marital','education','default','housing','loan','contact','month','day_of_
week','poutcome','y']
var_mod11 = ['job','marital','education','default','housing','loan','contact','month','day_of
_week','poutcome']
le1 = LabelEncoder()
for i in var_mod1:
traindat2[i] = le1.fit_transform(traindat2[i])
#对训练集先拟合,然后转换,实现数据的标准化、归一化
for i in var_mod11:
testdat2[i] = le1.fit_transform(testdat2[i])
#对测试集先拟合,然后转换,实现数据的标准化、归一化
traindat2.dtypes
traindat2.head()
testdat2.head()
```

	age	duration	campaign	pdays	previous	emp.var.rate	cons.price.idx	cons.conf.idx	euribor3m	nr.employed
0	25	133	1	999	0	-1.8	92.893	-46.2	1.327	5099.1
1	56	86	4	999	0	1.4	93.918	-42.7	4.962	5228.1
2	35	198	1	999	0	-1.8	92.893	-46.2	1.313	5099.1

图 9-5 数据集中的数值型变量

将训练集中的非数值型变量转化为数值型变量，如图 9-6 所示。

	job	marital	education	default	housing	loan	contact	month	day_of_week	poutcome	y
0	1	2	2	0	2	0	0	6	2	1	0
1	9	1	7	1	2	0	0	3	0	1	0
2	7	2	3	0	0	0	0	6	0	1	0
3	1	2	3	1	0	0	0	6	1	1	0
4	9	1	5	0	2	0	0	1	2	1	0

图 9-6 训练集中的非数值型变量转化为数值型

将测试集中的非数值型变量转化为数值型变量，如图 9-7 所示。

```
traindat1 = traindat1.join(traindat2)
#非数值变量与数值变量一起构成原来的训练集
testdat1 = testdat1.join(testdat2)
#非数值变量与数值变量一起构成原来的测试集
#定义 x 与 y 方便建模
x, y = traindat1.iloc[:, 0:-1], traindat1.y                   #删除最后两列数据
xtest = testdat1.iloc[:, :]                                   #删除所有行、所有列
```

```
x.shape, y.shape, xtest.shape
x.head()                                    #查看训练集的特征
xtest.head()                                #查看验证集的特征
```

	job	marital	education	default	housing	loan	contact	month	day_of_week	poutcome
0	0	1	6	0	0	0	0	1	2	1
1	0	1	6	0	2	2	0	4	4	0
2	0	2	6	0	2	0	1	4	4	1
3	1	1	2	0	0	0	1	4	1	1
4	7	1	1	0	0	0	1	6	1	1

图 9-7 测试集中的非数值型变量转化为数值型

由于版面限制,只选取部分列进行展示,如图 9-8 所示。

	age	duration	campaign	pdays	previous	emp.var.rate	cons.price.idx	cons.conf.idx	euribor3m	nr.employed	job
0	25	133	1	999	0	-1.8	92.893	-46.2	1.327	5099.1	1
1	56	86	4	999	0	1.4	93.918	-42.7	4.962	5228.1	9
2	35	198	1	999	0	-1.8	92.893	-46.2	1.313	5099.1	7
3	26	314	2	999	0	-1.8	92.893	-46.2	1.299	5099.1	1
4	32	192	6	999	0	1.4	93.444	-36.1	4.962	5228.1	9

图 9-8 训练集特征

由于版面限制,只选取其中部分列进行展示,如图 9-9 所示。

```
#建模所需库
from sklearn.linear_model import LogisticRegression
from sklearn.ensemble import RandomForestClassifier
from sklearn.model_selection import train_test_split
from sklearn.model_selection import GridSearchCV
from sklearn.metrics import confusion_matrix, classification_report, roc_curve, auc
#正负样本比例
np.mean(y == 0), np.mean(y == 1)
#训练集和验证集拆分
x_train, x_test, y_train, y_test = train_test_split(x.values, y.values, test_size=0.3)
x_train.shape, y_train.shape, x_test.shape, y_test.shape
#训练集中的正负样本比例
np.mean(y_train == 0), np.mean(y_train == 1)
```

	age	duration	campaign	pdays	previous	emp.var.rate	cons.price.idx	cons.conf.idx	euribor3m	nr.employed	job
0	38	89	2	999	0	1.4	93.444	-36.1	4.968	5228.1	0
1	52	241	4	999	3	-1.7	94.055	-39.8	0.767	4991.6	0
2	38	126	1	999	0	1.4	94.465	-41.8	4.864	5228.1	0
3	34	157	29	999	0	1.4	94.465	-41.8	4.960	5228.1	1
4	35	70	6	999	0	1.1	93.994	-36.4	4.857	5191.0	7

图 9-9 验证集特征

9.3.2 模型构建

本部分包括构建模型和优化模型。

1. 构建模型

相关代码如下：

```
#构建一个逻辑回归模型，采用默认参数设置
lr_clf1 = LogisticRegression(class_weight={0: 0.11, 1: 0.89})
#以 0,0.11,1,0.89 类型权重参数去构建模型
lr_clf1.fit(x_train, y_train)                              #拟合训练 x,y
y_train_pred = lr_clf1.predict(x_train)                    #预测 y 值
print("Confusion matrix (training):\n {0}\n".format(confusion_matrix(y_train, y_train_pred)))
#输出混淆矩阵结果
print("Classification report (training):\n {0}".format(classification_report(y_train, y_train_pred)))
#输出分类报告结果
y_test_pred = lr_clf1.predict(x_test)
print("Confusion matrix (validation):\n {0}\n".format(confusion_matrix(y_test, y_test_pred)))
#测试输出混淆矩阵结果
print("Classification report (validation):\n {0}".format(classification_report(y_test, y_test_pred)))
#测试输出分类报告结果
```

2. 优化模型

相关代码如下：

```
#参数调整
lr_clf_tuned = LogisticRegression(class_weight={0: 0.03, 1: 0.97})
lr_clf_params = {
    "penalty": ["l1", "l2"],
    "C": [1, 1.3, 1.5, 1.7, 2]
}
lr_clf_cv = GridSearchCV(lr_clf_tuned, lr_clf_params, cv=5)
lr_clf_cv.fit(x_train, y_train)
print(lr_clf_cv.best_params_)
```

9.3.3 模型训练及保存

在定义模型架构和编译之后，通过训练集训练模型，使模型可以识别手写数字。这里，将使用训练集和测试集拟合，Jupyter Notebook 能够将代码保存后缀为.ipynb 的工程文件，方便后续修改和使用。

```
#采用最优参数构建逻辑回归模型
lr_clf2 = LogisticRegression(penalty = "l2", C = 1, class_weight = {0: 0.11, 1: 0.89})
                                                  #增加正则化项,正则化强度 1
lr_clf2.fit(x_train, y_train)                     #拟合 x,y
y_train_pred = lr_clf2.predict(x_train)
print("Confusion matrix (training):\n {0}\n".format(confusion_matrix(y_train, y_train_
pred)))
#输出混淆矩阵结果
print( "Classification report (training):\n {0}".format(classification_report(y_train,
y_train_pred)))
#输出分类报告结果
y_test_pred = lr_clf2.predict(x_test)
print("Confusion matrix (validation):\n {0}\n".format(confusion_matrix(y_test, y_test_
pred)))
print("Classification report (validation):\n {0}".format(classification_report(y_test,
y_test_pred)))
#绘制 ROC 曲线
y1_valid_score_lr2 = lr_clf2.predict_proba(x_test)
fpr_lr2, tpr_lr2, thresholds_lr2 = roc_curve(y_test, y1_valid_score_lr2[:, 1])
roc_auc_lr2 = auc(fpr_lr2, tpr_lr2)
plt.plot(fpr_lr2, tpr_lr2, lw = 2, alpha = .6)
plt.plot([0, 1], [0, 1], lw = 2, linestyle = "--")
plt.xlim([0, 1])
plt.ylim([0, 1.05])
plt.xlabel("误报率")
plt.ylabel("命中率")
plt.title("逻辑回归算法的 ROC 曲线")
plt.legend(["(AUC {:.4f})".format(roc_auc_lr2)], fontsize = 9, loc = 2)
  <matplotlib.legend.Legend at 0x1fd985ed0f0>
#绘制逻辑回归算法的 ROC 曲线
```

9.3.4 模型预测

相关代码如下：

```
#对 test 的结果进行输出,并保存为 Results.csv 文件
ytest_pred = lr_clf2.predict(xtest)
type(ytest_pred)
print(ytest_pred)
from pandas import Series, DataFrame
        predictY = DataFrame(ytest_pred,columns = ['y'])
predictY.to_csv('Results.csv', encoding = 'utf-8', index = False , header = False)
                                              #对预测结果输出为 Results 表格形式
```

9.4 朴素贝叶斯算法模型实现

本部分包括数据预处理、模型构建、模型评估及保存。

9.4.1 数据预处理

相关代码如下：

```
#导入所需库
from collections import Counter
import numpy as np
import pandas as pd
from sklearn.model_selection import train_test_split
#用于随机划分训练子集和测试子集
import matplotlib.pyplot as plt                          #导入绘图库
import math
from sklearn.metrics import roc_auc_score                #用于绘制 ROC 曲线并计算 AUC 值
from sklearn.metrics import confusion_matrix             #混淆矩阵
from sklearn.metrics import classification_report
#返回精确度、召回率及 F1 值
from sklearn import metrics                              #便于调用各种评价指标函数
%matplotlib inline
plt.style.use("ggplot")
#画图观测数学型数据分布
def plot(counter):
    d = dict(counter)
    plt.bar(d.keys(),d.values())
    plt.show()
data = pd.read_csv("Train.csv",encoding = "utf-8")
data = data.drop('duration',axis = 1)
#观测数据分布过程
print(Counter(data[data['y'] == 'no']['nr.employed']))
#标签为 no 的数据中特征 nr.employed 的分布
print(Counter(data[data['y'] == 'yes']['nr.employed']))
#标签为 yes 的数据中特征 nr.employed 的分布
plot(Counter(data[data['y'] == 'no']['nr.employed']))    #绘制图像
plot(Counter(data[data['y'] == 'yes']['nr.employed']))   #部分数据特征分布
#对特征 pdays 进行二分类
data.loc[data['pdays']!= 999,"pdays"] = 1
data.loc[data['pdays'] == 999,"pdays"] = 0
#对 euribor3m(同行拆借利率)特征进行区域划分
range_eu = sorted(dict(Counter(data[data['y'] == 'yes']['euribor3m'])).keys())
eu = 0.5
#将连续型的分布按照区域划分,将连续型分布转化为离散型分布
```

```
for i in range(10):
    data.loc[(range_eu[0] + eu * i <= data['euribor3m']) & (data['euribor3m']< range_eu[0] + eu * (i + 1)),'euribor3m'] = range_eu[0] + eu * i + eu * 1/2
#绘制分布直方图
plot(Counter(data[data['y'] == 'no']['euribor3m']))
plot(Counter(data[data['y'] == 'yes']['euribor3m']))
#将连续型分布转化为离散型分布
#对特征 cons.conf.idx 区间划分,将连续型分布转化为离散型分布
range_conf = sorted(dict(Counter(data[data['y'] == 'yes']['cons.conf.idx'])).keys())
para = 1
for i in range(15):
    data.loc[(range_conf[0] + para * i <= data['cons.conf.idx']) & (data['cons.conf.idx']< range_conf[0] + para * (i + 1)),'cons.conf.idx'] = range_conf[0] + para * i + para * 1/2
#删除某些连续值特征(正态分布、几何分布),只保存离散值特征
tra_feature = list(data.columns)
tra_feature.remove('cons.price.idx')
tra_feature.remove('campaign')
print(tra_feature)
#已知标签的数据按 4:1 拆分成训练集和验证集
X_train, X_test, y_train, y_test = train_test_split(data[data.columns[: - 1]], data[data.columns[ - 1]], test_size = 0.2, random_state = 0)
#训练集中的 yes 和 no 样本比例
y_pro = {}
d = dict(Counter(y_train))
for key in d:
    d[key] = d[key]/len(X_train)
y_pro = d
print(y_pro)
#yes 条件概率列表(内部元素为各特征的字典)
feature_yes_pro = []
X_train_yes = X_train[y_train == 'yes']
for x in tra_feature[: - 1]:
    d = dict(Counter(X_train_yes[x]))              #计算某一特征中各取值的数量
    for key in d:
        d[key] = d[key]/len(X_train_yes)           #计算某一特征中各取值的条件概率
feature_yes_pro.append(d)
print("yes 条件概率列表")
print(feature_yes_pro[1])                   #打印标签为 yes 的数据中特征 1 的条件概率分布
print('\n')
print(feature_yes_pro[2])
print('\n')
print(feature_yes_pro[3])
print('\n')
print("......")
print('\n')
#no 条件概率列表(内部元素为各特征的字典)
feature_no_pro = []
```

```
X_train_no = X_train[y_train == 'no']
for x in tra_feature[:-1]:
    d = dict(Counter(X_train_no[x]))
    for key in d:
        d[key] = d[key]/len(X_train_no)
    feature_no_pro.append(d)
print(feature_no_pro[1])
print('\n')
print(feature_no_pro[2])
print('\n')
print(feature_no_pro[3])
print('\n')
print("......")
```

9.4.2 模型构建

相关代码如下：

```
#朴素贝叶斯模型建立
X_test_l = np.array(X_test.drop(['cons.price.idx','campaign'],axis = 1,inplace = False)).
tolist()
result = []
result_bool = []
index = 0
#将验证集中的数据逐条计算后验概率
for i in X_test_l:
    num = 0
    p_yes = 1
p_no = 1
#朴素贝叶斯公式的实现
    for x in i:
        if not (x in feature_yes_pro[num].keys()):
            a_yes_pro = 1/(len(X_train_yes) + 2)
            if not (x in feature_no_pro[num].keys()):
                a_no_pro = 1/(len(X_train_no) + 2)
            else:
a_no_pro = (dict(Counter(X_train_no[tra_feature[num]]))[x] + 1)/(len(X_train_no) + 2)
            p_yes = p_yes * a_yes_pro
            p_no = p_no * a_no_pro
            num = num + 1
            continue
        if not (x in feature_no_pro[num].keys()):
            a_no_pro = 1/(len(X_train_no) + 2)
            if not (x in feature_yes_pro[num].keys()):
                a_yes_pro = 1/(len(X_train_yes) + 2)
            else:
```

```
a_yes_pro = (dict(Counter(X_train_yes[tra_feature[num]]))[x] + 1)/(len(X_train_yes) + 2)
                p_yes  =  p_yes * a_yes_pro
                p_no  =  p_no * a_no_pro
                num  =  num + 1
                continue
            p_yes  =  p_yes * feature_yes_pro[num][x]
            p_no  =  p_no * feature_no_pro[num][x]
            num  =  num + 1
        #结果概率
        p_yes  =  p_yes * y_pro['yes']
        p_no  =  p_no * y_pro['no']
        index  =  index + 1
        if p_yes >= p_no:                    #取后验概率中较大值所对应的标签作为估计结果
            result_bool.append(1)
        else:
            result_bool.append(0)
result.append(p_yes/(p_yes + p_no))
```

9.4.3　模型评估

相关代码如下：

```
#对模型拟合程度进行检验
y_test_bool  =  list(y_test)
for i in range(len(y_test_bool)):
    if y_test_bool[i] == 'yes':                              #将预测结果与标签进行比对
        y_test_bool[i] = 1
    else:
        y_test_bool[i] = 0
y_test_bool  =  np.array(y_test_bool)
result  =  np.array(result)
print(roc_auc_score(y_test_bool, result))                    #计算并打印 AUC 值
print(confusion_matrix(y_test_bool, result_bool, labels = None, sample_weight = None))
                                                             #打印混淆矩阵
print(classification_report(y_test_bool, result_bool))
#打印分类指标文本报告
#绘制 ROC 曲线
fpr, tpr, threshold  =  metrics.roc_curve(y_test_bool, result)
roc_auc  =  metrics.auc(fpr, tpr)
plt.plot(fpr, tpr, lw = 2, alpha = .6)
plt.plot([0, 1], [0, 1], lw = 2, linestyle = "--")
plt.xlim([0, 1])
plt.ylim([0, 1])
plt.xlabel("误报率")
plt.ylabel("命中率")
plt.title("ROC 曲线")
```

```
plt.legend(["朴素贝叶斯算法 (AUC {:.4f})".format(roc_auc)],fontsize = 10, loc = 2)
<matplotlib.legend.Legend at 0x2f6fae3b808>
#绘制朴素贝叶斯算法的 ROC 曲线
```

9.5 系统测试

逻辑回归模型的AUC值达到0.9254，而朴素贝叶斯模型的AUC值只有0.7889，说明逻辑回归模型不存在明显的过拟合问题，其预测结果明显比朴素贝叶斯模型准确，所以对于待测数据采用了逻辑回归模型，两种算法的ROC曲线对比如图9-10所示。

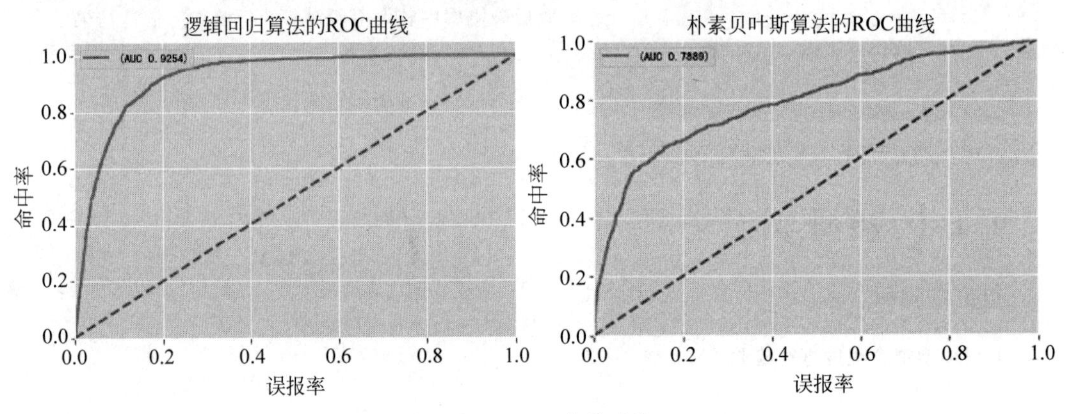

图 9-10 ROC 曲线对比

项目 10

PROJECT 10

校园知识图谱问答推荐系统

本项目通过 Google 的 Bert 模型，基于 Attention 的大规模语料预训练模型，构建 LSTM 命名实体识别网络，设计一套问答系统通用处理逻辑，实现智能问答任务。

10.1 总体设计

本部分包括系统整体结构、系统流程和数据库流程。

10.1.1 系统整体结构

系统整体结构如图 10-1 所示。

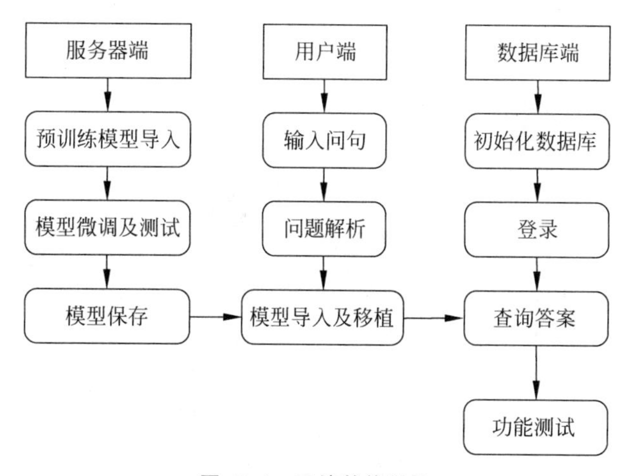

图 10-1 系统整体结构

10.1.2 系统流程

系统流程如图 10-2 所示，Neo4j 数据库流程如图 10-3 所示。

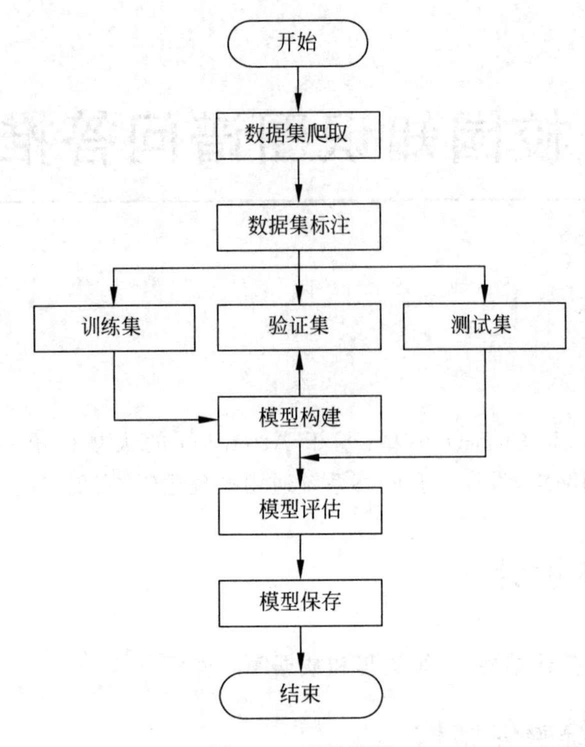

图 10-2 系统流程

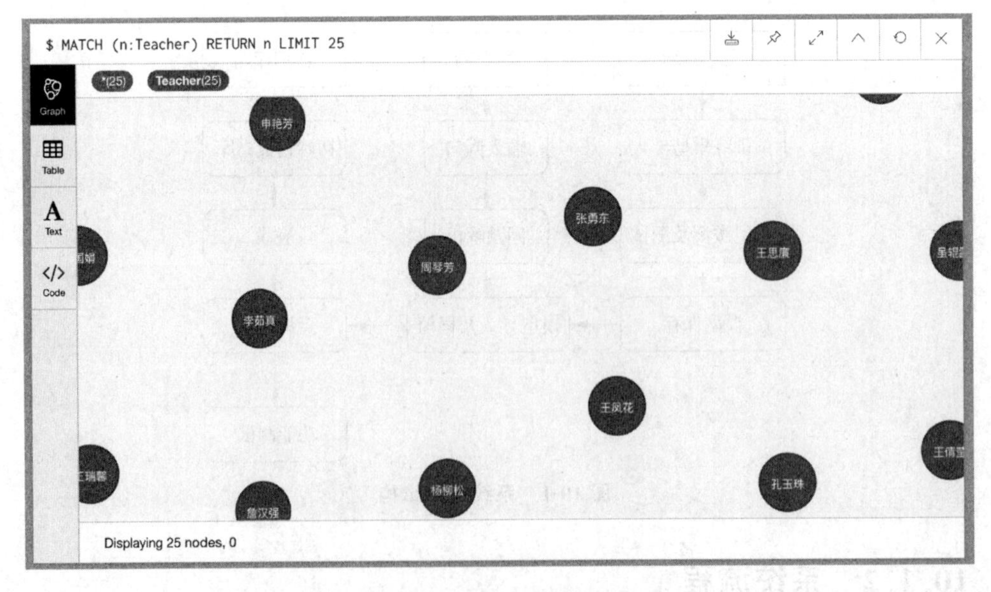

图 10-3 Neo4j 数据库流程

10.2　运行环境

本部分包括Python环境和服务器环境。

10.2.1　Python环境

需要Python 3.7及以上配置，在Windows环境下载Anaconda完成Python所需的配置，下载地址为https://www.anaconda.com/，也可下载虚拟机在Linux环境下运行代码。TensorFlow 1.0、NumPy、py-Levenshtein、jieba、Scikit-learn，依据根目录文件requirement.txt下载。

10.2.2　服务器环境

Mac/Windows 10用户可直接从终端通过SSH(Secure Shell)访问服务器。Windows 7用户可安装OpenSSH访问。

OpenSSH是SSH协议的免费开源实现，可以进行远程控制，或在计算机之间传送文件。实现此功能的传统方式，会使用明文传送密码。缺点：Telnet(终端仿真协议)、RCP、FTP、Login、RSH不安全。

OpenSSH提供了服务器端后台程序和客户端工具，用来加密远程控制和文件传输过程中的数据，并由此代替原来的类似服务。下载地址为https://www.mls-software.com/opensshd.html，下载后按照默认完成安装即可。打开cmd命令窗口即可远程操作，如图10-4所示。

```
(base) hadoop@t630_7_:/mnt/data/wangzhike/问答系统的副本/NER$ ls
 albert_modeling.py     data_process.py     __pycache__          test_changes.py
 albert_ner_test.py     main.py             QA                   test_ner.py
 albert_ner_train.py    NERdata             '~$readme.docx'      train_ner.py
 bert_base              output              requirement.txt
(base) hadoop@t630_7_:/mnt/data/wangzhike/问答系统的副本/NER$
```

图10-4　项目工程

10.3　模块实现

本项目包括5个模块：构造数据集、识别网络、命名实体纠错、检索问题类别、查询结果，下面分别给出各模块的功能介绍及相关代码。

10.3.1　构造数据集

数据是从北京邮电大学图书馆网站爬取，主要包含教师的电话、研究方向、性别，以及课程的学分、开设学期等信息。通过循环语句按照中文习惯将爬取的信息构造为问句的形式，并对构造的语句进行标注，无用实体标记为0，将有用实体分为三类：TEA(老师)、COU(课程)、DIR(研究方向)。标注方式为实体开头B——实体类别标注，非实体开头为I——实体类别标注，训练集数据如图10-5所示。

train.txt

```
曹	B-TEA
凤	I-TEA
军	I-TEA
是	0
哪	0
个	0
学	0
院	0
的	0
老	0
师	0

咨	0
询	0
一	0
下	0
谢	B-TEA
建	I-TEA
行	I-TEA
教	0
过	0
哪	0
些	0
课	0
```

图 10-5　训练集数据

加载训练集相关代码如下：

```
def _read_data(cls, input_file):
    #读取数据集文件
    with codecs.open(input_file,'r',encoding = 'utf - 8') as f:
        lines = []
        words = []
        labels = []
        for line in f:
            contends = line.strip()
            tokens = contends.split('\t')
            if len(tokens) == 2:
                words.append(tokens[0])
                labels.append(tokens[1])
            else:
                if len(contends) == 0:
                    l = ''.join([label for label in labels if len(label) > 0])
                    w = ' '.join([word for word in words if len(word) > 0])
                    lines.append([l, w])
                    words = []
```

```
                    labels = []
                    continue
                if contends.startswith(" - DOCSTART - "):
                    words.append('')
                    continue
            return lines
    #读取训练集
    def get_train_examples(self, data_dir):
        return self._create_example(
            self._read_data(os.path.join(data_dir, "train.txt")), "train"
        )
    #读取验证集
    def get_dev_examples(self, data_dir):
        return self._create_example(
        self._read_data(os.path.join(data_dir,"dev.txt")),"dev"
        )
    #读取测试集
    def get_test_examples(self, data_dir):
        return self._create_example(
            self._read_data(os.path.join(data_dir, "test.txt")), "test")
```

10.3.2 识别网络

使用 Google 的 Bert，调用 LSTM 模型代码，加以修改，进行训练。

```
def train_ner():                                    #定义训练
    import os
    from bert_base.train.train_helper import get_args_parser
    from bert_base.train.bert_lstm_ner import train
    args = get_args_parser()
    if True:
        import sys
        param_str = '\n'.join(['%20s = %s' % (k, v) for k, v in sorted(vars(args).items())])
        print('usage: %s\n%20s   %s\n%s\n%s\n' % (' '.join(sys.argv), 'ARG', 'VALUE', '_' *
50, param_str))
    print(args)
    os.environ['CUDA_VISIBLE_DEVICES'] = args.device_map
    train(args = args)
#数据处理代码
def convert_single_example(ex_index, example, label_list, max_seq_length, tokenizer, output_
dir, mode):
#将一个样本进行分析,字和标签转化为 ID,结构化到输入特征对象中
    label_map = {}
    #1 表示从 1 开始对标签进行索引化
    for (i, label) in enumerate(label_list, 1):
        label_map[label] = i
```

```
    #保存 label -> index 的映射
    if not os.path.exists(os.path.join(output_dir, 'label2id.pkl')):
        with codecs.open(os.path.join(output_dir,'label2id.pkl'),'wb')as w:
            pickle.dump(label_map, w)
    textlist = example.text.split(' ')
    labellist = example.label.split(' ')
    tokens = []
    labels = []
    for i, word in enumerate(textlist):
    #分词,不在 BERT 的 vocab.txt 中,则进行 WordPiece 处理,分字可替换为 list(input)
        token = tokenizer.tokenize(word)
        tokens.extend(token)
        label_1 = labellist[i]
        for m in range(len(token)):
            if m == 0:
                labels.append(label_1)
            else:  #一般不会出现 else 分支
                labels.append("X")
    #tokens = tokenizer.tokenize(example.text)
    #序列截断
    if len(tokens) >= max_seq_length - 1:
        tokens = tokens[0:(max_seq_length - 2)]
        # -2 的原因是因为序列需要加一个句首和句尾标志
        labels = labels[0:(max_seq_length - 2)]
    ntokens = []
    segment_ids = []
    label_ids = []
    ntokens.append("[CLS]")                                #句子开始设置 CLS 标志
    segment_ids.append(0)
    #append("O") or append("[CLS]") not sure!
    label_ids.append(label_map["[CLS]"])
    #O 或者 CLS 会减少标签个数,但句首和句尾使用不同的标志标注
    for i, token in enumerate(tokens):
        ntokens.append(token)
        segment_ids.append(0)
        label_ids.append(label_map[labels[i]])
    ntokens.append("[SEP]")                                #句尾添加[SEP]标志
    segment_ids.append(0)
    #append("O") or append("[SEP]") not sure!
    label_ids.append(label_map["[SEP]"])
    input_ids = tokenizer.convert_tokens_to_ids(ntokens)
    #将序列中的字(ntokens)转化为 ID 形式
    input_mask = [1] * len(input_ids)
    #label_mask = [1] * len(input_ids)
    #使用 padding
    while len(input_ids) < max_seq_length:
        input_ids.append(0)
```

```
            input_mask.append(0)
            segment_ids.append(0)
            label_ids.append(0)
            ntokens.append("**NULL**")
            #label_mask.append(0)
        #print(len(input_ids))
        assert len(input_ids) == max_seq_length
        assert len(input_mask) == max_seq_length
        assert len(segment_ids) == max_seq_length
        assert len(label_ids) == max_seq_length
        #assert len(label_mask) == max_seq_length
        #打印部分样本数据信息
        if ex_index < 5:
            tf.logging.info("*** Example ***")
            tf.logging.info("guid: %s" % (example.guid))
            tf.logging.info("tokens: %s" % " ".join(
                [tokenization.printable_text(x) for x in tokens]))
            tf.logging.info("input_ids: %s" % " ".join([str(x) for x in input_ids]))
            tf.logging.info("input_mask: %s" % " ".join([str(x) for x in input_mask]))
            tf.logging.info("segment_ids: %s" % " ".join([str(x) for x in segment_ids]))
            tf.logging.info("label_ids: %s" % " ".join([str(x) for x in label_ids]))
            # tf.logging.info("label_mask: %s" % " ".join([str(x) for x in label_mask]))
        #结构化为一个类
        feature = InputFeatures(
            input_ids=input_ids,
            input_mask=input_mask,
            segment_ids=segment_ids,
            label_ids=label_ids,
            #label_mask = label_mask
        )
        #mode='test'时才有效
        write_tokens(ntokens, output_dir, mode)
        return feature
```

10.3.3 命名实体纠错

对识别到的课程实体进行纠错，依据为 course.txt 中存储的所有课程全称，采用最短编辑距离匹配法与包含法相结合。

```
class Select_course:
    def __init__(self):
        self.f = csv.reader(open('QA/dict/course.txt','r'))
        self.course_name = [i[0].strip() for i in self.f]
        self.led = 3
        self.limit_num = 10
        self.select_word = []
```

```
        self.is_same = False
        self.have_same_length = False
        self.input_word = ''
        self.is_include = False
        #print(self.course_name)
        #print('列表创建完毕...')
    #包含搜索
    def select_first(self, input_word):
        self.select_word = []
        self.is_same = False
        self.is_include = False
        self.have_same_length = False
        self.input_word = input_word
        if input_word in self.course_name:
            self.is_same = True
            self.select_word.append(input_word)
                if self.is_same == False:
            for i in self.course_name:
                mark = True
                for one_word in input_word:
                    if not one_word in i:
                        mark = False
                if mark:
                    self.select_word.append(i)
            if len(self.select_word) != 0:
                self.is_include = True
        #print('第一轮筛选:')
        #print(self.select_word)
    #模糊搜索
    def select_second(self):
        self.led = 3
        if self.is_same or self.is_include:
            return
        for name in self.course_name:
                ed = ls.distance(self.input_word, name)
                if ed <= self.led:
                    self.led = ed
                    self.select_word.append(name)
        select_word_copy1 = copy.deepcopy(self.select_word)
        for name in select_word_copy1:
            ed = ls.distance(self.input_word, name)
            if ed > self.led:
                self.select_word.remove(name)
            if ed == self.led and len(name) == len(self.input_word):
                self.hava_same_length = True
        #print('第二轮筛选:')
        #print(self.select_word)
```

对识别到的老师实体进行纠错，依据为 teacher.csv 中存储的所有老师姓名全称，基于最短编辑距离匹配法，并使纠错逻辑符合用户输入错误姓名的规律。

```
class Select_name:
    def __init__(self):                              #定义初始化
        self.f = csv.reader(open('QA/dict/teacher.csv','r'))
        self.teacher_name = [i[0] for i in self.f]
        self.led = 3
        self.limit_num = 10
        self.select_word = []
        self.have_same_length = False
        self.is_same = False
        self.input_word = ''
        #print(self.teacher_name)
        #print('列表创建完毕...')
    def select_first(self, input_word):               #定义首选
        self.select_word = []
        self.have_same_length = False
        self.is_same = False
        self.input_word = input_word
        if input_word in self.teacher_name:
            self.is_same = True
            self.select_word.append(input_word)
                if self.is_same == False:
            for name in self.teacher_name:
                ed = ls.distance(self.input_word, name)
                if ed <= self.led:
                    self.led = ed
                    self.select_word.append(name)
                    select_word_copy1 = copy.deepcopy(self.select_word)
            for name in select_word_copy1:
                ed = ls.distance(self.input_word, name)
                if ed > self.led:
                    self.select_word.remove(name)
                if ed == self.led and len(name) == len(self.input_word):
                    self.hava_same_length = True
        #print('第一轮筛选:')
        #print(self.select_word)
        return
        def select_second3(self):                    #定义后续筛选
        if self.is_same == True or len(self.input_word) != 3:
            return
        select_word_copy2 = copy.deepcopy(self.select_word)
        if self.hava_same_length:
            for name in select_word_copy2:
                if len(self.input_word)!= len(name):
                    self.select_word.remove(name)
```

```
        #print('第二轮筛选:')
        #print(self.select_word)
        def select_third3(self):
        if self.is_same == True or len(self.input_word) != 3:
            return
        select_word_copy3 = copy.deepcopy(self.select_word)
        self.select_word = []
        for name in select_word_copy3:
            if name[0] == self.input_word[0] and name[2] == self.input_word[2]:
                self.select_word.append(name)
        for name in select_word_copy3:
          if not(name[0] == self.input_word[0]and name[2] == self.input_word[2]):
                self.select_word.append(name)
        #print('第三轮筛选:')
        #print(self.select_word)
    def limit_name_num(self):
        while(len(self.select_word)> self.limit_num):
            self.select_word.pop()
        #print('列表大小限制:')
        #print(self.select_word)
```

10.3.4 检索问题类别

以下为三个类别的关键词列表：

self.direction_qwds = ["做什么""干什么""专长""专攻""兴趣""方向""方面""研究""科研"]

self.location_qwds = ["地址""地点""地方""在哪""去哪""到哪""找到""办公室""位置""见到"]

self.telephone_qwds = ["座机""固话""电话""号码""联系"]

通过识别到的实体类别和检索到的关键词进行问题分类，相关代码如下：

```
if self.check_words(self.direction_qwds,question)and('teacher' in types):
    question_type = 'teacher_direction'
    question_types.append(question_type)
if self.check_words(self.location_qwds, question)and ('teacher' in types):
    question_type = 'teacher_location'
    question_types.append(question_type)
if self.check_words(self.telephone_qwds,question)and ('teacher' in types):
    question_type = 'teacher_telephone'
    question_types.append(question_type)
```

10.3.5 查询结果

根据识别到的具体问题类别，将问句翻译成数据库查询语句，相关代码如下：

```
if final_question_type == 'teacher_direction':
    sql = "MATCH (m:Teacher) where m.name = '{0}' return m.name, m.research_direction"
.format(i)
  if final_question_type == 'teacher_location':
    sql = "MATCH (m:Teacher) where m.name = '{0}' return m.name, m.office_location".format(i)
  if final_question_type == 'teacher_telephone':
    sql = "MATCH (m:Teacher) where m.name = '{0}' return m.name, m.telephone".format(i)
#连接数据库
def __init__(self):
        self.g = Graph(
            "http://10.3.55.50:7474/browser",
            user = " ******** ",
            password = " ******** ")
         self.num_limit = 30
#查询结果并返回编写的模板答案语句
def search_main(self, sqls, final_question_types):
        final_answers = []
        temp_data = []
        data = []
        for i in sqls:
            for one_sql in i:
                temp_data.append(self.g.run(one_sql).data()[0])
                #print(temp_data)
            data.append(temp_data)
            temp_data = []
        #print(data)
        temp_answer = []
        answer = []
        for i in zip(final_question_types, data):
            for one_type_and_data in zip(i[0],i[1]):
         temp_answer.append(self.answer_prettify(one_type_and_data[0],one_type_and_data[1]))
            answer.append(temp_answer)
            temp_answer = []
        return answer
```

重复询问以剔除错误的备选，例如，识别到用户输入的老师姓名为王红，但查询到北京邮电大学没有王红，存在王春红、王小红，此时重复询问用户以确定唯一实体对象。

```
ask_again = ''
final_question_types = []
for i in zip(tags, pre_words):
        #print(i)
        if len(i[1]) == 1:
            final_question_types.append(classifier.classify(text, i[0]))
            final_words.append(i[1][0])
         if len(i[1]) > 1:
            print('>1')
```

```
        if i[0] == 'teacher':
            ask_again = '请问您要询问的是哪个老师的信息：{0}'.format(','.join(i[1]))
        if i[0] == 'course':
            ask_again = '请问您要询问的是哪门课程的信息：{0}'.format(','.join(i[1]))
        #print(ask_again)
        answer_again = input(ask_again)
        final_words.append(answer_again)
        final_question_types.append(classifier.classify(text, i[0]))
```

10.4 系统测试

本部分包括命名实体识别网络测试和知识图谱问答系统整体测试。

10.4.1 命名实体识别网络测试

输入常用问句，从测试结果可知，测试基本能实现老师、课程实体的识别，模型训练效果如图10-6所示。

```
请输入文字：大学物理的学分是
识别到课程：
['大学物理']
请输入文字：李永华老师的研究方向是
识别到老师：
['李永华']
请输入文字：请告诉我模电的先修课
识别到课程：
['纳米光学电磁场数值模拟', '模拟电子技术', '模拟集成电路设计']
请输入文字：█
```

图10-6 模型训练效果

10.4.2 知识图谱问答系统整体测试

输入常用问句，从问答系统返回的答案可知，系统运行状态良好，基本能回答用户提出的问题，效果如图10-7所示。

```
请输入文字：请告诉我纪阳老师的电话
[['纪阳老师的座机号码暂时无法查知.', '纪阳老师的手机号码是13911365716.']]
请输入文字：李永华老师的研究方向是
[['李永华老师的研究方向是物联网 云平台与大数据处理与分析技术 大数据 大数据处理 物联网技术.']]
请输入文字：大学物理的学分是
[['大学物理课程的学分是3.0学分']]
请输入文字：请问王红老师的电话是多少？
>1
请问您要询问的是哪个老师的信息：王堃,王洪,王石,王湘,王彬,王昆,王非,王迪,王赛,王磊,王洪
[['王洪老师的座机号码暂时无法查知.', '王洪老师的手机号码暂时无法查知.']]
请输入文字：█
```

图10-7 问答系统效果

项目 11 新闻推荐系统

PROJECT 11

本项目基于 jieba 的中文分词库提取新闻中的关键词，获得相关内容，使用杰卡德相似系数计算不同新闻的相似度，在用户浏览某一新闻时，实现推荐相关新闻。

11.1 总体设计

本部分包括系统整体结构和系统流程。

11.1.1 系统整体结构

系统整体结构如图 11-1 所示。

11.1.2 系统流程

系统流程如图 11-2 所示。

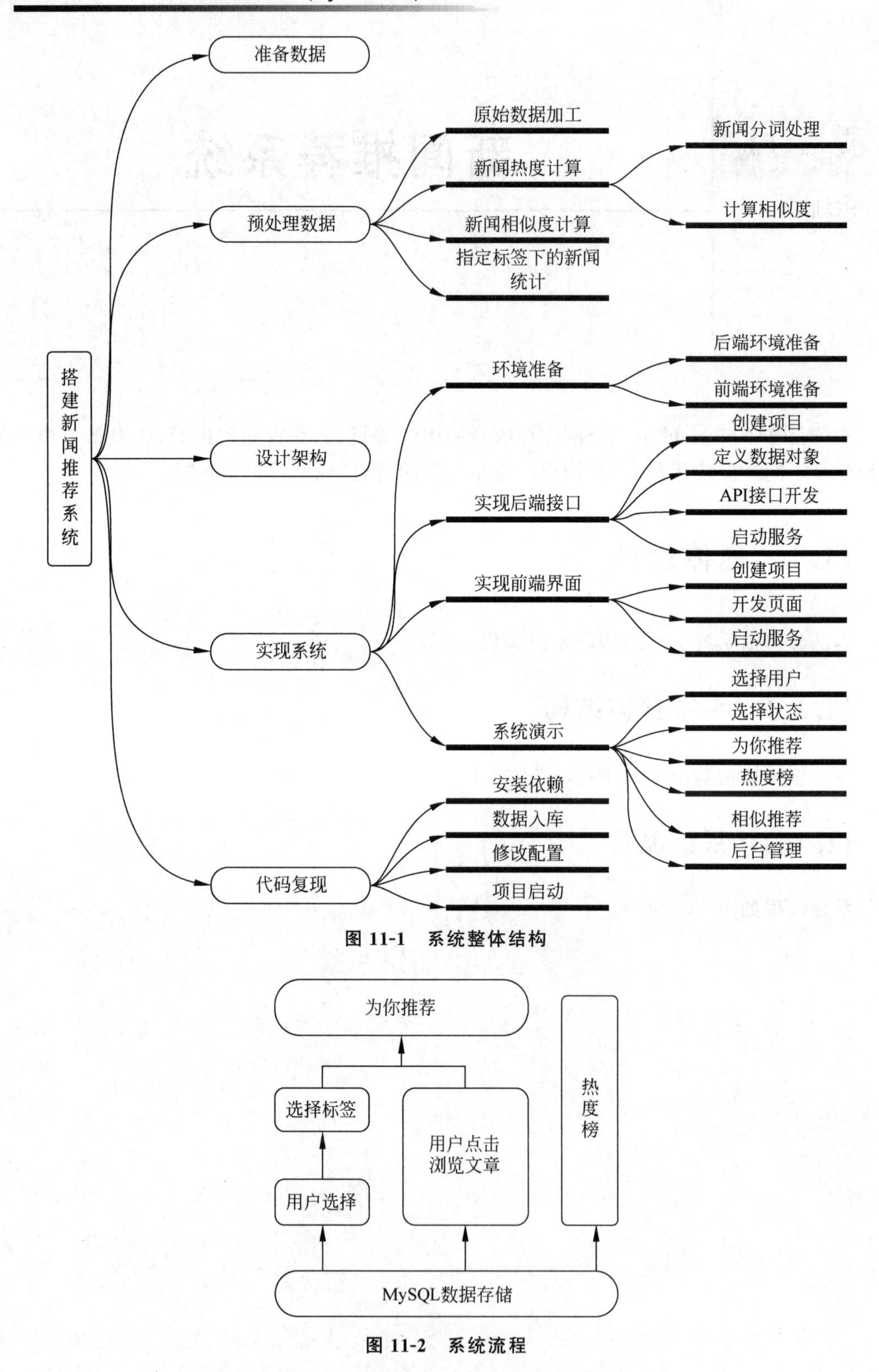

图 11-1 系统整体结构

图 11-2 系统流程

11.2 运行环境

本部分包括 Python 环境、node.js 前端环境和 MySQL 数据库。

11.2.1 Python 环境

本项目需要 Python 3.6 及以上版本，在 Windows 环境下推荐下载 Anaconda 完成 Python 所需的配置，下载地址为 https://www.anaconda.com/。其中使用的包为：Django==2.1、PyMySQL==0.9.2、jieba==0.39、xlrd==1.1.0、gensim==3.6.0。

在命令行窗口输入以下命令并运行，即可下载对应版本的 gensim 包：

```
pip install gensim == 3.6.0
```

其他包按类似的方式完成安装。

11.2.2 node.js 前端环境

前端开发依赖于 node.js 环境，使用 Vue.js 框架，node.js 对应的版本是 10.13，可在 node.js 官网选择相应系统和版本进行安装，并依据教程完成 Vue 框架的搭建。下载地址为 https://nodejs.org/en/download/。

安装完成后，对 npm 的全局模块所在路径以及缓存路径，进行环境配置，并创建两个子文件夹 node_cache 和 node_global。

在命令行窗口输入以下命令并运行(记得将路径改为本地的安装路径)：

```
npm config set prefix "D:\program files\nodejs\node_global"
npm config set cache "D:\program files\nodejs\node_cache"
```

单击"我的电脑"→"属性"→"高级系统设置"，进入系统设置界面后，单击"高级"→"环境变量"进入配置界面。

为用户变量 path 添加 node_global 文件夹路径。为系统变量添加一个 NODE_PATH，将输入 node_cache 文件夹的路径。

基于 nodejs 利用 npm 安装相关依赖，此处建议使用国内的淘宝镜像 npm。

安装全局 vue-cli 脚手架，用于帮助搭建所需要的模板框架，在命令行输入：

```
cnpm install -g vue-cli
```

安装完成后命令行窗口输入 vue(小写)，如命令行窗口显示 vue 的信息，则表明安装成功，可输入 vue-V 查看版本。

11.2.3 MySQL 数据库

数据存入 MySQL 数据库，为前端提供内容以及后端的计算提供依据。本项目使用数据库服务器 MySQL Community Server (GPL)- 5.6.39，可以前往 MySQL 选择对应的版本进行下载，官网地址为 https://www.mysql.com/downloads/。如 node.js 中一样，为 MySQL 配置环境变量，在系统变量中选择 path，将 MySQL 文件下的 bin 文件路径输入即可。

以管理员身份运行命令行窗口，输入以下命令进入 MySQL 的 bin 文件下：

```
cd D:\program files\MySQL\mysql - 5.6.39 - winx64\bin
```

输入以下命令(一定是管理员权限，否则会报错)：

```
mysqld - install
```

启动服务，输入以下命令：

```
net start mysql
```

服务启动成功之后，进入 MySQL 数据库，输入以下命令(第一次进入无须密码，后续可进行添加密码)：

```
mysql - u root - p
```

进入数据库时，无须再输入 net start mysql 命令，直接在命令行状态进入 bin 文件夹下，输入 mysql -u root -p 命令再输入密码即可进入数据库。

11.3 模块实现

本项目包括 6 个模块：数据预处理、热度值计算、相似度计算、新闻统计、API 接口开发、前端界面实现，下面分别给出各模块的功能介绍及相关代码。

11.3.1 数据预处理

数据来自网站的早年新闻，爬取时，源数据仅有新闻题目、正文和发帖时间，为方便计算新闻的热度值，给新闻添加了随机的浏览次数和评论数。

从 GitHub 项目中可以获取经过处理的 Excel 文件。

原下载地址为 https://github.com/Thinkgamer/NewsRec，新闻数据的 Excel 链接 https://pan.baidu.com/s/1HRYvHmxIrGT7pmoizRe2cA，提取码：wezi；用 SQL 语句将处理过的数据导入 MySQL 数据库。

11.3.2 热度值计算

每个新闻计算一个热度值，为后续的热度榜和为你推荐模块做新闻排序使用。新闻热度、浏览次数和评论次数有着紧密的联系，但是在排除不确定因素下，评论次数提供了更高的权重，同时，随着时间的推移，越旧的新闻热度越下降。热度值＝某则新闻被浏览的次数×0.4＋某则新闻被评论的次数×0.5－新闻发布日期和目前日期的时间差（以天为单位）×0.1。

新闻热度值计算对应的函数代码如下：

```
def calHotValue(self):
base_time = datetime.now()
sql = "select new_id, new_cate_id, new_seenum, new_disnum, new_time from new"
self.cursor.execute(sql)
result_list = self.cursor.fetchall()
result = list()
for row in result_list:
diff = base_time - datetime.strptime(str(row[4].date()),'%Y-%m-%d')
hot_value = row[2] * 0.4 + row[3] * 0.5 - diff.days * 0.1
result.append((row[0],row[1],hot_value))
return result
```

11.3.3　相似度计算

新闻相似度是本项目进行推荐的基础，使用新闻主题词的重合度考量新闻相似度。

1. 新闻分词处理

实现思路：使用 Python 的 jieba 分词包对每则新闻的标题做分词处理，选用新闻的标题做分词处理是因为新闻题材的特殊性。看一篇新闻的第一切入点便是新闻标题，标题是整篇新闻的高度概括，当两则新闻的标题重合度越高，新闻本身的内容相似度也就越大。

使用 Python 的 xlrd.open_work()函数加载 Excel 文件。加载原始数据对应的函数实现代码如下：

```
#加载数据
def loadData(self):
news_dict = dict()
#使用 xlrd 加载 xlsx 格式文件,返回一个 table 对象
table = xlrd.open_workbook(self.file).sheets()[0]
#遍历每行
for row in range(1,table.nrows):
#将每列返回为一个数组
line = table.row_values(row, start_colx = 0, end_colx = None)
new_id = int(line[0])
news_dict.setdefault(new_id,{})
news_dict[new_id]["tag"] = line[1]
news_dict[new_id]["title"] = line[5]
  news_dict[new_id]["content"] = line[-1]
return news_dict
```

原始数据加载之后保存在变量 news_dict 中，在文章标题分词时使用，分词使用的是 jieba.analyse.extract_tags()函数。句子中的大量单音节词、标点符号等，在分词时要去掉这些词语或标点符号，实现方法是加载停用词表（本项目中的 stop_words.txt 文件）进行过滤，提取新闻标题的关键词对应的函数实现代码如下：

```
#调用 jieba 分词获取每篇文章的关键词
def getKeyWords(self):
news_key_words = list()
#加载停用词表
stop_words_list = [line.strip()for line in open
("./../files/stop_words.txt").readlines()]
for new_id in self.news_dict.keys():
  if self._type == 1:
  #allowPOS 提取地名、名词、动名词、动词
  keywords = jieba.analyse.extract_tags(
self.news_dict[new_id]["title"]
+ self.news_dict[new_id]["content"],
                     topK = 10,
                     withWeight = False,
                     allowPOS = ('ns', 'n', 'vn', 'v')
                 )
  news_key_words.append(str(new_id) + '\t' + ",".join(keywords))
elif self._type == 2:
      #cut_all :False 表示精确模式
      keywords = jieba.cut(
self.news_dict[new_id]["title"],cut_all = False)
      kws = list()
      for kw in keywords:
      if kw not in stop_words_list and kw != " "
and kw != " ":
              kws.append(kw)
              news_key_words.append(str(new_id) + '\t' +
",".join(kws))
       else:
              print("请指定获取关键词的方法类型<1: TF - IDF 2: 标题分词法>")
return news_key_words
```

例如，标题《知识就是力量》第一季完美收官 爱奇艺打造全民解忧综艺的分词结果为：知识、力量、第一季、完美、收官、爱奇艺、打造、全民、解忧、综艺。

2. 计算相似度

新闻相似度的计算采用杰卡德相似系数，其对应函数代码如下：

```
def getCorrelation(self):
   news_cor_list = list()
   for newid1 in self.news_tags.keys():
```

```
        id1_tags = set(self.news_tags[newid1].split(","))
        for newid2 in self.news_tags.keys():
        id2_tags = set(self.news_tags[newid2].split(","))
        if newid1 != newid2:
        print( newid1 + "\t" + newid2 + "\t" +
str(id1_tags & id2_tags) )
        cor = ( len(id1_tags & id2_tags) ) / len
(id1_tags | id2_tags)
        if cor > 0.0:
        news_cor_list.append([newid1,newid2,
format(cor,".2f")])
return news_cor_list
```

11.3.4 新闻统计

统计指定标签下的新闻是为用户选择标签后生成“为你推荐”模块内容做准备，这里指定用户可以选择的标签有：峰会、AI、技术、百度、互联网等。相关代码如下：

```
# 获取每个标签下对应的文章
def getNewsTags(self):
result = dict()
for file in os.listdir(self.kw_path):
   path = self.kw_path + file
   for line in open(path, encoding= "utf-8").readlines():
       try:
           newid, tags = line.strip().split("\t")
       except:
           print("%s 下无对应标签" % newid)
           for tag in tags.split(","):
               if tag in ALLOW_TAGS:
                 sql = "select new_hot from newhot where new_id= %s" % newid
                   self.cursor.execute(sql)
                   hot_value = self.cursor.fetchone()
                   result.setdefault(tag,{})
                   result[tag][newid] = hot_value[0]
    return result
# 对每个标签下的新闻进行排序，并写入 MySQL
def writeToMySQL(self):
     for tag in self.result.keys():
         for newid in self.result[tag].keys():
             sql_w = "insert into newtag( new_tag,new_id,new_hot ) values('%s', '%s', %s)"
% (tag, newid, self.result[tag][newid])
             try:
                 self.cursor.execute(sql_w)
                 self.db.commit()
           except:
```

```
            print("rollback", tag,newid,self.result[tag][newid])
            self.db.rollback()
```

11.3.5 API 接口开发

API 接口即与前端进行交互的函数，新闻类别表中定义的类别包括为你推荐(cateid=1)、热度榜(cateid=2)和其他正常类别的新闻数据，当用户进行访问时，调用 home()函数，代码中会根据前端传入的 cateid 参数决定选择哪部分数据处理逻辑，相关代码如下：

```
def home(request):
    #从前端请求中获取 cateid
    _cate = request.GET.get("cateid")
    if "username" not in request.session.keys():
    return JsonResponse({ "code":0 })
total = 0 #总页数
#如果 cate 是为你推荐，运行该部分逻辑 tag_flag = 0 表示不是从标签召回数据
        if _cate == "1":
        news, news_hot_value = getRecNews(request)
#如果 cate 是热度榜，运行该部分逻辑
        elif _cate == "2":
        news,news_hot_value = getHotNews()
#其他正常的请求获取
        else:
        _page_id = int(request.GET.get("pageid"))
           news = new.objects.filter(new_cate = _cate).order_by(" - new_time")
        total = news.__len__()
        news = news[_page_id * 10:(_page_id + 1) * 10]
#数据拼接
result = dict()
  result["code"] = 2
result["total"] = total
result["cate_id"] = _cate
result["cate_name"] = str(cate.objects.get(cate_id = _cate))
result["news"] = list()
for one in news:
result["news"].append({
      "new_id":one.new_id,
      "new_title":str(one.new_title),
      "new_time": one.new_time,
      "new_cate": one.new_cate.cate_name,
        "new_hot_value": news_hot_value[one.new_id] if _cate == "2" or _cate == "1" else 0 ,
        "new_content": str(one.new_content[:100])
        })
return JsonResponse(result)
```

如果 cateid 为 1，表示用户请求的是"为你推荐"模块；如果 cateid 为 2，表示用户请求的

是“热度榜”模块；如果 cateid 为 3，表示用户请求的是其他新闻所属类别下的数据。

当 catied 为 1 时，home()函数中调用 getRecNews()函数。getRecNews 用来处理“为你推荐”的具体逻辑，此时需要判断用户是首次登录还是在系统内产生行为之后再次返回“为你推荐”模块，这里使用参数 tag_flag 来表示，tag_flag 的值不同表示获取数据的逻辑不同，相关函数如下：

```
#热度榜排序逻辑：new_seenum * 0.3 + new_disnum * 0.5 +
(new_date - base_data) * 0.2
def getHotNews():
#从新闻热度表中取 top 20 数据
all_news = newhot.objects.order_by("new_hot").
values("new_id","new_hot")[:20]
all_news_id = [one["new_id"] for one in all_news]
all_news_hot_value = { one["new_id"]:one["new_hot"]
for one in all_news}
#返回热度榜单数据
return new.objects.filter(new_id__in = all_news_id),
all_news_hot_value
#为你推荐的数据获取逻辑
def getRecNews(request):
tags = request.GET.get('tags')
baseclick = request.GET.get("baseclick")
tag_flag = 0 if tags == "" else 1
tags_list = tags.split(",")
uname = request.session["username"]
#标签召回逻辑
if tag_flag == 1 and int(baseclick) == 0:
num = (20 / len(tags_list)) + 1
news_id_list = list()
news_id_hot_dict = dict()
for tag in tags_list:
     result = newtag.objects.filter
(new_tag = tag).values("new_id","new_hot")[:num]
     for one in result:
         news_id_list.append(one["new_id"])
         news_id_hot_dict[one["new_id"]] = one["new_hot"]
return new.objects.filter(new_id__in = news_id_list)
[:20], news_id_hot_dict
#正常排序逻辑
elif tag_flag == 0:
#首先判断用户是否有浏览记录
#如果有该用户的浏览记录，则从浏览的新闻获取相似的新闻返回
      if newbrowse.objects.filter(user_name = uname).exists():
#判断用户浏览的新闻是否够 10 个，如果够 10 个每个取两个相似，不够 10 个则每个取 20/真实个
#数 + 1 相似
      num = 0
```

```
        browse_dict = newbrowse.objects.filter
(user_name = uname).order_by
("new_browse_time").values("new_id")[:10]
        if browse_dict.__len__() < 10:
            num = ( 20 / browse_dict.__len__()) +1
        else:
            num = 2
            news_id_list = list()
            all_news_hot_value = dict()
#遍历最近浏览的N篇新闻,每篇新闻取num篇相似新闻
            for browse_one in browse_dict:
                for one in newsim.objects.filter
(new_id_base = browse_one["new_id"]).order_by("-new_correlation")
[:num]:news_id_list.append(one.new_id_sim)all_news_hot_value
[one.new_id_sim] = (newhot.objects.filter(new_id = browse_one
["new_id"])[0]).new_hot
            return new.objects.filter(new_id__in = news_id_list)[:20], all_news_hot_value
#如果该用户没有浏览记录,第一次进入系统且没有选择任何标签,返回热度榜单数据的20~40
else:
#从新闻热度表中取top20新闻数据
    all_news = newhot.objects.order_by("-new_hot").values
("new_id", "new_hot")[20:40]
    all_news_id = [one["new_id"] for one in all_news]
    all_news_hot_value = {one["new_id"]: one["new_hot"]
for one in all_news}
    print(all_news_hot_value)
#返回热度榜单数据
return new.objects.filter(new_id__in = all_news_id),
all_news_hot_value
```

11.3.6 前端界面实现

前端界面直接操作前端与后端交互，完成整个推荐过程。

1. 运行逻辑

表现：用户登录后进入标签选择界面，选择标签（或者直接跳过）后进入主页（包含推荐页面和热度榜），同时也可以选择切换用户进行更换操作。

```
#选择用户登录
def login(request):
    if request.method == "GET":
        result = dict()
        result["users"] = ALLOW_USERS
        result["tags"] = ALLOW_TAGS
        return JsonResponse(result)
    elif request.method == "POST":
```

```
        #从前端获取用户名并写入 session
        uname = request.POST.get('username')
        request.session["username"] = uname
        #前端将标签以逗号拼接的字符串形式返回
        tags = request.POST.get('tags')
        return JsonResponse({"username": uname,
"tags": tags,"baseclick":0 , "code": 1})
#主页
def home(request):
#从前端请求中获取 cate
    _cate = request.GET.get("cateid")
    if "username" not in request.session.keys():
        return JsonResponse({ "code":0 })
    total = 0                                   #总页数
    #如果 cate 是推荐页面,运行该部分逻辑 tag_flag = 0 表示不是从标签召回数据
    if _cate == "1":
        news, news_hot_value = getRecNews(request)
    #如果 cate 是热度榜,运行该部分逻辑
    elif _cate == "2":
        news,news_hot_value = getHotNews()
    #其他正常的请求获取
    else:
        _page_id = int(request.GET.get("pageid"))
        news = new.objects.filter(new_cate = _cate).order_by(" - new_time")
        total = news.__len__()
        news = news[_page_id * 10:(_page_id + 1) * 10]
    #切换用户
def switchuser(request):
    if "username" in request.session.keys():
        uname = request.session["username"]
        #删除新闻浏览表中的记录
        newbrowse.objects.filter(user_name = uname).delete()
        print("删除用户: %s 的新闻浏览记录 ..." % uname)
        #删除 session 值
        del request.session["username"]
        print("用户: %s 执行了切换用户动作,删除其对应的 session 值 ..." % uname)
    return JsonResponse({"code":1})
#return HttpResponseRedirect("/index/login/")
```

2. 前端界面的数据配置

设置本地 IP 地址为：ALLOWED_HOSTS = ['192.168.43.155','127.0.0.1'],设置数据库配置及密码验证部分,确保前端能够有权限获取数据库的内容：

```
#数据库
#MySQL 配置
DB_HOST = "127.0.0.1"
```

```
DB_PORT = 3306
DB_USER = "root"
DB_PASSWD = "12345678"
DB_NAME = "newsrec"
DATABASES = {
    'default': {
        'ENGINE': 'django.db.backends.mysql',
        'NAME': DB_NAME,
        'USER': DB_USER,
        'PASSWORD': DB_PASSWD,
        'HOST': DB_HOST,
        'PORT': DB_PORT
    }
}
#密码验证
AUTH_PASSWORD_VALIDATORS = [
    {
        'NAME': 'django.contrib.auth.password_validation.UserAttributeSimilarityValidator',
    },
    {
        'NAME': 'django.contrib.auth.password_validation.MinimumLengthValidator',
    },
    {
        'NAME': 'django.contrib.auth.password_validation.CommonPasswordValidator',
    },
    {
        'NAME': 'django.contrib.auth.password_validation.NumericPasswordValidator',
    },
]
#配置可使用的用户,以便完善整个界面的应用演示
ALLOW_USERS = ["张三","李四","王五"]
#配置选择用户进入下一页可被显示的标签
ALLOW_TAGS = ["峰会","AI","技术","百度","互联网","金融","旅游","扶贫","改革开放","战区","公益","中国","脱贫","经济","慈善","文化","文学","国风","音乐","综艺","101"]
```

3. 前端界面配置

前端界面配置利用 JavaScript 语言和 Vue 脚手架以及 HTML 语言。

```
import Vue from 'vue'
import App from './App'
import router from './router'
import animate from 'animate.css'
import './assets/style/common.less'
import commontool from './assets/js/tool'
import store from './store'
import layer from 'vue-layer'
```

```
Vue.prototype.$layer = layer(Vue)
Vue.use(commontool)
Vue.config.productionTip = false
new Vue({
  el: '#app',
  router,
  store,
  components: { App },
  template: '<App/>'
})
//此处为"主页(Home)"、"新闻页面(News)"、"登录页面(Login)"三种页面提供了路由
import Vue from 'vue'
import Router from 'vue-router'
import store from '../store'
import home from '@/pages/Home'
import news from '@/pages/News'
import login from '@/pages/Login'
Vue.use(Router)
const router = new Router({
  routes: [
    {
      path: '/',
      name: 'home',
      component: home,
      meta: {
        needLogin: true
      }
    },
    {
      path: '/news',
      name: 'news',
      component: news,
      meta: {
        needLogin: true
      }
    },
    {
      path: '/login',
      name: 'login',
      component: login,
      meta: {
        needLogin: false
      }
    }
  ]
})
router.beforeEach((to, from, next) => {
```

```
    if (to.meta.needLogin) {
      if (store.state.vuexlogin.isLogin || localStorage.getItem('username')) {
        next()
      } else {
        next({
          path: '/login',
          query: {redirect: to.fullPath}
        })
      }
    } else {
      next()
    }
  })
  export default router
  #JavaScript语言的三种Vue构架(Home.vue,Login.vue,News.vue)
  #前端是一个网页界面,用到了HTML语言.主要涉及一点界面属性(例如界面文字编码格式)的配置
  <!DOCTYPE html>
  <html>
    <head>
      <meta charset="utf-8">
      <meta name="viewport" content="width=device-width, initial-scale=1.0">
      <title>Recommon</title>
      <link href="./static/style/reset.css" rel="stylesheet" />
    </head>
    <body style="margin:0">
      <div id="app"></div>
    </body>
  </html>
```

11.4 系统测试

启动项目过程如下：在命令行窗口，进入后端文件目录(NewsRecSys/NewsRec)下运行以下命令：

```
python manage.py runserver 0.0.0.0:8000
```

出现如图11-3所示的结果，说明后端服务启动成功。

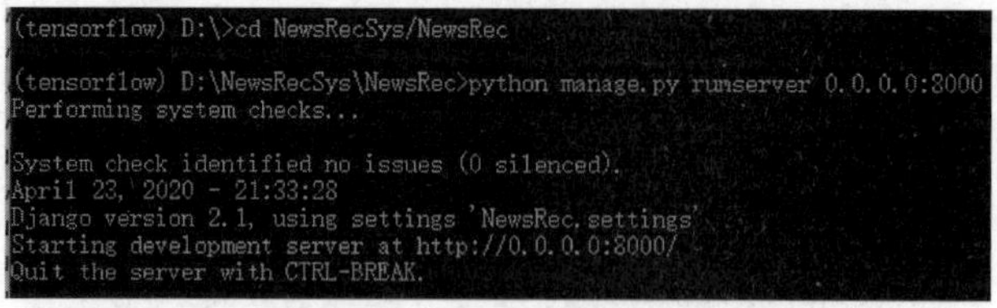

```
(tensorflow) D:\>cd NewsRecSys/NewsRec

(tensorflow) D:\NewsRecSys\NewsRec>python manage.py runserver 0.0.0.0:8000
Performing system checks...

System check identified no issues (0 silenced).
April 23, 2020 - 21:33:28
Django version 2.1, using settings 'NewsRec.settings'
Starting development server at http://0.0.0.0:8000/
Quit the server with CTRL-BREAK.
```

图11-3 启动后端服务

打开新的命令行窗口，进入前端文件目录下(NewsRecSys/NewsRec-Vue)，依次运行以下两条命令：

```
cnpm install
```

使用淘宝在国内的镜像 cnpm 可以避免由于被限速部分组件加载不完整而导致的错误，如图 11-4 所示。

```
npm run dev
```

```
(tensorflow) D:\NewsRecSys\NewsRec-Vue>cnpm install
√ Installed 66 packages
√ Linked 0 latest versions
√ Run 0 scripts
√ All packages installed (used 78ms(network 73ms), speed 0B/s, json 0(0B), tarball 0B)

(tensorflow) D:\NewsRecSys\NewsRec-Vue>npm run dev
```

图 11-4　启动前端服务

出现如图 11-5 所示的结果，说明前端服务启动成功。

图 11-5　前端服务启动成功

在浏览器输入网址为：http://127.0.0.1:8001，访问项目服务，选择登录用户，进入标签选择界面，如图 11-6 所示。

用户选择具体标签，单击“进入系统”按钮传达对标签涉及内容的喜好，也可以不选择标签单击“跳过”按钮，直接进入系统，如图 11-7 所示。

图 11-6　登录页面　　图 11-7　标签选择界面

在界面上方是不同的栏目，“为你推荐”栏目会随着用户行为不断的更新，展示当前的推荐情况。其他栏目(诸如国际要闻、互联网等)下的内容则对应不同类别的新闻。选择“进入后台”栏目，也可以通过输入网址 http://127.0.0.1:8000/admin/ 进入后台(账号、密码均为 admin)。主页界面如图 11-8 所示。

在界面的左侧是当前选定栏目下的内容，单击内容进入新闻详情页。在界面的右侧是随日期更新的热度榜，反映当前时刻下的新闻热度情况。

图 11-8　系统主页界面

单击新闻标题，界面如图 11-9 所示。内容详情页面中，界面的上方依然是栏目，左侧是新闻内容详情，包含日期、类别、浏览次数及正文；界面右侧是“相似推荐”，推荐了 5 篇与本新闻相似的其他新闻。

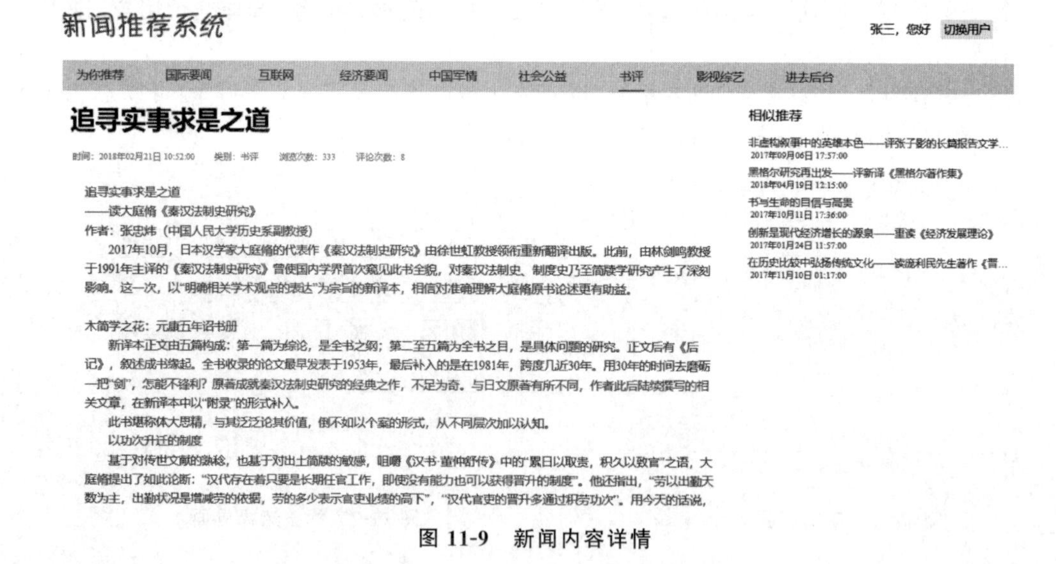

图 11-9　新闻内容详情

1. 产生用户行为时的推荐

用户查看过一些新闻后，“为你推荐”栏目下的推荐情况如图 11-10 所示，“张三”的用户下，查看若干条“国际要闻”“互联网”消息，在“为你推荐”栏目下，出现相同栏目下的相关新闻。

图 11-10 产生用户行为时的推荐情况

2. 用户浏览新闻时的推荐

当用户查看新闻时，在右侧会提供与该新闻相似的 5 篇新闻，作为类似“你可能还喜欢”的推荐，如图 11-11 所示。

土总统访委与美唱“对台戏” 反对对委施加制裁

时间：2018年12月05日 17:07:00 类别：国际要闻 浏览次数：423 评论次数：12

土耳其反对美国等西方国家对委内瑞拉施加制裁，有意深化与这一南美洲国家的经济往来。

土耳其总统雷杰普·塔伊普·埃尔多安结束在阿根廷的二十国集团领导人峰会之旅，先后访问巴拉圭和委内瑞拉。

美联社报道，这是土耳其总统首次访问委内瑞拉。

相似推荐

伊朗总统：美国制裁可能使海湾地区石油出口…
2018年12月05日 14:42:00
洛佩斯就任墨西哥新总统 誓言让墨西哥“重生”
2018年12月03日 16:31:00
尼日利亚总统出面辟谣 驳斥“被死亡”传闻
2018年12月04日 16:55:00
奥地利总统夫妇到动物园送别大熊猫
2018年12月04日 07:17:00
阿根廷总统呼吁二十国集团为下一个10年建立…
2018年12月01日 21:32:00

图 11-11 用户浏览新闻时的推荐情况

3. 新用户的冷启动推荐

新进入的用户，会推荐来自当前热度榜的新闻。如果该用户没有浏览记录，第一次进入系统且没有选择任何标签，返回热度榜单数据的 20～40 位，结果如图 11-12 所示。

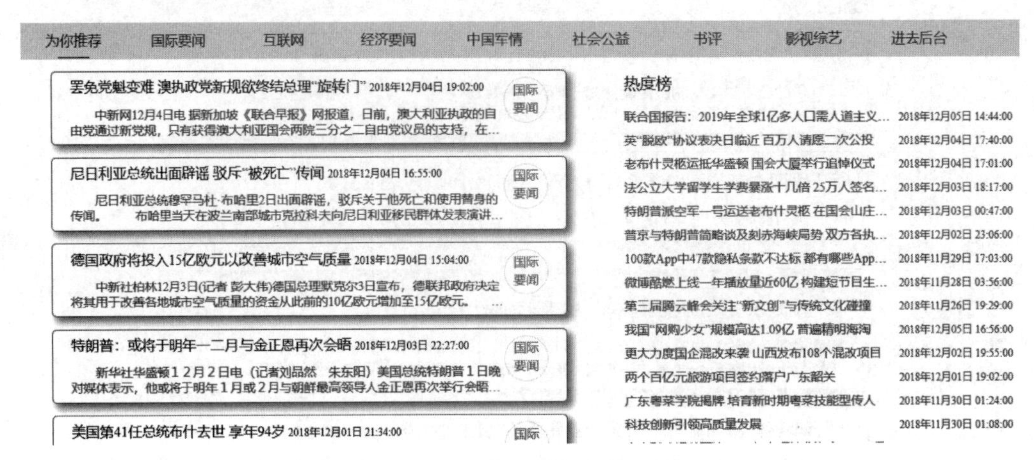

图 11-12 推荐情况

没有推荐热度榜单的前几位，是推荐系统为了给用户提供个性化服务，而不是为了重新塑造一个“其他用户的复制”，所以既要参考热度榜，又不能过度依靠热度榜。具体原因可以思考长尾效应。

长尾效应的根本是强调“个性化”“客户力量”和“小利润大市场”。要将市场细分到很细很小时，会发现这些细小市场的累计会带来明显的长尾效应。以图书为例：Barnes&Noble的平均上架书目为13万种。而Amazon有超过一半的销售量来自在它排行榜上位于13万名开外的图书。

4. 新用户自选标签的推荐

选择用户，进入标签选择界面。在此选择“峰会”“AI”“技术”“百度”“互联网”5个标签，如图11-13所示。

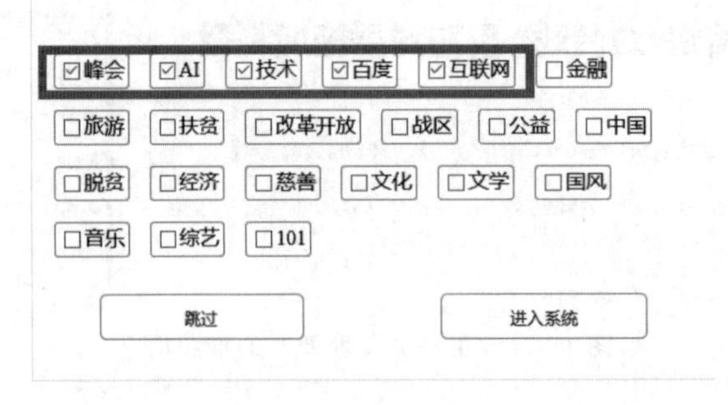

图 11-13 完成标签选择

进入系统主页界面后，可以看到，“为你推荐”栏目下推荐“峰会”“AI”“互联网”相关内容，如图11-14所示。

为你推荐　国际要闻　互联网　经济要闻　中国军情　社

联合国气候峰会揭幕 专家：气候问题需全球共同应对 2018年12月03日 18:12:00

中新网12月3日电据外媒报道，为期两周的联合国气候变化会议2日在波兰南部城市卡托维茨开幕，来自全球约200个国家的代表将参与商讨，为三年前签… 国际要闻

联合国气候峰会揭幕 200国共商落实《巴黎协定》 2018年12月03日 16:37:00

中新网12月3日电据外媒报道，当地时间2日，联合国气候峰会在波兰卡托维兹揭幕，全球约200个国家代表将在未来两周商讨如何落实2015《巴黎协定》… 国际要闻

外交部二十国集团事务特使介绍习近平主席出席二十国集团领导人第十三次峰会情况 2018年12月03日 04:58:00

新华社布宜诺斯艾利斯12月1日电（记者赵焱　骆珺　蒋国鹏）12月1日，外交部二十国集团（G20）事务特使、国际经济司司长王小龙在阿根廷布宜诺斯… 国际要闻

多国欲出“数字税”，互联网巨头被瞄准 2018年12月05日 17:53:00

挟技术优势在世界各地攻城略地、风光无限的互联网巨头可能要遭遇新的“壁垒”。眼下多国正在酝酿出台一项名为“数字税”的新政，分析人士称谷歌… 互联网

AI“写”文章 著作权到底是谁的? 2018年12月05日 17:44:00

该案在北京互联网法院开庭　　在公众号上发布的一篇大数据报告，被他人转载到百度旗下的“百家号”，因认为百度百家号侵犯了自己的文章著作权，北… 互联网

用技术传递温暖 爱奇艺推出AI手语主播 2018年12月04日 01:41:00

11月28日，由国家广播电视总局、国家互联网信息办公室和四川省人民政府指导，中国网络视听节目服务协会、成都市人民政府主办的中国网络视听大会… 互联网

图 11-14　新用户自选标签的推荐情况

项目 12 口红色号检测推荐系统

PROJECT 12

本项目基于 Dlib 中成熟的 68 点人脸特征点，建立 Python 库——face_recognition 进行检测，对检测到的区域色彩进行转化，实现寻找相近色彩的口红并输出推荐信息。

12.1 总体设计

本部分包括系统整体结构和系统流程。

12.1.1 系统整体结构

系统整体结构如图 12-1 所示。

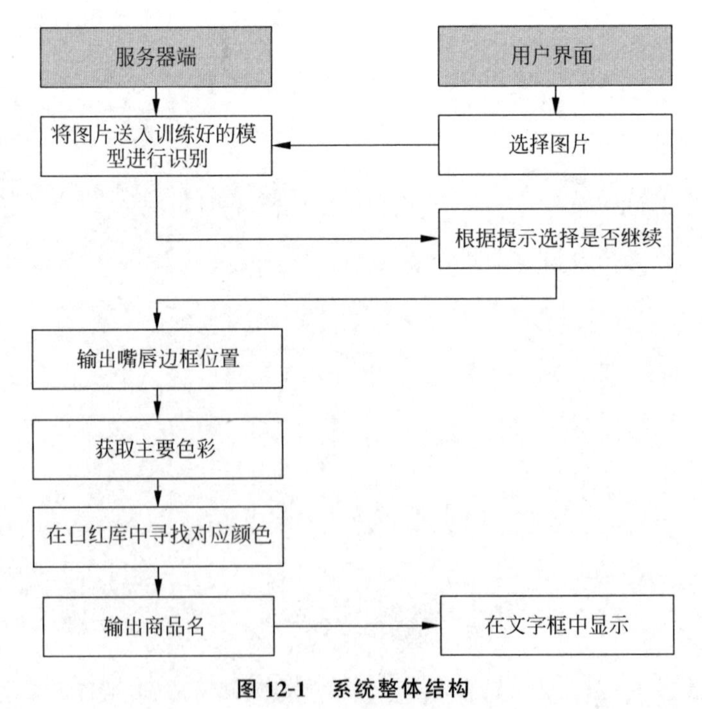

图 12-1 系统整体结构

12.1.2　系统流程

正则匹配系统流程如图 12-2 所示；保存信息系统流程如图 12-3 所示；色彩空间转换流程如图 12-4 所示；寻找相应颜色模块如图 12-5 所示。

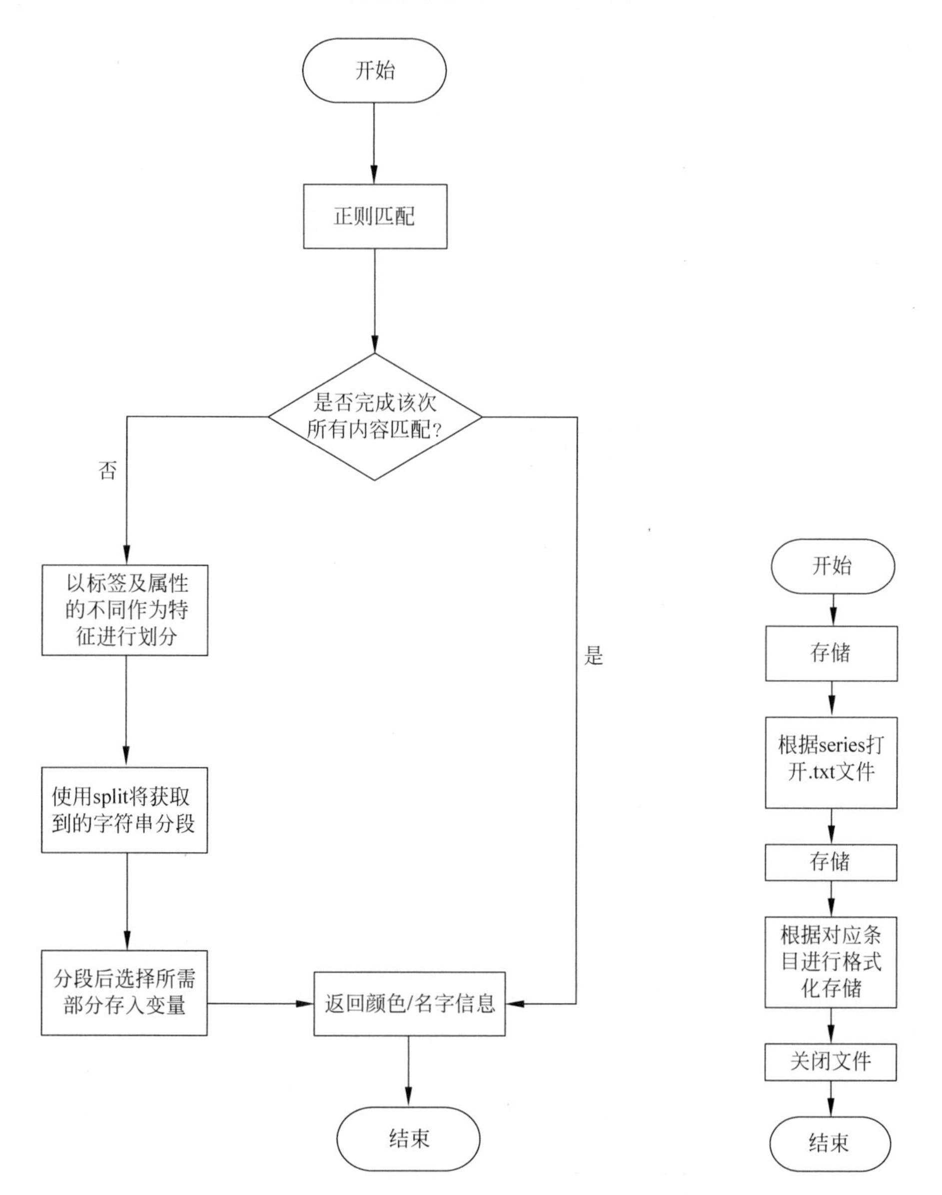

图 12-2　正则匹配系统流程　　图 12-3　保存信息到 json 文件流程

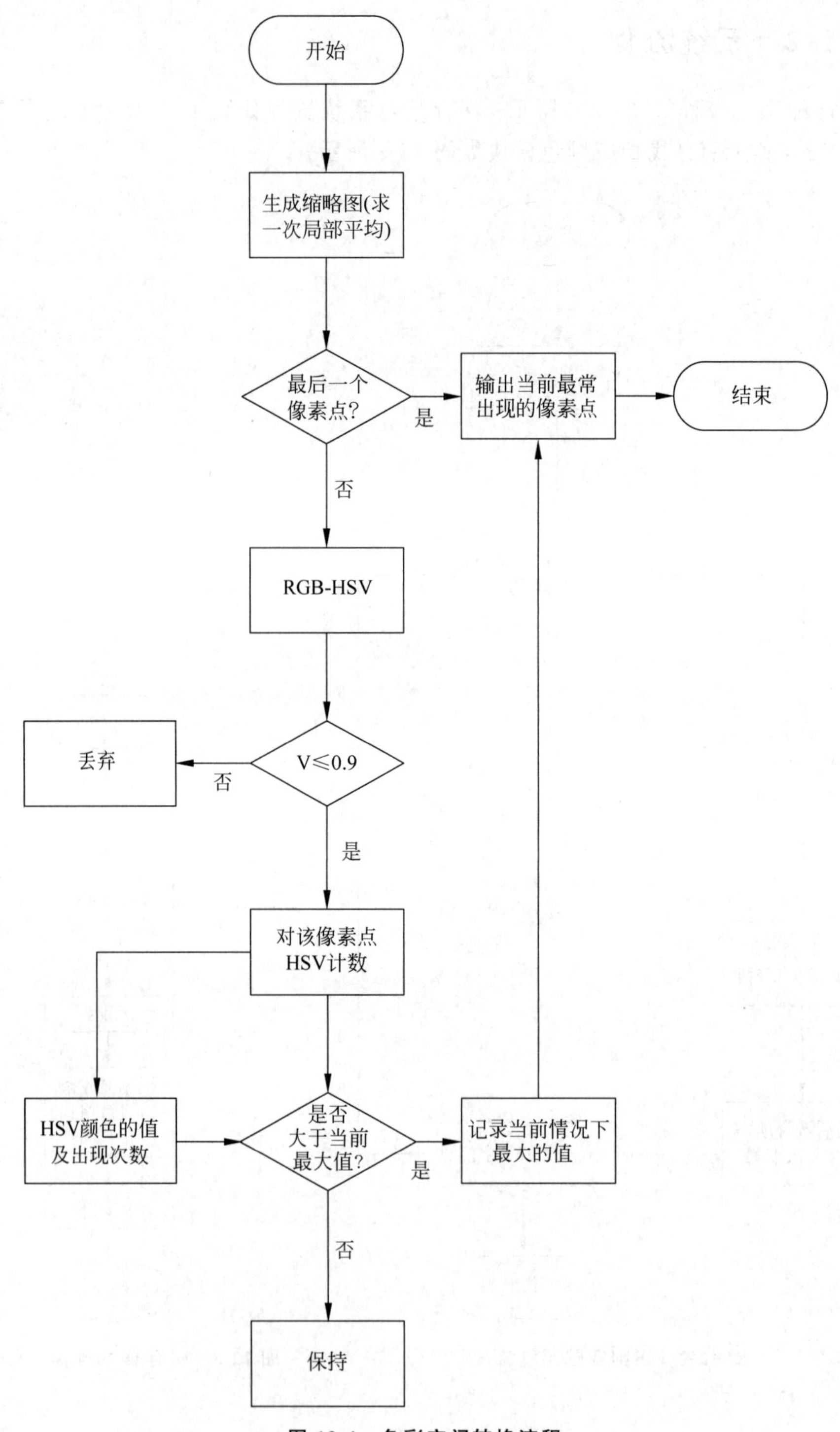

图 12-4 色彩空间转换流程

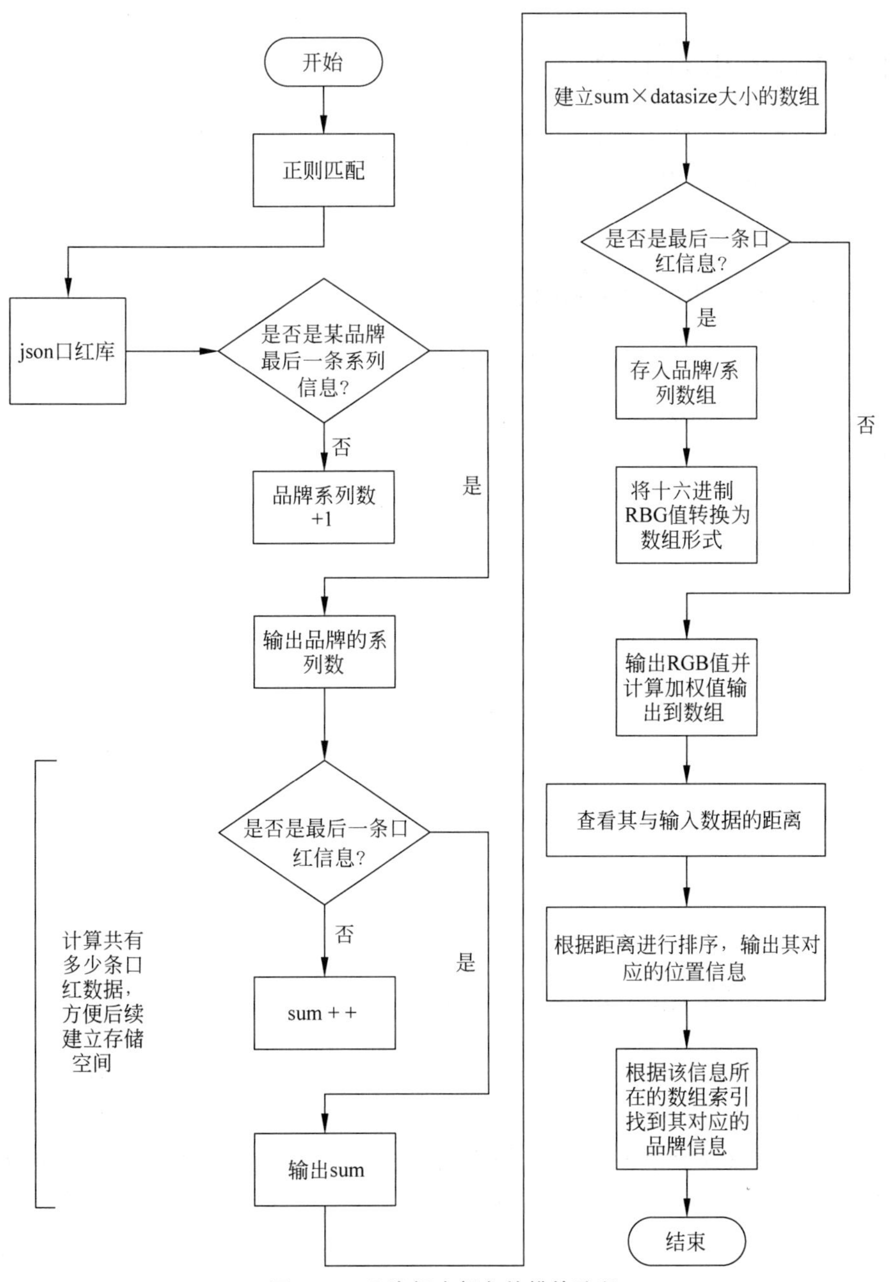

图 12-5　寻找相应颜色的模块流程

12.2　运行环境

本部分包括 Python 环境、TensorFlow 环境、安装 face_recognitio、colorsys 模块、PyQt 5、QCandyUi、库依赖关系。

12.2.1 Python 环境

需要 Python 3.6 及以上配置，在 Windows 环境下推荐下载 Anaconda 完成 Python 所需环境的配置，下载地址为 https://www.anaconda.com/，也可下载虚拟机在 Linux 环境下运行代码。

12.2.2 TensorFlow 环境

打开 Anaconda Prompt，输入清华仓库镜像：

```
conda config --add channels https://mirrors.tuna.tsinghua.edu.cn/anaconda/pkgs/free/
conda config --set show_channel_urls yes
```

创建 Python 3.6 的环境，名称为 TensorFlow，此时 Python 版本和后面 TensorFlow 的版本有匹配问题，此步选择 Python 3.6。

```
conda create -n tensorflow Python = 3.6
```

有需要确认的地方，都输入 y。

在 Anaconda Prompt 中激活 TensorFlow 环境：

```
activate tensorflow
```

安装 CPU 版本的 TensorFlow：

```
pip install -upgrade --ignore-installed tensorflow
```

安装完毕。

12.2.3 安装 face_recognition

在 Windows 10 下安装 face_recognition 第三方库：①在 Anaconda 的 Python 3.6 版本命令提示符下输入 pip install CMake 命令安装 CMake；②安装 Dlib。经查询发现 face_recognition 第三方库与 Dlib 的 19.7.0 版本相匹配，所以安装 Dlib 时要使用以下命令：pip install dlib=19.7.0，在 DOS 命令行输入 pip install face_recognition 命令安装 face_recognition 第三方库。

12.2.4 安装 colorsys 模块

colorsys 模块用于 RGB 和 YIQ/HLS/HSV 颜色模式双向转换接口。提供 6 个函数，其中 3 个用于 RGB 转 YIQ/HLS/HSV，另外 3 个将 YIQ/HLS/HSV 转 RGB。

PIL 库可以完成图像归档和图像处理两方面的需求。图像归档：对图像进行批处理、生成图像预览、图像格式转换等；图像处理：基本处理、像素处理、颜色处理等。Image 是

PIL 中最重要的模块，有一个类叫作 Image，与模块名称相同。Image 类有很多函数、方法及属性。

12.2.5 安装 PyQt 5

安装步骤：打开 CMD，输入 conda activate envs-name 命令；

pip install pyqt 5 需要注意，conda 库中没有 PyQt 5。

在网络质量不佳时有可能安装失败，可以使用下载 *. whl 文件并用 pip install wheel 的方式进行 PyQt 5 的安装部署；

pip install pyqt5-tools 安装后关闭 CMD，到达文件安装位置寻找 designer. exe；

打开 designer. exe 即可使用该工具迅速画出样式并得到 * ui 文件；

打开 CMD，跳转到对应位置。使用 pyuic 工具将 * ui 文件转换为 ui_ * . py 文件；

打开 ui_ * py 文件写入 signal and slot 相关内容，确定继承关系。

12.2.6 安装 QCandyUi

使用 conda activate keras 命令激活环境后，使用 pip install QCandyUi 命令安装即可。

12.2.7 库依赖关系

库依赖如表 12-1 所示。

表 12-1 库及其依赖

系统中使用的类	依 赖	
face_recognition	face_recognition_models=0.3.0	Click≥6.0
	dlib≥19.3.0	numpy=1.16.5
	Pillow=7.0.0	scipy≥0.17.0
Dlib	19.19	CMake=3.16.3
	Boost=0.1	
pyqt	5.9.2	
pyqt 5	5.10	
pyqt 5-sip	12.7.1	
pyqt 5-tools	5.13.0.1.5	

12.3 模块实现

本部分包括数据预处理和系统搭建 2 个模块。下面分别给出各模块的功能介绍及相关代码。

12.3.1 数据预处理

本部分包括源数据的存储、数据处理和数据合并。

1. 源数据的存储

数据下载地址为 https://www.kaggle.com/c/facial-keypoints-detection/data，存储形式如图 12-6 所示。

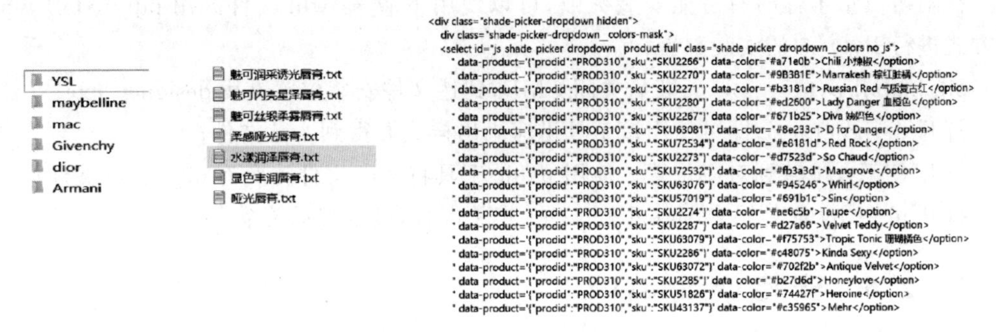

图 12-6 源数据的存储方式

2. 数据处理

本部分代码因需要处理多个品牌，代码结构相似，存在重复现象，本处以口红品牌 M.A.C 为例展示处理方法，相关代码如下：

```
# - * - coding: utf - 8 - * -
import json
import re
import os
path = "D:/homework/大三下信息系统设计/lipsticks/"
brand = "mac/"
brandpathli = []
dict_Brand = {"name":brand[: - 1],"series":None}
dict_series = {"name":None,"lipsticks":None}
dict_name = {"color":"#ffffff", "id":" - 1", "name":"none"}
#预设参数,在处理不同品牌时,只需要改变 brand 和 path 中的内容即可
def par_mac(str):
#对该口红的品牌、颜色、色号进行匹配
    dict_name = {"color":"#ffffff", "id":" - 1", "name":"none"}
    #设定默认值,当发现颜色是黑色或 ID = - 1 可及时丢弃不合法的列表
    matchObj_color = re.search( r'#\w{6}', str, re.M|re.I)
    if (matchObj_color!= None):
        dict_name["color"] = matchObj_color.group().upper()
        #print (matchObj_color.group())调试代码
    matchObj_id = re.search( r"\">\d{3}" , str, re.M|re.I)
    if (matchObj_id!= None):
```

```
        dict_name["id"] = matchObj_id.group()[2:]
        #print (matchObj_id.group()[2:])调试代码
    matchObj_name = re.search( r">\d{0,}[ ]?([A-Z][a-z]*[,]?[ ]?[!?]?){1,}" , str, re.M
|re.I)
    if (matchObj_name!= None):
        dict_name["name"] = matchObj_name.group()[1:]
    return  dict_name
#查找文件夹内所有文件的名称
def eachFile(filepath):
    pathDir =  os.listdir(filepath)
    for allDir in pathDir:
        child = os.path.join('%s%s' % (filepath, allDir))
        print("children",child)                #即该目录下所有文件的名字
        brandpathli.append(child)
#读取文件路径名对应的内容
def readFile(filename):
    fopen = open(filename, 'r')                #r 代表 read
    list_series = []                           #文件中每行的内容
    for eachLine in fopen:
        #print( "读取得到内容如下：",eachLine)调试代码
        dict_name = par_mac(eachLine)
        if(dict_name["color"] == "#ffffff"):
          continue
        list_series.append(dict_name)
    fopen.close()
    return list_series                         #返回每个系列的所有口红
    if __name__ == '__main__':
    #filePath = path + brand + subpath 调试代码,可以通过不同方式访问数据
    filePathC = path + brand
    eachFile(filePathC)
    list_brand = []
    for i in brandpathli:
        dict_series = {"name":None,"lipsticks":None}
        list_series = readFile(i)              #每个系列的所有口红
        #print(dict_name)调试代码
        brandname = i.split('/')[-1].split('.')[0]
        #print("mainpring",brandname)调试代码
        dict_series["name"] = brandname
        dict_series["lipsticks"] = list_series
        #获得{系列名、口红色号}字典
        list_brand.append(dict_series)
      print("dict_series",list_brand)
    dict_Brand["series"] = list_brand
        #dict_Brand["brands"][1]["series"]调试代码
file = open('D:/homework/大三下信息系统设计/json/' + brand.split('/')[0] + '.json','w',
encoding = 'utf-8')
#在遇到长文本时需要处理编码格式以保证存入的数据不是乱码
```

```
json = json.dump(dict_Brand,file)
print(json)
file.close()
```

3. 合并得到 json 文件

合并得到 json 文件即可组成口红色号数据库，如图 12-7 所示。

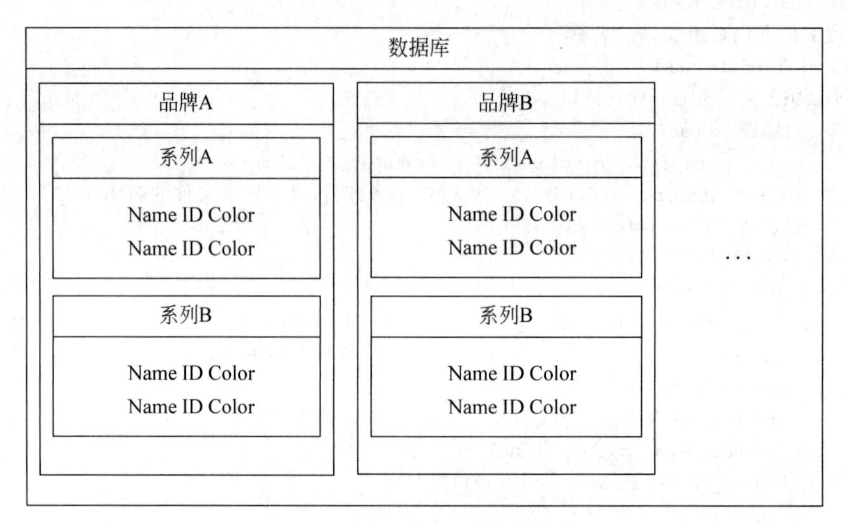

图 12-7 处理后的数据存储格式

12.3.2 系统搭建

本部分包括人脸识别，提取唇部轮廓并创建蒙版，划分嘴唇区域，提取图片颜色，获取色号库，比较并得出结果，创建图形化界面等。

1. 人脸识别

在识别唇部之前，定位到人脸，用 face_recognition 对图片中的人脸进行识别。

```
import face_recognition
path = "*.jpg"
#放入一张照片
image = face_recognition.load_image_file(path)
#找到图片中所有人脸
print(type(image))
face_locations = face_recognition.face_locations(image)
print(face_locations)
#或者在图像中找到面部特征(还可以通过 len(face_locations)得到图片中的人脸数
face_landmarks_list = face_recognition.face_landmarks(image)
print(face_landmarks_list)
#为图像中的每张人脸获取 face_encodings
list_of_face_encodings = face_recognition.face_encodings(image)
```

2. 提取唇部轮廓并创建蒙版

为方便提取唇部颜色,将识别到的上下嘴唇及轮廓用白色填充,得到一张黑底唇部留白的蒙版。

```
pil_image = Image.fromarray(image)
a = pil_image.size
#改变类型
print(a,type(a))
blank_mouse = Image.new('RGB', (a[0],a[1]), (0, 0, 0))
#新建一张黑色图片
for face_landmarks in face_landmarks_list:
    d = ImageDraw.Draw(blank_mouse, 'RGBA')
    #把嘴唇涂白
    d.polygon(face_landmarks['top_lip'], fill=(255,255,255,255))
    d.polygon(face_landmarks['bottom_lip'], fill=(255, 255,255, 255))
    d.line(face_landmarks['top_lip'], fill=(255, 255,255, 255), width=8)
    blank_mouse.show()
    #展示
blank_mouse=blank_mouse.crop((pos[3], pos[0], pos[1], pos[2]))
#(left, upper, right, lower) 修剪面部区域
Image._show(blank_mouse)
```

3. 划分嘴唇区域

进一步对图像进行处理,在原图像中保留唇部区域,即上步中留白区域,非唇部区域用黑色覆盖,便于后续提取颜色。

```
def masklayer(origin,mask):
    #创建函数,origin 和 mask 均为 Image 函数对应的图片格式,将其转换为数组,再操作
    mask1 = np.array(mask)
    print(mask1.shape)
    origin1 = np.array(origin)
    print(origin1.shape)
    for i in range(len(mask1)):
        for j in range(len(mask1[i])):
        #如果 mask 在这个区域是黑色的,则程序不需要这部分图片内容设定原图中该区域 rgb=000
                if (mask1[i][j][1]>=128):              #保留嘴唇区域
            pass
                else:                                  #其他区域变为黑色
            origin1[i][j] = [0,0,0]
    new_png = Image.fromarray(origin1)
    new_png.show()
    #new_png.save('testpic.JPG')
    return new_png
#调用编写的函数,将嘴唇区域框选出来
cropped = masklayer(cropped_face,blank_mouse)
```

经过以上步骤，可以获取唇部区域并打印，如图 12-8 所示。

4. 提取图片颜色

颜色空间可以分为基色颜色空间和色、亮分离颜色空间两类。前者是 RGB，后者包括 YUV 和 HSV 等。在 RGB 颜色空间中，任意色光 F 都可以用 R、G、B 三基色不同分量的相加混合而成：F=r[R]+r[G]+r[B]。RGB 色彩空间还可以用一个三维的立方体来描述，当三基色分量都为 0(最弱)时混合为黑色光；当三基色都为定值(最大值由存储空间决定)时混合为白色光。

HSV 颜色空间用图 12-9 描述。正对着的面为 S=100%，Z 轴为 V 值正方向，从左至右为 H 间隔 60°展开。程序采用了《广告图片生成方法、装置以及存储介质》中的部分思想。

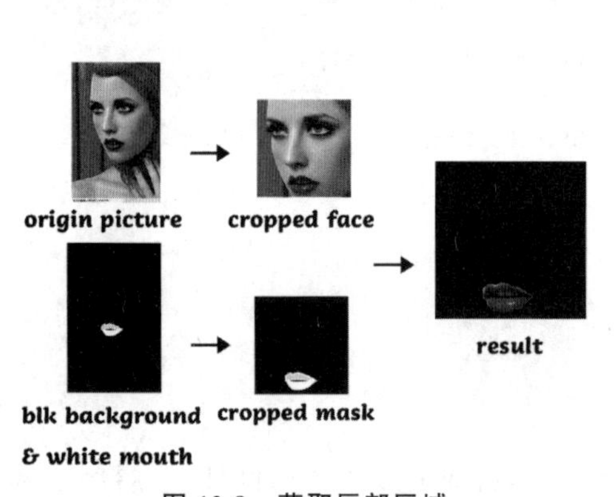

图 12-8　获取唇部区域

图 12-9　HSV 色彩空间

```
import colorsys
import PIL.Image as Image
def get_dominant_color(image):
    #颜色模式转换，以便输出 RGB 颜色值
    image = image.convert('RGB')
    #生成缩略图，减少计算量，减小 CPU 压力，缩短运算时间
    image.thumbnail((200, 200))
    max_score = 0
    dominant_color = 0
    for count,(r,g,b) in image.getcolors(image.size[0] * image.size[1]):
        #忽略黑色背景
        if (r<100) :
           continue
        #转换为 HSV 获取颜色饱和度，范围为(0,1)
        saturation = colorsys.rgb_to_hsv(r/255.0, g/255.0, b/255.0)[1]
        #转换为 YUV 计算亮度
        y = min(abs(r * 2104 + g * 4130 + b * 802 + 4096 + 131072)>> 13,235)
        #将亮度从(16,235)缩放到(0,1)
        y = (y-16.0)/(235-16)
```

```
            #忽略高亮色
            if y > 0.9:
                continue
            #选择饱和度高的颜色
            #将饱和度加 0.1,这样就不会通过将计数乘以 0 来完全忽略灰度颜色,但给它们较低的权重
            score = (saturation + 0.1) * count
            if score > max_score:
                max_score = score
                dominant_color = (r,g,b)
        return dominant_color
```

5. 获取色号库

对色号库进行操作,计算共有多少种颜色,并根据计算结果将 json 文件中的数据存为数组,转换为 list 方便操作。

```
def RGBhex_2RGB(rgb_hex):
      #print(rgb_hex) 调试代码
    RGB = [0,0,0]
    temp_num = 0
    for i in range(len(rgb_hex)):
        temp_num = 0
        temp = rgb_hex[i]
        if(i!= 0):
            #将字母转换为 ASCII 表中位置
            if(temp >= 'A'and temp <= 'F'):
                temp_num = ord(temp) - 55
                #将 ABCDEF 转换为 10~15 的数字
            else:
                #将字符数字转换为 0~9 的数字
                temp_num = ord(temp) - 48
            if(i % 2 == 1):
                #根据位置乘以进制
                RGB[int((i/2) - 0.5)] = RGB[int((i/2) - 0.5)] + 16 * temp_num
            else:
                RGB[int((i/2) - 0.5)] = RGB[int((i/2) - 0.5)] + temp_num
      #print(RGB)调试代码
return RGB
import numpy as np
import json
#对色号库进行操作
#将品牌、系列颜色 ID 和颜色名称保存到汇总列表中
def operate(target_color):
    sum_all = 0
    with open('lipstick.json', 'r', encoding = 'utf - 8') as f:
        js2dic = json.load(f)
        #读取 json
```

```
        brands_n = len(js2dic['brands'])
        print(brands_n)
        series_n = 0
        for brands_i in range(brands_n):
            series_n = len(js2dic['brands'][brands_i]['series'])
            print("{0} has {1} series".format((js2dic['brands'][brands_i]['name']),series_n))
            for series_i in range(series_n):
                brand_name = js2dic['brands'][brands_i]['name']
                lip_name = js2dic['brands'][brands_i]['series'][series_i]['name']
    color_num = len(js2dic['brands'][brands_i]['series'][series_i]['lipsticks'])
                sum_all = color_num + sum_all
            #计算颜色总数
            print(sum_all)
        catalog = np.zeros((sum_all,4), dtype = (str,20))
        catalog_color = np.zeros((sum_all,3), dtype = int)
         #根据颜色数分配空间
        rank_color = np.zeros((sum_all,1),dtype = int)
```

6. 比较并得出结果

提取出的颜色与库中颜色比较，得到误差最小的三组数据。将每个色号在R、G、B三个分量的数值与提取出的颜色RGB值分别做差并求和(权重自定)，作为两个颜色的相似度。

```
        #catalog 分为四部分：品牌名称、唇膏名称、色号 ID、色号值
        #将信息存入表格，这个循环可以将信息存入 Python 程序建立的数组中
        sum_i = 0
        for brands_i in range(brands_n):
            series_n = len(js2dic['brands'][brands_i]['series'])
            #print("brand_name",js2dic['brands'][brands_i]['name'])
            catalog[sum_i][0] = js2dic['brands'][brands_i]['name']
            for series_i in range(series_n):
color_num = len(js2dic['brands'][brands_i]['series'][series_i]['lipsticks'])
                for color_i in range(color_num):
                    catalog[sum_i][0] = js2dic['brands'][brands_i]['name']
catalog[sum_i][1] = js2dic['brands'][brands_i]['series'][series_i]['name']
catalog[sum_i][2] = js2dic['brands'][brands_i]['series'][series_i]['lipsticks'][color_i]['name']
catalog[sum_i][3] = js2dic['brands'][brands_i]['series'][series_i]['lipsticks'][color_i]['id']
catalog_color[sum_i] = RGBhex_2RGB(js2dic['brands'][brands_i]['series'][series_i]['lipsticks']
[color_i]['color'])
                    sum_i += 1
                     #print(sum_i)调试代码
        print(catalog.shape)
        RGB_distance = np.zeros((sum_all,1), dtype = float)
        for i in range(sum_all):
            #计算相似度，target 是此前通过 domain 得到的值
            RGB_distance[i] = abs(target_color[0] - catalog_color[i][0]) + abs((target_
color[1] - catalog_color[i][1]) * (1/5)) + abs(target_color[2] - catalog_color[i][2])
```

```
        RGB_distance.tolist()
        result = sorted(range(len(RGB_distance)), key = lambda k: RGB_distance[k])
        #获得颜色最像的三支口红(以颜色的相近度为规则排序,返回位置数据)
        print("颜色最像的三支口红及其颜色")
        result_show = []
        for i in range(3):
            loc = result[i]
            color_show = tuple(catalog_color[loc])
            print("catalog index",catalog[loc],color_show)
#operate([155, 44, 69]) 调试代码
if __name__ == '__main__':
    get = get_dominant_color(cropped)
    print("获得的口红颜色{0}".format(get))
    #计算相似度,get 是此前通过 domain 得到的值
    operate(get)
```

7. 创建图形化界面

使用 designer 工具创建 GUI 文件,并使用 pyuic 工具进行.ui 到.py 文件的转换。对该 *.py 文件不建议直接修改,一般使用 import 其他文件定义操作类的方法进行信号和槽的链接。

```
# - * - coding: utf - 8 - * -
#从读取 ui 文件 myuidesign.ui 生成的窗体实现
#创建人: PyQt5 UI 代码生成器 5.10
#警告!此文件中做的所有更改都将丢失
from PyQt5 import QtCore, QtGUI, QtWidgets
from PyQt5.QtWidgets import QFileDialog, QWidget,QGraphicsScene
from PyQt5.QtCore import QFileInfo
from detectface import my_face_recognition
try:
    _fromUtf8 = QtCore.QString.fromUtf8
except AttributeError:
    def _fromUtf8(s):
        return s
try:
    _encoding = QtGUI.QApplication.UnicodeUTF8
    def _translate(context, text, disambig):
        return QtWidgets.QApplication.translate(context, text, disambig, _encoding)
except AttributeError:
    def _translate(context, text, disambig):
        return QtWidgets.QApplication.translate(context, text, disambig)
#以上代码处理了文字的编码格式
#建立 UI 函数
class Ui_Dialog(object):
    def __init__(self):
        super(Ui_Dialog, self).__init__()
```

```
        self.imgPath = ""
        self.face_recognize_object = None
        self.showFullImage = True
        self.brand = []
        self.color = []
    def setupUi(self, Form):                                    #设置界面
        Form.setObjectName("Form")
        Form.resize(817, 630)
        self.horizontalLayoutWidget = QtWidgets.QWidget(Form)
        self.horizontalLayoutWidget.setGeometry(QtCore.QRect(10,20,801,611))
        self.horizontalLayoutWidget.setObjectName("horizontalLayoutWidget")
        self.horizontalLayout = QtWidgets.QHBoxLayout(self.horizontalLayoutWidget)
        self.horizontalLayout.setContentsMargins(0, 0, 0, 0)
        self.horizontalLayout.setObjectName("horizontalLayout")
        self.verticalLayout_3 = QtWidgets.QVBoxLayout()
        self.verticalLayout_3.setObjectName("verticalLayout_3")
        self.label = QtWidgets.QLabel(self.horizontalLayoutWidget)
        self.label.setMinimumSize(QtCore.QSize(330, 50))
        font = QtGUI.QFont()
        font.setFamily("汉仪唐美人 W")
        font.setPointSize(36)
        font.setUnderline(False)
        self.label.setFont(font)
        self.label.setWordWrap(False)
        self.label.setObjectName("label")
        self.verticalLayout_3.addWidget(self.label)
        self.graphicsView = QtWidgets.QGraphicsView(self.horizontalLayoutWidget)
        self.graphicsView.setObjectName("graphicsView")
        self.verticalLayout_3.addWidget(self.graphicsView)
        self.pushButton = QtWidgets.QPushButton(self.horizontalLayoutWidget)
        font = QtGUI.QFont()
        font.setFamily("汉仪唐美人 W")
        self.pushButton.setFont(font)
        self.pushButton.setObjectName("pushButton")
        self.pushButton.setMinimumSize(QtCore.QSize(20, 50))
        self.verticalLayout_3.addWidget(self.pushButton)
        self.horizontalLayout.addLayout(self.verticalLayout_3)
        self.verticalLayout_4 = QtWidgets.QVBoxLayout()
        self.verticalLayout_4.setObjectName("verticalLayout_4")
        self.label_2 = QtWidgets.QLabel(self.horizontalLayoutWidget)
        self.label_2.setMinimumSize(QtCore.QSize(330, 50))
        font = QtGUI.QFont()
        font.setFamily("汉仪唐美人 W")
        font.setPointSize(36)
        self.label_2.setFont(font)
        self.label_2.setObjectName("label_2")
        self.verticalLayout_4.addWidget(self.label_2)
```

```
        self.textBrowser = QtWidgets.QTextBrowser(self.horizontalLayoutWidget)
        self.textBrowser.setObjectName("textBrowser")
        self.verticalLayout_4.addWidget(self.textBrowser)
        self.pushButton_2 = QtWidgets.QPushButton(self.horizontalLayoutWidget)
        font = QtGUI.QFont()
        font.setFamily("汉仪唐美人 W")
        self.pushButton_2.setFont(font)
        self.pushButton_2.setObjectName("pushButton_2")
        self.pushButton_2.setMinimumSize(QtCore.QSize(20, 50))
        self.verticalLayout_4.addWidget(self.pushButton_2)
        self.horizontalLayout.addLayout(self.verticalLayout_4)
        self.retranslateUi(Form)
        self.pushButton.clicked.connect(self.on_pushButton_clicked)
        self.pushButton_2.clicked.connect(self.on_pushButton_2_clicked)
        QtCore.QMetaObject.connectSlotsByName(Form)
def on_pushButton_clicked(self):
        #get the image path and show it in the view
        self.face_recognize_object = my_face_recognition()
        fileName, filetype = QFileDialog.getOpenFileName(None, "选择文件", r"此处需要填写
文件路径的起点", "Images ( * .png * .jpg)")
        self.imgPath = fileName
        print (self.imgPath)
        if self.imgPath != '':
            self.face_recognize_object.operates_(self.imgPath)
            if self.showFullImage == True:
                self.face_recognize_object.showImg('original')
            scene = QGraphicsScene() #创建场景
            pixmap = QtGUI.QPixmap(self.imgPath)
#调用 QtGUI.QPixmap 方法,打开一个图片,存放在变量中
            scene.addItem(QtWidgets.QGraphicsPixmapItem(pixmap))
#添加图片到场景中
            self.graphicsView.setScene(scene)
#将场景添加到 graphicsView 中
            self.graphicsView.show()
#显示
            self.textBrowser.clear()
            self.textBrowser.append(str(self.face_recognize_object.errdet))
#输出图片是否合法
def on_pushButton_2_clicked(self):
        self.face_recognize_object.AI()
        self.brand = self.face_recognize_object.register_lps
        self.color = self.face_recognize_object.register_rgb
        print(self.brand)
        self.textBrowser.clear()
        self.textBrowser.append(str(self.face_recognize_object.errdet))
```

```
#输出错误信息,若图片不合法则在引用的函数返回为空.若图片合法则会继续输出,看到口红信息
        strout = "最像您输入的口红的三只色号库内口红分别为!"
        flag = 0                    #设定 flag 用于检测是否非法
        for i in range(len(self.brand)):
            flag = 1                #如果是合法输入,那么 flag 就会置 1,后续不会提示错误
            strout = strout + '\n'
            print("flag1")
            for j in range(len(self.brand[i])):
                if(self.brand[i][j]!= 'none'):
                    strout = strout + str(self.brand[i][j])
        self.textBrowser.append(strout)
        if(flag == 0):
            self.textBrowser.clear()
            self.textBrowser.append("这张图片不可以进行处理,请换一张吧")
            print("flag0")
    #一些有关 UI 的固定操作,来自 ui -> py 文件的转换器
def retranslateUi(self, Form):
        _translate = QtCore.QCoreApplication.translate
        Form.setWindowTitle(_translate("Form", "Form"))
        self.label.setText(_translate("Form", " Original pic"))
        self.pushButton.setText(_translate("Form", "选择文件"))
        self.label_2.setText(_translate("Form", "     result"))
        self.pushButton_2.setText(_translate("Form", "开始识别"))
if __name__ == "__main__":
    import sys
    app = QtWidgets.QApplication(sys.argv)
    Dialog = QtWidgets.QDialog()
    ui = Ui_Dialog()
    ui.setupUi(Dialog)
    Dialog.show()
    sys.exit(app.exec_())
```

8. 将流程封装为类和函数

将之前描述的主流程代码封装为一个类，通过 UI_ *.py 程序调用这个类中的函数实现相关分类：

```
def operates_(self,input_path):
        self.imgPath = input_path                          #展示图片
    def AI(self):
        self.load_pic()
        self.get = self.get_dominant_color(self.resultImg)
        print("the extracted RGB value of the color is {0}".format(self.get))
        self.data_operate()
    def errordetect(self):                                 #错误处理
```

```
        image = face_recognition.load_image_file(self.imgPath)
        face_locations = face_recognition.face_locations(image)
        if(len(face_locations)!= 1):                        #不是仅有一张人脸在图片中
            if(len(face_locations) == 0):                   #未检测到
                self.errdet = "more/less than one face in the pic"
                return "can't find people"
            else:                                           #不止一个人
                self.errdet = "more/less than one face in the pic"
            return "more/less than one face in the pic"
        else:
            return "DEAL"
```

9. 对 GUI 的显示效果进行美化

通过一个小组件对 GUI 的风格进行转换,改变 GUI 的外观。引入 QCandyUi 包:

```
from QCandyUi import CandyWindow
    #调整按钮的大小使之更清晰可见
self.pushButton.setMinimumSize(QtCore.QSize(20, 50))
self.pushButton_2.setMinimumSize(QtCore.QSize(20, 50))
    #改变定义窗口类的调用方式
if __name__ == "__main__":
    import sys
    app = QtWidgets.QApplication(sys.argv)
    Dialog = QtWidgets.QDialog()
    ui = Ui_Dialog()
    ui.setupUi(Dialog)
    Dialog = CandyWindow.createWindow(Dialog, 'pink')         #增加,使 QCandyUi 运行
    Dialog.show()
    sys.exit(app.exec_())
```

12.4 系统测试

未进行操作时的图形化界面如图 12-10 所示。

运行程序,当输入一张合规的照片,即输入一张有且只有一个可识别面孔时,右侧文本框中显示的 DEAL,如图 12-11 所示。

单击“开始识别”,输出的对应色号如图 12-12 所示。

对比得到的色号和官网试色图,如图 12-13 所示。

若不符合输入照片要求会出现错误提示,单击“开始识别”后会弹出不可识别的提示,如图 12-14 和图 12-15 所示。

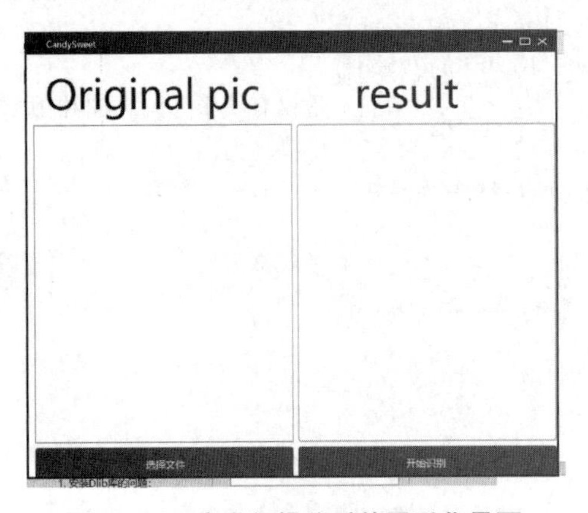

图 12-10　未进行操作时的图形化界面

图 12-11　正确图片输入提示

图 12-12　输出品牌及色号

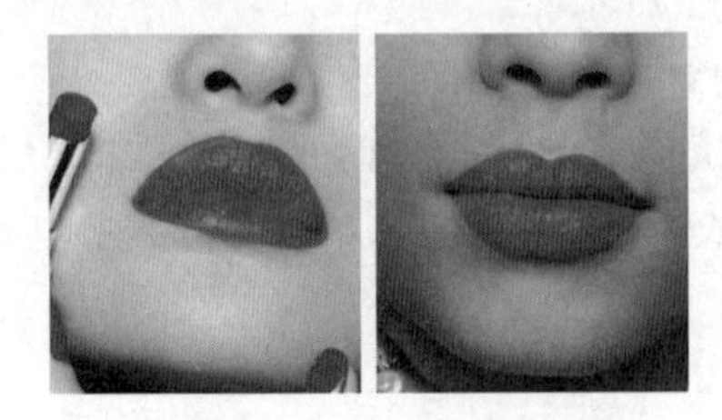

图 12-13　Dior 官网试色

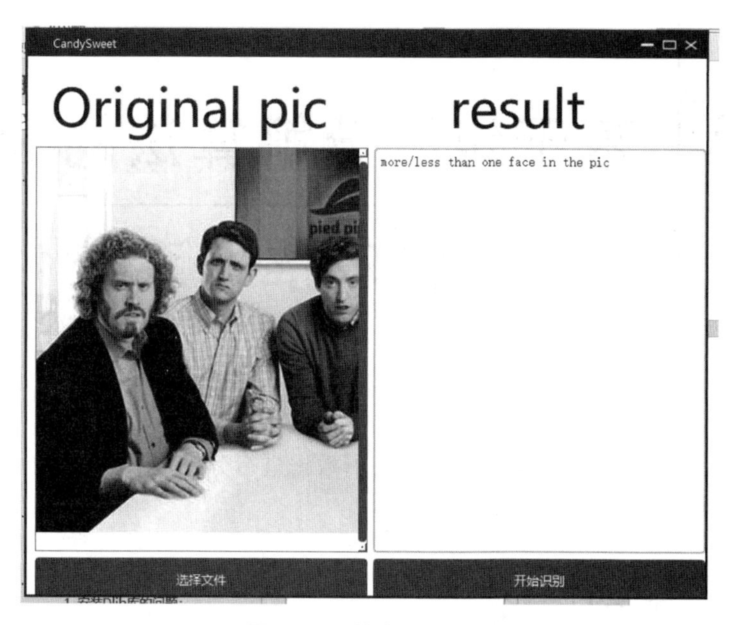

图 12-14　输出无法识别

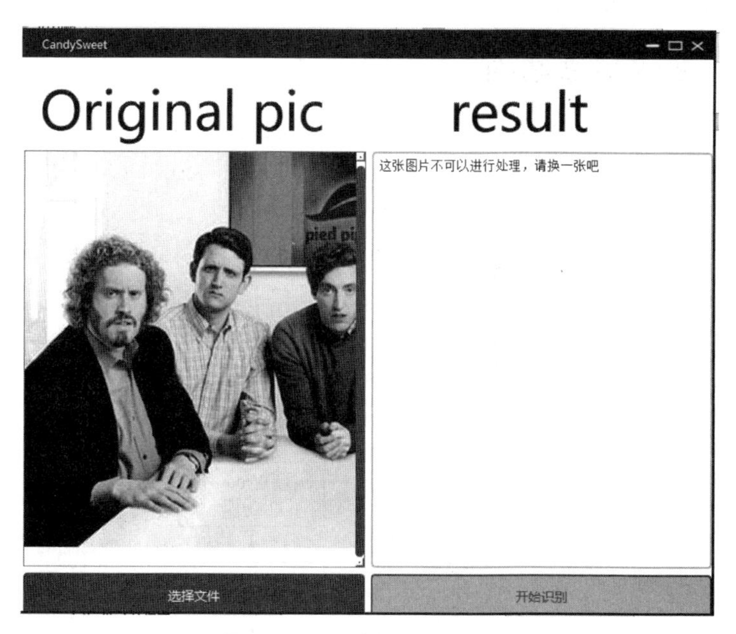

图 12-15　再次提示识别失败

项目 13 基于矩阵分解算法的 Steam 游戏推荐系统

PROJECT 13

本项目基于矩阵分解算法，对玩家已游玩的数据进行分析，从大量游戏中筛选出适合该玩家的游戏，实现较为精准的推荐系统。

13.1 总体设计

本部分包括系统整体结构和系统流程。

13.1.1 系统整体结构

系统整体结构如图 13-1 所示。

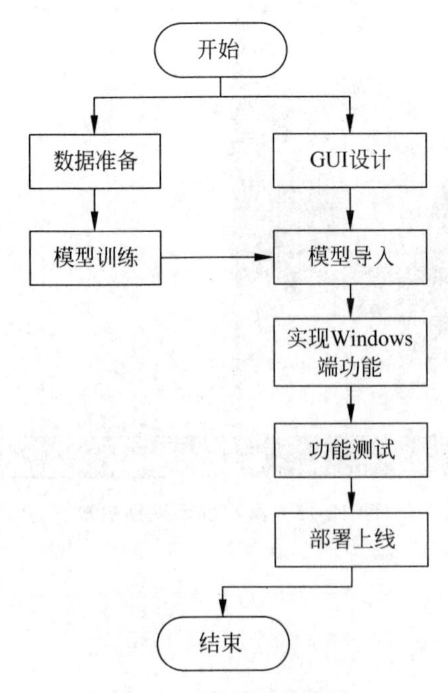

图 13-1 系统整体结构

13.1.2　系统流程

系统流程如图 13-2 所示。

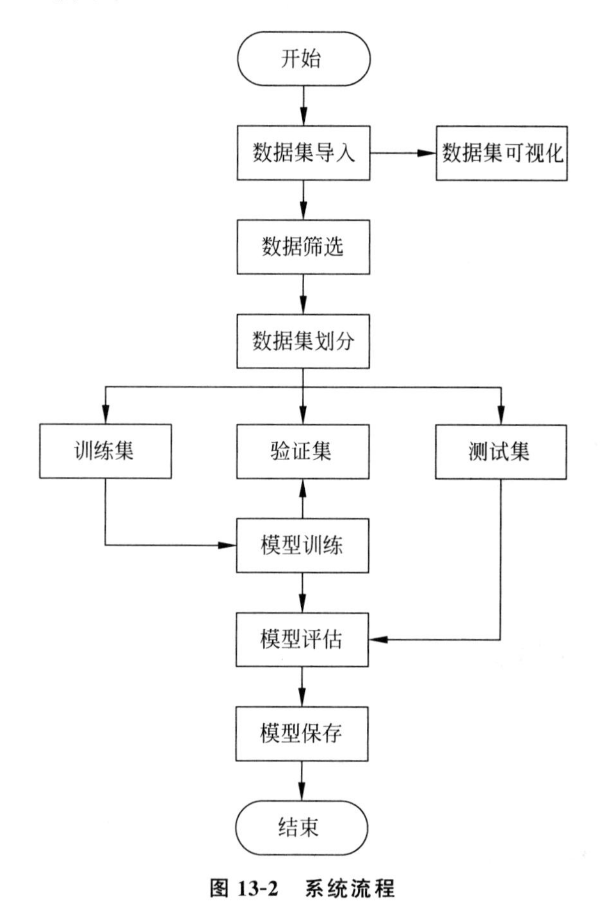

图 13-2　系统流程

13.2　运行环境

本部分包括 Python 环境、TensorFlow 环境、PyQt 5 环境。

13.2.1　Python 环境

安装 Python 3.7，并完成环境配置。

安装 NumPy：

```
conda install numpy
```

安装 TensorFlow：

```
pip install tensorflow
```

安装 Pandas：

```
conda install pandas
```

安装成功。

13.2.2 TensorFlow 环境

以管理员身份运行 anaconda Prompt，在终端中输入：

```
conda create -n your_env_name python=3.7
```

输入 conda activate your_env_name 进入环境。

13.2.3 PyQt 5 环境

打开 anaconda Prompt，输入命令 conda install pyqt，在选项中输入 y 进行安装。需要打包为可执行文件时安装 pyinstaller，安装方法是在终端输入：

```
pip install pyinstaller
```

13.3 模块实现

本项目包括 4 个模块：数据预处理、模型构建、模型训练及保存、模型测试，下面分别给出各模块的功能介绍及相关代码。

13.3.1 数据预处理

数据集来源于 Kaggle，链接地址为 https://www.kaggle.com/tamber/steam-video-games，此数据集包含了用户的 ID、游戏名称、是否购买或游玩、游戏时长，其中：共包含 12393 名用户，涉及游戏数量 5155 款。将数据集置于 Jupyter 工作路径下的 steam-video-games 文件夹中，相关代码如下：

```
import numpy as np
import pandas as pd
import tensorflow.compat.v1 as tf
tf.disable_v2_behavior()
import random
from collections import Counter
from sklearn.metrics import roc_curve, auc, average_precision_score
import joblib
#导入数据集并列表显示
```

```
path = './steam-video-games/steam-200k.csv'
df = pd.read_csv(path, header = None, names = ['UserID', 'Game', 'Action', 'Hours', 'Not Needed'])
df.head()
```

导入数据集如图 13-3 所示。

	UserID	Game	Action	Hours	Not Needed
0	151603712	The Elder Scrolls V Skyrim	purchase	1.0	0
1	151603712	The Elder Scrolls V Skyrim	play	273.0	0
2	151603712	Fallout 4	purchase	1.0	0
3	151603712	Fallout 4	play	87.0	0
4	151603712	Spore	purchase	1.0	0

图 13-3　导入数据集成功

由于数据杂乱，需要进行预处理以得到用户游玩的时长，相关代码如下：

```
#从购买记录和游玩记录中筛选出游戏时长
df['Hours_Played'] = df['Hours'].astype('float32')
df.loc[(df['Action'] == 'purchase')&(df['Hours'] == 1.0), 'Hours_Played'] = 0
#排序
df.UserID = df.UserID.astype('int')
df = df.sort_values(['UserID', 'Game', 'Hours_Played'])
#整理为新的表格 clean_df
clean_df = df.drop_duplicates(['UserID', 'Game'], keep = 'last').drop(['Action', 'Hours', 'Not
Needed'], axis = 1)
clean_df.head()
#输出数据集中的用户数量和游戏数量
n_users = len(clean_df.UserID.unique())
n_games = len(clean_df.Game.unique())
print('用户-游戏数据集中一共有{0}个用户,{1}个游戏'.format(n_users, n_games))
```

由于是稀疏矩阵，因而使用矩阵分解算法可以得到较好的效果，相关代码如下：

```
#计算矩阵的稀疏程度
sparsity = clean_df.shape[0] / float(n_users * n_games)
print('用户-游戏矩阵中有效数据占比为: {:.2%}'.format(sparsity))
#序列化 ID 相关代码
#建立序列化的 ID,方便使用
#用户 ID 到用户序列化 ID 的字典
user2idx = {user: i for i, user in enumerate(clean_df.UserID.unique())}
#用户序列化 ID 到用户 ID 的字典
idx2user = {i: user for user, i in user2idx.items()}
#游戏名到游戏序列化 ID 的字典
game2idx = {game: i for i, game in enumerate(clean_df.Game.unique())}
#游戏序列化 ID 到游戏名的字典
idx2game = {i: game for game, i in game2idx.items()}
#将字典保存,用于 PyQt5 中
joblib.dump(idx2game, './Save_data/idx2game.pkl')
```

```
joblib.dump(game2idx, './Save_data/game2idx.pkl')
```

将用户ID、游戏名称、游戏时长分别存储为数组，其中用户ID、游戏名称使用前一步得到的序列化ID存储，以便使用，相关代码如下：

```
#用户序列化 ID - 游戏序列化 ID - 游戏时长
user_idx = clean_df['UserID'].apply(lambda x: user2idx[x]).values
game_idx = clean_df['gamesIdx'] = clean_df['Game'].apply(lambda x:game2idx[x]).values
hours = clean_df['Hours_Played'].values
#保存游戏时长矩阵
hours_save = np.zeros(shape = (n_users, n_games))
for i in range(len(user_idx)):
    hours_save[user_idx[i], game_idx[i]] = hours[i]
joblib.dump(hours_save, './Save_data/hours.pkl')
```

根据用户的购买情况建立矩阵，未购买的游戏标识为0，购买的游戏标识为1。根据游戏时长建立置信度矩阵，游戏时长越长，说明玩家越喜欢该游戏。因此，置信度随着游戏时长的提高而提高，最小值为1，若为0，则与未购买的游戏相同，但用户购买说明对该游戏感兴趣，相关代码如下：

```
#建立稀疏矩阵存储大数据集
#购买矩阵
#未购买标识为 0
#购买标识为 1
#置信度矩阵
#根据游戏时长提高置信度,最低为 1
zero_matrix = np.zeros(shape = (n_users, n_games))
#购买矩阵
user_game_pref = zero_matrix.copy()
user_game_pref[user_idx, game_idx] = 1
#保存购买矩阵
joblib.dump(user_game_pref, './Save_data/buy.pkl')
#置信度矩阵
user_game_interactions = zero_matrix.copy()
user_game_interactions[user_idx, game_idx] = hours + 1
#为保证准确率,需要用户购买的数量达到一定值,设置阈值为 10 款游戏
k = 5
#对于每个用户计算他们购买的游戏数量
purchase_counts = np.apply_along_axis(np.bincount, 1, user_game_pref.astype(int))
buyers_idx = np.where(purchase_counts[:, 1] >= 2 * k)[0]
#购买超过 2 * k 个游戏的买家集合
print('{0}名玩家购买了至少{1}款游戏'.format(len(buyers_idx), 2 * k))
#保存有效购买用户名单
joblib.dump(buyers_idx, './Save_data/buyers.pkl')
```

在2189名用户中，划分出训练集、测试集、验证集，比例分别为80%、10%、10%，相关代码如下：

```
test_frac = 0.2 #10%数据用来验证,10%数据用来测试
test_users_idx = np.random.choice(buyers_idx,
                                  size = int(np.ceil(len(buyers_idx) * test_frac)),
                                  replace = False)
val_users_idx = test_users_idx[:int(len(test_users_idx) / 2)]
test_users_idx = test_users_idx[int(len(test_users_idx) / 2):]
```

准确率的计算方式：通过掩盖5个用户购买的游戏，使用模型得到推荐的5个游戏与掩盖的游戏相比计算准确率，相关代码如下：

```
#在训练集中掩盖k个游戏
def data_process(dat, train, test, user_idx, k):
    for user in user_idx:
        purchases = np.where(dat[user, :] == 1)[0]
        mask = np.random.choice(purchases, size = k, replace = False)
        train[user, mask] = 0
        test[user, mask] = dat[user, mask]
    return train, test
train_matrix = user_game_pref.copy()
test_matrix = zero_matrix.copy()
val_matrix = zero_matrix.copy()
train_matrix, val_matrix = data_process(user_game_pref, train_matrix,
val_matrix, val_users_idx, k)
train_matrix, test_matrix = data_process(user_game_pref, train_matrix,
test_matrix, test_users_idx, k)
#测试是否将部分游戏掩盖
test_matrix[test_users_idx[0],test_matrix[test_users_idx[0],:].nonzero()[0]]
train_matrix[test_users_idx[0],test_matrix[test_users_idx[0],:].nonzero()[0]]
```

13.3.2　模型构建

数据加载进模型之后，需要定义模型结构，并优化损失函数。

1. 定义模型结构

使用矩阵分解算法，将用户-游戏的稀疏矩阵用两个小矩阵——特征-游戏矩阵和用户-特征矩阵，进行近似替代。

```
tf.reset_default_graph()
#偏好矩阵
pref = tf.placeholder(tf.float32, (n_users, n_games))
#游戏时间矩阵
interactions = tf.placeholder(tf.float32, (n_users, n_games))
user_idx = tf.placeholder(tf.int32, (None))
n_features = 30                    #隐藏特征个数设置为30
#X矩阵(用户-隐藏特征)表示用户潜在偏好
X = tf.Variable(tf.truncated_normal([n_users, n_features], mean = 0,
```

```
stddev = 0.05), dtype = tf.float32, name = 'X')
#Y矩阵(游戏-隐藏特征)表示游戏潜在特征
Y = tf.Variable(tf.truncated_normal([n_games, n_features], mean = 0,
stddev = 0.05), dtype = tf.float32, name = 'Y')
#初始化用户偏差
user_bias = tf.Variable(tf.truncated_normal([n_users, 1], stddev = 0.2))
#将向量连接到用户矩阵
X_plus_bias = tf.concat([X,
                         user_bias,
                         tf.ones((n_users, 1), dtype = tf.float32)],
                         axis = 1)
#初始化游戏偏差
item_bias = tf.Variable(tf.truncated_normal([n_games, 1], stddev = 0.2))
#将向量连接到游戏矩阵
Y_plus_bias = tf.concat([Y,
                         tf.ones((n_games, 1), dtype = tf.float32),
                         item_bias],
                         axis = 1)
#通过矩阵乘积确定结果评分矩阵
pred_pref = tf.matmul(X_plus_bias, Y_plus_bias, transpose_b = True)
#使用游戏时长与alpha参数构造置信度矩阵
conf = 1 + conf_alpha * interactions
```

2. 优化损失函数

L2 范数常用于矩阵分解算法的损失函数中。因此，本项目的损失函数也引入了 L2 范数以避免过拟合现象。使用 Adagrad 优化器优化模型参数，相关代码如下：

```
cost = tf.reduce_sum(tf.multiply(conf, tf.square(tf.subtract(pref, pred_pref))))
l2_sqr = tf.nn.l2_loss(X) + tf.nn.l2_loss(Y) + tf.nn.l2_loss(user_bias) + tf.nn.l2_loss
(item_bias)
lambda_c = 0.01
loss = cost + lambda_c * l2_sqr
lr = 0.05
optimize = tf.train.AdagradOptimizer(learning_rate = lr).minimize(loss)
```

13.3.3 模型训练及保存

由于本项目使用的数据集中，将游戏的 DLC(Downloadable Content，后续可下载内容)单独作为另一款游戏列举，因此，在计算准确率时，DLC 和游戏本体判定为同一款游戏，同系列的游戏也可以判定为同一款，相关代码如下：

```
#精确度计算优化，将游戏本体和DLC合并为同一款游戏
def precision_dlc(recommandations, labels):
    #推荐的游戏按单词划分
    recommandations_split = []
```

```
    #实际购买的游戏按单词划分
    labels_split = []
    for label in labels:
        labels_split.append(idx2game[label].split())
    for game in recommandations:
        recommandations_split.append(idx2game[game].split())
    count = 0
    for game in recommandations_split:
        for label in labels_split:
            #当推荐的游戏与实际购买的游戏单词重合度高于阈值判定为同一款游戏
            if(len(set(game)&set(label))/min(len(game),len(label))) > 0.2:
                count += 1
                break
    return float(count / len(recommandations))
```

推荐的游戏方式为：对用户-游戏矩阵进行排序，选取评分最高的5个游戏作为推荐，计算准确率并返回，相关代码如下：

```
#从预测的列表中挑选最高的k个
def top_k_precision(pred, mat, k, user_idx):
    precisions = []
    for user in user_idx:
        rec = np.argsort(-pred[user, :])
        #选取推荐评分最高的k个
        top_k = rec[:k]
        labels = mat[user, :].nonzero()[0]
        #计算推荐与实际的准确率并返回
        precision = precision_dlc(top_k, labels)
        precisions.append(precision)
    return np.mean(precisions)
```

1. 模型训练

相关代码如下：

```
iterations = 500
#绘图用数据：误差、训练集准确率
fig_loss = np.zeros([iterations])
fig_train_precision = np.zeros([iterations])
with tf.Session() as sess:
    sess.run(tf.global_variables_initializer())
    for i in range(iterations):
        sess.run(optimize, feed_dict = {pref: train_matrix,
                    interactions: user_game_interactions})
        if i % 10 == 0:
            mod_loss = sess.run(loss, feed_dict = {pref: train_matrix,
                                    interactions: user_game_interactions})
            mod_pred = pred_pref.eval()
```

```
            train_precision = top_k_precision(mod_pred, train_matrix,
                                              k, val_users_idx)
            val_precision = top_k_precision(mod_pred, val_matrix,
                                              k, val_users_idx)
            print('当前进度：{}...'.format(i),
                  '误差为：{:.2f}...'.format(mod_loss),
                  '训练集上的正确率：{:.3f}...'.format(train_precision),
                  '验证集上的正确率：{:.3f}'.format(val_precision))
        fig_loss[i] = sess.run(loss, feed_dict = {pref: train_matrix,
                                     interactions: user_game_interactions})
        fig_train_precision[i] = top_k_precision(mod_pred, train_matrix,
                                              k, val_users_idx)
    rec = pred_pref.eval()
    test_precision = top_k_precision(rec, test_matrix, k, test_users_idx)
    print('\n')
    print('模型完成,正确率为：{:.3f}'.format(test_precision))
```

完成 500 次训练,每训练 10 次输出在训练集和验证集上的准确率,如图 13-4 所示。

```
当前进度：300... 误差为：185961.42... 训练集上的止确率：0.794... 验证集上的止确率：0.320
当前进度：310... 误差为：183166.92... 训练集上的正确率：0.795... 验证集上的正确率：0.318
当前进度：320... 误差为：180330.06... 训练集上的正确率：0.796... 验证集上的正确率：0.318
当前进度：330... 误差为：177442.67... 训练集上的正确率：0.796... 验证集上的正确率：0.321
当前进度：340... 误差为：174496.14... 训练集上的正确率：0.799... 验证集上的正确率：0.320
当前进度：350... 误差为：171481.20... 训练集上的正确率：0.798... 验证集上的正确率：0.319
当前进度：360... 误差为：168387.78... 训练集上的正确率：0.798... 验证集上的正确率：0.318
当前进度：370... 误差为：165204.62... 训练集上的正确率：0.799... 验证集上的正确率：0.320
当前进度：380... 误差为：161919.08... 训练集上的正确率：0.801... 验证集上的正确率：0.319
当前进度：390... 误差为：158516.61... 训练集上的正确率：0.801... 验证集上的正确率：0.319
当前进度：400... 误差为：154980.30... 训练集上的正确率：0.801... 验证集上的正确率：0.318
当前进度：410... 误差为：151290.12... 训练集上的正确率：0.805... 验证集上的正确率：0.321
当前进度：420... 误差为：147421.83... 训练集上的正确率：0.805... 验证集上的正确率：0.321
当前进度：430... 误差为：143345.64... 训练集上的正确率：0.804... 验证集上的正确率：0.325
当前进度：440... 误差为：139023.97... 训练集上的正确率：0.807... 验证集上的正确率：0.328
当前进度：450... 误差为：134408.44... 训练集上的正确率：0.810... 验证集上的正确率：0.331
当前进度：460... 误差为：129434.48... 训练集上的正确率：0.814... 验证集上的正确率：0.334
当前进度：470... 误差为：124013.06... 训练集上的正确率：0.816... 验证集上的正确率：0.334
当前进度：480... 误差为：118015.20... 训练集上的正确率：0.814... 验证集上的正确率：0.339
当前进度：490... 误差为：111242.29... 训练集上的正确率：0.814... 验证集上的正确率：0.340
```

图 13-4 训练结果

2. 模型保存

为方便使用模型,需要将训练得到的结果使用 Joblib 进行保存,相关代码如下：

```
#将训练得到的评分矩阵保存
with tf.Session() as sess:
    sess.run(tf.global_variables_initializer())
    joblib.dump(pred_pref.eval(), './Save_data/rec.pkl')
```

模型保存后,可以方便在 PyQt 5 或其他项目中使用。

13.3.4 模型测试

一是制作页面的布局,获取并检查输入的数据；二是将获取的数据与之前保存的模型进行匹配达到应用效果。

1. 制作页面

相关操作如下：

(1) 使用代码绘制页面的基础布局，创建 Recommandation 类。

```
class Recommandation(QWidget):
#初始化
    def __init__(self):
        super().__init__()
        self.initUI()
#初始化布局
    def initUI(self):
        #设置界面的初始位置和大小
        self.setGeometry(600,200,450,550)
        #窗口名
        self.setWindowTitle('steam 游戏推荐')
        #设置组件,以下为标签
        self.lb1 = QLabel('请输入游戏名: ',self)
        #这是所在位置
        self.lb1.move(20,20)
        self.lb2 = QLabel('请输入游戏名: ',self)
        self.lb2.move(20,80)
        self.lb3 = QLabel('请输入游戏名: ',self)
        self.lb3.move(20,140)
        self.lb4 = QLabel('请输入游戏名: ',self)
        self.lb4.move(20,200)
        self.lb5 = QLabel('请输入游戏名: ',self)
        self.lb5.move(20,260)
        #以下为下拉输入框的创建
        self.combobox1 = QComboBox(self, minimumWidth=200)
        self.combobox1.move(100,20)
        self.combobox1.setEditable(True)
        self.combobox2 = QComboBox(self, minimumWidth=200)
        self.combobox2.move(100,80)
        self.combobox2.setEditable(True)
        self.combobox3 = QComboBox(self, minimumWidth=200)
        self.combobox3.move(100,140)
        self.combobox3.setEditable(True)
        self.combobox4 = QComboBox(self, minimumWidth=200)
        self.combobox4.move(100,200)
        self.combobox4.setEditable(True)
        self.combobox5 = QComboBox(self, minimumWidth=200)
        self.combobox5.move(100,260)
        self.combobox5.setEditable(True)
        #以下为输入的按钮设置
        self.bt1 = QPushButton('请输入游戏时间',self)
```

```
        self.bt1.move(330,20)
        self.bt2 = QPushButton('请输入游戏时间',self)
        self.bt2.move(330,80)
        self.bt3 = QPushButton('请输入游戏时间',self)
        self.bt3.move(330,140)
        self.bt4 = QPushButton('请输入游戏时间',self)
        self.bt4.move(330,200)
        self.bt5 = QPushButton('请输入游戏时间',self)
        self.bt5.move(330,260)
        #推荐按钮
        self.bt = QPushButton('推荐开始',self)
        self.bt.move(20,400)
        #初始化下拉输入框
        self.init_combobox()
        #连接按钮与槽
        self.bt1.clicked.connect(self.timeDialog)
        self.bt2.clicked.connect(self.timeDialog)
        self.bt3.clicked.connect(self.timeDialog)
        self.bt4.clicked.connect(self.timeDialog)
        self.bt5.clicked.connect(self.timeDialog)
        #连接推荐
        self.bt.clicked.connect(self.recommand)
```

connect()是Qt特有的信号与槽机制，槽接收到信号进行处理。在这里使用了clicked作为信号，单击按钮会发出信号。

(2) 初始化下拉输入框，将gamelist输入下拉框的菜单，以及添加自动补全机能。

```
    #初始化下拉输入框
    def init_combobox(self):
        #增加选项元素
        for i in range(len(gamelist)):
            self.combobox1.addItem(gamelist[i])
            self.combobox2.addItem(gamelist[i])
            self.combobox3.addItem(gamelist[i])
            self.combobox4.addItem(gamelist[i])
            self.combobox5.addItem(gamelist[i])
        self.combobox1.setCurrentIndex(-1)
        self.combobox2.setCurrentIndex(-1)
        self.combobox3.setCurrentIndex(-1)
        self.combobox4.setCurrentIndex(-1)
        self.combobox5.setCurrentIndex(-1)
        #增加自动补全
        self.completer = QCompleter(gamelist)
        #补全方式
        self.completer.setFilterMode(Qt.MatchStartsWith)
        self.completer.setCompletionMode(QCompleter.PopupCompletion)
        self.combobox1.setCompleter(self.completer)
```

```
        self.combobox2.setCompleter(self.completer)
        self.combobox3.setCompleter(self.completer)
        self.combobox4.setCompleter(self.completer)
        self.combobox5.setCompleter(self.completer)
```

(3) 设置槽,同时存储数据。

相关操作如下:

```
    def timeDialog(self):
    #获取信号
        sender = self.sender()
        if sender == self.bt1:
                #获取下拉输入框 1 输入的游戏名
                gamename = self.combobox1.currentText()
                #通过字典 game2idx 查询获得的游戏名所对应的序列号
                gameid = game2idx.get(gamename)
                #没有序列号的情况,可以理解为未输入正确的游戏名,或者输入为空
                if gameid == None:
                    #这种情况下生成一个 MessageBox 报错
                    reply = QMessageBox.information(self,'Error','请输入正确的游戏名!',
QMessageBox.Close)
                else:
                  #输入正确的情况,将游戏名字、ID,分别记录到一个字典里,方便保存与更改
                    gamedict[1] = gamename
                    idxdict[1] = gameid
                    #弹出一个文本输入框,要求输入对应游戏时长
                    text, ok = QInputDialog.getDouble(self, '游戏时间', '请输入游戏时间: ',
min = 0.1)
                    #如果输入正确,将时长记录到一个字典中,方便保存与更改
                    if ok:
                        timedict[1] = text
        elif sender == self.bt2:
                gamename = self.combobox2.currentText()
                gameid = game2idx.get(gamename)
                if gameid == None:
                    reply = QMessageBox.information(self,'Error','请输入正确的游戏名!',
QMessageBox.Close)
                else:
                    gamedict[2] = gamename
                    idxdict[2] = gameid
                    text, ok = QInputDialog.getDouble(self, '游戏时间', '请输入游戏时间: ',
min = 0.1)
                    if ok:
                        timedict[2] = text
        elif sender == self.bt3:
                gamename = self.combobox3.currentText()
                gameid = game2idx.get(gamename)
```

```
                if gameid == None:
                    reply = QMessageBox.information(self,'Error','请输入正确的游戏名!',
QMessageBox.Close)
                else:
                    gamedict[3] = gamename
                    idxdict[3] = gameid
                    text, ok = QInputDialog.getDouble(self, '游戏时间', '请输入游戏时间: ',
min = 0.1)
                    if ok:
                        timedict[3] = text
            elif sender == self.bt4:
                gamename = self.combobox4.currentText()
                gameid = game2idx.get(gamename)
                if gameid == None:
                    reply = QMessageBox.information(self,'Error','请输入正确的游戏名!',
QMessageBox.Close)
                else:
                    gamedict[4] = gamename
                    idxdict[4] = gameid
                    text, ok = QInputDialog.getDouble(self, '游戏时间', '请输入游戏时间: ',
min = 0.1)
                    if ok:
                        timedict[4] = text
            elif sender == self.bt5:
                gamename = self.combobox5.currentText()
                gameid = game2idx.get(gamename)
                if gameid == None:
                    reply = QMessageBox.information(self,'Error','请输入正确的游戏名!',
QMessageBox.Close)
                else:
                    gamedict[5] = gamename
                    idxdict[5] = gameid
                    text, ok = QInputDialog.getDouble(self, '游戏时间', '请输入游戏时间: ',
min = 0.1)
                    if ok:
                        timedict[5] = text
```

(4) 验证数据是否输入完毕,以及准备调用模型。

```
    def recommand(self):
        #验证是否存在没有写入的数据
        c = 0
        for i in range(1,6):
            if gamedict[i] == "NULL":
                c += 1
            if idxdict[i] == "NULL":
                c += 1
```

```
            if timedict[i] == "NULL":
                c += 1
        #全部写完的情况
        if c == 0:
            #将字典转化为列表
            usertime = list(timedict.values())
            useridx = list(idxdict.values())
            #调用模型
            allrecidx = UserSimilarity(useridx,usertime)
            #降序排列数据
            rr = np.argsort(-allrecidx)
            #获取排行前五的游戏 ID
            top_k = rr[:5]
            #将 ID 对应的游戏名字输入数组
            for i in top_k:
                recgame.append(idx2game[i])
            #将数组转化为字符串并输出
            reclist = ','.join(recgame)
            reply = QMessageBox.information(self,'推荐的游戏','给您推荐的游戏是'+reclist,
QMessageBox.Close)
        #存在没有写完的数据,要求重新写入
        else:
            reply = QMessageBox.information(self,'Error','请输入全部数据!', QMessageBox.Close)
```

2. 模型导入及调用

相关操作如下：

(1) 加载当前文件夹下的 Save_data 模型。

```
game2idx = joblib.load('./Save_data/game2idx.pkl')
idx2game = joblib.load('./Save_data/idx2game.pkl')
rec = joblib.load('./Save_data/rec.pkl')
hours = joblib.load('./Save_data/hours.pkl')
buy = joblib.load('./Save_data/buy.pkl')
users = joblib.load('./Save_data/buyers.pkl')
```

(2) 创建一个用户相似度函数。

```
def UserSimilarity(games, game_hours):
    similarity = np.zeros(len(users))                  #用户相似度矩阵
    for i in range(len(users)):
        #计算用户输入的游戏与数据集中每个用户购买游戏的重合度
        coincidence = 0                                #重合度,每重合一个游戏加1
        positions = []                                 #重合游戏在 games 中的位置
        #获取数据集中的第 i 个玩家与用户输入的重合情况
        for ii in range(len(games)):
            if games[ii] in np.where(buy[users[i], :] == 1)[0]:
                coincidence += 1
```

```
                positions.append(ii)
        #如果没有重合,则相似度为0,跳过
        if coincidence == 0:
            continue
        simi = []
        #将重合的游戏,根据时长和相同游戏的时长差取绝对值,根据e^-x计算出相似度
        for position in positions:
            game = games[position]
            hour = abs(game_hours[position] - hours[users[i], game])
            simi.append(math.exp( - hour))
        #对所有相似度取均值,得到用户与数据集中第i个玩家的相似度similarity[i]
        similarity[i] = sum(simi) / coincidence
    #相似度与玩家-游戏矩阵每行相乘
    for i in range(len(users)):
        user = users[i]
        rec[user] = rec[user] * similarity[i]
      new_rec = np.zeros(len(rec[0])) # 1 * n_games矩阵
    #将玩家-游戏矩阵按列相加,得到用户对每个游戏的喜好程度,即new_rec矩阵
    for i in range(len(new_rec)):
        for user in users:
            new_rec[i] += rec[user][int(i)]
    return new_rec
```

3. 模型测试代码

相关代码如下：

```
import joblib
import numpy as np
import pandas as pd
import math
import sys
from PyQt5.QtWidgets import *
from PyQt5.QtGui import *
from PyQt5.QtCore import *
#读取数据
game2idx = joblib.load('./Save_data/game2idx.pkl')
idx2game = joblib.load('./Save_data/idx2game.pkl')
rec = joblib.load('./Save_data/rec.pkl')
hours = joblib.load('./Save_data/hours.pkl')
buy = joblib.load('./Save_data/buy.pkl')
users = joblib.load('./Save_data/buyers.pkl')
#游戏名称列表
gamelist = list(game2idx)
#游戏数
n_game = len(gamelist)
#传入字典
```

```
gamedict = {1:"NULL",2:"NULL",3:"NULL",4:"NULL",5:"NULL"}
timedict = {1:"NULL",2:"NULL",3:"NULL",4:"NULL",5:"NULL"}
idxdict = {1:"NULL",2:"NULL",3:"NULL",4:"NULL",5:"NULL"}
#下面两个是要传递的
usertime = []
useridx = []
#下面是返回的推荐游戏
recgame = []
#相似度推荐
def UserSimilarity(games, game_hours):
    similarity = np.zeros(len(users))                    #用户相似度矩阵
    for i in range(len(users)):
        #计算用户输入的游戏与数据集中每个用户购买游戏的重合度
        coincidence = 0                                  #重合度
        positions = []                                   #重合游戏在 games 中的位置
        for ii in range(len(games)):
            if games[ii] in np.where(buy[users[i], :] == 1)[0]:
                coincidence += 1
                positions.append(ii)
        if coincidence == 0:
            continue
        simi = []
        for position in positions:
            game = games[position]
            hour = abs(game_hours[position] - hours[users[i], game])
            simi.append(math.exp( - hour))
        similarity[i] = sum(simi) / coincidence
    #相似度与玩家-游戏矩阵每行相乘
    for i in range(len(users)):
        user = users[i]
        rec[user] = rec[user] * similarity[i]
        new_rec = np.zeros(len(rec[0])) #1 * n_games 矩阵
    for i in range(len(new_rec)):
        for user in users:
            new_rec[i] += rec[user][int(i)]
    return new_rec
class Recommandation(QWidget):
    #初始化
    def __init__(self):
        super().__init__()
        self.initUI()
    #初始化布局
    def initUI(self):
        #设置界面的初始位置和大小
        self.setGeometry(600,200,450,550)
        #窗口名
        self.setWindowTitle('steam 游戏推荐')
```

```
#设置组件,以下为标签
self.lb1 = QLabel('请输入游戏名：',self)
#这是所在位置
self.lb1.move(20,20)
self.lb2 = QLabel('请输入游戏名：',self)
self.lb2.move(20,80)
self.lb3 = QLabel('请输入游戏名：',self)
self.lb3.move(20,140)
self.lb4 = QLabel('请输入游戏名：',self)
self.lb4.move(20,200)
self.lb5 = QLabel('请输入游戏名：',self)
self.lb5.move(20,260)
#以下为下拉输入框的创建
self.combobox1 = QComboBox(self, minimumWidth = 200)
self.combobox1.move(100,20)
self.combobox1.setEditable(True)
self.combobox2 = QComboBox(self, minimumWidth = 200)
self.combobox2.move(100,80)
self.combobox2.setEditable(True)
self.combobox3 = QComboBox(self, minimumWidth = 200)
self.combobox3.move(100,140)
self.combobox3.setEditable(True)
self.combobox4 = QComboBox(self, minimumWidth = 200)
self.combobox4.move(100,200)
self.combobox4.setEditable(True)
 self.combobox5 = QComboBox(self, minimumWidth = 200)
self.combobox5.move(100,260)
self.combobox5.setEditable(True)
#以下为输入的按钮设置
self.bt1 = QPushButton('请输入游戏时间',self)
self.bt1.move(330,20)
self.bt2 = QPushButton('请输入游戏时间',self)
self.bt2.move(330,80)
self.bt3 = QPushButton('请输入游戏时间',self)
self.bt3.move(330,140)
self.bt4 = QPushButton('请输入游戏时间',self)
self.bt4.move(330,200)
self.bt5 = QPushButton('请输入游戏时间',self)
self.bt5.move(330,260)
#推荐按钮
self.bt = QPushButton('推荐开始',self)
self.bt.move(20,400)
#初始化下拉输入框
self.init_combobox()
#连接按钮与槽
self.bt1.clicked.connect(self.timeDialog)
self.bt2.clicked.connect(self.timeDialog)
```

```
        self.bt3.clicked.connect(self.timeDialog)
        self.bt4.clicked.connect(self.timeDialog)
        self.bt5.clicked.connect(self.timeDialog)
        #连接推荐
        self.bt.clicked.connect(self.recommand)
        #初始化下拉输入框
    def init_combobox(self):
        #增加选项元素
        for i in range(len(gamelist)):
            self.combobox1.addItem(gamelist[i])
            self.combobox2.addItem(gamelist[i])
            self.combobox3.addItem(gamelist[i])
            self.combobox4.addItem(gamelist[i])
            self.combobox5.addItem(gamelist[i])
        self.combobox1.setCurrentIndex(-1)
        self.combobox2.setCurrentIndex(-1)
        self.combobox3.setCurrentIndex(-1)
        self.combobox4.setCurrentIndex(-1)
        self.combobox5.setCurrentIndex(-1)
        #增加自动补全
        self.completer = QCompleter(gamelist)
        #补全方式
        self.completer.setFilterMode(Qt.MatchStartsWith)
        self.completer.setCompletionMode(QCompleter.PopupCompletion)
        self.combobox1.setCompleter(self.completer)
        self.combobox2.setCompleter(self.completer)
        self.combobox3.setCompleter(self.completer)
        self.combobox4.setCompleter(self.completer)
        self.combobox5.setCompleter(self.completer)
        def timeDialog(self):
        #获取信号
        sender = self.sender()
        if sender == self.bt1:
                #获取下拉输入框 1 输入的游戏名
                gamename = self.combobox1.currentText()
                #通过字典 game2idx 查询获得的游戏名所对应的序列号
                gameid = game2idx.get(gamename)
                #没有序列号的情况,可以理解为未输入正确的游戏名,或者输入为空
                if gameid == None:
                    #这种情况下生成一个 MessageBox 报错
                    reply = QMessageBox.information(self,'Error','请输入正确的游戏名!',
QMessageBox.Close)
                else:
            #输入正确的情况,将游戏名字、ID,分别记录到一个字典里,方便保存与更改
                    gamedict[1] = gamename
                    idxdict[1] = gameid
                    #弹出一个文本输入框,要求输入对应的游戏时长
```

```
                text, ok = QInputDialog.getDouble(self, '游戏时间', '请输入游戏时间：',
min = 0.1)
                #如果输入正确,将时长记录到一个字典中,方便保存与更改
                if ok:
                    timedict[1] = text
        elif sender == self.bt2:
            gamename = self.combobox2.currentText()
            gameid = game2idx.get(gamename)
            if gameid == None:
                reply = QMessageBox.information(self,'Error','请输入正确的游戏名!',
QMessageBox.Close)
            else:
                gamedict[2] = gamename
                idxdict[2] = gameid
                text, ok = QInputDialog.getDouble(self, '游戏时间', '请输入游戏时间：',
min = 0.1)
                if ok:
                    timedict[2] = text
        elif sender == self.bt3:
            gamename = self.combobox3.currentText()
            gameid = game2idx.get(gamename)
            if gameid == None:
                reply = QMessageBox.information(self,'Error','请输入正确的游戏名!',
QMessageBox.Close)
            else:
                gamedict[3] = gamename
                idxdict[3] = gameid
                text, ok = QInputDialog.getDouble(self, '游戏时间', '请输入游戏时间：',
min = 0.1)
                if ok:
                    timedict[3] = text
        elif sender == self.bt4:
            gamename = self.combobox4.currentText()
            gameid = game2idx.get(gamename)
            if gameid == None:
                reply = QMessageBox.information(self,'Error','请输入正确的游戏名!',
QMessageBox.Close)
            else:
                gamedict[4] = gamename
                idxdict[4] = gameid
                text, ok = QInputDialog.getDouble(self, '游戏时间', '请输入游戏时间：',
min = 0.1)
                if ok:
                    timedict[4] = text
        elif sender == self.bt5:
            gamename = self.combobox5.currentText()
            gameid = game2idx.get(gamename)
```

```
                if gameid == None:
                    reply = QMessageBox.information(self,'Error','请输入正确的游戏名!',
QMessageBox.Close)
                else:
                    gamedict[5] = gamename
                    idxdict[5] = gameid
                    text, ok = QInputDialog.getDouble(self, '游戏时间', '请输入游戏时间: ',
min = 0.1)
                    if ok:
                        timedict[5] = text
            def recommand(self):
        #验证是否存在没有写入的数据
        c = 0
        for i in range(1,6):
            if gamedict[i] == "NULL":
                c+=1
            if idxdict[i] == "NULL":
                c+=1
            if timedict[i] == "NULL":
                c+=1
        #全部写完的情况
        if c == 0:
            #将字典转化为列表
            usertime = list(timedict.values())
            useridx = list(idxdict.values())
            #调用模型
            allrecidx = UserSimilarity(useridx,usertime)
            #降序排列数据
            rr = np.argsort(-allrecidx)
            #获取排行前五的游戏 ID
            top_k = rr[:5]
            #将 ID 对应的游戏名字输入数组
            for i in top_k:
                recgame.append(idx2game[i])
            #将数组转化为字符串并输出
            reclist = ','.join(recgame)
            reply = QMessageBox.information(self,'推荐的游戏','给您推荐的游戏是'+reclist,
QMessageBox.Close)
        #存在没有写完的数据,要求重新写入
        else:
            reply = QMessageBox.information(self,'Error','请输入全部数据!', QMessageBox.
Close)
#主函数
if __name__ == "__main__":
    app = QApplication(sys.argv)
    w = Recommandation()
    w.show()
    sys.exit(app.exec_())
```

13.4 系统测试

本部分包括训练准确率、测试效果及模型应用。

13.4.1 训练准确率

训练集上的准确率达到81%以上，如图13-5所示。

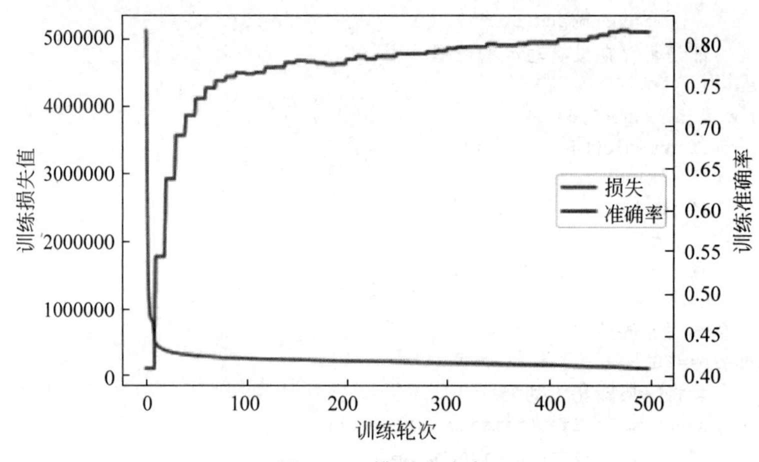

图13-5 模型准确率

13.4.2 测试效果

将数据代入模型进行测试，使用上述步骤中的准确度计算函数，推荐游戏与实际购买游戏进行对比，相关代码如下：

```
n_examples = 5
users = np.random.choice(test_users_idx, size = n_examples,replace = False)
rec_games = np.argsort( - rec)
for user in users:
    purchase_history = np.where(train_matrix[user, : ] != 0)[0]
    recommandations = rec_games[user, : ]
    new_recommandations = recommandations[~np.in1d(recommandations, purchase_history)][:k]
    print('给 id 为{0}的玩家推荐的游戏如下：'.format(idx2user[user]))
    print(','.join([idx2game[game] for game in new_recommandations]))
    print('玩家实际购买游戏如下：')
    print(','.join([idx2game[game] for game in
        np.where(test_matrix[user, : ] != 0)[0]]))
    print('准确率：{:.2f} %'.format(100 * precision_dlc(new_recommandations,np.where(test_
matrix[user, : ] != 0)[0])))
    print('\n')
```

测试集输出结果如图 13-6 所示。

```
给id为21539893的玩家推荐的游戏如下:
Left 4 Dead 2, Rocket League, Portal 2, PAYDAY 2, Castle Crashers
玩家实际购买游戏如下:
Half-Life 2 Lost Coast, Arma 2 Operation Arrowhead, Tom Clancy's Splinter Cell Blacklist, Medal of Honor(TM) Multiplayer, Tom Clancy's G
host Recon Phantoms - EU Support Starter Pack
准确率: 60.00%


给id为15702351的玩家推荐的游戏如下:
Day of Defeat Source, Half-Life 2, Day of Defeat, Deathmatch Classic, Counter-Strike
玩家实际购买游戏如下:
Counter-Strike, Day of Defeat, Deathmatch Classic, Half-Life 2, Half-Life Blue Shift
准确率: 100.00%


给id为30239820的玩家推荐的游戏如下:
Unturned, Heroes & Generals, Rust, Counter-Strike Source, The Elder Scrolls V Skyrim
玩家实际购买游戏如下:
Counter-Strike, Deathmatch Classic, Dota 2, Ricochet, Garry's Mod
准确率: 20.00%


给id为72989129的玩家推荐的游戏如下:
Call of Duty Modern Warfare 3 - Multiplayer, Age of Empires II HD Edition, The Elder Scrolls V Skyrim, Call of Duty Modern Warfare 3, To
tal War SHOGUN 2
玩家实际购买游戏如下:
Counter-Strike Source, Half-Life 2 Lost Coast, Killing Floor, Sid Meier's Civilization III Complete, Anomaly 2
准确率: 20.00%


给id为120106834的玩家推荐的游戏如下:
Team Fortress 2, Total War SHOGUN 2, Total War ATTILA, Football Manager 2015, Warhammer 40,000 Dawn of War II
玩家实际购买游戏如下:
Banished, Age of Empires II HD The Forgotten, Sid Meier's Civilization V, Sid Meier's Civilization V Brave New World, Empire Total War
准确率: 60.00%
```

图 13-6 测试集输出结果

13.4.3 模型应用

本部分包括程序使用说明和测试结果。

1. 程序使用说明

打开程序,初始界面如图 13-7 所示。

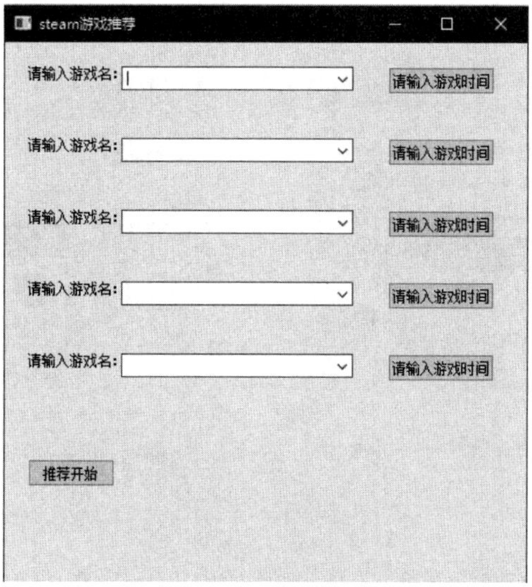

steam游戏推荐

请输入游戏名: 请输入游戏时间

请输入游戏名: 请输入游戏时间

请输入游戏名: 请输入游戏时间

请输入游戏名: 请输入游戏时间

请输入游戏名: 请输入游戏时间

推荐开始

图 13-7 应用初始界面

界面分为5个下拉输入框和6个按钮，通过输入或者选项选择游戏，单击“请输入游戏时间”的按钮，如图13-8所示。

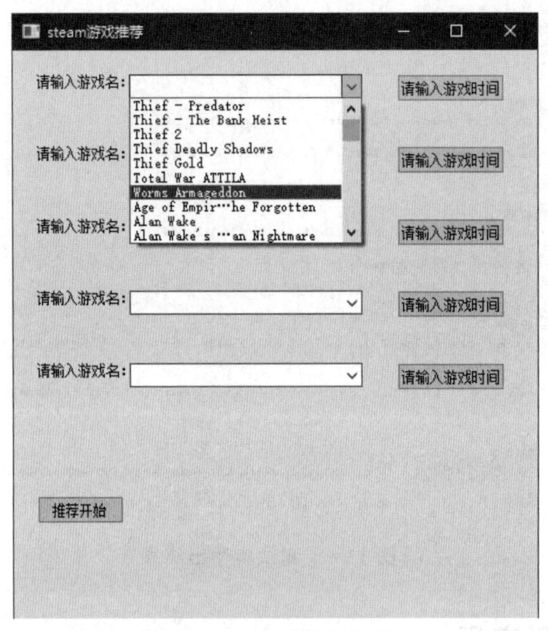

图13-8　应用展示界面

如果前面对应的游戏名输入正确，可以输入游戏时间，如图13-9所示。如果不正确，会弹出对话框，要求正确输入，如图13-10所示。

图13-9　游戏时间输入界面

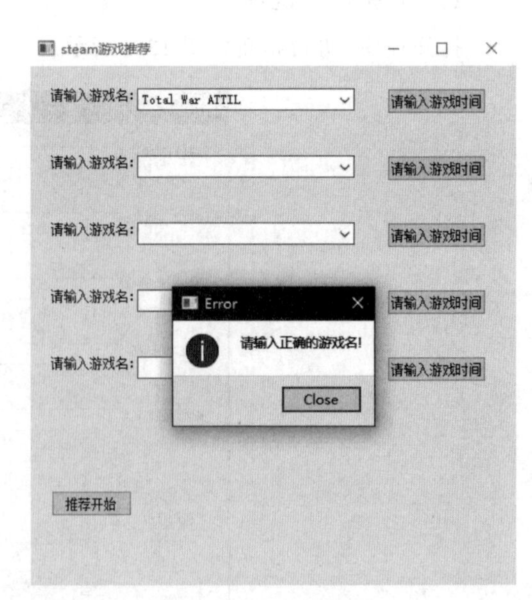

图13-10　输入错误界面

当所有数据被正确输入后，单击“推荐开始”按钮，弹出对话框，给出推荐的游戏，如图 13-11 所示。如果有数据未输入，则会弹出对话框，如图 13-12 所示。

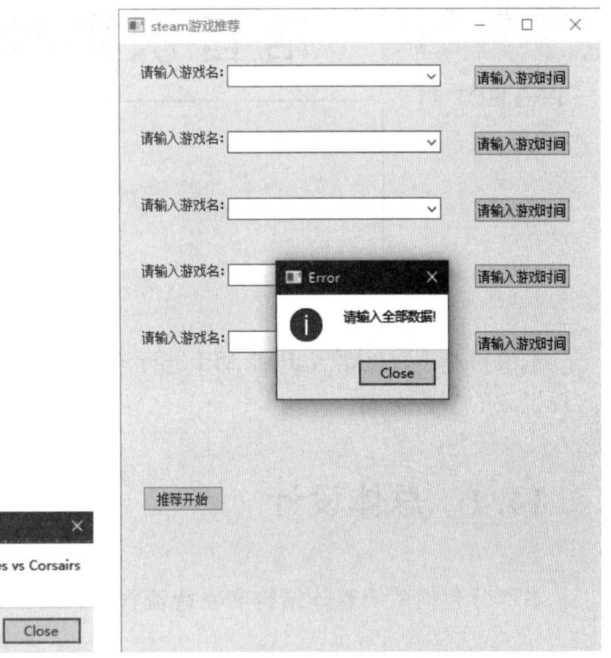

图 13-11　输入正确的推荐图　　　　图 13-12　未输入全部数据

2. 测试结果

测试结果如图 13-13 所示。

图 13-13　测试结果

项目 14 语音识别和字幕推荐系统

PROJECT 14

本项目基于百度语音识别 API 进行语音识别、视频转换音频识别、语句停顿分割识别，实现视频的字幕生成。

14.1 总体设计

本部分包括系统整体结构和系统流程。

14.1.1 系统整体结构

系统整体结构如图 14-1 所示。

14.1.2 系统流程

系统流程如图 14-2 所示。

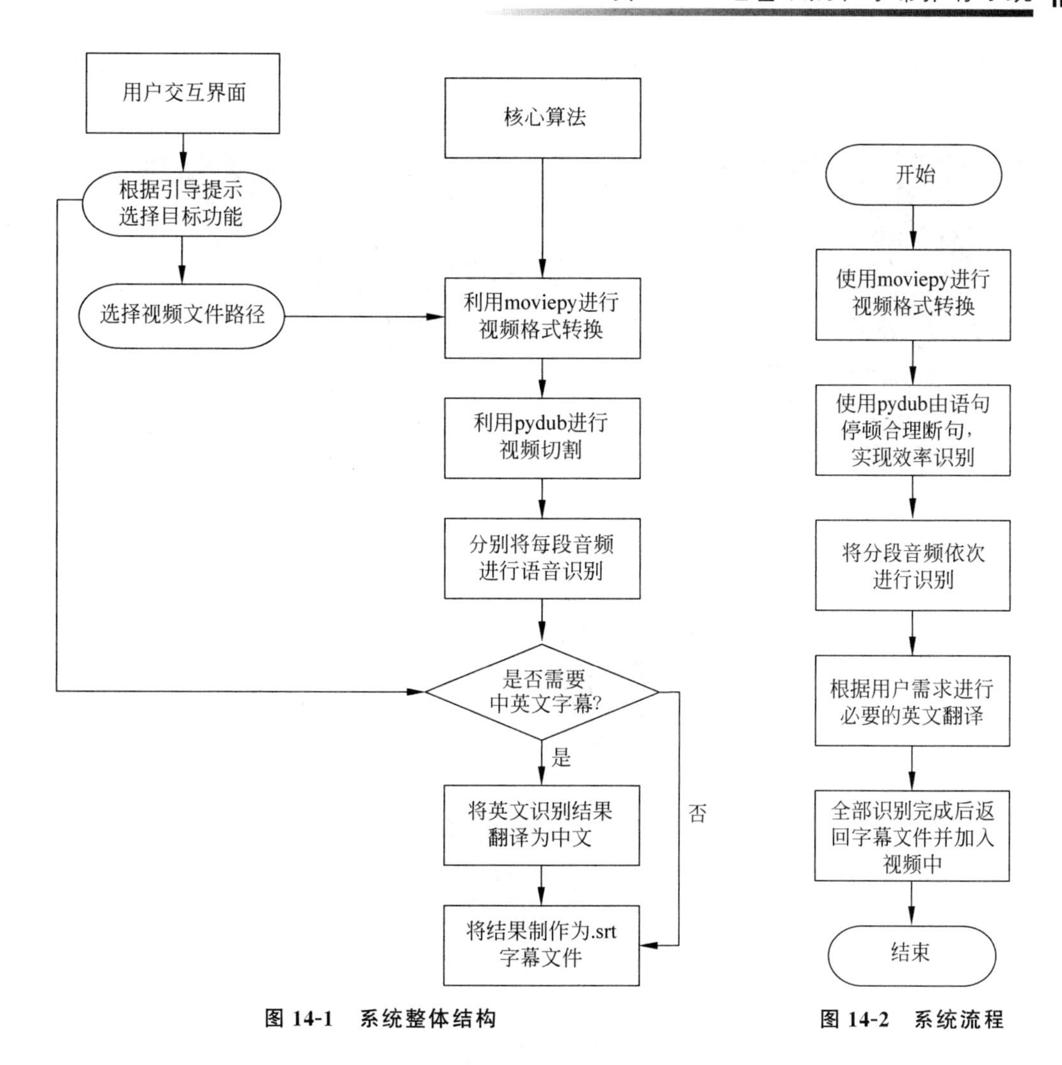

图 14-1　系统整体结构　　图 14-2　系统流程

14.2　运行环境

在 Windows 环境下完成 Python 3 所需的配置，并运行代码即可。

14.3　模块实现

本项目包括 7 个模块：数据预处理、翻译、格式转换、音频切割、语音识别、文本切割和 main 函数，下面分别给出各模块的功能介绍及相关代码。

14.3.1　数据预处理

基于百度语音 API 得到所需要的 APP_ID、API_KEY、SECRET_KEY。进入百度语音官网地址为 http://yuyin.baidu.com,在右上角单击“控制台”按钮,登录百度账号,如图 14-3 所示。

图 14-3　登录界面

在控制台左端单击“语音技术”进入语音识别界面,如图 14-4 所示。

图 14-4　语音识别界面

单击“创建项目”，根据需求填写项目名称、类型、所需接口、语音包名、应用描述等信息后即可创建成功，如图 14-5 所示。

图 14-5　创建项目

查看已创建项目即可得到 APP_ID、API_KEY、SECRET_KEY 供后续调用，在此界面也可查看被调用次数和剩余次数的信息，如图 14-6 所示。

本项目使用百度语音识别 API 接口，采用以下两种方法调用，最终采用后者。

(1) 下载使用 SDK。

根据 pip 工具使用 pip install baidu-aip 下载。

调用代码为：

```
from aip import AipSpeech
APP_ID = 'XXXXXXX'
API_KEY = '****************'
SECRET_KEY = '**********************'
client = AipSpeech(APP_ID, API_KEY, SECRET_KEY)
```

	应用名称	AppID	API Key	Secret Key	创建时间	操作
1	语音识别字幕生成			******* 显示	2020-03-18 17:33:43	报表 管理 删除

< 1 >

可用服务列表

短语音识别

API	状态	调用量限制	QPS限制	开通按量后付费 ?	购买次数包 ?	购买QPS叠加包 ?	模型训练优化
中文普通话	●免费使用	剩余免费49987次	2	开通	购买	购买 | 配额详情	立即训练
英语	●免费使用	剩余免费20000次	2	开通	购买	购买 | 配额详情	–
粤语	●免费使用	剩余免费20000次	2	开通	购买	购买 | 配额详情	–
四川话	●免费使用	剩余免费20000次	2	开通	购买	购买 | 配额详情	–

图 14-6　查看次数

```
#读取文件
def get_file_content(file_path):
    with open(file_path, 'rb') as fp:
        return fp.read()
result = client.asr(get_file_content('test2.wav'),'wav',16000,{
    'dev_pid': 1537,
})
print(type(result))
print(result)
```

(2) 不需要下载 SDK。

首先，根据文档组装.url 获取 token；其次，处理本地音频以 JSON 格式 POST 到百度语音识别服务器，获得返回结果。

```
#合成请求 token 的 URL
   url = baidu_server + "grant_type = " + grant_type + "&client_id = " + client_id + "&client_
secret = " + client_secret
    #获取 token
     res = urllib.request.urlopen(url).read()
     data = json.loads(res.decode('utf - 8'))
     token = data["access_token"]
     print(token)
```

下载配置所需要的库相关操作如下：

(1) 安装 moviepy 库。

moviepy 用于视频编辑 Python 库：切割、拼接、标题插入、视频合成、视频处理。moviepy 依赖库有 numpy、imageio、decorator、tqdm。

在 cmd 使用命令 pip install moviepy 安装 moviepy 库。

安装时可能存在的问题：发生报错导致下载安装停止时，查看报错信息可能为依赖库的缺失。

如 Anaconda 中的 Python 未安装 tqdm 发生报错，使用 conda list 查看确认缺失该库，可通过 conda install tqdm 下载安装，其他库缺失问题也可依照类似方法解决。

(2) 安装 js2py 库。

爬虫时很多网站使用 js 加密技术，js2py 可以在 Python 环境下运行 Java 代码，摆脱 Java 环境的瓶颈。制作中英文字幕时，涉及百度语音识别英文输出，需将其翻译为中文，因此，安装 js2py 库爬虫调用百度翻译的 JavaScript 脚本。

(3) 安装 pydub 库。

根据音频的静默检测语句停顿，进行合理断句识别，pydub 库使用 pip 工具安装，在 cmd 命令行输入 pip install pydub。

使用 pydub 库——from pydub import AudioSegment，验证安装是否成功可通过例程检测，若报错没有 pydub 库，则安装失败。

14.3.2 翻译

将识别的英文结果使用爬虫调用百度翻译，得到对应的中文翻译。

```
class baidu_Translate():
    def __init__(self):
        self.js = js2py.eval_js('''
            var i = null;
            function n(r, o) {
                for (var t = 0; t < o.length - 2; t += 3) {
                    var a = o.charAt(t + 2);
                    a = a >= "a" ? a.charCodeAt(0) - 87 : Number(a),
                    a = "+" === o.charAt(t + 1) ? r >>> a: r << a,
                    r = "+" === o.charAt(t) ? r + a & 4294967295 : r ^ a
                }
                return r
            }
            var hash = function e(r,gtk) {
                var o = r.match(/[\uD800 - \uDBFF][\uDC00 - \uDFFF]/g);
                if (null === o) {
                   var t = r.length;
                   t > 30 && (r = "" + r.substr(0, 10) + r.substr(Math.floor(t / 2) - 5,
10) + r.substr( - 10, 10))
                } else {
                    for (var e = r.split(/[\uD800 - \uDBFF][\uDC00 - \uDFFF]/), C = 0, h =
e.length, f = []; h > C; C++)"" !== e[C] && f.push.a
pply(f, a(e[C].split(""))),C !== h - 1 && f.push(o[C]);
                    var g = f.length;
                    g > 30 && (r = f.slice(0, 10).join("") + f.slice(Math.floor(g/ 2) - 5,
Math.floor(g / 2) + 5).join("") + f.slice( - 10).join(""))
                }
```

```
                var u = void 0,
                u = null !== i ? i: (i = gtk || "") || "";
                for (var d = u.split("."), m = Number(d[0]) || 0, s = Number(d [1]) || 0,
S = [], c = 0, v = 0; v < r.length; v++) {
                    var A = r.charCodeAt(v);
                    128 > A ? S[c++] = A: (2048 > A ? S[c++] = A >> 6 | 192 : (55296 ===
(64512 & A) && v + 1 < r.length && 56320 === (64512&r.charCodeAt(v + 1)) ? (A = 65536 +
((1023 & A) << 10) + (1023 & r.charCodeAt(++v)), S[c++] = A >> 18 | 240, S[c++] = A >> 12 &63 |
128) : S[c++] = A >> 12 | 224,S[c++] = A >> 6 & 63 | 128), S[c++] = 63 & A | 128)
                }
                for (
                var p = m,F = "+-a^+6", D = "+-3^+b+-f", b = 0;
                b < S.length; b++) p += S[b],p = n(p, F);
                return p = n(p, D),
                p ^= s,
                0 > p && (p = (2147483647 & p) + 2147483648),
                p %= 1e6,
                p.toString() + "." + (p ^ m)
            }
        ''')
        headers = {
            'user-agent': 'Mozilla/5.0 (Windows NT 10.0; WOW64) AppleWebKit/537.36 (KHTML,
like Gecko) Chrome/72.0.3626.96 Safari/537.36', }
            self.session = requests.Session()
            self.session.get('https://fanyi.baidu.com', headers = headers)
            response = self.session.get('https://fanyi.baidu.com', headers = headers)
            self.token = re.findall("token: '(.*?)',", response.text)[0]
            self.gtk = '320305.131321201'    # re.findall("window.gtk = '(.*?)';",
response.text, re.S)[0]
    def translate(self, query, from_lang = 'en', to_lang = 'zh'):
        #语言检测
        self.session.post('https://fanyi.baidu.com/langdetect', data = {'query':
query})
        #单击事件
        self.session.get('https://click.fanyi.baidu.com/?src = 1&locate = zh&actio
n = query&type = 1&page = 1')
        #翻译
        data = {
            'from': from_lang,
            'to': to_lang,
            'query': query,
            'transtype': 'realtime',
            'simple_means_flag': '3',
            'sign': self.js(query, self.gtk),
            'token': self.token
        }
        response = self.session.post('https://fanyi.baidu.com/v2transapi', data = data)
```

```
        json = response.json()
        if 'error' in json:
            pass
            #return 'error: {}'.format(json['error'])
        else:
            return response.json()['trans_result']['data'][0]['dst']
```

14.3.3 格式转换

百度语音识别 API 有严格的参数要求，使用 moviepy 库完成从视频中提取音频工作。

```
def separate_audio(file_path, save_path):
#视频转音频，音频编码要求：.wav 格式、采样率 16000、16 位深、单声道
    audio_file = save_path + '\\tmp.wav'
    audio = AudioFileClip(file_path)
    audio.write_audiofile(audio_file, ffmpeg_params = ['-ar', '16000', '-ac', '1'], logger =
None)
    return audio_file
```

14.3.4 音频切割

使用 pydub 库，利用停顿时的音频分贝降低作为判定断句标准，设置停顿时的分贝阈值，拆分后的小音频不短于 0.5s，不长于 5s。

```
def cut_point(path, dbfs = 1.25):                        #音频切割函数
    sound = AudioSegment.from_file(path, format = "wav")
    tstamp_list = detect_silence(sound, 600, sound.dBFS * dbfs, 1)
    timelist = []
    for i in range(len(tstamp_list)):
        if i == 0:
            back = 0
        else:
            back = tstamp_list[i - 1][1] / 1000
        timelist.append([back, tstamp_list[i][1] / 1000])
    min_len = 0.5                                        #切割所得音频不短于 0.5s,不长于 5s
    max_len = 5
    result = []
    add = 0
    total = len(timelist)
    for x in range(total):
        if x + add < total:
            into, out = timelist[x + add]
            if out - into > min_len and out - into < max_len and x + add + 1 < total:
                add += 1
                out = timelist[x + add][1]
```

```
                result.append([into, out])
            elif out - into > max_len:
                result.append([into, out])
        else:
            break
    return result
```

14.3.5 语音识别

调用百度语音识别 API 进行操作，填写申请 App 所得信息，上传待识别音频，进行中文或英文识别，返回所得文本。

```
class baidu_SpeechRecognition():                          #调用百度语音识别 API 进行操作
    def __init__(self, dev_pid):
        Speech_APP_ID = '19712136'
        Speech_API_KEY = 'Loo4KbNtagchc2BLdCnHEnZl'
        Speech_SECRET_KEY = 'DO4UlSnw7FzpodU2G3yXQSHLv6Q2inN8'
        self.dev_pid = dev_pid
        self.SpeechClient = AipSpeech(Speech_APP_ID, Speech_API_KEY, Speech_SECRET_KEY)
        self.TranslClient = baidu_Translate()
    def load_audio(self, audio_file):                     #读取加载音频文件
        self.source = AudioSegment.from_wav(audio_file)
    def speech_recognition(self, offset, duration, fanyi):
    #语音识别,根据要求的参数进行设置
        data = self.source[offset * 1000:duration * 1000].raw_data
        result = self.SpeechClient.asr(data, 'wav', 16000, {'dev_pid': self.dev_pid, })
        fanyi_text = ''
        if fanyi:
            try:
                fanyi_text = self.TranslClient.translate(result['result'][0])
#调用 translate()函数,将识别文本翻译或直接输出
            except:
                pass
        try:
            return [result['result'][0], fanyi_text]    #返回所得文本
        except:
            #print('错误:',result)
            return ['', '']
```

14.3.6 文本切割

断句，避免同一画面内出现过多文字影响观感，将 38 设为阈值，小于 38 时正常显示，大于则切割，分段显示。

```
def cut_text(text, length=38):
```

```
#文本切割,即断句,一个画面最多单语言字数不超过38,否则将多出的加入下一画面
    newtext = ''
    if len(text) > length:
        while True:
            cutA = text[:length]
            cutB = text[length:]
            newtext += cutA + '\n'
            if len(cutB) < 4:
                newtext = cutA + cutB
                break
            elif len(cutB) > length:
                text = cutB
            else:
                newtext += cutB
                break
        return newtext
    return text
```

14.3.7 main 函数

让模块(函数)可以自己单独执行,构造调用其他函数的入口,设置简单的交互功能,用户根据需要选择语言类型、字幕类型以及是否将字幕直接加入视频中,并可观察当前工作进度、推算所需时间、文件格式错误时报错。

```
if __name__ == '__main__':
    def StartHandle(timeList, save_path, srt_mode = 2, result_print = False):
        index = 0
        total = len(timeList)
        a_font = r'{\fn微软雅黑\fs14}'                    #中、英字幕字体设置
        b_font = r'{\fn微软雅黑\fs10}'
        fanyi = False if srt_mode == 1 else True
        file_write = open(save_path, 'a', encoding = 'utf-8')
        for x in range(total):
            into, out = timelist[x]
            timeStamp = format_time(into - 0.2) + '-->'+ format_time(out - 0.2)
            result = baidufanyi.speech_recognition(into + 0.1,out - 0.1, fanyi)
            if result_print:
                if srt_mode == 0:
                    print(timeStamp, result[0])
                else:
                    print(timeStamp, result)
            else:
                progressbar(total, x, '识别中...&& - {0}/{1}'.format('%03d' % (total),
'%03d' % (x)), 44)
            #将切割后所得的识别文本结果按顺序写入,中、英、中英双语不同
            if len(result[0]) > 1:
```

```
                index += 1
                text = str(index) + '\n' + timeStamp + '\n'
                if srt_mode == 0:                                  #仅中文
                    text += a_font + cut_text(result[1])
                elif srt_mode == 1:                                #仅英文
                    text += b_font + cut_text(result[0])
                else:                                              #中文+英文
                    text += a_font + cut_text(result[1]) + '\n' + b_font + result[0]
                text = text.replace('\u200b', '') + '\n\n'
                file_write.write(text)
        file_write.close()
        if not result_print:
            progressbar(total,total,'识别中...&&-{0}/{1}'.format('%03d' % (total), '%03d'
% (total)), 44)
    os.system('cls')
    wav_path = os.environ.get('TEMP')
    #语音模型,1537为普通话,1536为普通话+简单英语,1737为英语,1637为粤语,1837为四川
话,1936为普通话-远场
    pid_list = 1536, 1537, 1737, 1637, 1837, 1936
    #设置参数
    print('[ 百度语音识别字幕生成器 - by Teri ]\n')
    __line_print__('1 模式选择')
    input_dev_pid = input('请选择识别模式:\n'
                          '\n  (1)普通话,'
                          '\n  (2)普通话+简单英语,'
                          '\n  (3)英语,'
                          '\n  (4)粤语,'
                          '\n  (5)四川话,'
                          '\n  (6)普通话-远场'
                          '\n\n请输入一个选项(默认3):')
    __line_print__('2 字幕格式')
    input_srt_mode = input('请选择字幕格式:\n'
                           '\n  (1)中文,'
                           '\n  (2)英文,'
                           '\n  (3)中文+英文,'
                           '\n\n请输入一个选项(默认3):')
    __line_print__('3 实时输出')
    input_print = input('是否实时输出结果到屏幕?(默认:否/y:输出):').upper()
    #处理参数,根据用户输入给出相应参数
    dev_pid = int(input_dev_pid) if input_dev_pid else 3
    dev_pid -= 1
    srt_mode = int(input_srt_mode) if input_srt_mode else 3
    srt_mode -= 1
    re_print = True if input_print == 'Y' else False
    #输入文件
    __line_print__('4 打开文件')
    input_file = input('请拖入一个文件或文件夹并按回车键:').strip('"')
```

```
    video_file = []
    if not os.path.isdir(input_file):
        video_file = [input_file]
    else:
        file_list = file_filter(input_file)
        for a, b in file_list:
            video_file.append(a + '\\' + b)
    #执行确认
    select_dev = ['普通话', '普通话+简单英语', '英语', '粤语', '四川话', '普通话-远场']
    select_mode = ['中文', '英文', '中文+英文']
    __line_print__('5 确认执行')
    input('当前的设置:\n识别模式: {0}, 字幕格式: {1}, 输出结果: {2}\n当前待处理文件 {3}
个\n请按回车键开始处理...'.format(
        select_dev[dev_pid],
        select_mode[srt_mode],
        '是' if re_print else '否',
        len(video_file)
    ))
    #批量处理,调用所设函数进行处理工作
    total_file = len(video_file)
    total_time = time.time()
    baidufanyi = baidu_SpeechRecognition(pid_list[dev_pid])
    for i in range(total_file):                              #在所给文件范围内循环运行
        item_time = time.time()                              #项目时间
        file_name = video_file[i].split('\\')[-1]
        print('\n>>>>>>>> ...正在处理音频... <<<<<<<<', end='')
        audio_file = separate_audio(video_file[i], wav_path) #视频转音频
        timelist = cut_point(audio_file, dbfs=1.15)          #音频切割
        if timelist:
            print('\r>>>>>>>> 当前:{} 预计:{} <<<<<<<<'.format(
                '%03d' % (i),
                countTime(len(timelist) * 5, now=False)
            ))
            srt_name = video_file[i][:video_file[i].rfind('.')] + '.srt'
            #根据时间将输出循环写入字幕文件
            baidufanyi.load_audio(audio_file)
            StartHandle(timelist, srt_name, srt_mode, re_print)
            print('\n{} 处理完成, 本次用时{}'.format(file_name, countTime(item_time)))
        else:
            print('音频参数错误')
    #执行完成,统计所用时间
    input('全部完成, 处理了{}个文件, 全部用时{}'.format(total_file, countTime(total_
time)))
#本部分包括活动类、模块的相关函数、主函数代码
from moviepy.editor import AudioFileClip
from pydub import AudioSegment
from pydub.silence import detect_silence
```

```
from aip import AipSpeech
import os
import time
import re
import requests
import js2py
class baidu_Translate():
    def __init__(self):
        self.js = js2py.eval_js('''
            var i = null;
            function n(r, o) {
                for (var t = 0; t < o.length - 2; t += 3) {
                    var a = o.charAt(t + 2);
                    a = a >= "a" ? a.charCodeAt(0) - 87 : Number(a),
                    a = "+" === o.charAt(t + 1) ? r >>> a: r << a,
                    r = "+" === o.charAt(t) ? r + a & 4294967295 : r ^ a
                }
                return r
            }
            var hash = function e(r,gtk) {
                var o = r.match(/[\uD800-\uDBFF][\uDC00-\uDFFF]/g);
                if (null === o) {
                    var t = r.length;
                    t > 30 && (r = "" + r.substr(0, 10) + r.substr(Math.floor(t / 2) - 5,
10) + r.substr( - 10, 10))
                } else {
                    for (var e = r.split(/[\uD800-\uDBFF][\uDC00-\uDFFF]/), C = 0, h =
e.length, f = []; h > C; C++)"" !== e[C] && f.push.apply(f, a(e[C].split(""))),
                    C !== h - 1 && f.push(o[C]);
                    var g = f.length;
                    g > 30 && (r = f.slice(0, 10).join("") + f.slice(Math.floor(g / 2) -
5, Math.floor(g / 2) + 5).join("") + f.slice( - 10).join(""))
                }
                var u = void 0,
                u = null !== i ? i: (i = gtk || "") || "";
                for (var d = u.split("."), m = Number(d[0]) || 0, s = Number(d[1]) || 0, S =
[], c = 0, v = 0; v < r.length; v++) {
                    var A = r.charCodeAt(v);
                    128 > A ? S[c++] = A: (2048 > A ? S[c++] = A >> 6 | 192 : (55296 ===
(64512 & A) && v + 1 < r.length && 56320 === (64512 & r.charCodeAt(v + 1)) ? (A = 65536 +
((1023 & A) << 10) + (1023 & r.charCodeAt(++v)), S[c++] = A >> 18 | 240, S[c++] = A >> 12 &
63 | 128) : S[c++] = A >> 12 | 224, S[c++] = A >> 6 & 63 | 128), S[c++] = 63 & A | 128)
                }
                for (
                var p = m,F = "+-a^+6", D = "+-3^+b+-f", b = 0;
                b < S.length; b++) p += S[b],p = n(p, F);
                return p = n(p, D),
```

```
            p ^ = s,
            0 > p && (p = (2147483647 & p) + 2147483648),
            p % = 1e6,
            p.toString() + "." + (p ^ m)
        }
        ''')
        headers = {
            'user - agent': 'Mozilla/5.0 (Windows NT 10.0; WOW64) AppleWebKit/537.36 (KHTML,
like Gecko) Chrome/72.0.3626.96 Safari/537.36', }
        self.session = requests.Session()
        self.session.get('https://fanyi.baidu.com', headers = headers)
        response = self.session.get('https://fanyi.baidu.com', headers = headers)
        self.token = re.findall("token: '(.*?)',", response.text)[0]
        self.gtk = '320305.131321201'  # re.findall("window.gtk = '(.*?)';", response.
text, re.S)[0]
    def translate(self, query, from_lang = 'en', to_lang = 'zh'):
        #语言检测
        self.session.post('https://fanyi.baidu.com/langdetect', data = {'query': query})
        #单击事件
self.session.get('https://click.fanyi.baidu.com/?src = 1&locate = zh&action = query&type =
1&page = 1')
        #翻译
        data = {
            'from': from_lang,
            'to': to_lang,
            'query': query,
            'transtype': 'realtime',
            'simple_means_flag': '3',
            'sign': self.js(query, self.gtk),
            'token': self.token
        }
        response = self.session.post('https://fanyi.baidu.com/v2transapi', data = data)
        json = response.json()
        if 'error' in json:
            pass
            #return 'error: {}'.format(json['error'])
        else:
            return response.json()['trans_result']['data'][0]['dst']
class baidu_SpeechRecognition():
    def __init__(self, dev_pid):
        #百度语音识别 API
        Speech_APP_ID = '19712136'
        Speech_API_KEY = 'Loo4KbNtagchc2BLdCnHEnZl'
        Speech_SECRET_KEY = 'DO4UlSnw7FzpodU2G3yXQSHLv6Q2inN8'
        self.dev_pid = dev_pid
        self.SpeechClient = AipSpeech(Speech_APP_ID, Speech_API_KEY, Speech_SECRET_KEY)
        self.TranslClient = baidu_Translate()
```

```
    def load_audio(self, audio_file):
        self.source = AudioSegment.from_wav(audio_file)
    def speech_recognition(self, offset, duration, fanyi):
        data = self.source[offset * 1000:duration * 1000].raw_data
        result = self.SpeechClient.asr(data, 'wav', 16000, {'dev_pid': self.dev_pid, })
        fanyi_text = ''
        if fanyi:
            try:
                fanyi_text = self.TranslClient.translate(result['result'][0])
            except:
                pass
        try:
            return [result['result'][0], fanyi_text]
        except:
            #print('错误:',result)
            return ['', '']
def cut_point(path, dbfs=1.25):
    sound = AudioSegment.from_file(path, format="wav")
    tstamp_list = detect_silence(sound, 600, sound.dBFS * dbfs, 1)
    timelist = []
    for i in range(len(tstamp_list)):
        if i == 0:
            back = 0
        else:
            back = tstamp_list[i - 1][1] / 1000
        timelist.append([back, tstamp_list[i][1] / 1000])
    min_len = 0.5
    max_len = 5
    result = []
    add = 0
    total = len(timelist)
    for x in range(total):
        if x + add < total:
            into, out = timelist[x + add]
            if out - into > min_len and out - into < max_len and x + add + 1 < total:
                add += 1
                out = timelist[x + add][1]
                result.append([into, out])
            elif out - into > max_len:
                result.append([into, out])
        else:
            break
    return result
def cut_text(text, length=38):
    newtext = ''
    if len(text) > length:
        while True:
```

```
            cutA = text[:length]
            cutB = text[length:]
            newtext += cutA + '\n'
            if len(cutB) < 4:
                newtext = cutA + cutB
                break
            elif len(cutB) > length:
                text = cutB
            else:
                newtext += cutB
                break
        return newtext
    return text
def progressbar(total, temp, text = '&&', lenght = 40):  #定义进度栏
    content = '\r' + text.strip().replace('&&', '[{0}{1}]{2}%')
    percentage = round(temp / total * 100, 2)
    a = round(temp / total * lenght)
    b = lenght - a
    print(content.format('■' * a, '□' * b, percentage), end = '')
def format_time(seconds):                              #定义时间格式
    sec = int(seconds)
    m, s = divmod(sec, 60)
    h, m = divmod(m, 60)
    fm = int(str(round(seconds, 3)).split('.')[-1])
    return "%02d:%02d:%02d,%03d" % (h, m, s, fm)
def separate_audio(file_path, save_path):              #定义音频间隔
    audio_file = save_path + '\\tmp.wav'
    audio = AudioFileClip(file_path)
    audio.write_audiofile(audio_file, ffmpeg_params = ['-ar', '16000', '-ac', '1'], logger =
None)
    return audio_file
def file_filter(path, alldir = False):                 #定义文件过滤
    key = ['mp4', 'mov']
    if alldir:
        dic_list = os.walk(path)
    else:
        dic_list = os.listdir(path)
    find_list = []
    for i in dic_list:
        if os.path.isdir(i[0]):
            header = i[0]
            file = i[2]
            for f in file:
                for k in key:
                    if f.rfind(k) != -1:
                        find_list.append([header, f])
        else:
```

```
                for k in key:
                    if i.rfind(k) != -1:
                        find_list.append([path, i])
        if find_list:
            find_list.sort(key = lambda txt: re.findall(r'\d+', txt[1])[0])
        return find_list
def countTime(s_time, now = True):                        #定义累计时间
    if now: s_time = (time.time() - s_time)
    m, s = divmod(int(s_time), 60)
    return '{}分{}秒'.format('%02d' % (m), '%02d' % (s))
def __line__print__(txt = '-' * 10):                      #定义打印
    print('\n' + '-' * 10 + '' + txt + '' + '-' * 10 + '\n')
if __name__ == '__main__':                                #主函数
    def StartHandle(timeList, save_path, srt_mode = 2, result_print = False):
        index = 0
        total = len(timeList)
        a_font = r'{\fn微软雅黑\fs14}'
        b_font = r'{\fn微软雅黑\fs10}'
        fanyi = False if srt_mode == 1 else True
        file_write = open(save_path, 'a', encoding = 'utf-8')
        for x in range(total):
            into, out = timelist[x]
            timeStamp = format_time(into - 0.2) + ' --> ' + format_time(out - 0.2)
            result = baidufanyi.speech_recognition(into + 0.1, out - 0.1, fanyi)
            if result_print:
                if srt_mode == 0:
                    print(timeStamp, result[0])
                else:
                    print(timeStamp, result)
            else:
                progressbar(total, x, '识别中...&& - {0}/{1}'.format('%03d' % (total), '%03d'
% (x)), 44)
            if len(result[0]) > 1:
                index += 1
                text = str(index) + '\n' + timeStamp + '\n'
                if srt_mode == 0:                         #仅中文
                    text += a_font + cut_text(result[1])
                elif srt_mode == 1:                       #仅英文
                    text += b_font + cut_text(result[0])
                else:                                     #中文+英文
        text += a_font + cut_text(result[1]) + '\n' + b_font + result[0]
                text = text.replace('\u200b', '') + '\n\n'
                file_write.write(text)
        file_write.close()
        if not result_print:
         progressbar(total, total, '识别中...&& - {0}/{1}'.format('%03d' % (total), '%03d'
% (total)), 44)
```

```
os.system('cls')
wav_path = os.environ.get('TEMP')
#语音模型
pid_list = 1536, 1537, 1737, 1637, 1837, 1936
#设置参数
print('[ 百度语音识别字幕生成器 - by 谷健 & 任家旺 ]\n')
__line_print__('1 模式选择')
input_dev_pid = input('请选择识别模式:\n'
                      '\n  (1)普通话,'
                      '\n  (2)普通话 + 简单英语,'
                      '\n  (3)英语,'
                      '\n  (4)粤语,'
                      '\n  (5)四川话,'
                      '\n  (6)普通话 - 远场'
                      '\n\n 请输入一个选项(默认 3):')
__line_print__('2 字幕格式')
input_srt_mode = input('请选择字幕格式:\n'
                       '\n  (1)中文,'
                       '\n  (2)英文,'
                       '\n  (3)中文 + 英文,'
                       '\n\n 请输入一个选项(默认 3):')
__line_print__('3 实时输出')
input_print = input('是否实时输出结果到屏幕? (默认:否/y:输出):').upper()
#处理参数
dev_pid = int(input_dev_pid) if input_dev_pid else 3
dev_pid -= 1
srt_mode = int(input_srt_mode) if input_srt_mode else 3
srt_mode -= 1
re_print = True if input_print == 'Y' else False
#输入文件
__line_print__('4 打开文件')
input_file = input('请拖入一个文件或文件夹并按回车键:').strip('"')
video_file = []
if not os.path.isdir(input_file):
    video_file = [input_file]
else:
    file_list = file_filter(input_file)
    for a, b in file_list:
        video_file.append(a + '\\' + b)
#执行确认
select_dev = ['普通话', '普通话 + 简单英语', '英语', '粤语', '四川话', '普通话 - 远场']
select_mode = ['中文', '英文', '中文 + 英文']
__line_print__('5 确认执行')
input('当前的设置:\n 识别模式: {0}, 字幕格式: {1}, 输出结果: {2}\n 当前待处理文件 {3}
个\n 请按回车键开始处理...'.format(
    select_dev[dev_pid],
    select_mode[srt_mode],
```

```
        '是' if re_print else '否',
        len(video_file)
    ))
    #批量处理
    total_file = len(video_file)
    total_time = time.time()
    baidufanyi = baidu_SpeechRecognition(pid_list[dev_pid])
    for i in range(total_file):
        item_time = time.time()
        file_name = video_file[i].split('\\')[-1]
        print('\n >>>>>>>> ...正在处理音频... <<<<<<<<', end = '')
        audio_file = separate_audio(video_file[i], wav_path)
        timelist = cut_point(audio_file, dbfs = 1.15)
        if timelist:
            print('\r >>>>>>>> 当前:{} 预计:{} <<<<<<<<'.format(
                '%03d' % (i),
                countTime(len(timelist) * 5, now = False)
            ))
            srt_name = video_file[i][:video_file[i].rfind('.')] + '.srt'
            baidufanyi.load_audio(audio_file)
            StartHandle(timelist, srt_name, srt_mode, re_print)
            print('\n{} 处理完成, 本次用时{}'.format(file_name, countTime(item_time)))
        else:
            print('音频参数错误')
    #执行完成
    input('全部完成, 处理了{}个文件, 全部用时{}'.format(total_file, countTime(total_
time)))
```

14.4 系统测试

运行 Python 代码，根据提示进行交互选择。选择待识别视频语言，如图 14-7 所示；选择需要的字幕语言，如图 14-8 所示。

选择是否实时输出字幕结果，选择文件路径：(需要在英文输入法下使用双引号)确认需求，如图 14-9 所示。

本次运行的设置：

识别模式英语(3)，字幕格式为中文＋英文(3)，是否实时输出字幕为(y)。结果：实时查看字幕输出，如图 14-10 所示。

生成.srt 字幕文件，如图 14-11 所示。

使用记事本打开字幕文件，如图 14-12 所示。

查看字幕文件加入视频的效果，原无字幕视频，如图 14-13 所示。

加入生成字幕后的视频，如图 14-14 所示。

在播放器中选择打开或关闭字幕，当生成多个字幕文件(如英文/中文/英文＋中文)时也可在播放器中设置更换字幕文件。

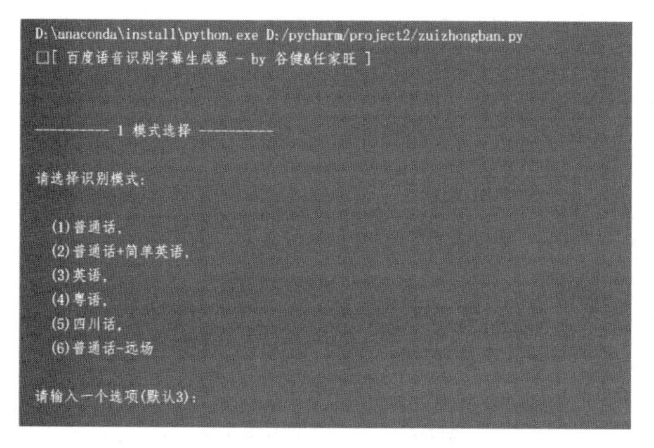

D:\anaconda\install\python.exe D:/pycharm/project2/zuizhongban.py
□[百度语音识别字幕生成器 - by 谷健&任家旺]
---------- 1 模式选择 ----------
请选择识别模式:
(1)普通话,
(2)普通话+简单英语,
(3)英语,
(4)粤语,
(5)四川话,
(6)普通话-远场
请输入一个选项(默认3):

图 14-7　待识别视频

---------- 2 字幕格式 ----------
请选择字幕格式:
(1)中文,
(2)英文,
(3)中文+英文,
请输入一个选项(默认3):

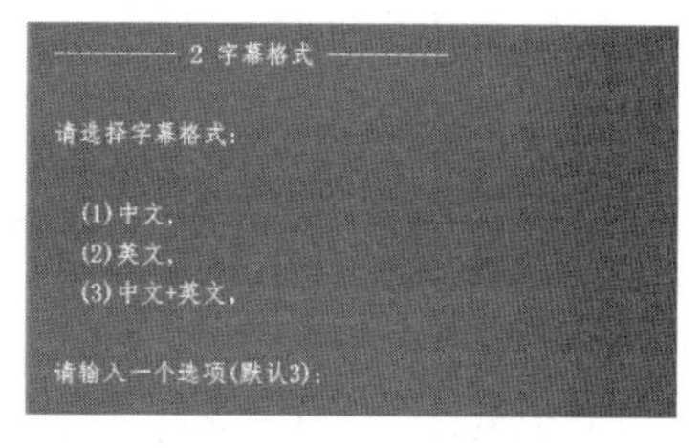

图 14-8　字幕语言

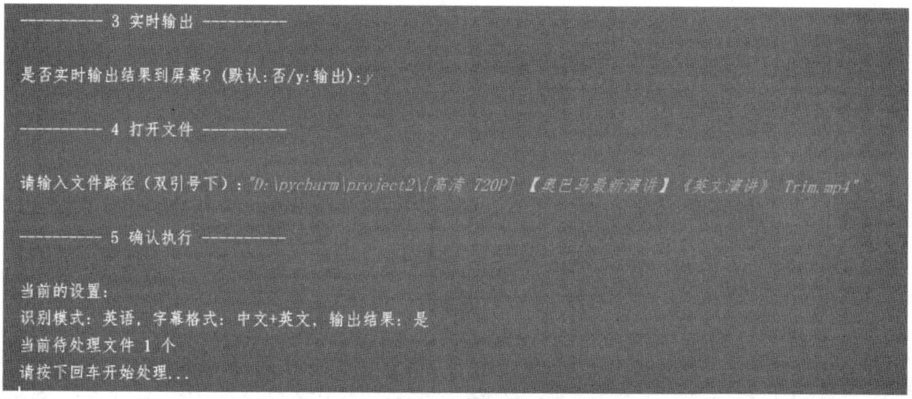

---------- 3 实时输出 ----------
是否实时输出结果到屏幕? (默认:否/y:输出):y
---------- 4 打开文件 ----------
请输入文件路径（双引号下）:"D:\pycharm\project2\[高清 720P]【奥巴马最新演讲】《英文演讲》 Trim.mp4"
---------- 5 确认执行 ----------
当前的设置:
识别模式: 英语, 字幕格式: 中文+英文, 输出结果: 是
当前待处理文件 1 个
请按下回车开始处理...

图 14-9　确认需求

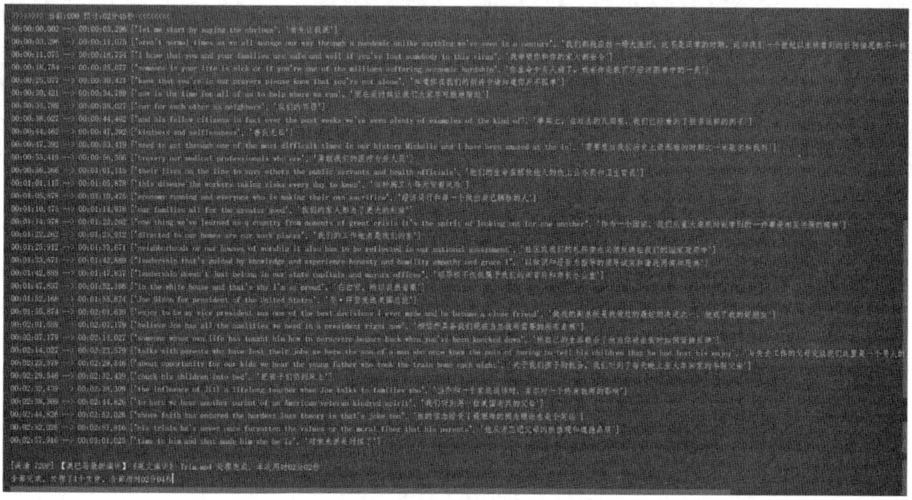

图 14-10　输出结果

图 14-11 .srt 字幕文件

[高清 720P]【奥巴马最新演讲】《英文演讲》_Trim.srt - 记事本
文件(F) 编辑(E) 格式(O) 查看(V) 帮助(H)

```
1
00:00:00,002 --> 00:00:03,296
{\fn微软雅黑\fs14}首先让我说
{\fn微软雅黑\fs10}let me start by saying the obvious

2
00:00:03,296 --> 00:00:11,075
{\fn微软雅黑\fs14}我们都能应付一场大流行，这不是正常的时期，这与我们一个世纪以来所看到的任何情
况都不一样
{\fn微软雅黑\fs10}aren't normal times as we all manage our way through a pandemic unlike anything we've seen in a century

3
00:00:11,075 --> 00:00:18,754
{\fn微软雅黑\fs14}我希望你和你的家人都安全
{\fn微软雅黑\fs10}I hope that you and your families are safe and well if you've lost somebody to this virus

4
00:00:18,754 --> 00:00:25,077
{\fn微软雅黑\fs14}你生命中有人病了，或者你是数百万经济困难中的一员
{\fn微软雅黑\fs10}someone in your life is sick or if you're one of the millions suffering economic hardship

5
00:00:25,077 --> 00:00:30,421
{\fn微软雅黑\fs14}知道你在我们的祈祷中请知道你并不孤单
{\fn微软雅黑\fs10}know that you're in our prayers please know that you're not alone

6
00:00:30,421 --> 00:00:34,789
{\fn微软雅黑\fs14}现在是时候让我们大家尽可能地帮助
{\fn微软雅黑\fs10}now is the time for all of us to help where we can

7
```

图 14-12 记事本打开字幕

图 14-13 无字幕视频

图 14-14 生成字幕视频

项目 15 发型推荐系统设计

PROJECT 15

本项目通过网络开源平台 Face++·API，与 Python 网络爬虫技术相结合，实现自动爬取匹配脸型的发型模板作为造型参考，找到最适合用户的发型。

15.1 总体设计

本部分包括系统整体结构和系统流程。

15.1.1 系统整体结构

系统整体结构如图 15-1 所示。

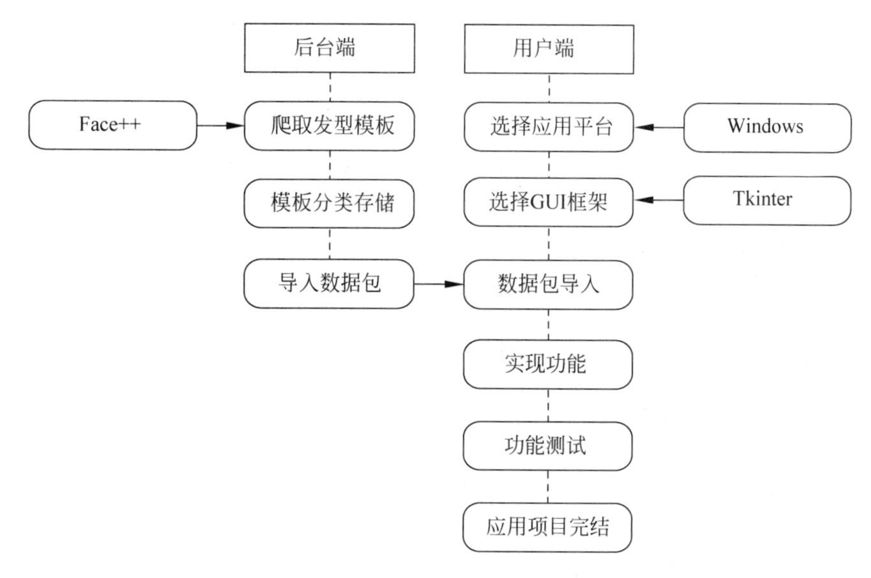

图 15-1 系统整体结构

15.1.2 系统流程

系统流程如图 15-2 所示，用户流程如图 15-3 所示。

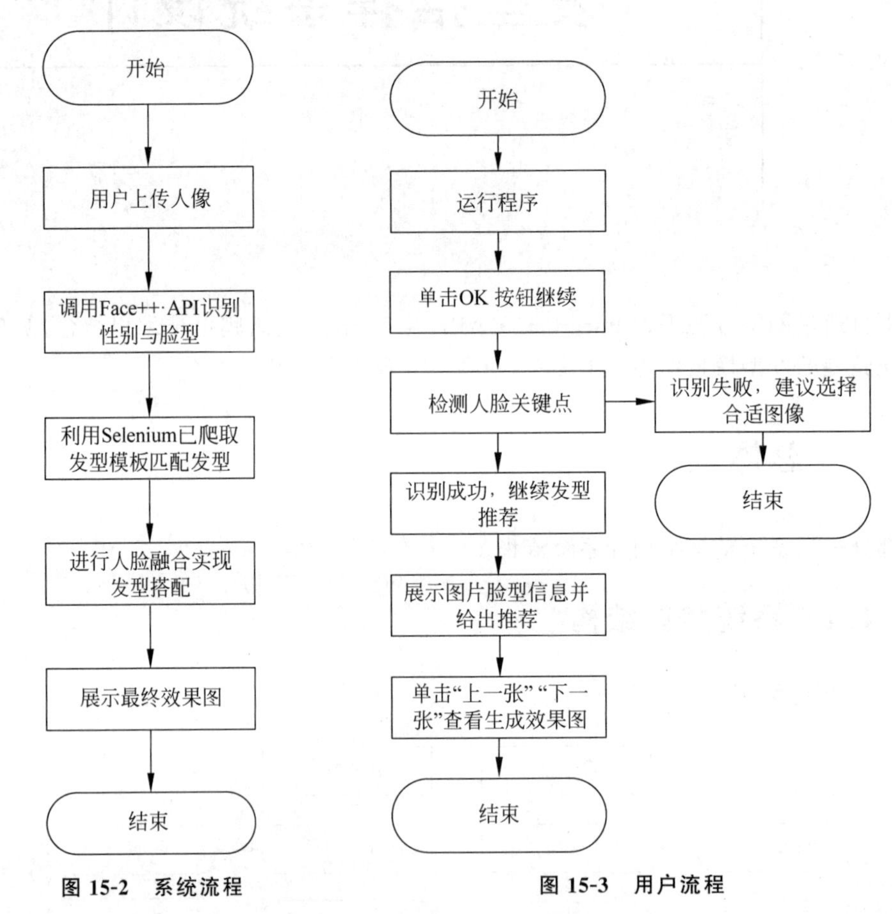

图 15-2 系统流程

图 15-3 用户流程

15.2 运行环境

本部分包括 Python 环境和 PyCharm 环境。

15.2.1 Python 环境

需要 Python 3.6 及以上配置，在 Windows 环境下载 Anaconda 完成 Python 所需的配置，下载地址为 https://www.anaconda.com/，也可下载虚拟机在 Linux 环境下运行代码。

鼠标右击“我的电脑”，单击“属性”，选择高级系统设置。单击“环境变量”，找到系统变量中的 Path，单击“编辑”然后新建，将 Python 解释器所在路径粘贴并确定。

15.2.2 PyCharm 环境

PyCharm 下载地址为 http://www.jetbrains.com/pycharm/download/#section=windows,进入网站后单击 Comminity 版本下的 DOWNLOAD 下载安装包,下载完成后安装。单击 Create New Project 创建新的项目文件,Location 为存放工程的路径,单击 project 附近的三角符号,可以看到 PyCharm 已经自动获取 Python 3.6,单击 create 完成。

15.3 模块实现

本项目包括 4 个模块:Face++·API 调用、数据爬取、模型构建、用户界面设计,下面分别给出各模块的功能介绍及相关代码。

15.3.1 Face++·API 调用

本部分包括 Face++·API 介绍和调用 API 具体实现。

1. Face++·API 介绍

Face++·API 可检测并定位图片中的人脸,返回高精度的人脸框坐标。只要注册便可获取试用版的 API Key,方便调用。

1) Detect API

调用 URL https://api-cn.faceplusplus.com/facepp/v3/detect,检测图片内的所有人脸,对于每张检测出的人脸,给出其唯一标识 face_token,可用于后续分析、比对等操作。

该 API 支持对检测到的人脸直接分析,获得关键点和各类属性信息。对于试用 API Key,只对人脸框面积最大的 5 个人脸进行分析,其他可以使用 Face Analyze API 进行。本文使用 API Key 为试用版 Key,对于正式的 API Key,支持指定图片的某一区域进行检测并分析所有检测到的人脸。此接口用于识别人脸 106 个关键点信息,判断用户性别,如图 15-4 所示。

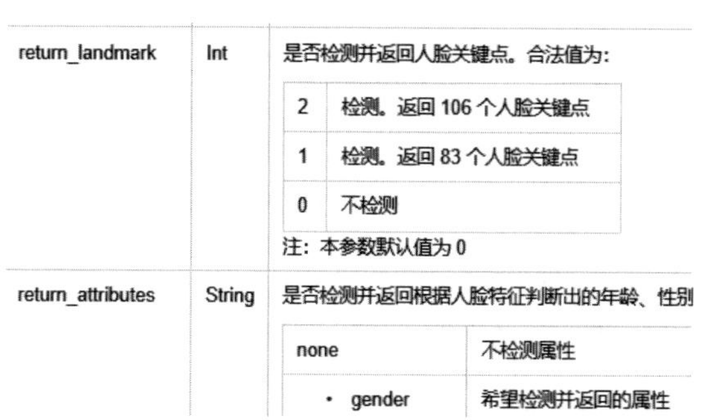

return_landmark	Int	是否检测并返回人脸关键点。合法值为: 2 检测。返回 106 个人脸关键点 1 检测。返回 83 个人脸关键点 0 不检测 注:本参数默认值为 0
return_attributes	String	是否检测并返回根据人脸特征判断出的年龄、性别 none 不检测属性 · gender 希望检测并返回的属性

图 15-4 Detect API 接口返回值介绍

2）面部特征分析

调用 URL https://api-cn.faceplusplus.com/facepp/v1/facialfeatures，根据单张正面人脸图片，分析面部特征。此接口用于判断脸型，为用户推荐发型，如图 15-5 所示。

3）人脸融合

调用 URL https://api-cn.faceplusplus.com/imagepp/v1/mergeface，使用 API，可以对模板图和图中的人脸进行融合操作。融合后的图片中包含人脸特征、模板图中的其他外貌特征与内容。返回值是一段 JSON，包含融合完成后图片的 Base64 编码。

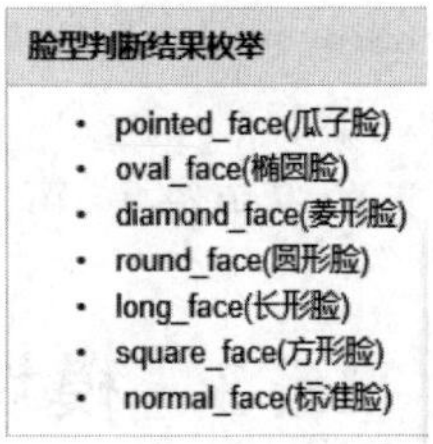

脸型判断结果枚举

- pointed_face(瓜子脸)
- oval_face(椭圆脸)
- diamond_face(菱形脸)
- round_face(圆形脸)
- long_face(长形脸)
- square_face(方形脸)
- normal_face(标准脸)

图 15-5　脸型推荐

2. 调用 API

相关步骤如下：

1）原理

Face++人工智能开放平台 API 是 HTTP API。使用者向 Face++服务器发起请求，并加上合适参数，服务器会对请求进行处理，得到结果返回给使用者。

2）鉴权

账号下每创建一个应用就会生成一组对应的 api_key 和 api_secret，用以识别用户是否有权调用 API，所有的 API 调用必须提供对应的 api_key 和 api_secret 参数。

3）需要调用的库文件

相关代码如下：

```
#导入相应库文件
import requests
from json import JSONDecoder
import urllib.error
import base64
import os
import time
```

4）性别检测函数

相关代码如下：

```
    #用户性别,参数为图片路径
def detect_gender(filepath):
    #URL
http_url1 = 'https://api-cn.faceplusplus.com/facepp/v3/detect'
    #账号密码
key = "CNsZZXKA4M2qzlz8lKw5ML0BRSitwHfW"
secret = "c8udJa_mDz_KIRAhrvxV9w5PbrrVtTM0"
    #数据提交
data1 = {'api_key': key, 'api_secret': secret, 'return_attributes': "gender"}
files1 = {"image_file": open(filepath, "rb")}
    #数据获取
```

```
response1 = requests.post(http_url1, data = data1, files = files1)
  # 数据进行 utf - 8 编译后解码处理
req_con1 = response1.content.decode('utf - 8')
req_dict1 = JSONDecoder().decode(req_con1)
  # 网络状态
  # 判断获取到的数据是否为正确数据
if response1.status_code == requests.codes.ok:
  # 提取正确数据的性别相关内容
      sex = req_dict1["faces"][0]['attributes']['gender']['value']
      print(req_dict1["faces"][0]['attributes']['gender']['value'])
      return sex
else:
  # 数据错误则打印性别识别失败,返回空值
      print('faile to detect_gender')
      return None
```

5）脸型检测函数

相关代码如下：

```
# 用户脸型
def detect_face_type(filepath):
    http_url2 = 'https://api - cn.faceplusplus.com/facepp/v1/facialfeatures'
    key = "CNsZZXKA4M2qzlz8lKw5MLOBRSitwHfW"
    secret = "c8udJa_mDz_KIRAhrvxV9w5PbrrVtTMO"
    data2 = {'api_key': key, 'api_secret': secret}
    files2 = {"image_file": open(filepath, "rb")}
    response2 = requests.post(http_url2, data = data2, files = files2)
    req_con2 = response2.content.decode('utf - 8')
    req_dict2 = JSONDecoder().decode(req_con2)
    if response2.status_code == requests.codes.ok:
    # 提取正确数据的脸型相关内容
        face_type = req_dict2["result"]["face"]["face_type"]
        print(req_dict2["result"]["face"]["face_type"])
        return face_type
    else:
    # 数据错误则打印脸型识别失败,返回空值
        print('faile to detect_face_type')
        return None
```

6）人脸融合主函数

相关代码如下：

```
# 识别人脸关键点信息
def find_face(imgpath):
    http_url1 = 'https://api - cn.faceplusplus.com/facepp/v3/detect'
    key = "CNsZZXKA4M2qzlz8lKw5MLOBRSitwHfW"
    secret = "c8udJa_mDz_KIRAhrvxV9w5PbrrVtTMO"
```

```
    #"return_landmark": 2 表示获取 106 个人脸关键点信息
    data1 = {'api_key': key, 'api_secret': secret, "return_landmark": 2}
    #判断路径图片是否存在
    if os.path.isfile(imgpath) == False:
        return None
    files = {"image_file": open(imgpath, "rb")}
    response1 = requests.post(http_url1, data = data1, files = files)
    req_con1 = response1.content.decode('utf - 8')
    req_dict1 = JSONDecoder().decode(req_con1)
    if response1.status_code == requests.codes.ok:
    #获取人脸关键点信息
        face_rectangle = req_dict1["faces"][0]['face_rectangle']
        return face_rectangle
    else:
        print('faile to find_face')
    #number 表示换脸的相似度
    #将上述关键点信息调用,实现人脸融合
#参数为用户人像路径、模型发型路径、生成效果图路径
#number 表示人脸融合相似度范围为 0～100
def merge_face(image_url_1, image_url_2, image_url, number):
    ff1 = find_face(image_url_1)
    ff2 = find_face(image_url_2)
    if ff1 and ff2:
        rectangle1 = str(str(ff1['top']) + "," + str(ff1['left']) + "," + str(ff1['width']) +
"," + str(ff1['height']))
        rectangle2 = str(ff2['top']) + "," + str(ff2['left']) + "," + str(ff2['width']) +
"," + str(ff2['height'])
        url_add = "https://api - cn.faceplusplus.com/imagepp/v1/mergeface"
        f1 = open(image_url_1, 'rb')
        f1_64 = base64.b64encode(f1.read())
        f1.close()
        f2 = open(image_url_2, 'rb')
        f2_64 = base64.b64encode(f2.read())
        f2.close()
        data = {"api_key": "CNsZZXKA4M2qzlz8lKw5ML0BRSitwHfW", "api_secret": "c8udJa_mDz_
KIRAhrvxV9w5PbrrVtTM0",
                "template_base64": f1_64, "template_rectangle": rectangle1,
                "merge_base64": f2_64, "merge_rectangle": rectangle2, "merge_rate": number}
        response = requests.post(url_add, data = data)
        req_con = response.content.decode('utf - 8')
        req_dict = JSONDecoder().decode(req_con)
        #判断网络状态
        if response.status_code == requests.codes.ok:
            result = req_dict['result']
            imgdata = base64.b64decode(result)
            file = open(image_url, 'wb')
            #图片保存到相应路径
```

```
        file.write(imgdata)
        file.close()
    else:
        print('faile to merge_face')
        return None
```

15.3.2　数据爬取

本部分包括网络数据爬取步骤和爬虫具体实现。

1. 网络数据爬取步骤

下载地址为 http://image.baidu.com/search/index?tn=baiduimage&ps=1&ct=201326592&lm=1&cl=2&nc=1&ie=utf-8&word="男生发型"。

通过 Selenium+Chrome 无头浏览器形式自动滚动爬取网络图片。通过 Face++ 性别识别与脸型检测筛选出用发型模板。图片自动存储指定位置并按性别、脸型序号形式命名。

2. 爬虫实现

本部分包括引入库文件、爬虫初始化。

```
#引入库文件
from selenium import webdriver
import urllib.request
import re
import requests
from json import JSONDecoder
import urllib.error
import base64
import time
from selenium.webdriver.chrome.options import Options
#爬虫初始化、浏览器初始化并模拟滚动条向下滚动
word = "男生发型"
#创建一个参数对象,用来控制 chrome 以无界面模式打开
chrome_options = Options()
chrome_options.add_argument('--headless')
chrome_options.add_argument('--disable-gpu')
#驱动路径
path = r'C:\Users\ZBLi\Desktop\1801\day05\ziliao\chromedriver.exe'
#创建浏览器对象
browser = webdriver.Chrome(executable_path = "C:\Program Files (x86)\Google\chromedriver.
exe", chrome_options = chrome_options)
#参数添加
browser.maximize_window()                          #最大化
#地址加入关键词实现网址获取
browser.get('http://image.baidu.com/search/index?tn = baiduimage&ps = 1&ct = 201326592&lm =
```

```
-1&cl=2&nc=1&ie=utf-8&word='+word)
js = 'var action=document.documentElement.scrollTop=10001'
#设置滚动条距离顶部的位置为 10000, 超过 10000 就是最底部
for i in range(5):                         #共执行 5 次脚本 实现滑轮向下滚动 5 次
   browser.execute_script(js)              #执行脚本
   time.sleep(2)                           #休眠 2s
#读取源代码
data=browser.page_source
#爬虫
k = re.split(r'\s+',data)
s = []
sp = []
#进行正则表达式匹配
for i in k :
    if re.match(r'data-objurl=',i) :
        if re.match(r'.*?jpg"', i)or re.match(r'.*?png"', i):
            s.append(i)
    for it in s :
    if (re.match(r'.*?png"',it) or re.match(r'.*?jpg"',it) ):
        sp.append(it)
#将匹配到的多余部分进行删减,精准定位 URL 信息
for it in sp:
    m = re.search(r'data-objurl="(.*?)"',it)
    iturl =m.group(1)
    #url
    print(iturl)
    itdata = None
    #避免出现数据读取过慢而导致超时问题
    #如果规定时间内无法识别则跳过并睡眠 0.1s
    try:
        itdata = urllib.request.urlopen(iturl,data=None,timeout=1).read()
    except:
        time.sleep(0.1)
    #itdata 为爬取图片的 URL
    if itdata==None:
        continue
```

图片分类存储：采用 Face++爬取图片的性别与脸型信息并存储(存储图片类型共分为 14 种：两种性别、七种脸型),以瓜子脸为例 ,相关代码如下：

```
#判断脸型是否存在并将其导入变量
if (detect_face_type(itdata) and detect_gender(itdata)):
    sex = detect_gender(itdata)
    face_type = detect_face_type(itdata)
     #瓜子脸
     #判断脸型与性别,如果符合则存储至相应位置并重命名为 Male_ pointed_faceNUM
    if sex == 'Male' and face_type == 'pointed_face':
```

```
    #存储到指定区域并分类别命名
        f = open('E:\BeautifulPicture\\' + sex + '_' + face_type + str(Male_pointed_num) +
'.jpg', "wb")
#序号逐渐增加代表每种脸型的总数不断增加
        Male_pointed_num += 1
        f.write(itdata)
        f.close()
    if sex == 'Female' and face_type == 'pointed_face':
        f = open('E:\BeautifulPicture\\' + sex + '_' + face_type + str(Female_pointed_num) +
'.jpg', "wb")
        Female_pointed_num += 1
        f.write(itdata)
        f.close()
#最后退出终止浏览器
browser.execute_script(js)
browser.quit()
```

15.3.3 模型构建

本部分包括库函数调用、模拟用户面部图片并设定路径、人脸融合。

库函数调用,相关代码如下:

```
#调用相应库实现功能
# - * - coding: utf - 8 - * -
import requests
from json import JSONDecoder
import urllib.error
import base64
import os
import time
#模拟用户面部图片并设定路径,后面 GUI 调试将变为可视化打开图片形式
filepath = r"E:/new/Female_oval_face9.jpg"
sex = detect_gender(filepath)
face_type = detect_face_type(filepath)
#人脸融合 - 核心函数 core()
#以瓜子脸为例,假设模板最多 25 种发型推荐
    number = 25
    Male_pointed_num = 1
    Female_pointed_num = 1
    if sex == 'Male' and face_type == 'pointed_face':
    #i 从 1~25 进行循环
    for i in range(number):
        #判断是否存在该图片路径,如果存在则进行人脸融合
        if os.path.isfile(r"E:\app\picture\Male_pointed_face" + str(Male_pointed_num) +
".jpg"):
        exm = r"E:\app\picture\Male_pointed_face" + str(Male_pointed_num) + ".jpg"
```

```
            result = r"E:\app\picture1\\" + str(Male_pointed_num) + ".jpg"
    #人脸融合更加真实,设定相似度为90/100
            merge_face(exm, filepath, result, 90)
    #如果成功则进行下一部分循环
            Male_pointed_num += 1
            print("人脸融合成功")
    #女性瓜子脸效果同上
#Female_pointed_face(瓜子脸)
if sex == 'Female' and face_type == 'pointed_face':
    for i in range(number):
    #每次循环计数加一判断发型模板是否存在,如果存在则进行人脸融合
        if os.path.isfile(r"E:\app\picture\Female_pointed_face" + str(Female_pointed_num) +
".jpg"):
            exm = r"E:\app\picture\Female_pointed_face" + str(Female_pointed_num) +
".jpg"
            result = r"E:\app\picture1\\" + str(Female_pointed_num) + ".jpg"
            merge_face(exm, filepath, result, 90)
            Female_pointed_num += 1
            print("人脸融合成功")
```

15.3.4 用户界面设计

该设计采用 Python 自带的 Tkinter 作为用户操作 GUI,同时引入 PIL 便于图片操作。界面设计分三个阶段：①用户可视化选择文件所在目录,并确定；②判断是否可以找到合适的发型图片,如果可以则继续,否则退出；③找到合适的图片进行人脸融合,待所有融合成功后,展示用户脸型与推荐发型,多种效果图供用户选择。相关代码如下：

1）需要调用的库文件

相关代码如下：

```
# -*- coding:utf-8 -*-
from tkinter import *
from PIL import Image, ImageTk
from tkinter.filedialog import askopenfilename
import requests
from json import JSONDecoder
import urllib.error
import base64
import os
```

2）读取用户人脸图片位置

相关代码如下：

```
#获取可视化打开的文件路径
 def getpathfile():
root = Tk()
```

```
 #GUI 界面图标设置
 root.iconbitmap(r'e:\app\ling.ico')
width = 500
height = 500
 #界面居中显示
screenwidth = root.winfo_screenwidth()
screenheight = root.winfo_screenheight()
alignstr = '%dx%d+%d+%d' % (width, height, (screenwidth - width) / 2, (screenheight -
height) / 2)
root.geometry(alignstr)
def choosepic():
    global filepath
    path_ = askopenfilename()
    path.set(path_)
    img_open = Image.open(file_entry.get()).resize((350,400),Image.ANTIALIAS)
    img = ImageTk.PhotoImage(img_open)
    image_label.config(image = img)
    image_label.image = img
    filepath = path_
path = StringVar()
Button(root, text = '选择图片',font = ('Arial', 15),bg = "yellow",command = choosepic).pack()
Button(root, text = 'ok',font = ('Arial', 15), command = root.destroy).pack()
file_entry = Entry(root, state = 'readonly', text = path)
image_label = Label(root)
image_label.pack()
root.mainloop()
```

3）判断用户人脸图片是否能成功识别函数

相关代码如下：

```
#用户人脸图片识别成功显示 GUI 界面
 def yes():
 root = Tk()
  #GUI 界面图标设置
 root.iconbitmap(r'e:\app\ling.ico')
width = 500
height = 100
  #界面居中显示
 screenwidth = root.winfo_screenwidth()
 screenheight = root.winfo_screenheight()
 alignstr = '%dx%d+%d+%d' % (width, height, (screenwidth - width) / 2, (screenheight -
height) / 2)
 root.geometry(alignstr)
 root.title('识别成功')
  #text = StringVar()
  #text.set("已为您搜索" + str(num) + "种合适的发型...")
 Label(root, text = '识别成功,请稍后', font = ('Arial', 20)).pack()
```

```
Button(root, text = '继续', command = root.destroy).pack()
 #Label(root, textvariable = text, font = ('Arial', 20)).pack()
 root.mainloop()
 #用户人脸图片识别失败显示 GUI 界面
def no():
 root = Tk()
   #GUI 界面图标设置
   root.iconbitmap(r'e:\app\ling.ico')
 width = 500
 height = 100
 screenwidth = root.winfo_screenwidth()
 screenheight = root.winfo_screenheight()
 alignstr = '%dx%d+%d+%d' % (width, height, (screenwidth - width) / 2, (screenheight - height) / 2)
 root.geometry(alignstr)
 root.title('识别失败')
 Label(root, text = '识别失败,建议您重新选择合适图片!',font = ('Arial', 20)).pack()
 Button(root, text = '结束', command = root.destroy).pack()
 #Button(root, text = '返回上一步', command = getpathfile).pack()
 frm = Frame(root).pack()
 root.mainloop()
```

4）最终效果图展示函数

相关代码如下：

```
def show(sex,face_type):
root1 = Tk()
 #GUI 界面图标设置
 root1.iconbitmap(r'e:\app\ling.ico')
 #设置窗口居中
width = 500
height = 500
 #界面居中显示
screenwidth = root1.winfo_screenwidth()
screenheight = root1.winfo_screenheight()
alignstr = '%dx%d+%d+%d' % (width, height, (screenwidth - width) / 2, (screenheight - height) / 2)
root1.geometry(alignstr)
root1.title('效果展示')
 #实现动态参数替换
 #即每次改变图片、编号实时更新
text = StringVar()
image_label = Label(root1)
 #默认展示第一张图片
pilImage_pre1 = Image.open(r"E:\app\picture1\\" + str(cou) + ".jpg")
pilImage1 = pilImage_pre1.resize((350, 400), Image.ANTIALIAS)
tkImage1 = ImageTk.PhotoImage(image = pilImage1)
```

```
image_label.config(image = tkImage1)
image_label.image = tkImage1
root1.update_idletasks()                          #更新图片,必须 update
 text.set(str(cou) + "/" + str(num))              #更新图片编号
 #下一张图片功能实现
def change_next():
  global cou
#cou 为当前展示图片编号
#num 为用户搜索到的所有图片数量
if cou < num:
   cou = cou + 1
   pilImage_pre = Image.open(r"E:\app\picture1\\" + str(cou) + ".jpg")
   pilImage = pilImage_pre.resize((350, 400), Image.ANTIALIAS)
   tkImage = ImageTk.PhotoImage(image = pilImage)
   image_label.config(image = tkImage)
   image_label.image = tkImage                    #保持参考点
   root1.update_idletasks()                       #更新图片,必须 update
   text.set(str(cou) + "/" + str(num))            #更新图片编号
else:
#达到下限
     print("error")
#上一张图片功能实现
def change_prior():
 global cou
 if cou > 1:
    cou = cou - 1
    pilImage_pre = Image.open(r"E:\app\picture1\\" + str(cou) + ".jpg")
    pilImage = pilImage_pre.resize((350, 400), Image.ANTIALIAS)
    tkImage = ImageTk.PhotoImage(image = pilImage)
    image_label.config(image = tkImage)
    image_label.image = tkImage                   #保持参考点
    root1.update_idletasks()                      #更新图片,必须 update
    text.set(str(cou) + "/" + str(num))           #更新图片编号
 else:  #达到上限
    print("error")
Button(root1, text = '下一张', command = change_next).pack(side = RIGHT)
Button(root1, text = '上一张', command = change_prior).pack(side = LEFT)
#Label(root1, text = "您的脸型为" + face_type, font = ('Arial', 20)).pack(side = TOP)
if face_type == "long_face":
Label(root1, text = "您的脸型为长脸" , font = ('Arial', 20)).pack(side = TOP)
   if sex == "Female":
      Label(root1, text = "长脸的你适合俏皮花苞头、蝴蝶结的发箍配上梨花头", font = ('Arial',
15)).pack(side = TOP)
   if sex == "Male":
       Label(root1, text = "长脸的你适合中分刘海的顺直短发发型", font = ('Arial', 15)).pack
(side = TOP)
    Label(root1, text = "生成发型已为您自动保存到 E\APP\picture1 文件夹", font = ('Arial',
10)).pack(side = BOTTOM)
Label(root1, textvariable = text, font = ('Arial', 20)).pack(side = BOTTOM)
```

```
Frame(root1).pack()
image_label.pack()
root1.mainloop()
```

5）模块拼接

将之前提到的用户体验模型(core()函数)与所有函数界面连接。

```
def main():
  #得到图片路径
getpathfile()
print(filepath)
  #得到用户性别与脸型
sex = detect_gender(filepath)
print(sex)
face_type = detect_face_type(filepath)
print(face_type)
  #判断是否可以进行发型推荐
if (sex and face_type):
  #继续
    yes()
    print("yes")
else:
  #失败提示
    no()
    print("no")
  #传递脸型与性别进行人脸融合
core(sex,face_type)
  #num 变量作为全局参数记录所有推荐发型总和
print("共" + str(num) + "张图片可供选择")
  #推荐发型数量大于 0 则进行展示
if num > 0:
    show(sex, face_type)
else:
    print("查找失败")
```

6）应用打包

使用 pyinstaller 将程序打包成可执行的.exe 文件，将.py 文件转换应用命令 pyinstaller -F 文件名.py (-w)。-w 代表不显示控制台，如图 15-6 和图 15-7 所示。

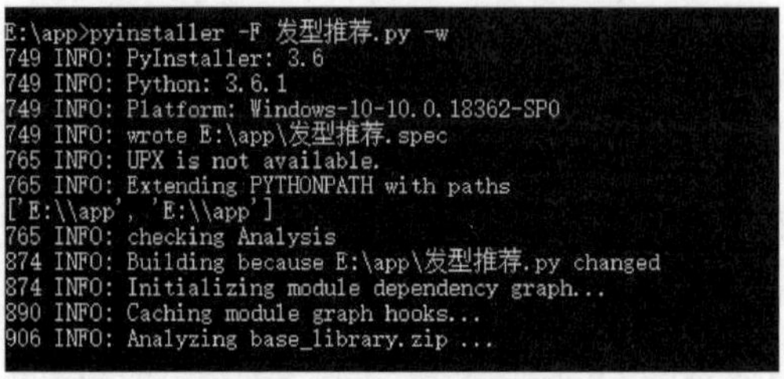

```
E:\app>pyinstaller -F 发型推荐.py -w
749 INFO: PyInstaller: 3.6
749 INFO: Python: 3.6.1
749 INFO: Platform: Windows-10-10.0.18362-SP0
749 INFO: wrote E:\app\发型推荐.spec
765 INFO: UPX is not available.
765 INFO: Extending PYTHONPATH with paths
['E:\\app', 'E:\\app']
765 INFO: checking Analysis
874 INFO: Building because E:\app\发型推荐.py changed
874 INFO: Initializing module dependency graph...
890 INFO: Caching module graph hooks...
906 INFO: Analyzing base_library.zip ...
```

图 15-6 打包文件进程 1

```
63422 INFO: Bootloader c:\users\administrator\venv\lib\site-packages\P
63422 INFO: checking EXE
63453 INFO: Building because toc changed
63453 INFO: Building EXE from EXE-00.toc
63453 INFO: Appending archive to EXE E:\app\dist\发型推荐.exe
63516 INFO: Building EXE from EXE-00.toc completed successfully.
```

图 15-7　打包文件进程 2

15.4　系统测试

本部分包括测试效果和用户界面。

15.4.1　测试效果

本部分包括控制台效果和融合效果。

1. 控制台效果

输出用户性别与脸型判断是否可以融合，如图 15-8 所示。

2. 融合效果

图 15-9 为换脸原图，换脸完成，选取如图 15-10 作为样例。有着较为理想的换脸效果，并给出了具有可行性的发型建议。

```
E:/BeautifulPicture/Female_pointed_face4.jpg
Female
pointed_face
yes
人脸融合成功
人脸融合成功
人脸融合成功
人脸融合成功
人脸融合成功
人脸融合成功
人脸融合成功
人脸融合成功
人脸融合成功
人脸融合成功
人脸融合成功
人脸融合成功
人脸融合成功
人脸融合成功
人脸融合成功
人脸融合成功
人脸融合成功
人脸融合成功
人脸融合成功
人脸融合成功
共20张图片可供选择

Process finished with exit code 0
```

图 15-8　控制台输出

图 15-9　换脸原图

图 15-10　换脸效果

15.4.2 用户界面

将压缩包直接解压，打开/dist 文件夹，运行发型推荐.exe 文件，如图 15-11 所示。

图 15-11 初始界面

单击 ok 按钮会显示如图 15-12 所示，给出推荐发型样式以及保存图片。

 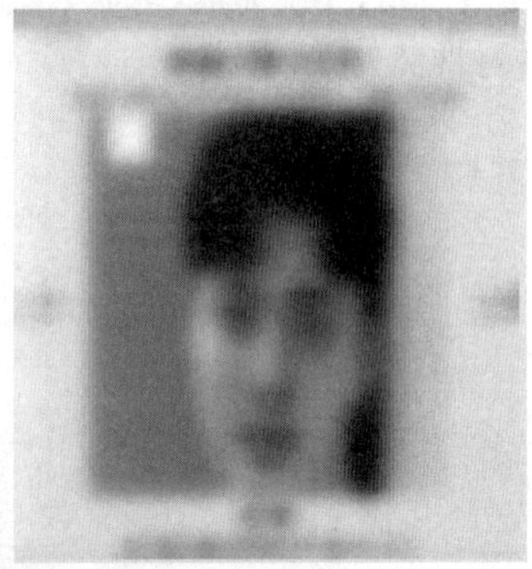

图 15-12 预测结果显示界面

项目 16

PROJECT 16

基于百度 AI 的垃圾分类推荐系统

本项目基于百度 AI 提供的接口，使用通用物体和场景识别 API，根据接口返回图片内 1 个或多个物体的名称，获取百科信息，实现图像或视频内容分析、拍照识图等应用场景。

16.1 总体设计

本部分包括系统整体结构、系统流程和 PC 端系统流程。

16.1.1 系统整体结构

系统整体结构如图 16-1 所示。

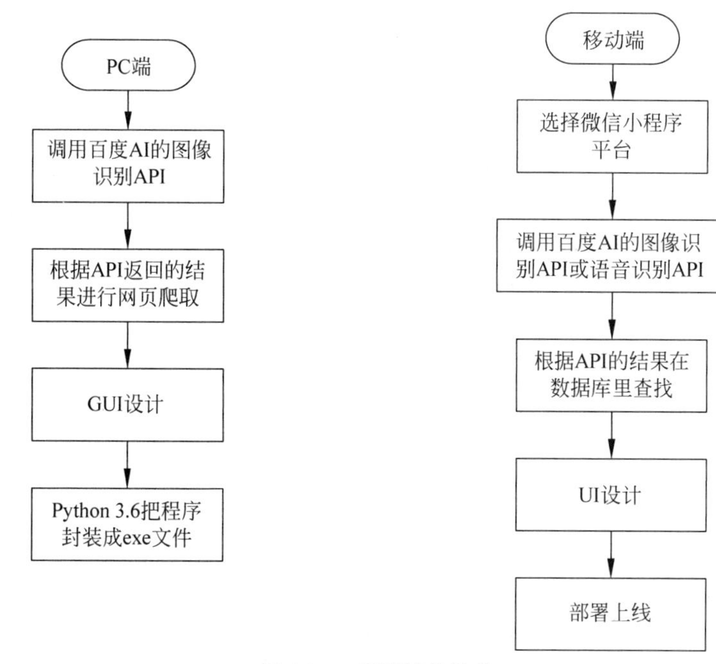

图 16-1 系统整体结构

16.1.2 系统流程

系统流程如图 16-2 所示。

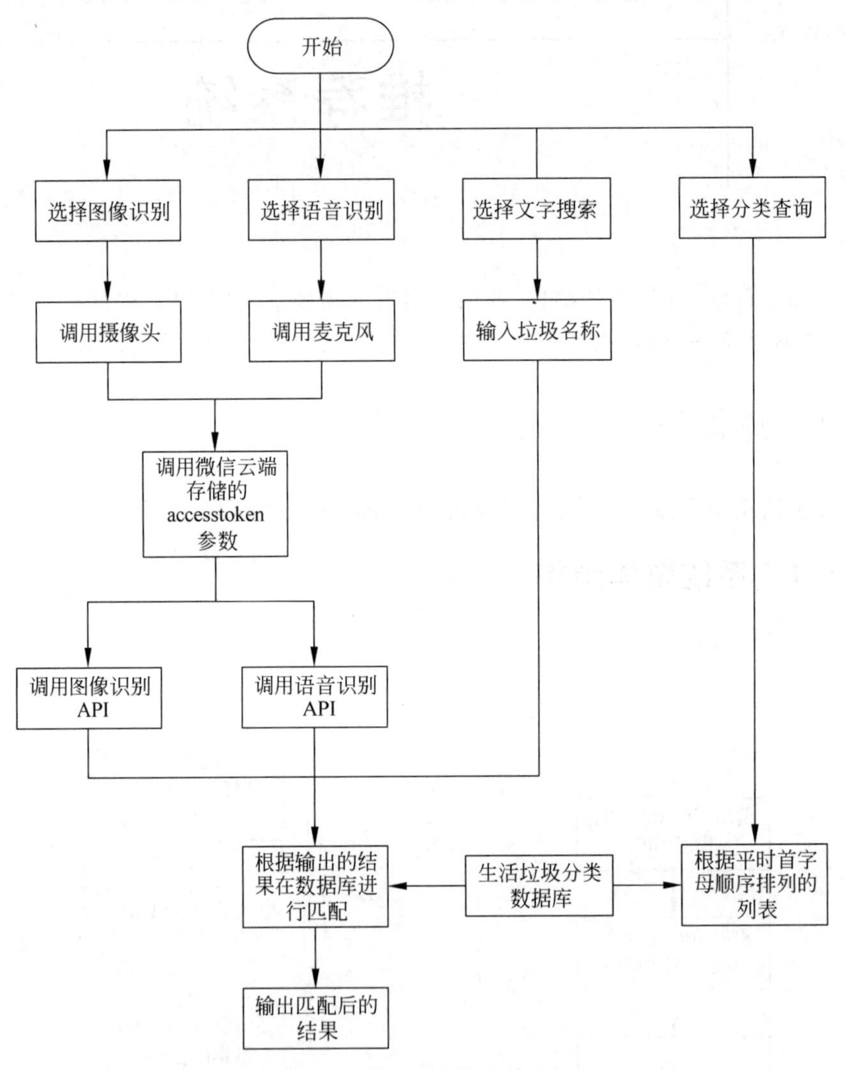

图 16-2 微信小程序系统流程

16.1.3 PC 端系统流程

PC 端系统流程如图 16-3 所示。

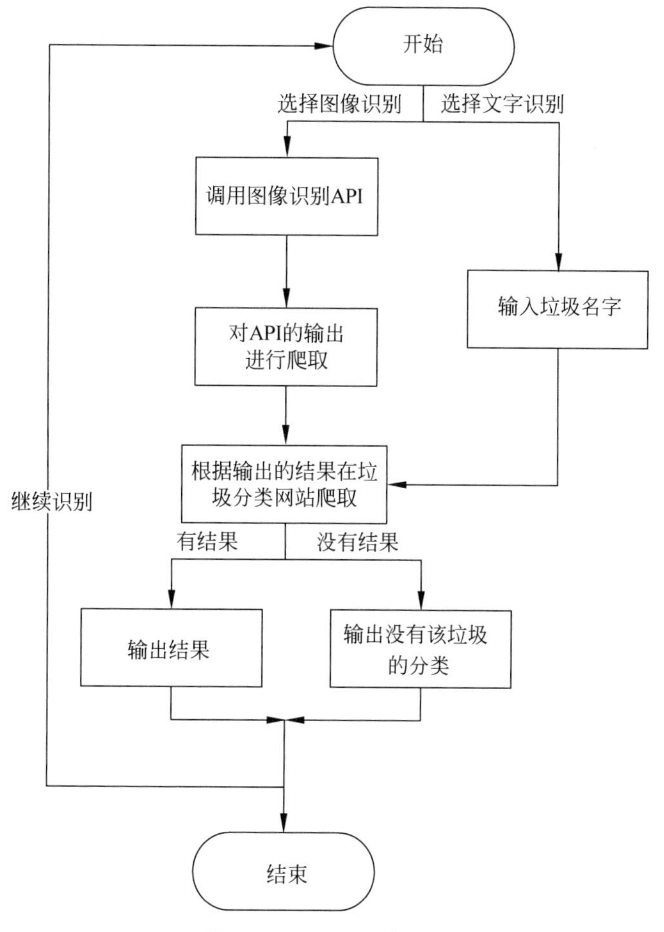

图 16-3　PC 端系统流程

16.2　运行环境

本部分包括 Python 环境、微信开发者工具和百度 AI。

16.2.1　Python 环境

需要 Python 3.6 及以上配置，在 Windows 环境下载 Anaconda 完成 Python 所需的配置，下载地址为 https://www.anaconda.com/，也可下载虚拟机在 Linux 环境下运行代码。

16.2.2　微信开发者工具

下载地址为 https://developers.weixin.qq.com/miniprogram/dev/devtools/download.html。

创建项目：扫码登录微信小程序 Web 开发工具，填写 APPID、项目名称、本地开发目录。

16.2.3 百度 AI

相关步骤如下：

(1) 网站地址为 https://console.bce.baidu.com/?_=1535519624081&fromai=1#/aip/overview。

(2) 选择产品服务中的通用物体与场景识别，单击创建应用。

(3) 选择通用物体与场景识别及语音识别，创建完成。

(4) 创建后选择应用，里面有 APPID、API Key、Secret Key，这三个参数会在 API 时调用。

(5) 使用创建应用所分配到的 APPID、API Key 及 Secret Key，进行 Access Token 的生成。

16.3 模块实现

本部分包括 2 个模块：PC 端垃圾分类和移动端微信小程序，下面分别给出各模块的功能介绍及相关代码。

16.3.1 PC 端垃圾分类

PC 端共分为获取 access_token、载入图片函数、百度 AI 调用函数、获得 html、main 函数和 GUI。

1. 获取 access_token

根据百度 AI 开放平台的技术文档，调用 AI 相关的接口向 API 服务接口使用 POST 发送请求，必须在 URL 中带上参数 access_token，相关代码如下：

```
import requests
#client_id 为官网获取的 AK,client_secret 为官网获取的 SK
host = 'https://aip.baidubce.com/oauth/2.0/token?grant_type = client_credentials&client_id =
[AK]&client_secret = [SK]'
response = requests.get(host)
if response:
print(response.json())
```

获取的参数如图 16-4 中画线部分所示。

2. 载入图片函数

垃圾分类图像识别的图片来自本地文件，而百度 AI 要求识别的图片用 64 位编码，所

{'refresh_token':
'25.eb5f4d0245c1656e785d1b3c07e40791.315360000.1901877924.282335-18675408',
'expires_in': 2592000, 'session_key': '9mzdX7gd0t7iMNBXisevLwYxrPDNnXZGTLf
+ny4qbwF5tV8NYsUuPmcDsWgzPjS3O/1MFSG9BwZhP9Pl0/l5KFk4BpJ3cw==', 'access_token':
'24.db6f36ae578fca5085e19961221cac98.2592000.1589109924.282335-18675408', 'scope':
'public vis-classify_dishes vis-classify_car brain_all_scope vis-classify_animal
vis-classify_plant brain_object_detect brain_realtime_logo brain_dish_detect
brain_car_detect brain_animal_classify brain_plant_classify brain_ingredient
brain_advanced_general_classify brain_custom_dish brain_poi_recognize
brain_vehicle_detect brain_redwine brain_currency brain_vehicle_damage wise_adapt
lebo_resource_base lightservice_public hetu_basic lightcms_map_poi kaidian_kaidian
ApsMisTest_Test权限 vis-classify_flower lpq_开放 cop_helloScope
ApsMis_fangdi_permission smartapp_snsapi_base iop_autocar oauth_tp_app
smartapp_smart_game_openapi oauth_sessionkey smartapp_swanid_verify
smartapp_opensource_openapi smartapp_opensource_recapi qatest_scope1
fake_face_detect_开放Scope vis-ocr_虚拟人物助理 idl-video_虚拟人物助理',
'session_secret': 'b2770f38d7ab5642c64435c69f986261'}

图 16-4 获取参数

以导入 win32ui 和 base64 库。win32ui 库用于生成文件对话框；base64 库用于对图片文件进行编码。

```
defimage_load():                                    #导入图片函数
dlg= win32ui.CreateFileDialog(1)
#获取一个 PyCFileDialog 类的对象,通俗讲就是一个对话框,参数 1 表示"打开文件"对话框
dlg.SetOFNInitialDir(os.path.abspath(os.curdir))
#指示对话框,并打开目录
dlg.DoModal()
#显示对话框,返回一个整数,这个整数指定对话框的操作
image_path = dlg.GetPathName()
#以字符串的形式返回完整的文件名
f = open(image_path, 'rb')
#打开一个文件,设置需要打开的选项
image = base64.b64encode(f.read())
#以二进制方式打开图片文件
f.close
#关闭文件
return image
```

3. 百度 AI 调用函数

根据百度 AI 的技术文件修改而成,通过 request 库和 access_token 参数对接口进行请求,会返回一个列表,取出其中准确度最高的第一个字典,把 root 和 keyword 两个键值存为一个新的列表 keyword 并返回,如图 16-5 所示。

```
defbaiduai_query(image):
request_url = "https://aip.baidubce.com/rest/2.0/image-classify/v2/advanced_general"
access_token = '24.fdaa8f2c2686c85f8b2eca9f32c1289a.2592000.1588922347.282335-18675408'
request_url = request_url + "?access_token=" + access_token
    data = parse.urlencode({"image": image})
headers = {'Content-Type': 'application/x-www-form-urlencoded'}
```

```
request = requests.post(request_url, data = data, headers = headers)
r = json.loads(request.text)
key1 = r['result'][0]['keyword']
root1 = r['result'][0]['root']
keyword = [key1,root1]
return keyword
```

```
In [2]: runfile('D:/Anaconda3/Lib/site-packages/spyder_kernels/customize/百度api调用测试.py', wdir='D:/Anaconda3/Lib/site-packages/spyder_kernels/customize')
[{'score': 0.956828, 'root': '商品-食品', 'keyword': '玉米'}, {'score': 0.702108, 'root': '植物-其他', 'keyword': '玉米棒'}, {'score': 0.47327, 'root': '植物-其他', 'keyword': '甜玉米'}, {'score': 0.244786, 'root': '植物-果实/种子', 'keyword': '玉茭'}, {'score': 0.03491, 'root': '植物-其他', 'keyword': '粘玉米'}]
```

图 16-5　列表

4. get_html 函数

在网站 https://lajifenleiapp.com/中获取其网页源码。

```
defget_html(url):
headers = {
'User - Agent':'Mozilla/5.0(Macintosh; Intel Mac OS X 10_11_4)\
AppleWebKit/537.36(KHTML, like Gecko) Chrome/52 .0.2743. 116 Safari/537.36'
}                                                          #模拟浏览器访问
response = requests.get(url,headers = headers)             #请求访问网站
html = response.text                                       #获取网页源码
return html                                                #返回网页源码
```

5. main 函数

相关步骤如下：

1）根据 API 返回的内容爬取垃圾分类内容

借助 beautifulsoup 库，对网页 https://lajifenleiapp.com/sk/和查询的关键字进行爬取，使用 soup.find 函数查找标签为<div class="col-md-9 col-xs-12"></div>的节点，如果节点存在，则代表没有关键字相匹配的内容；如果 soup.find 的结果是 None，则说明有该垃圾的相关信息，用 string 获得内容。

```
soup = BeautifulSoup(get_html("https://lajifenleiapp.com/sk/" + query_word[0]), 'lxml')
#初始化 BeautifulSoup 库，并设置解析器
nonex = soup.find('div', attrs = {'class': 'col - md - 9 col - xs - 12'})
if nonexis None:                                 #节点不存在，说明有该垃圾的相关信息
laji = soup.find('span', attrs = {'style': 'color:#D42121;'})
#该节点是查询的垃圾名字
shuyu = soup.find('span', attrs = {'style': 'color:#FBbC28;'})
fenlei = soup.find('span', attrs = {'style': '#2e2a2b'})
#该节点是垃圾分类
print(laji.string)                               #string 提取文字
print(shuyu.string.strip())                      #string.strip()可以删除括号
```

```
print(fenlei.string)
else:                                          #节点存在,说明没有该垃圾的相关信息
print("没有与此物品名称匹配的词条")
print("该物品属于: ")
print(query_word[1])
#query_word[1]是百度 AI 调用函数中的 root1,即上级分类
print("请查找与之分类相关的名称。")
```

2）根据输入的关键字进行垃圾分类

输入关键字,爬取垃圾分类相应结果,如果未搜索到,则返回“没有与此物品名称匹配的词条”。

```
rubbishname= input("输入要查询的垃圾名称: ")
soup = BeautifulSoup(get_html("https://lajifenleiapp.com/sk/" + rubbishname), 'lxml')
#初始化 BeautifulSoup 库,并设置解析器
nonex= soup.find('div', attrs={'class': 'col-md-9 col-xs-12'})
print("正在查询……")
if nonexis None:
laji= soup.find('span', attrs={'style': 'color:#D42121;'})
shuyu= soup.find('span', attrs={'style': 'color:#FBbC28;'})
fenlei= soup.find('span', attrs={'style': '#2e2a2b'})
print(laji.string)
print(shuyu.string.strip())
print(fenlei.string)
else:
print("没有与此物品名称匹配的词条")
```

6. GUI

```
#此部分为 GUI 界面设计
class Classification(object):
def __init__(self):
#创建主窗口,用于容纳其他组件
self.root = tkinter.Tk()
        #给主窗口设置标题内容
self.root.title("智能垃圾分类")
        #创建一个输入框,并设置尺寸
self.trash_input = tkinter.Entry(self.root,width=30,text="请输入垃圾的名称")
self.trash_input.grid(row=0,column=1)
        #创建一个回显列表
self.display_info = tkinter.Listbox(self.root, width=50,height=10)
self.display_info.grid(row=10, columnspan=8, sticky=tkinter.E)
        #创建查询按钮
        self.result_button1 = tkinter.Button(self.root, command = self.waste_sorting1,
text = "文字查询")
self.result_button1.grid(row=0,column=0)
        self.result_button2 = tkinter.Button(self.root, command = self.waste_sorting2,
```

```
text = "图片查询")
self.result_button2.grid(row = 1,column = 0)
#完成布局
```

16.3.2 移动端微信小程序

本部分包括获取 access_token、baidu-token-util、拍照搜索、语音搜索和数据库模块。

1. baiduaccesstoken.js

用与 PC 端相似的方法获取 access_token、apiKey 和 secretKey 都是在百度智能云注册后获取。

```
const rq = require('request - promise')
/* 获取百度 ai AccessToken */
exports.main = async(event, context) => {
  let apiKey = 'wPnvuS8WCKeAj6OHfGGQlY3R',
    grantType = 'client_credentials',
    secretKey = 'ljoNDsp2HIlb0ePwgQtGxwNxoW9idak4',
    url = 'https://aip.baidubce.com/oauth/2.0/token'
  return new Promise(async(resolve, reject) => {
    try {
      let data = await rq({
        method: 'POST',
        url,
        form: {
          "grant_type": grantType,
          "client_secret": secretKey,
          "client_id": apiKey
        },
        json: true
      })
      resolve({
        code: 0,
        data,
        info: '操作成功!'
      })
    } catch (error) {
      console.log(error)
      if (!error.code) reject(error)
      resolve(error)
    }
  })
}
```

2. baidu-token-util.js

本模块解决 accesstoken 每隔一个月就失效的问题，如果 accesstoken 不存在就重新申请。

```
const getBdAiAccessToken = function () {
    return new Promise((resolve, reject) => {
        console.log('getBdAiAccessToken!');
        var time = wx.getStorageSync("time");
        var curTime = new Date().getTime();
        console.log('time:' + time + '---- curTime:' + curTime);
        console.log(parseInt((curTime - time) / 1000/60/60/24));
        var timeNum = parseInt((curTime - time) / 1000/60/60/24);
        console.log("token 生成天数 timeNum:" + timeNum);
        var accessToken = wx.getStorageSync("access_token")
        console.log("缓存中的 accessToken === " + accessToken)
        if (timeNum > 28 || (accessToken == "" ||
            accessToken == null || accessToken == undefined)) {
            //token 超过 28 天或者不存在,则调用云函数重新获取
            wx.cloud.callFunction({
                name: 'baiduAccessToken',
                success: res => {
                    console.log("云函数获取 token:" + JSON.stringify(res))
                    var access_token = res.result.data.access_token
                    wx.setStorageSync("access_token", access_token);
                    wx.setStorageSync("time", new Date().getTime());
                    resolve(
                        {
                            'access_token': access_token
                        }
                    );
                },
                fail: error => {
                    console.error('[云函数] [sum] 调用失败: ', error);
                    reject('调用云函数失败: ' + JSON.stringify(error));
                }
            });
        } else {
            //缓存中存在有效的 token
            resolve(
                {
                    'access_token': accessToken
                }
            );
        }
    });
}
module.exports = {
    getBdAiAccessToken: getBdAiAccessToken,
}
```

3. camera.js

此模块作用为获得百度 AI token 调用 API,进行拍照识别垃圾并返回搜索结果。

```
var http = require('../../../utils/http.js')
var baiduTokenUtil = require('../../../utils/baidu-token-util.js');
// import { Utilaa } from 'util'
// var u = require('underscore')
Page({
    data: {
        isShow: false,
        results: [],
        src: "",
        isCamera: true,
        btnTxt: "拍照"
    },
    accessToken: "",
    onLoad() {
        this.ctx = wx.createCameraContext();
        var that = this
        wx.showShareMenu({
            withShareTicket: true                    //要求小程序返回分享目标信息
        });
        try {
            baiduTokenUtil.getBdAiAccessToken().then(
                function (res) {
                    console.log('获取百度 ai token:' + JSON.stringify(res));
                    that.accessToken = res.access_token;
                }, function (error) {
                    console.error('获取百度 ai token:' + error);
                }
            );
        } catch (error) {
            console.error(error);
        }
    },
    takePhoto() {
        var that = this
        if (this.data.isCamera == false) {
            this.setData({
                isCamera: true,
                btnTxt: "拍照"
            })
            return
        }
        this.ctx.takePhoto({
            quality: 'high',
```

```
            success: (res) => {
                this.setData({
                    src: res.tempImagePath,
                    isCamera: false,
                    btnTxt: "重拍"
                })
                wx.showLoading({
                    title: '正在加载中',
                })
                wx.getFileSystemManager().readFile({
                    filePath: res.tempImagePath,
                    encoding: "base64",
                    success: res => {
                        that.req(that.accessToken, res.data)
                    },
                    fail: res => {
                        wx.hideLoading()
                        wx.showToast({
                            title: '拍照失败,未获取相机权限或其他原因',
                            icon: "none"
                        })
                    }
                })
            }
        })
    },
    req: function (token, image) {
        var that = this
        var data = {
            "image": image
        }
        wx.request({
            url: 'https://aip.baidubce.com/rest/2.0/image-classify/v2/advanced_general?
access_token=' + token,
            method: 'post',
            data: data,
            header: {
                "content-type": "application/x-www-form-urlencoded",
            },
            success (res) {
                wx.hideLoading();
                console.log(res.data)
                var results = res.data.result;
                if (results) {
                    that.setData({
                        isShow: true,
                        results: results
```

```
                    })
                } else {
                    wx.showToast({
                        icon: 'none',
                        title: '没有认出来,可以再试试～',
                    })
                }
            },
            fail(error){
                wx.hideLoading();
                console.log(error);
                wx.showToast({
                    icon: 'none',
                    title: '请求失败了,请确保网络正常,重新试试～',
                })
            }
        });
    },
    radioChange: function (e) {
        console.log(e)
        console.log(e.detail)
        console.log(e.detail.value)
        wx.navigateTo({
            url: '/pages/ai/search?searchText = ' + e.detail.value,
        })
    },
    hideModal: function () {
        this.setData({
            isShow: false,
        })
    },
    error(e) {
        console.log(e.detail)
    }
})
```

4. index.js(录音)

此模块功能为识别录音并返回搜索结果。

```
var checkPermissionUtil = require('../../utils/check-permission-util.js');
var baiduTokenUtil = require('../../utils/baidu-token-util.js');
Page({
    data: {
        SHOW_TOP: true,
        canRecordStart: false,
    },
```

```
isSpeaking: false,
accessToken: "",
onLoad: function (options) {
    console.log("onLoad!");
    var that = this
    wx.showShareMenu({
        withShareTicket: true                    //要求小程序返回分享目标信息
    });
    var isShowed = wx.getStorageSync("tip");
    if (isShowed != 1) {
        setTimeout(() => {
            this.setData({
                SHOW_TOP: false
            })
            wx.setStorageSync("tip", 1)
        }, 3 * 1000)
    } else {
        this.setData({
            SHOW_TOP: false
        })
    };
    try {
        baiduTokenUtil.getBdAiAccessToken().then(
            function (res) {
                console.log('获取百度 ai token:' + JSON.stringify(res));
                console.log(res.access_token)
                that.accessToken = res.access_token ;
            }, function (error) {
                console.error('获取百度 ai token:' + error);
            }
        );
    } catch (error) {
        console.error(error);
    }
},
goSearch: function () {
    wx.navigateTo({
        url: '/pages/ai/search'
    });
},
onBindCamera: function () {
    console.log('onBindCamera!');
    var that = this;
    try {
checkPermissionUtil.checkPermission('scope.camera').then(function (res) {
                console.log('检测权限结果: ' + res);
                wx.navigateTo({
```

```
                        url: 'camera/camera',
                    });
                }, function (err) {
                    console.error('检测权限结果失败：' + err);
                    wx.showToast({
                        title: '授权失败,无法使用该功能～',
                        icon: 'none'
                    });
                }
            );
        } catch (err) {
            console.error(err);
            wx.showToast({
                title: '授权失败,无法使用该功能～',
                icon: 'none'
            });
            return
        }
    },
    onTouchStart: function () {
        console.log('onTouchStart!' + this.data.canRecordStart);
        speaking.call(this);
        this.setData({
            canRecordStart: true
        });
        this.startRecordHandle();
    },
    onTouchEnd: function () {
        console.log('onTouchEnd! canRecordStart:' + this.data.canRecordStart + '----
isSpeaking:' + this.isSpeaking);
        clearInterval(this.timer);
        this.setData({
            canRecordStart: false
        });
        if (this.isSpeaking) {
            wx.getRecorderManager().stop();
        }
    },
    //录音前检测 scope.record 授权情况
    async startRecordHandle() {
        var that = this;
        try {
            await checkPermissionUtil.checkPermission('scope.record').then(function (res) {
                    console.log('检测权限结果：' + res);
                    that.record();
                }, function (err) {
                    console.error('检测权限结果失败：' + err);
```

```
                    wx.showToast({
                        title: '授权失败,无法使用该功能~',
                        icon: 'none'
                    });
                }
            );
        } catch (err) {
            console.error(err);
            wx.showToast({
                title: '授权失败,无法使用该功能~',
                icon: 'none'
            });
            return
        }
    },
    //开始录音的时候
    record: function () {
        var that = this;
        console.log('startRecord!');
        const recorderManager = wx.getRecorderManager();
        const options = {
            duration: 30000,                  //指定录音的时长,单位 ms
            sampleRate: 16000,                //采样率
            numberOfChannels: 1,              //录音通道数
            encodeBitRate: 48000,             //编码码率
            format: 'aac',                    //音频格式,有效值 aac/mp3
        };
     console.log('开始正式录音前,canRecordStart' + this.data.canRecordStart);
        //开始录音
        if (this.data.canRecordStart) {
            recorderManager.start(options);
            this.isSpeaking = true;
        }
        recorderManager.onStart(() => {
            console.log('recorder start')
        });
        recorderManager.onPause(() => {
            console.log('recorder pause')
        })
        recorderManager.onStop((res) => {
            this.isSpeaking = false;
            console.log('recorder stop', res);
            //wx.hideLoading();
            if (res && res.duration < 1000) {
                wx.showToast({
                    title: '说话时间太短啦!',
                    icon: 'none'
```

```
            })
            return;
        }
        if (res && res.duration > 8000) {
            wx.showToast({
                title: '说的有点长,可以精简点呀~',
                icon: 'none'
            })
            return;
        }
        const {tempFilePath} = res
        this.speechRecognition(res);
    })
    //错误回调
    recorderManager.onError((res) => {
        // wx.showToast({
        //      title: '录音出错啦,请重试!',
        //
        // });
        console.error('录音错误回调: ' + JSON.stringify(res));
    })
},
speechRecognition: function (res) {
    wx.showLoading({
        title: '识别中...',
    })
    var that = this;
    var fileSize = res.fileSize;
    var tempFilePath = res.tempFilePath;
    var format = 'pcm';
    if (tempFilePath) {
        format = tempFilePath.substring(tempFilePath.lastIndexOf('.') + 1);
    }
    const fileSystemManager = wx.getFileSystemManager()
    fileSystemManager.readFile({
        filePath: res.tempFilePath,
        encoding: "base64",
        success(res){
            console.log(res);
            var base64 = res.data;
            var data = {
                "format": format,
                "rate": 16000,
                "dev_pid": 80001,
                "channel": 1,
                "token": that.accessToken,
                "cuid": "baidu_workshop",
```

```
        "len": fileSize,
        "speech": base64
    }
    console.log('语音识别请求参数: ' + JSON.stringify(data));
    wx.request({
        url: 'https://vop.baidu.com/pro_api',
        method: 'post',
        data: data,
        success (res) {
            wx.hideLoading();
            console.log(res.data)
            var result = res.data.result;
            if (result && result.length > 0) {
                var location = result[0].lastIndexOf(".");
                var text = '';
                console.log(result[0]);
                console.log('符号位置: ' + location);
                text = result[0].replace(/[\ |\~|\`|\!|\@|\#|\$|\%|\^|
\&|\*|\(|\)|\-|\_|\+|\=|\||\\|\[|\]|\{|\}|\;|\:|\"|\'|\,|\<|\.|\.|\,|\!|\;|\>|\/|
\?]/g, "");
                console.log('text' + text);
                wx.navigateTo({
                    url: '/pages/ai/search?searchText=' + text
                })
            } else {
                //没有 result,认为语音识别失败
                wx.showModal({
                    title: '提示',
                    content: '不知道你说的啥,可以再试试~',
                    showCancel: false,
                    success (res) {
                        if (res.confirm) {
                            console.log('用户单击确定')
                        } else if (res.cancel) {
                            console.log('用户单击取消')
                        }
                    }
                })
            }
        },
        fail(error){
            wx.hideLoading();
            console.log(error);
            wx.showToast({
                icon: 'none',
                title: '请求失败了,请确保网络正常,重新试试~',
            })
```

```
                    }
                })
            },
            fail(res){
                wx.hideLoading();
                console.log(res)
            }
        })
    },
});
//麦克风帧动画
function speaking() {
    var _this = this;
    //话筒帧动画
    var i = 1;
    this.timer = setInterval(function () {
        i++;
        i = i % 5;
        _this.setData({
            j: i
        })
    }, 200);
}
```

5. garbage-sort-data.js(数据库)

建立数据库进行数据存储,数据库内容为各类垃圾常见类型。

```
var garbage_sort_data = [
    {
  "categroy": 1,
  "data": [{
    "letter":"A",
    "garbageItem": ["A4 纸", "安全帽"]
  }, {
    "letter": "B",
    "garbageItem": ["白纸", "玻璃摆件", "包包", "包书纸", "包装箱", "包装用纸", "包装纸", "包装纸盒", "包装纸箱", "布包", "保健品盒", "保暖杯", "保暖瓶", "保温杯", "保温瓶", "保险箱", "宝特瓶", "抱枕", "报刊", "报纸", "报纸、纸皮", "玻璃杯", "玻璃杯子", "玻璃酒杯", "玻璃水杯", "不锈钢杯子", "不锈钢水杯", "被单", "被套", "被芯", "被子", "本子", "笔记本", "笔记本电脑", "笔记本纸", "笔盒", "笔记型计算机", "布笔袋", "瘪掉的篮球", "冰柜", "冰箱", "饼干罐", "饼干铁盒", "饼干纸盒", "玻璃", "玻璃餐盒", "玻璃餐具", "玻璃尺", "玻璃灯罩", "玻璃调料瓶", "玻璃饭盒", "玻璃罐", "玻璃锅", "玻璃锅盖", "玻璃壶", "玻璃酒瓶", "玻璃奶瓶", "玻璃盘", "玻璃盘子", "玻璃盆", "玻璃啤酒瓶", "玻璃片", "玻璃瓶", "玻璃瓶罐", "玻璃器皿", "玻璃碎片", "玻璃碎瓶", "玻璃碗", "玻璃油瓶", "玻璃碴", "玻璃制品", "玻璃制容器", "捕蚊灯", "不锈钢", "不锈钢尺子", "不锈钢刀", "不粘锅", "布", "布袋", "布袋子", "布类", "布料", "布面粉袋", "布偶", "布条", "布娃娃", "布玩偶", "布鞋"]
  },
```

16.4　系统测试

本部分包括 PC 端和微信小程序效果展示。

16.4.1　PC 端效果展示

图像测试结果如表 16-1 所示,文字测试结果如表 16-2 所示。

表 16-1　图像测试结果

测 试 图 片	测 试 结 果
	输入 1 开始垃圾分类,输入 0 结束程序:1 输入 1 开始图片识别垃圾分类,输入 2 开始垃圾名称分类:1 正在识别图片・・・ 笔记本电脑 属于 可回收物
	输入 1 开始垃圾分类,输入 0 结束程序:1 输入 1 开始图片识别垃圾分类,输入 2 开始垃圾名称分类:1 正在识别图片・・・ 西红柿 属于 湿垃圾
	输入 1 开始垃圾分类,输入 0 结束程序:1 输入 1 开始图片识别垃圾分类,输入 2 开始垃圾名称分类:1 正在识别图片・・・ 干电池 属于 有害垃圾
	输入 1 开始垃圾分类,输入 0 结束程序:1 输入 1 开始图片识别垃圾分类,输入 2 开始垃圾名称分类:1 正在识别图片・・・ 抽纸 属于 干垃圾

续表

测试图片	测试结果
	输入 1 开始垃圾分类,输入 0 结束程序：1 输入 1 开始图片识别垃圾分类,输入 2 开始垃圾名称分类：1 正在识别图片・・・ 没有与此物品名称匹配的词条 该物品属于： 人物-人物特写 请查找与之分类相关的名称。

表 16-2　文字测试结果

测试关键字	测试结果
鱼骨头	输入 1 开始垃圾分类,输入 0 结束程序：1 输入 1 开始图片识别垃圾分类,输入 2 开始垃圾名称分类：2 输入要查询的垃圾名称：鱼骨头 正在查询…… 鱼骨头 属于 湿垃圾
木屑	输入 1 开始垃圾分类,输入 0 结束程序：1 输入 1 开始图片识别垃圾分类,输入 2 开始垃圾名称分类：2 输入要查询的垃圾名称：木屑 正在查询…… 木屑 属于 干垃圾
药品	输入 1 开始垃圾分类,输入 0 结束程序：1 输入 1 开始图片识别垃圾分类,输入 2 开始垃圾名称分类：2 输入要查询的垃圾名称：药品 正在查询…… 药品 属于 有害垃圾
塑料瓶	输入 1 开始垃圾分类,输入 0 结束程序：1 输入 1 开始图片识别垃圾分类,输入 2 开始垃圾名称分类：2 输入要查询的垃圾名称：塑料瓶 正在查询…… 塑料瓶 属于 可回收物

续表

测试关键字	测 试 结 果
五金	输入 1 开始垃圾分类，输入 0 结束程序：1 输入 1 开始图片识别垃圾分类，输入 2 开始垃圾名称分类：2 输入要查询的垃圾名称：五金 正在查询…… 没有与此物品名称匹配的词条 输入 1 开始垃圾分类，输入 0 结束程序

16.4.2　微信小程序效果展示

界面效果如图 16-6 所示；拍照识别效果如图 16-7 所示；语音识别时长按方块按钮，右上方会有麦克风标记出现，效果如图 16-8 所示；选择垃圾种类“可回收物”，得到投放要求，并以首字母索引形式给出属于可回收物的垃圾，如图 16-9 所示；文字搜索效果如图 16-10 所示。

图 16-6　界面效果

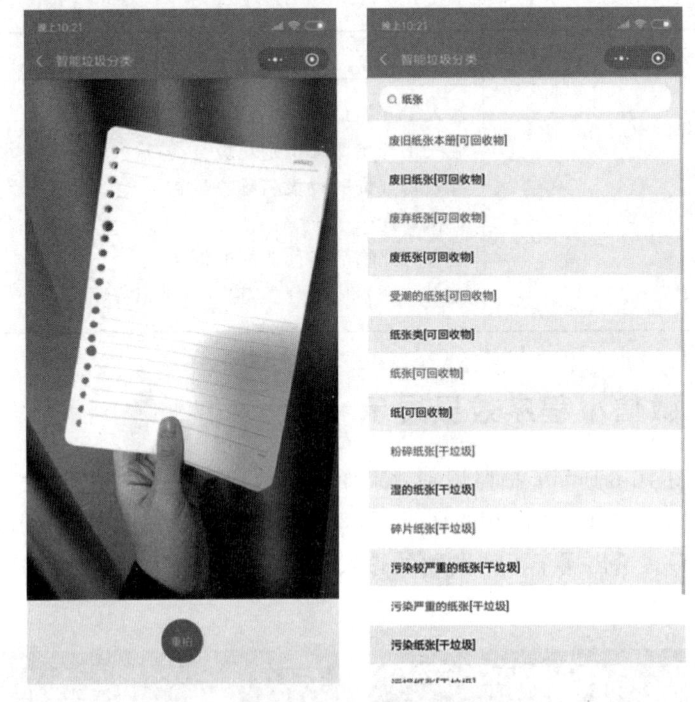

图 16-7 拍照识别效果

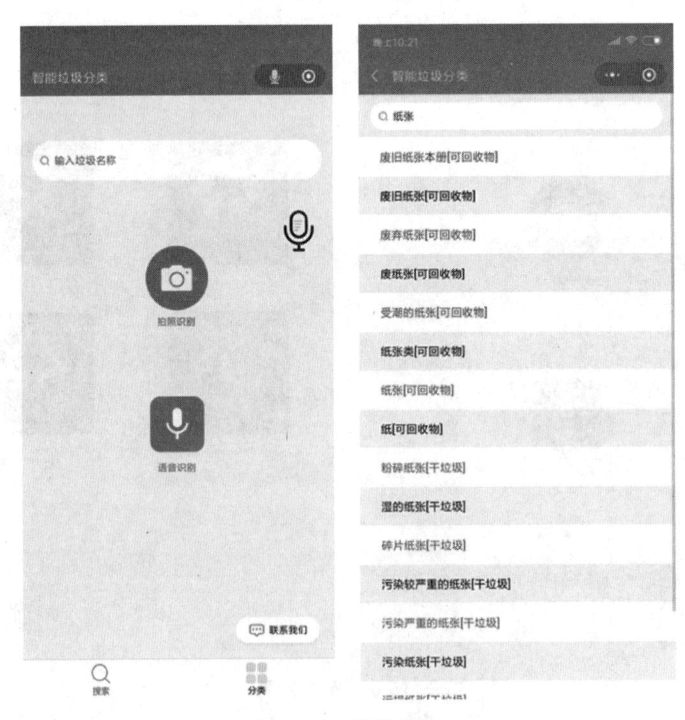

图 16-8 语音效果

图 16-9　垃圾分类效果

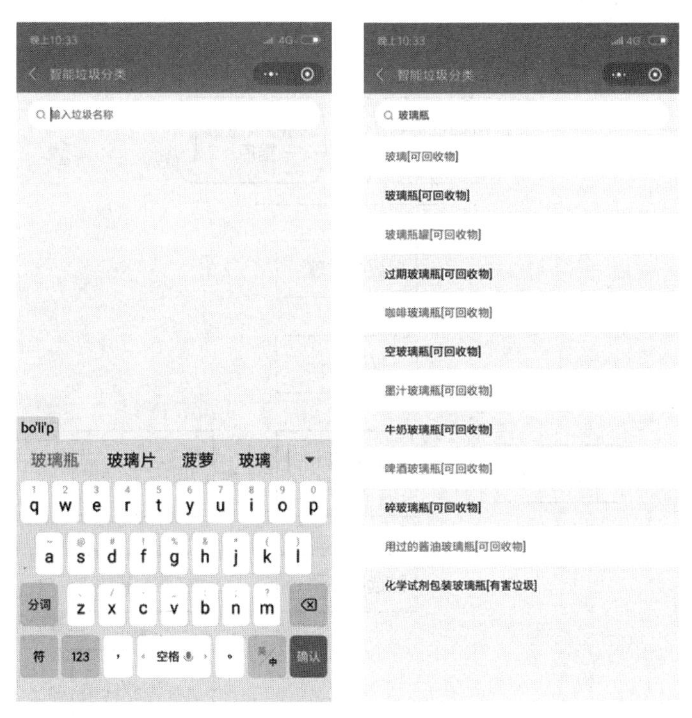

图 16-10　文字搜索效果

项目 17 协同过滤音乐推荐系统

PROJECT 17

本项目基于 MSD 的子数据集，采用 Python 进行处理并分析，为用户的兴趣建模，实现物品的协同过滤推荐。

17.1 总体设计

本部分包括系统整体结构和系统流程。

17.1.1 系统整体结构

系统整体结构如图 17-1 所示。

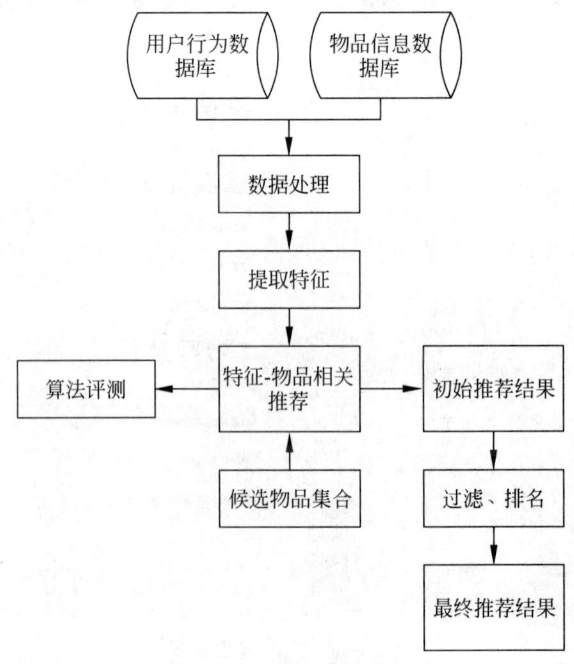

图 17-1 系统整体结构

17.1.2　系统流程

系统流程如图 17-2 所示。

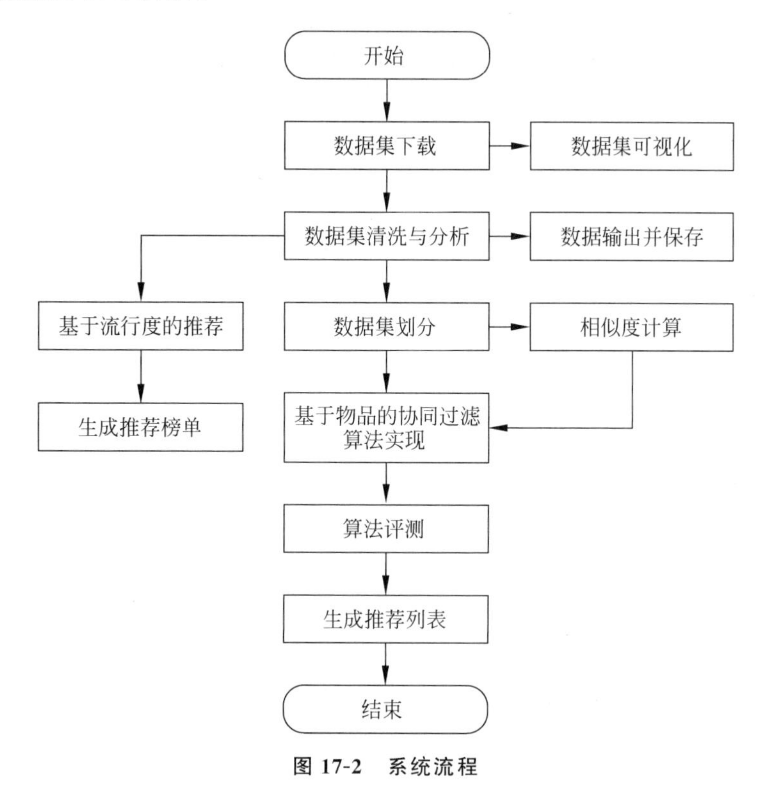

图 17-2　系统流程

17.2　运行环境

本部分包括 Python、PyCharm 和 Jupyter 环境。

17.2.1　Python 环境

需要 Python 3.6 及以上配置，在 Windows 环境下载 Anaconda 完成 Python 所需的配置，下载地址为 https://mirrors.tuna.tsinghua.edu.cn/anaconda/archive/。下载安装 Anaconda 后，进入 cmd 终端，切换到 Anaconda 安装目录，初次安装的包一般比较老，为避免之后使用报错，输入 conda update --all 命令，把所有包进行更新。

17.2.2　PyCharm 和 Jupyter

选 PyCharm 编写算法程序，用 Jupyter 进行数据处理、分析、观察结果。下载 PyCharm

后创建项目并配置 Anaconda，在 file 选项中选择 default setting、project interpreter 并找到 Anaconda 安装目录中的 python.exe。

为便于使用，修改 Jupyter 的默认路径，在 cmd 中输入 jupyter notebook --generate-config，生成 jupyter_notebook_config.py 的文件，窗口显示文件位置，找到并修改路径为 D:\jupyter，进入文件目录输入 jupyter notebook 即可启用。

17.3 模块实现

本项目包括 3 个模块：数据预处理、算法实现和算法测评，下面分别给出各模块的功能介绍及相关代码。

17.3.1 数据预处理

本部分包括 MSD 数据集介绍和数据处理。

1. MSD 数据集介绍

MSD 原始数据包含上百万首歌曲的量化音频特征。实际上是 The Echonest 和 LABRosa 的合作项目。基于此数据库，衍生出一些其他的数据集，The Echonest 为喜好画像子集。包括用户、歌曲、播放次数三组信息，以下简称数据集 1。下载地址为 http://labrosa.ee.columbia.edu/millionsong/sites/default/files/challenge/train_triplets.txt.zip。这份数据集额外提供了歌曲的相关信息，例如：歌曲名称、演唱者名称、专辑名称等。这份数据集以 SQLite 数据库文件形式提供，以下简称数据集 2。下载地址为 http://labrosa.ee.columbia.edu/millionsong/sites/default/files/AdditionalFiles/track_metadata.db。

2. 数据处理

数据集 1 包含 100 万用户对 384 000 首歌的播放记录，数据庞大，需要筛选出有代表性的再进行推荐。对用户播放量和歌曲播放次数进行排序，发现 10%的歌曲占据了 80%的播放量，10%的用户播放量占据了总播放量的 40%。因此，提取数据并输出为表格备用，另外，数据集 1 信息有限，故对两份数据集进行合并，并剔除不需要的信息，最终获得较为完整的数据并输出，相关代码如下：

```
#读取数据集
triplet_dataset = pd.read_csv(filepath_or_buffer = data_home + 'train_triplets.txt', sep = '\t',
header = None, names = ['user','song','play_count'])
#对每个用户，分别统计其播放量
output_dict = {}
with open(data_home + 'train_triplets.txt') as f:
    for line_number, line in enumerate(f):
#找到当前的用户
        user = line.split('\t')[0]
```

```
#得到其播放量数据
        play_count = int(line.split('\t')[2])
#如果字典中已经有该用户信息,在其基础上增加当前的播放量
        if user in output_dict:
            play_count += output_dict[user]
            output_dict.update({user:play_count})
        output_dict.update({user:play_count})
#统计用户总播放量
output_list = [{'user':k,'play_count':v} for k,v in output_dict.items()]
#转换成 DF 格式
play_count_df = pd.DataFrame(output_list)
#排序
play_count_df = play_count_df.sort_values(by = 'play_count', ascending = False)
#输出为表格并保存
play_count_df.to_csv(path_or_buf = 'user_playcount_df.csv', index = False)
#输出表格并保存,统计歌曲播放量
#对每首歌,统计其播放量,方法跟上述类似
output_dict = {}
with open(data_home + 'train_triplets.txt') as f:
    for line_number, line in enumerate(f):
        #找到当前歌曲
        song = line.split('\t')[1]
        #找到当前播放次数
        play_count = int(line.split('\t')[2])
        #统计每首歌曲被播放的总次数
        if song in output_dict:
            play_count += output_dict[song]
            output_dict.update({song:play_count})
        output_dict.update({song:play_count})
output_list = [{'song':k,'play_count':v} for k,v in output_dict.items()]
#转换成 DF 格式
song_count_df = pd.DataFrame(output_list)
song_count_df = song_count_df.sort_values(by = 'play_count', ascending = False)
#输出保存
#10 万名用户的播放量占总体的比例
total_play_count = sum(song_count_df.play_count)
print
((float(play_count_df.head(n = 100000).play_count.sum())/total_play_count) * 100)
play_count_subset = play_count_df.head(n = 100000)
#3 万首歌曲的播放量占总体的比例
(float(song_count_df.head(n = 30000).play_count.sum())/total_play_count) * 100
#取 10 万名用户,3 万首歌
user_subset = list(play_count_subset.user)
song_subset = list(song_count_subset.song)
#只保留 10 万名用户的数据,其余过滤掉
triplet_dataset_sub = triplet_dataset[triplet_dataset.user.isin(user_subset) ]
del(triplet_dataset)
#只保留 3 万首歌曲的数据,其余过滤掉
```

```
triplet_dataset_sub_song = triplet_dataset_sub[triplet_dataset_sub.song.isin(song_subset)]
del(triplet_dataset_sub)
#加入音乐详细信息,合并两个数据集
conn = sqlite3.connect(data_home + 'track_metadata.db')
cur = conn.cursor()
cur.execute("SELECT name FROM sqlite_master WHERE type = 'table'")
cur.fetchall()
track_metadata_df = pd.read_sql(con = conn, sql = 'select * from songs')
track_metadata_df_sub = track_metadata_df[track_metadata_df.song_id.isin(song_subset)]
track_metadata_df_sub.to_csv(path_or_buf = data_home + 'track_metadata_df_sub.csv', index =
False)
#去掉无用信息
del(track_metadata_df_sub['track_id'])
del(track_metadata_df_sub['artist_mbid'])
#去掉重复的
track_metadata_df_sub = track_metadata_df_sub.drop_duplicates(['song_id'])
#将音乐信息数据和之前的播放数据整合到一起
triplet_dataset_sub_song_merged = pd.merge(triplet_dataset_sub_song, track_metadata_df_
sub, how = 'left', left_on = 'song', right_on = 'song_id')
#可以自己改变列名
triplet_dataset_sub_song_merged.rename(columns = {'play_count':'listen_count'}, inplace =
True)
#去掉不需要的指标
del(triplet_dataset_sub_song_merged['song_id'])
del(triplet_dataset_sub_song_merged['artist_id'])
del(triplet_dataset_sub_song_merged['duration'])
del(triplet_dataset_sub_song_merged['artist_familiarity'])
del(triplet_dataset_sub_song_merged['artist_hotttnesss'])
del(triplet_dataset_sub_song_merged['track_7digitalid'])
del(triplet_dataset_sub_song_merged['shs_perf'])
del(triplet_dataset_sub_song_merged['shs_work'])
```

17.3.2 算法实现

算法实现主要介绍流行度推荐和物品协同过滤算法的具体实现。

1. 基于流行度的推荐

该算法将热门排行榜推荐给用户，解决冷启动问题。分两步：一是分别按照歌曲、专辑、歌手统计其播放总数并对结果排序；二是根据选择的指标生成对应排行榜单。

1）展示最流行的歌曲/专辑/歌手

以歌曲为例，相关代码如下：

```
#按歌曲名字统计其播放量的总数
popular_songs = triplet_dataset_sub_song_merged[['title','listen_count']].groupby('title')
.sum().reset_index()
#对结果进行排序,展示播放数量位于前20的歌曲
popular_songs_top_20 = popular_songs.sort_values('listen_count',ascending = False).head(n = 20)
```

```
#转换成 list 格式方便画图
objects = (list(popular_songs_top_20['title']))
#设置位置
y_pos = np.arange(len(objects))
#对应结果值
performance = list(popular_songs_top_20['listen_count'])
#绘图
plt.bar(y_pos, performance, align='center', alpha=0.5)
plt.xticks(y_pos, objects, rotation='vertical')
plt.ylabel('播放量')
plt.title('最受欢迎歌曲')
plt.show()
```

播放次数位于前 20 的歌曲如图 17-3 所示。

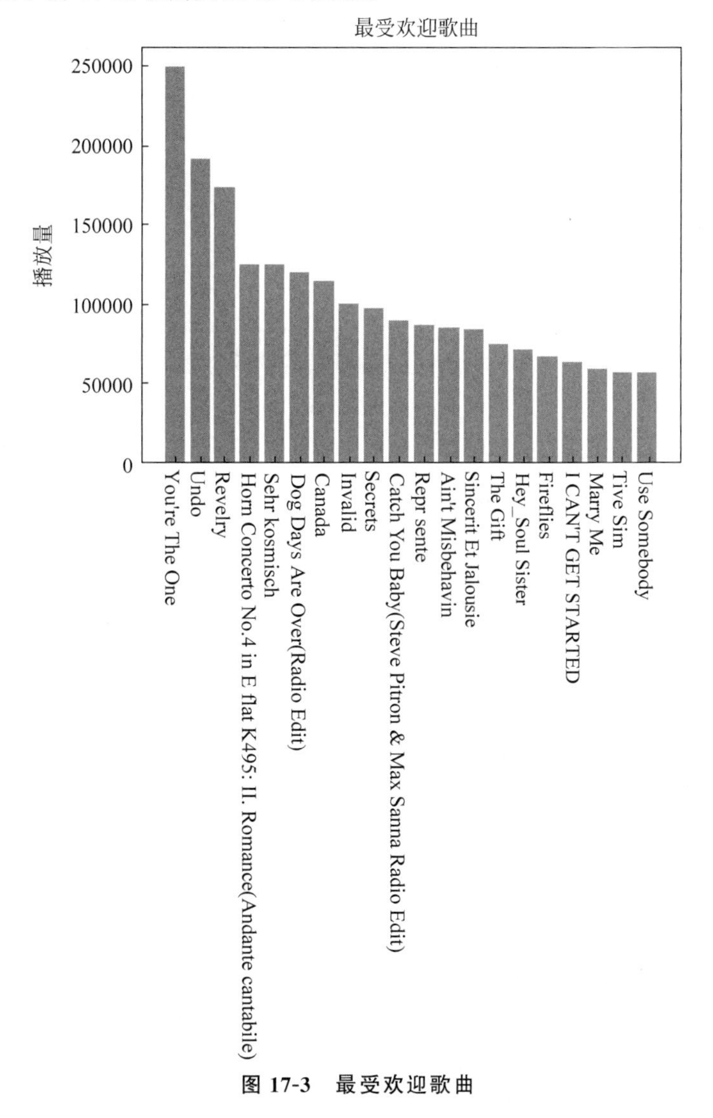

图 17-3　最受欢迎歌曲

2）生成排行榜单

传入原始数据、用户列名、待统计指标（例如，按歌曲名字/歌手名字/专辑名字，根据选择的指标生成对应排行榜单）。相关代码如下：

```
def create_popularity_recommendation(train_data, user_id, item_id):
#根据指定的特征统计播放情况,可以选择歌曲名、专辑名、歌手名
    train_data_grouped = train_data.groupby([item_id]).agg({user_id: 'count'}).reset_index()
#用得分表示结果
    train_data_grouped.rename(columns = {user_id: 'score'},inplace = True)
#根据得分进行排序
    train_data_sort = train_data_grouped.sort_values(['score', item_id], ascending = [0,1])
#加入一项排行等级,表示其推荐的优先级
    train_data_sort['Rank'] = train_data_sort['score'].rank(ascending = 0, method = 'first')
#返回指定个数的推荐结果
popularity_recommendations = train_data_sort.head(20)
    return popularity_recommendations
#得到推荐结果
recommendations = create_popularity_recommendation(triplet_dataset_sub_song_merged,'user',
'title')
recommendations
```

2. 基于物品的协同过滤推荐

由于 Jupyter Notebook 不支持 debug，故用 PyCharm 编写算法。分三步：一是对每首歌曲的播放情况进行统计；二是构建相似度矩阵；三是利用构建好的相似度矩阵进行 topN 推荐。相关代码如下：

1）对每首歌曲播放情况进行统计

```
#给定用户,找出用户听过的所有歌曲
def get_user_items(self, user):
    user_data = self.train_data[self.train_data[self.user_id] == user]
    user_items = list(user_data[self.item_id].unique())
    return user_items
#给定歌曲,找出听过这首歌的所有用户
def get_item_users(self, item):
    item_data = self.train_data[self.train_data[self.item_id] == item]
    item_users = set(item_data[self.user_id].unique())
    return item_users
#对数据集中的歌曲去重
def get_all_items_train_data(self):
    all_items = list(self.train_data[self.item_id].unique())
    return all_items
```

2）计算歌曲相似度，构建矩阵

采用两种方法：一是使用 Jaccard 系数计算，如式(17-1)所示，其中 $N(i)$表示听过 i 这首歌的人数，$N(j)$表示听过 j 这首歌的总人数；二是考虑到用户活跃度的影响，活跃用户

对物品相似度的贡献应该小于不活跃的用户，将相似度计算公式改进为式(17-2)所示，w 表示相似度。如果对相似度矩阵按每列/行最大值归一化可提高推荐的准确率，因此，改进后的算法进行矩阵归一化。

$$\text{Jaccard} = \frac{|N(i) \cap N(j)|}{|N(i) \cup N(j)|} \tag{17-1}$$

$$w = \frac{\sum_{u \in N(i) \cap N(j)} \frac{1}{\log 1 + |N(u)|}}{\sqrt{|N(i)||N(j)|}} \tag{17-2}$$

相关代码如下：

```
#构建相似度矩阵
def construct_cooccurence_matrix(self, user_songs, all_songs):
    user_songs_users = []
    for i in range(0, len(user_songs)):
        user_songs_users.append(self.get_item_users(user_songs[i]))
#设置矩阵大小为某一指定用户听过的所有歌曲×数据集中歌曲总数
    cooccurence_matrix = np.matrix(np.zeros(shape = (len(user_songs), len(all_songs))),
float)
    for i in range(0, len(all_songs)):
       #找出用户听过的第 i 首歌被哪些人听过
       songs_i_data = self.train_data[self.train_data[self.item_id] == all_songs[i]]
       users_i = set(songs_i_data[self.user_id].unique())
       #找出歌曲集中第 j 首歌被哪些人听过
       for j in range(0, len(user_songs)):
          users_j = user_songs_users[j]
#计算听过 i 歌曲人数和 j 歌曲人数的交集
          users_intersection = users_i.intersection(users_j)
#采用 Jaccard 系数计算相似度
if len(users_intersection) != 0:
               #计算听过 i 歌曲人数和 j 歌曲人数的并集
               users_union = users_i.union(users_j)
               #使用 Jaccard 系数计算 i,j 之间的相似度
               cooccurence_matrix[j,i] = float(len(users_intersection)) / float(len(users_
union))
          else:
               cooccurence_matrix[j,i] = 0
#改进之后相似度计算
if len(users_intersection) != 0:
              for k in users_intersection:
                  user_k_data = self.get_user_items(k)
            cooccurence_matrix[j, i] += 1/math.log(1 + len(user_k_data) * 1.0)
            cooccurence_matrix[j, i] = float(cooccurence_matrix[j, i]/math.sqrt(len(users_i) *
len(users_j)))
          else:
              cooccurence_matrix[j, i] = 0
```

```
    coo_max = cooccurence_matrix.max(axis = 1)
    cooccurence_matrix = cooccurence_matrix/coo_max
    return cooccurence_matrix
```

3）根据相似度矩阵进行 topN 推荐

对于数据集中每个待推荐的歌曲都需要跟该用户所有听过的歌曲计算相似度，最终求平均值，代表该歌曲的推荐得分。相关代码如下：

```
def generate_top_recommendations(self, user, cooccurence_matrix, all_songs, user_songs):
    print("Non zero values in cooccurence_matrix :%d" % np.count_nonzero(cooccurence_
matrix))
    #对每首待推荐歌曲，计算其与用户听过的所有歌曲相似度的平均值
    user_sim_scores = cooccurence_matrix.sum(axis = 0) / float(cooccurence_matrix.shape[0])
    user_sim_scores = np.array(user_sim_scores)[0].tolist()
    sort_index = sorted(((e, i) for i, e in enumerate(list(user_sim_scores))), reverse = True)
    columns = ['user_id', 'song', 'score', 'rank']
    df = pandas.DataFrame(columns = columns)
    #推荐相似度最高的 5 首歌
    rank = 1
    for i in range(0, len(sort_index)):
        if ~np.isnan(sort_index[i][0]) and all_songs[sort_index[i][1]] not in user_songs and
rank <= 5:
            df.loc[len(df)] = [user, all_songs[sort_index[i][1]], sort_index[i][0], rank]
            rank = rank + 1
    if df.shape[0] == 0:
        print("The current user has no songs for training the item similarity based
recommendation model.")
        return -1
    else:
        return df
```

17.3.3 算法测评

通过计算准确率、召回率和覆盖率对推荐系统算法进行评测，了解系统的优缺点。本项目采用 K 折交叉验证进行评测。

1. 测评方法

首先，将用户行为数据集分成 k 份，挑选一份作为测试集，剩下的 $k-1$ 份作为训练集；其次，在训练集上建立用户兴趣模型，并在测试集上对用户行为进行预测，统计出相应的评测指标，为了保证评测指标并不是过拟合的结果，需要进行 k 次实验，每次使用不同的测试集；最后，将 k 次实验测出平均值作为评测指标。

2. 测评指标

准确率：描述最终推荐列表中有多少比例是发生过的用户—物品评分记录，即推荐的

和听过的交集占推荐歌曲的比例。

召回率：描述有多少比例的用户—物品评分记录包含在最终的推荐列表中，即推荐的和用户听过的交集占用户听过歌曲的比例。

覆盖率：已推荐歌曲占数据集中所有歌曲的比例。

3. 具体实现

```
#k 折交叉验证,这里选择将数据集分成 5 份,每份轮流作为验证集,其余作为训练集
train_data = pd.read_csv(filepath_or_buffer = 'D:\\jupyter\\music\\triplet_dataset_sub_song_
merged_sub.csv',encoding = "ISO - 8859 - 1")
is_model = n.item_similarity_recommender_py()
is_model.create(train_data, 'user', 'title')
all_song = is_model.get_all_items_train_data()
pre_list = []
rec_list = []
cov_list = []
kf = KFold(n_splits = 5,shuffle = True, random_state = 5)
for i, (train_index, test_index) in enumerate(kf.split(train_data)):
    hit = 0
    n_pre = 0
    n_rec = 0
    test = []
    train = []
    rec_all = []
    column = ['user_id', 'song']
    mydf = pd.DataFrame(columns = column)
    df = pd.DataFrame(columns = column)
    #使用 k 折划分出来的只是索引号,根据索引号找到所需数据,分别存入训练集、验证集
    for j in test_index:
        u = list(train_data.user)[j]
        s = list(train_data.song)[j]
        #mydf = pd.DataFrame(columns = column)
        #mm = pd.DataFrame([[u,s]])
        #mydf = mydf.append(mm)
        mydf.loc[len(mydf)] = [u, s]
        if u not in test:
            test.append(u)
    for k in train_index:
        uu = list(train_data.user)[k]
        ss = list(train_data.song)[k]
        df.loc[len(df)] = [uu, ss]
        if uu not in train:
            train.append(uu)
    #对训练集中每个用户进行推荐
```

```
    for uid in train:
        if uid not in test:
            continue
        else:
            model_train = n.item_similarity_recommender_py()
            model_train.create(df, 'user_id', 'song')
            model_test = n.item_similarity_recommender_py()
            model_test.create(mydf,'user_id', 'song')
            #记录推荐结果
            rec = model_train.recommend(uid)
            #在测试集中找出此推荐用户听过的歌
            listen_items = set(model_test.get_user_items(uid))
             rec_item = set(rec['song'])
            #找出推荐的和用户听过歌的交集
            ht = len(listen_items.intersection(rec_item))
        hit = ht + hit
        #总推荐数
        n_pre = n_pre + len(rec_item)
        #用户总计听过的歌
        n_rec = n_rec + len(listen_items)
        #推荐了多少不同的歌
        for item in list(rec.song):
            if item not in rec_all:
                rec_all.append(item)
        #计算准确率、召回率、覆盖率
    pre_list.append(hit/(1.0 * n_pre))
    rec_list.append(hit/(1.0 * n_rec))
    cov_list.append(len(rec_all)/len(all_song))
        #计算k次的结果取平均
print(pre_list,rec_list,cov_list)
print('准确率:', np.mean(pre_list))
print('召回率:', np.mean(rec_list))
print('覆盖率:', np.mean(cov_list))
```

4. 评测结果

评测结果如图 17-4 和图 17-5 所示。

准确率：0.18720556954469997
召回率：0.16591414788795278
覆盖率：0.542

图 17-4 Jaccard 系数计算相似度矩阵的评测结果

准确率：0.20406054501706677
召回率：0.18067815766089956
覆盖率：0.59

图 17-5 考虑用户活跃度和矩阵归一化的评测结果

由于影响推荐系统结果的因素较多，鉴于物品的协同过滤算法仅考虑了用户的听歌情况，评测时也仅以此为依据，加上评测时只用了少部分数据，故准确率、召回率不高。但在考虑用户活跃度对推荐结果的影响以及对矩阵进行归一化之后，系统的准确率、召回率、覆盖率均有所提升，与理论相符合。

17.4　系统测试

本部分包括流行度推荐和协同过滤算法。

1. 流行度推荐

歌曲流行度、专辑流行度、歌手流行度的推荐结果如图17-6～图17-8所示。

	title	score	Rank
19580	Sehr kosmisch	18626	1.0
5780	Dog Days Are Over (Radio Edit)	17635	2.0
27314	You're The One	16085	3.0
19542	Secrets	15138	4.0
18636	Revelry	14945	5.0
25070	Undo	14687	6.0
7530	Fireflies	13085	7.0
9640	Hey_ Soul Sister	12993	8.0
25216	Use Somebody	12793	9.0
9921	Horn Concerto No. 4 in E flat K495: II. Romanc...	12346	10.0

图 17-6　歌曲流行度推荐结果

	release	score	Rank
4786	Greatest Hits	74197	1.0
7925	My Worlds	37006	2.0
7144	Lungs	30967	3.0
13737	Waking Up	27839	4.0
467	A Rush Of Blood To The Head	27008	5.0
9911	Save Me_ San Francisco	26407	6.0
8512	Only By The Night	25755	7.0
13566	Vampire Weekend	25603	8.0
11907	The Fame Monster	25040	9.0
8266	Now That's What I Call Music! 75	23291	10.0

图 17-7　专辑流行度推荐结果

	artist_name	score	Rank
1686	Coldplay	125818	1.0
7505	The Black Keys	95067	2.0
7795	The Killers	74316	3.0
3594	Jack Johnson	72891	4.0
4298	Kings Of Leon	69684	5.0
6245	Radiohead	69342	6.0
1908	Daft Punk	64997	7.0
5467	Muse	64687	8.0
2850	Florence + The Machine	61106	9.0
5202	Metallica	46141	10.0

图 17-8　歌手流行度推荐结果

2. 协同过滤算法

推荐系统用上文提到的Jaccard相似系数（以下简称算法1），考虑用户活跃度和矩阵归一化的算法（以下简称算法2）分别计算了相似度矩阵并进行推荐，如图17-9和图17-10所示。

	user_id	song	score	rank
0	283882c3d18ff2ad0e17124002ec02b847d06e9a	Undo	0.390851	1
1	283882c3d18ff2ad0e17124002ec02b847d06e9a	ReprÃ□Â□Ã□Â©sente	0.390698	2
2	283882c3d18ff2ad0e17124002ec02b847d06e9a	Pursuit Of Happiness (nightmare)	0.381792	3
3	283882c3d18ff2ad0e17124002ec02b847d06e9a	Catch You Baby (Steve Pitron & Max Sanna Radio...	0.380663	4
4	283882c3d18ff2ad0e17124002ec02b847d06e9a	Alejandro	0.378687	5

图 17-9　算法 1 推荐结果

	user_id	song	score	rank
0	283882c3d18ff2ad0e17124002ec02b847d06e9a	Undo	0.480139	1
1	283882c3d18ff2ad0e17124002ec02b847d06e9a	Tive Sim	0.468004	2
2	283882c3d18ff2ad0e17124002ec02b847d06e9a	ReprÃ□Â□Ã□Â©sente	0.466916	3
3	283882c3d18ff2ad0e17124002ec02b847d06e9a	Hey_ Soul Sister	0.460323	4
4	283882c3d18ff2ad0e17124002ec02b847d06e9a	Catch You Baby (Steve Pitron & Max Sanna Radio...	0.458471	5

图 17-10　算法 2 推荐结果

项目 18 护肤品推荐系统

PROJECT 18

本项目通过护肤品推荐系统，根据肤质特征为不知选择什么类型的使用者推荐一套适合用户的产品。

18.1 总体设计

本部分包括系统整体结构和系统流程。

18.1.1 系统整体结构

系统整体结构如图 18-1 所示。

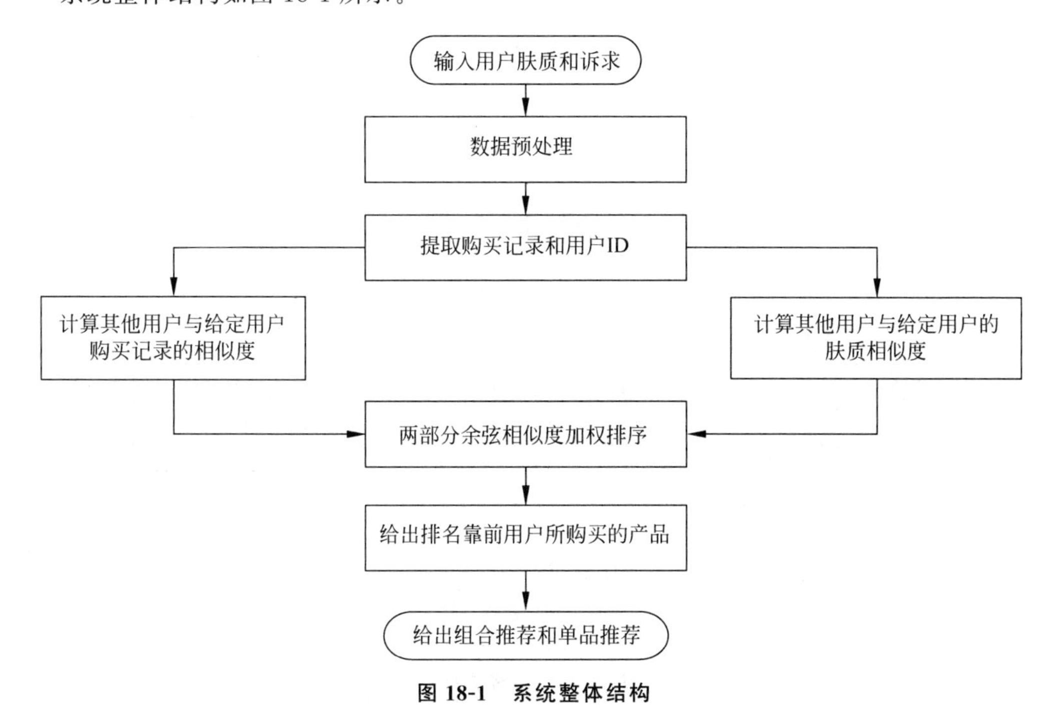

图 18-1 系统整体结构

18.1.2 系统流程

系统流程如图 18-2 所示。

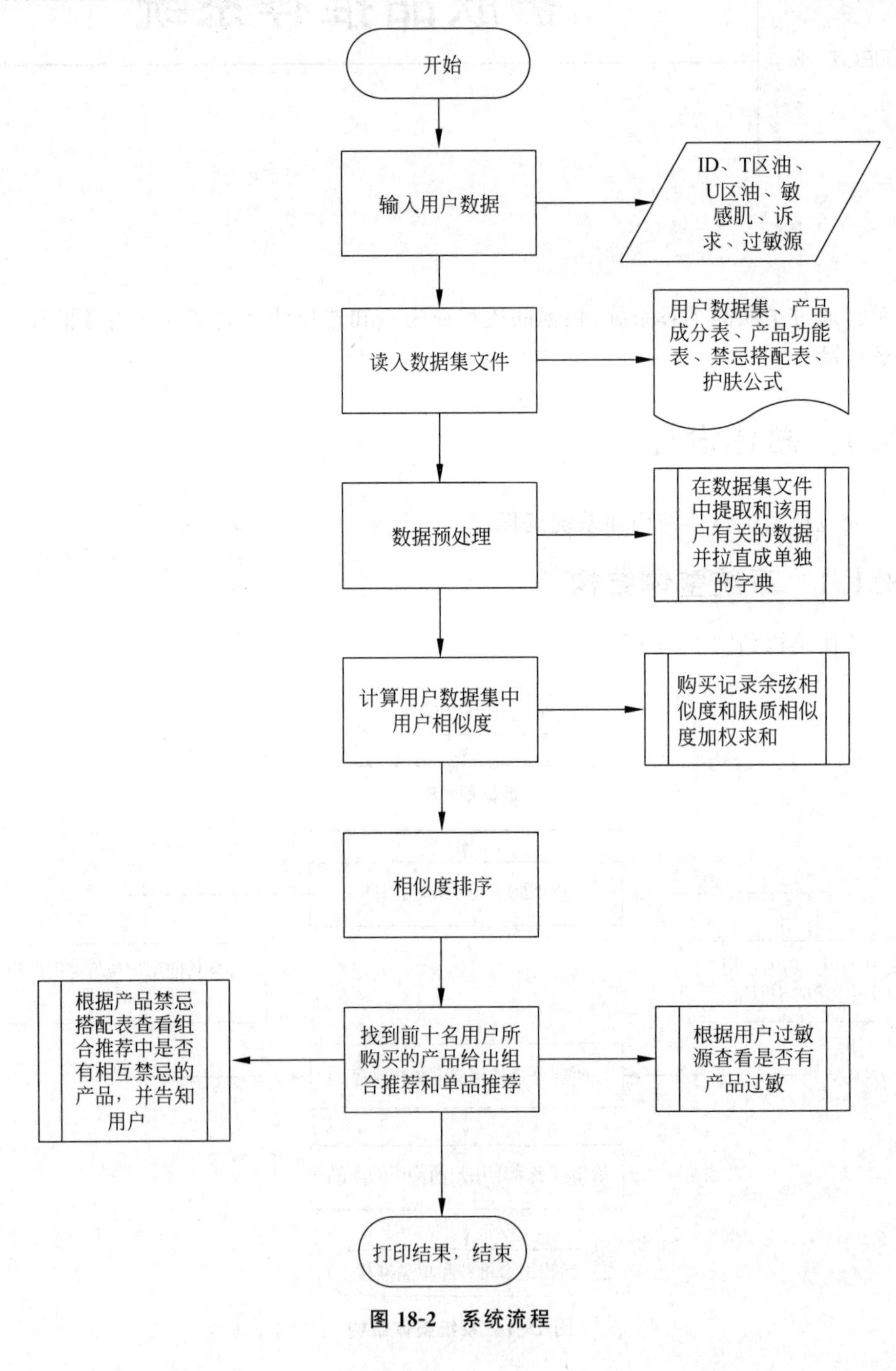

图 18-2 系统流程

18.2 运行环境

需要 Python 3.6 及以上配置，在 Windows 环境下载 Anaconda 完成 Python 所需的配置，下载地址为 https://www.anaconda.com/，也可下载虚拟机在 Linux 环境下运行代码。各数据包环境如下：

```
import pandas
import numpy
import math
import itertools
```

18.3 模块实现

本项目包括 4 个模块：文件读入、推荐算法、应用模块和测试调用函数，下面分别给出各模块的功能介绍及相关代码。

18.3.1 文件读入

本部分主要是读取用户的肤质特征、诉求以及过敏成分，同时导入 5 个数据集文件，分别是用户数据集、产品主要成分表、功能表、禁忌搭配成分表、护肤公式。相关代码如下：

```
#文件读入部分
user = pd.Series({'wxid':'o_2phwQNVY9WYG1p0B1z0E_d-lHM',
                    'T区油': 1,
                  'U区油': 1,
                  '敏感肌': 1,
                  '诉求': '祛痘',
                  '过敏成分': '烟酰胺'})
pro = pd.read_csv(r'df_product1046.csv', encoding='ANSI')
df_component = pd.read_csv("df_component.csv",encoding='gb18030')
df_fake = pd.read_csv("df_fake.csv",encoding="gb18030")
fformula = pd.read_csv("Formula_formatting.csv",encoding="gb18030")
ingredient_banned = pd.read_excel('ingredient_banned_to_number.xlsx', encoding="gb18030")
```

18.3.2 推荐算法

导入数据后，进行推荐算法计算相似度。

1. 数据预处理

提取有用的数据加工成合适的格式方便调用。

相关代码如下：

```
def __init__(self, df_fake, sub2_product):
        self.frame = df_fake                                  #调用文件
        self.product = sub2_product                           #产品表
        #self.screened_product_path = r'D:\work\dataclinic\fake\df_product1046.csv'
                                                              #读取预筛选后的产品集
        #self._init_data()
    #def _init_data(self):
    #self.frame = pd.read_csv(self.frame_path)
    #self.product = pd.read_csv(self.product_path,encoding='GB18030')
    #self.screened_product_path = pd.read_csv(self.product_path,encoding='GB18030')
    def screen(self, need):                                   #数据预处理
        self.frame = self.frame[(self.frame['诉求'].isin([need]))]
    def vec_purchase(self):
        #提取购买记录并拉直
        g = self.frame['购买记录']
        g2 = self.frame['购买记录 2']
        g3 = self.frame['购买记录 3']
        wxid = list(self.frame['wechatid'])
        s = pd.Series(wxid, index=g)
        s2 = pd.Series(wxid, index=g2)
        s3 = pd.Series(wxid, index=g3)
        pin = pd.concat([s, s2, s3], axis=0)              #数据合并
        dict_pin = {'wechatid': pin.values, '购买记录': pin.index, }
        df2 = pd.DataFrame(dict_pin)
        #拉直后的dataframe(wechat id : 购买记录)
        self.frame_p = df2[~(df2['购买记录'].isin([-1]))]
```

2. 计算相似度

处理数据格式后计算相似度。相似度由用户购买记录和肤质相似度组成，最后加权求和。相关代码如下：

```
#计算肤质向量(T区油、U区油、敏感肌、痘痘肌)的余弦相似度
    def cosine_skin(self, target_user_id, other_user_id):
        #数据预处理
        target_skin = []
        other_skin = []
        cols = ['T区油', 'U区油', '敏感肌', '痘痘肌']
        for col in cols:
            target_skin.append((self.frame[self.frame['wechatid'] == target_user_id]
[col].values[0]) * 2 - 1)                                          #标准化可能
        for col in cols:
            other_skin.append((self.frame[self.frame['wechatid'] == other_user_id][col]
.values[0]) * 2 - 1)
        #计算余弦相似度
```

```
    nume = sum(np.multiply(np.array(target_skin),np.array(other_skin)))          #分子
    deno = sum(np.array(target_skin) ** 2) * sum(np.array(other_skin) ** 2)      #分母
        cosine = nume / math.sqrt(deno)                                          #值为1
        return cosine
    #计算购买记录余弦相似度
    def cosine_purchase(self, target_user_id, other_user_id):
        target_items = self.frame_p[self.frame_p['wechatid'] == target_user_id]['购买记录']
        items = self.frame_p[self.frame_p['wechatid'] == other_user_id]['购买记录']
        union_len = len(set(target_items) & set(items))
        if union_len == 0:
            return 0.0
        product = len(target_items) * len(items)
        cosine = union_len / math.sqrt(product)
        return cosine
        #计算加权平均相似度并排序
    def get_top_n_users(self, target_user_id, top_n):
        #提取其他所有用户
        other_users_id = [i for i in set(self.frame_p['wechatid']) if i != target_user_id]
        #计算与其他用户的购买相似度
        sim_purchase_list = [self.cosine_purchase(target_user_id, other_user_id) for other_user
_id in other_users_id]
        #计算与其他用户的肤质相似度
        sim_skin_list = [self.cosine_skin(target_user_id, other_user_id) for other_user_id
in other_users_id]
        #加权平均(各占50%)
        sim_list = list((np.array(sim_purchase_list) + np.array(sim_skin_list)) / 2)
        sim_list = sorted(zip(other_users_id, sim_list), key=lambda x: x[1], reverse=True)
        return sim_list[:top_n]
```

3. 排序并提取产品

相关代码如下：

```
#提取候选产品表
    def get_candidates_items(self, target_user_id):
        target_user_item = set(self.frame_p[self.frame_p['wechatid'] == target_user_id]
['购买记录'])
        other_user_item = set(self.frame_p[self.frame_p['wechatid'] != target_user_id]['购
买记录'])
        candidates_item = other_user_item - target_user_item
        #寻找候选推荐品标准：目标用户没有使用过的(必要性存疑)
        candidates_item = list(candidates_item & set(self.product['ind'].values))
    #候选推荐品必须属于上一步筛选出的项目(目前使用全产品表代替筛选后产品表)
        return candidates_item
    #计算用户兴趣程度
    def get_top_n_items(self, top_n_users, candidates_items, top_n):
        top_n_user_data = [self.frame_p[self.frame_p['wechatid'] == k] for k, _ in top_n_
```

```
users]
        interest_list = []
        for ind in candidates_items:
            tmp = []
            for user_data in top_n_user_data:
                if ind in user_data['购买记录'].values:
                    tmp.append(1)
                else:
                    tmp.append(0)
            interest = sum([top_n_users[i][1] * tmp[i] for i in range(len(top_n_users))])
            interest_list.append((ind, interest))
        interest_list = sorted(interest_list, key=lambda x: x[1], reverse=True)
        return interest_list[:top_n]
        #输入 wxid,需求默认推荐产品数为 10 输出有序推荐产品
        def calculate(self, target_user):
        top_n = self.product.shape[0]
        target_user_id = target_user.wxid
        need = target_user.诉求
        self.screen(need)
        self.vec_purchase()
      top_n_users = self.get_top_n_users(target_user_id, top_n)
        candidates_items = self.get_candidates_items(target_user_id)
        top_n_items = self.get_top_n_items(top_n_users, candidates_items, top_n)
        #重构数据格式返回完整推荐产品信息
        productlist = [top_n_items[i][0] for i in range(len(top_n_items))]
        product_rec =
    self.product[(self.product['ind'].isin(productlist))]
        product_rec['InterestRate'] = [top_n_items[i][1] for i in range(len(top_n_items))]
        return product_rec
```

4. 组合推荐算法

相关代码如下：

```
  #组合推荐算法
class CombRating():
    def __init__(self,user, pro_withrate, fformula):
        self.user = user
        self.product = pro_withrate
        self.fformula = fformula
    #第一个 for 找到用户的诉求是哪一种,要求 4 个属性全部对上
    #第二个 for 找到组合中应当有的产品类型,水、乳、霜、祛痘凝胶、洁面
    def find_kind(self):
        #print(self.fformula)
        n_formula = self.fformula.shape[0]
        for i in range(n_formula):
            if (self.user.诉求 == self.fformula.诉求[i]) \
                    and (self.user.T 区油 == self.fformula.T 区油[i]) \
```

```
                and (self.user.U区油 == self.fformula.U区油[i]) \
                and (self.user.敏感肌 == self.fformula.敏感肌[i]):
            i_formula = i
            break
    #此处使用总共的产品种类解决数字问题
    #寻找第一个是产品类型的列并记录此前经过的列数
    form_list = []
    total_pro_type = ['水', '乳', '霜', '祛痘凝胶',  '洁面']
    type_number = 0
    for j in range(len(self.fformula.columns)):
        if self.fformula.columns[j] in total_pro_type:
            break
        else:
            type_number = type_number + 1
    #再找到所有需要的产品种类
    for j in range(type_number, len(self.fformula.columns)):
        if (self.fformula.loc[i_formula][j] == 1):
            form_list.append(self.fformula.columns[j])
    return form_list
def outer_multiple(self, form_list):
    ddict = {}
    for i in range(len(form_list)):
        ddict[form_list[i]] = list(self.product[self.product.剂型 == form_list[i]].ind)
    #print(ddict)
    dd = []
    for i in itertools.product(*ddict.values()):
        dd.append(i)
    comb_pd = pd.DataFrame(dd)
    #为DF的每列添加名称
    column_name = []
    for i in range(len(comb_pd.columns)):
        column_name.append('产品' + str(i + 1))
    comb_pd.columns = column_name
    #返回的是产品编号ind一列的值
    return comb_pd
```

18.3.3 应用模块

根据已经计算并排序的用户，找到产品并加工好合适的数据格式，按照护肤公式中的种类进行排列组合，同时考虑单品过敏和组合推荐的相互禁忌情况。若有相互禁忌和过敏情况在最后输出让用户知情。

1. 得到最终产品

相关代码如下：

```
#整合
class Recommendation():
    def __init__(self, user, pro, df_component, df_fake, fformula, ingredient_banned):
```

```
        self.user = user
        self.pro = pro
        self.df_component = df_component
        self.df_fake = df_fake
        self.fformula = fformula
        self.ingredient_banned = ingredient_banned
    #诉求筛选得到 sub1
    def sub1_product(self):
        #通过用户筛选需求成分,返回筛选后的产品列表 sub1
        pro = self.pro
        user = self.user
        #T区条件筛选
        if user['T区油'] == 1:
            for index in pro.index:
                if pro.loc[index, 'typeT区：油'] != 1:
                    pro = pro.drop(index = index)
        elif user['T区油'] == 0:
            for index in pro.index:
                if pro.loc[index, 'typeT区：干'] != 1:
                    pro = pro.drop(index = index)
        #U区条件筛选
        if user['U区油'] == 1:
            for index in pro.index:
                if pro.loc[index, 'typeU区：油'] != 1:
                    pro = pro.drop(index = index)
        elif user['U区油'] == 0:
            for index in pro.index:
                if pro.loc[index, 'typeU区：干'] != 1:
                    pro = pro.drop(index = index)
        #敏感肌筛选
        if user['敏感肌'] == 1:
            for index in pro.index:
                if pro.loc[index, '敏感'] != 1:
                    pro = pro.drop(index = index)
        #诉求筛选美白/祛痘
        if user['诉求'] == '祛痘':
            for index in pro.index:
                if pro.loc[index, '诉求'] != '祛痘':
                    pro = pro.drop(index = index)
        elif user['诉求'] == '美白':
            for index in pro.index:
                if pro.loc[index, '诉求'] != '美白':
                    pro = pro.drop(index = index)
        pro = pro.reset_index(drop = True)
        sub1 = pro
        return sub1
```

2. 筛选过敏物质

得到产品后筛选产品中与用户过敏的物质成分，相关代码如下：

```
#过敏物质筛选,得到 sub2
    def sub2_product(self):
        #通过用户过敏成分筛选产品,得到 sub2
        user = self.user
        product = self.sub1_product()
        #1 从 user 信息中提取过敏成分
        allergic_cpnt = user['过敏成分']
        #2 选出含有过敏成分的产品
        product_allergic = []
        for i in range(0, len(df_component.成分)):
            if df_component.成分[i] == allergic_cpnt:
                product_allergic.append(df_component.ind[i])
        #3-1 生成 sub2 产品表,筛除含有过敏成分的产品,返回 sub2 产品表
        sub2_product = pd.DataFrame()
        sub2_product = product[:]
        for i in range(0, len(product.ind)):
            if i in product_allergic:
                sub2_product.drop(index=[i], inplace=True)
        sub2 = sub2_product
        return sub2
    #输入两个产品的 ind 返回过敏信息用于后面函数的调用
    def is_pro_component_banned(self, pro1_ind, pro2_ind):
        #输入两个产品的 ind 产品成分表、成分禁忌表、总产品表
        #根据产品 ind 判断是否过敏,并且返回禁忌成分的字符串
        df_component = self.df_component
        ingredient_banned = self.ingredient_banned
        pro = self.pro
```

3. 筛选相互禁忌的产品

组合推荐一套可能出现两种产品之间有成分相互禁忌，所以要告知用户，让他们自己决断。相关代码如下：

```
#对禁忌表进行预处理
        ingredient_name = ingredient_banned.columns
        ingredient_banned= ingredient_banned.drop(ingredient_banned.columns[0], axis=1)
                                                                  #删除第一列
        ingredient_banned.index = ingredient_name                 #重置横标签为产品名
        #找出两个产品中所有的成分存入两个列表
        pro1_component = []
        pro2_component = []
        for index in range(len(df_component.index)):
            if df_component.loc[index, 'ind'] == pro1_ind:
                pro1_component.append(df_component.loc[index, '成分'])
```

```
            elif df_component.loc[index, 'ind'] == pro2_ind:
                pro2_component.append(df_component.loc[index, '成分'])
        #print(pro1_component, pro2_component)
        #寻找是否冲突,并且记录成分、产品这一版先用字符串作为返回值
        banned_record = ''
        for com1 in pro1_component:
            for com2 in pro2_component:
                if (com1 in ingredient_banned.index) and (com2 in ingredient_banned.index):
                    if ingredient_banned.loc[com1, com2] == 2:
                        li1 = list(pro[pro.ind == pro1_ind].typenickname)
                        li1 = ''.join(li1)
                        li2 = list(pro[pro.ind == pro2_ind].typenickname)
                        li2 = ''.join(li2)
                        banned_record = banned_record + '产品' + li1 + '与产品' + li2 +
'相互禁忌' + '禁忌成分为' + com1 + '与' + com2
                    elif ingredient_banned.loc[com1, com2] == 1:
                        li1 = list(pro[pro.ind == pro1_ind].typenickname)
                        li1 = ''.join(li1)
                        li2 = list(pro[pro.ind == pro2_ind].typenickname)
                        li2 = ''.join(li2)
                        banned_record = banned_record + '产品' + li1 + '与产品' + li2 +
'相互禁忌' + '禁忌成分为' + com1 + '与' + com2
        return banned_record
    #输入推荐组合,调用前面推荐函数返回最后有备注的组合推荐
    def is_comb_banned(self, comb_pd):
        #传入信息为 is_pro_component_banned 的参数加上推荐组合的 df
        #增加 df 一列,用以存储禁忌信息,数据形式为 str
        #对每个组合进行循环,创建 banned_info 列表
        #对每两个产品调用 is_pro_component_banned
        #若存在禁忌信息加入上述 str,将 banned_info 加入 df 的新列
        df_component = self.df_component
        ingredient_banned = self.ingredient_banned
        self.pro = self.pro
        comb_pd['禁忌搭配情况'] = None
        #对每个组合
        for index in range(len(comb_pd.index)):
            total_banned = ''
            #对每两个产品
            for pro1 in range(len(comb_pd.columns)):
                for pro2 in range(pro1, len(comb_pd.columns)):
                    banned = self.is_pro_component_banned(comb_pd.ix[index, pro1], comb_
pd.ix[index, pro2])
                    if banned != '':
                        total_banned = total_banned + banned
            #将得到的此列的禁忌信息加入整个 pd 并返回
            comb_pd.loc[index, '禁忌搭配情况'] = total_banned
            #comb_pd.to_csv('result')
        return comb_pd
```

4. 输出单品推荐与组合推荐

根据之前计算的产品信息，输出单品推荐和组合推荐，并告知过敏与禁忌成分。相关代码如下：

```
#单品推荐
    def single_rec(self):
        user = self.user
        #调用 User 类进行推荐
        sub2 = self.sub2_product()
        U1 = UserCF(self.df_fake, sub2)
        items = U1.calculate(self.user)
        return items
    #复合推荐缺少护肤公式
    def combine_rec(self):
        user = self.user
        #调用 User 类先进行单品推荐
        sub2 = self.sub2_product()
        U1 = UserCF(self.df_fake, sub2)
        items = U1.calculate(self.user)
        #再调用 Comb 类进行复合推荐
        C1 = CombRating(user, items, self.fformula)
        ddd = C1.outer_multiple(C1.find_kind())
        #再调用禁忌类对此进行处理
        return self.is_comb_banned(ddd)
```

18.3.4 测试调用函数

调用之前的所有模块，并且输出单品推荐和组合推荐。相关代码如下：

```
#测试代码 1
R1 = Recommendation(user, pro, df_component, df_fake, fformula, ingredient_banned)
#print(R1.combine_rec(), R1.single_rec())
a = R1.combine_rec()
b = R1.single_rec()
a.to_csv("file1_1")
b.to_csv("file2_1")
```

18.4 系统测试

将数据代入模型进行测试，得到如图 18-3 和图 18-4 所示的测试效果。

	A	B	C	D	E	F
1		产品1	产品2	产品3	产品4	禁忌搭配情况
2	0	1	3	2	6	
3	1	1	5	2	6	产品理肤泉青春痘调理精华乳 DUO+（防痘印配方）与产品博乐达超分子水杨酸柔肤水相互禁忌禁忌成分为烟酰胺与水杨酸
4	2	1	10	2	6	
5	3	1	12	2	6	
6	4	4	3	2	6	
7	5	4	5	2	6	产品理肤泉青春痘调理精华乳 DUO+（防痘印配方）与产品博乐达超分子水杨酸柔肤水相互禁忌禁忌成分为烟酰胺与水杨酸
8	6	4	10	2	6	
9	7	4	12	2	6	

图 18-3 组合推荐结果

	A	B	C	D	E	F	G	H	I	J	K	L	M	N	O	P	Q	R	S	T	
1		ind	title	typenickname	typeT区：	typeU区：	typeT区：	typeU区：	type痘痘肌	type全肤质	effect祛痘	effect控油	effect抗炎	effect抗痘	effect改善	effect保湿	effect淡化	effect防晒	effect预防	effect白头	effe
2	0	1	若美欣杏仁酸亮肤精华液 ROMASIN INTENSIVE FORMULA DL-MANDELIC ACID RENEWAL SERUM	若美欣8%杏仁酸亮肤精华液	1	1	0	1	0	0	0	0	0	1	1	1	0	0	0	0	
3	1	2	Sesderma acnises spot colour cream 祛痘淡印修复精华	sesderma 祛痘淡印修复精华	1	1	0	1	0	0	1	0	1	0	0	0	1	0	0	0	
4	2	3	Murad Blemish Control? Clearing Soluntion 抗痘净肤控油乳液	Murad 慕拉得 净肤控油乳液	1	1	0	1	0	0	0	1	0	0	0	0	0	1	0	0	

图 18-4 单品推荐结果

项目 19 基于人脸识别的特定整蛊推荐系统

PROJECT 19

本项目基于 Python 的人工智能设计，在检测的基础上对画面中人脸进行识别，实现特定整蛊图像的推荐。

19.1 总体设计

本部分包括系统整体结构和系统流程。

19.1.1 系统整体结构

系统整体结构如图 19-1 所示。

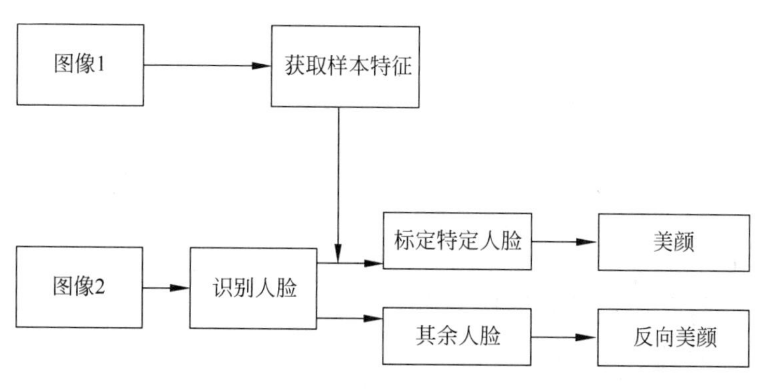

图 19-1 系统整体结构

19.1.2 系统流程

系统流程如图 19-2 所示。

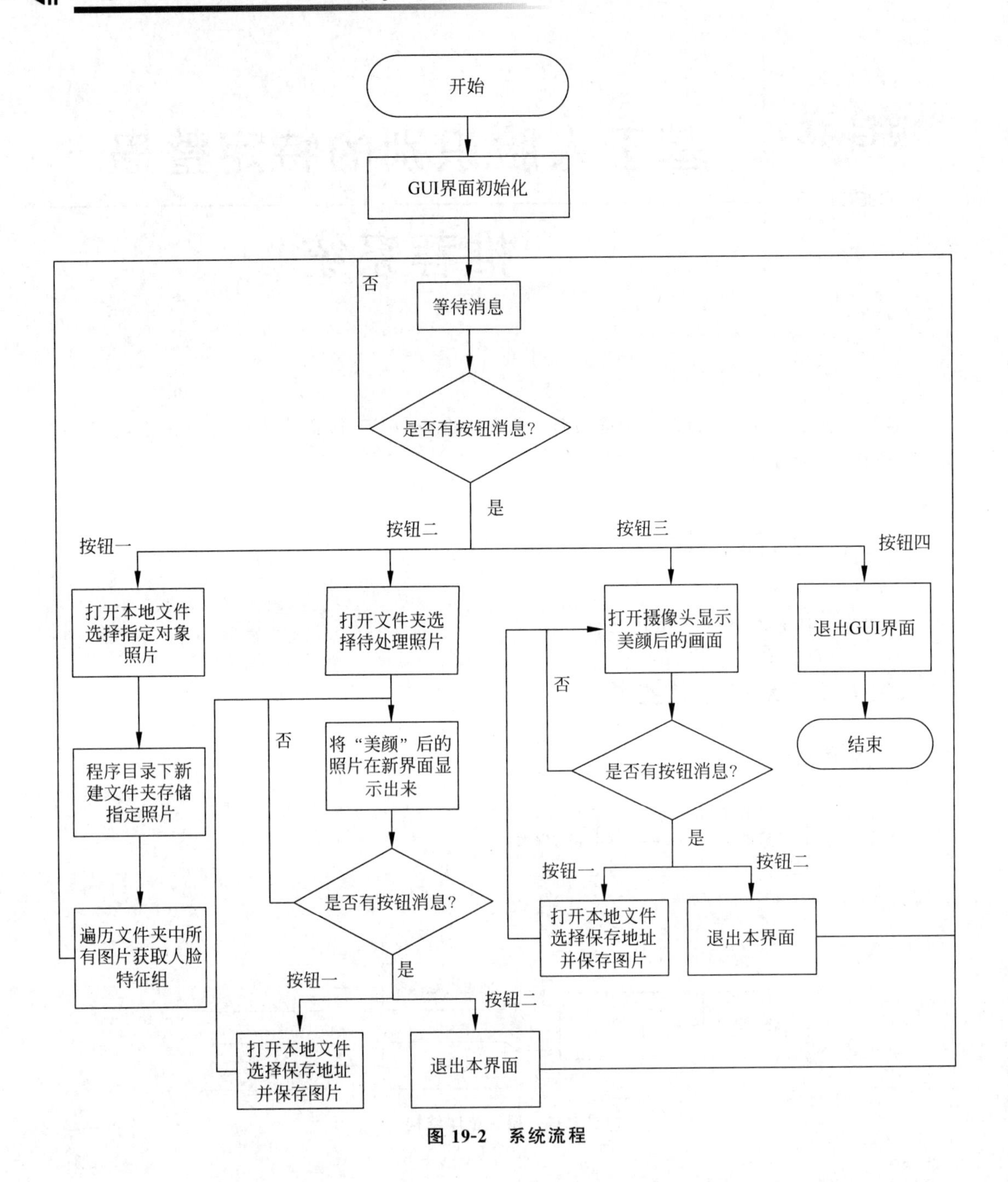

图 19-2　系统流程

19.2　运行环境

本部分包括 Python 环境、PyCharm 环境、dlib 和 face_recognition 库。

19.2.1 Python 环境

需要 Python 3.6 及以上配置，在 Windows 环境推荐下载 Anaconda 完成 Python 所需的配置，下载地址为 https://www.anaconda.com/，也可下载虚拟机在 Linux 环境下运行代码。

19.2.2 PyCharm 环境

安装 PyCharm，下载地址为 http://www.jetbrains.com/pycharm/download。选择 professional 专业版，下载后打开安装包，单击 next 进入 Installation Options 界面，全部打钩后单击 next，默认安装，完成后选择“稍后重启”。

激活中文版本：①找到 pycharm.exe.vmoptions 或者 pycharm64.exe.vmoptions，用记事本打开；②把以下代码加到文末：-javaagent:安装路径\jetbrains-agent.jar，并将安装路径四个字替换自己计算上 PyCharm 地址，保存；③从安装包文件中复制 bin 和 lib，将其粘贴到 PyCharm 文件夹中。

第一步，重启 PyCharm 进行激活；第二步，选择 Activate；第三步，选择 Activation code；第四步，在编辑框中输入激活码。注意：如果非汉化版的只能激活几个月就失效，需要重新激活，汉化版的可以永久有效。

19.2.3 dlib 和 face_recognition 库

(1) dlib 安装

在 https://pypi.org/simple/dlib/中下载 dlib-19.7.0-cp36-cp36m-win_amd64.whl 安装包使用命令：pip install dlib-19.7.0-cp36-cp36m-win_amd64.whl。

(2) face_recognition 安装

使用命令：pip install face_recognition。

(3) OpenCV 安装

使用命令:pin install opencv。

19.3 模块实现

本项目包括 2 个模块：人脸识别和“美颜”处理，下面分别给出各模块的功能介绍及相关代码。

19.3.1 人脸识别

本部分包括模型图片的获取及数据分析、人脸检测及识别。

1. 模型图片的获取及数据分析

模型图片来源于用户，需要主动上传作为识别样本的图片，相关代码如下：

```
#功能：用户上传图片
root = tkinter.Tk()                              #创建 Tkinter.Tk()实例
root.withdraw()                                  #将 Tkinter.Tk()实例隐藏
path = os.getcwd() + "/face-recognition"         #获取该程序文件目录的路径
if not os.path.exists(path):
#判断文件夹是否存在，不存在则新建文件夹，存在进行下一步
    os.mkdir(path)
#打开 Windows 选择上传图片
f_name = tkinter.filedialog.askopenfilename(title=u'上传', filetypes=[("JPEG", ".jpg"),
("PNG", ".png")])
shutil.copy(f_name, path)
```

对用户上传的图片进行数据分析，提取人脸特征，作为下一步人脸识别的比对数据，相关代码如下：

```
known_face_encoding = []                         #模型图片人脸数据列表
#功能：读取分析模型图片的人脸数据
for fn in os.listdir(path):
    #测试时，打印读取过的图片名字，确保遍历图片，实际应用时可注释掉
    print(path + "/" + fn)
    #得到人脸数据并放入列表
    known_face_encoding.append(
        face_recognition.face_encodings(
            face_recognition.load_image_file(path + "/" + fn))[0])
```

2. 人脸检测及识别

该模块有两个功能：一是对图片进行人脸检测及识别；二是从摄像头中获取图像进行人脸检测及识别。从文件夹获取图像，检测并识别显示人脸，相关代码如下：

```
pic_show = tkinter.Tk()                          #创建一个 Tkinter.Tk()实例
pic_show.withdraw()                              #将 Tkinter.Tk()实例隐藏
pic_name = tkinter.filedialog.askopenfilename(title=u'打开', filetypes=[("JPG", ".jpg"),
("PNG", ".png")])
picture = cv2.imread(pic_name)
#发现在图片中所有的脸和面部特征
f_locations = face_recognition.face_locations(picture)
f_encodings = face_recognition.face_encodings(picture, f_locations)
#在图片中循环遍历每个人脸
for (top, right, bottom, left), face_encoding in zip(f_locations, f_encodings):
#对视频中一个人脸的比对结果(可能比对人脸库中多个人脸)
    match = face_recognition.compare_faces(known_face_encoding, face_encoding, tolerance=
0.5)
    if True in match:
```

```
#测试时,画出一个绿框,框住脸(在进行美颜时该语句可注释掉)
    cv2.rectangle(picture,(left, top),(right, bottom),(0, 255, 0), 2)
#在此添加进行人像美颜的代码
    else:
#测试时,画出一个红框,框住脸(在进行美颜时该语句可注释掉)
        cv2.rectangle(picture, (left, top), (right, bottom), (0, 0, 255), 2)
#进行整蛊美颜
```

从摄像头获取图像,检测并识别人脸,相关代码如下:

```
cap = cv2.VideoCapture(700)                  #配置摄像头
while True:
    ret, frame = cap.read()                  #打开摄像头并获取画面帧
#发现在该视频帧中所有的脸和 face_encodings
    face_locations = face_recognition.face_locations(frame)
    face_encodings = face_recognition.face_encodings(frame, face_locations)
#在这个视频帧中循环遍历每个人脸
    for (top, right, bottom, left), face_encoding in zip(face_locations, face_encodings):
#对视频中一个人脸的比对结果(可能比对人脸库中多个人脸)
          match = face_recognition.compare_faces(known_face_encoding, face_encoding,
tolerance=0.5)
        if True in match:
#测试时,画出一个绿框,框住脸(在进行美颜时该语句可注释掉)
            cv2.rectangle(frame, (left, top), (right, bottom), (0, 255, 0), 2)
#在此添加进行人像美颜的代码
        else:
#测试时,画出一个红框,框住脸(在进行美颜时该语句可注释掉)
      cv2.rectangle(frame,(left, top),(right, bottom),(0, 0, 255), 2)
#进行整蛊"美颜"
```

19.3.2　美颜处理

本部分包括获取人脸五官切片和分类美颜操作。

1. 获取人脸五官切片

```
class NoFace(Exception):
        #没有人脸
        pass
class Organ():
        def __init__(self, im_bgr, im_hsv, temp_bgr, temp_hsv, landmark, name, ksize=None):
            #五官部位类,参数如下:
            #im_bgr: uint8 数组,BGR 图像的推断
            #im_hsv: uint8 数组,HSV 图像的推断
            #temp_bgr/hsv: 全局临时映像
            #landmark: array(x,2),地标
            #name: 字符串
            #ksize: 尺寸
```

```
self.im_bgr, self.im_hsv, self.landmark, self.name = im_bgr, im_hsv, landmark, name
        self.get_rect()
        self.shape = (int(self.bottom - self.top), int(self.right - self.left))
        self.size = self.shape[0] * self.shape[1] * 3
        self.move = int(np.sqrt(self.size / 3) / 20)
        self.ksize = self.get_ksize()
        self.patch_bgr, self.patch_hsv = self.get_patch(self.im_bgr), self.get_patch
(self.im_hsv)
        self.set_temp(temp_bgr, temp_hsv)
        self.patch_mask = self.get_mask_re()
        pass
    def set_temp(self, temp_bgr, temp_hsv):
        self.im_bgr_temp, self.im_hsv_temp = temp_bgr, temp_hsv
        self.patch_bgr_temp, self.patch_hsv_temp = self.get_patch(self.im_bgr_temp),
self.get_patch(self.im_hsv_temp)
    def confirm(self):
        #确认操作
        self.im_bgr[:], self.im_hsv[:] = self.im_bgr_temp[:], self.im_hsv_temp[:]
    def update_temp(self):
        #更新临时图片
        self.im_bgr_temp[:], self.im_hsv_temp[:] = self.im_bgr[:], self.im_hsv[:]
    def get_ksize(self, rate=15):
        size = max([int(np.sqrt(self.size / 3) / rate), 1])
        size = (size if size % 2 == 1 else size + 1)
        return (size, size)
    def get_rect(self):
        #获得定位方框
        ys, xs = self.landmark[:, 1], self.landmark[:, 0]
        self.top, self.bottom, self.left, self.right = np.min(ys), np.max(ys), np.min
(xs), np.max(xs)
    def get_patch(self, im):
        #截取局部切片
        shape = im.shape
        return im[np.max([self.top - self.move, 0]):np.min([self.bottom + self.move,
shape[0]]),
            np.max([self.left - self.move, 0]):np.min([self.right + self.move, shape[1]])]
    def _draw_convex_hull(self, im, points, color):
        #勾画多凸边形
        points = cv2.convexHull(points)
        cv2.fillConvexPoly(im, points, color=color)
    def get_mask_re(self, ksize=None):
        #获得局部相对坐标遮罩
        if ksize == None:
            ksize = self.ksize
        landmark_re = self.landmark.copy()
        landmark_re[:, 1] -= np.max([self.top - self.move, 0])
        landmark_re[:, 0] -= np.max([self.left - self.move, 0])
```

```
        mask = np.zeros(self.patch_bgr.shape[:2], dtype = np.float64)
        self._draw_convex_hull(mask,
                            landmark_re,
                            color = 1)
        mask = np.array([mask, mask, mask]).transpose((1, 2, 0))
        mask = (cv2.GaussianBlur(mask, ksize, 0) > 0) * 1.0
        return cv2.GaussianBlur(mask, ksize, 0)[:]
    def get_mask_abs(self, ksize = None):
        #获得全局绝对坐标遮罩
        if ksize == None:
            ksize = self.ksize
        mask = np.zeros(self.im_bgr.shape, dtype = np.float64)
        patch = self.get_patch(mask)
        patch[:] = self.patch_mask[:]
        return mask
```

2. 分类美颜操作

```
    def whitening(self, rate = 0.15, confirm = True):
        #提亮美白
        arguments:
            rate:float, -1~1,new_V = min(255,V * (1 + rate))
            confirm:wether confirm this option
        if confirm:
            self.confirm()
            self.patch_hsv[:, :, -1] = np.minimum(
             self.patch_hsv[:, :, -1] + self.patch_hsv[:, :, -1] * self.patch_mask
[:, :, -1] * rate, 255).astype(
             'uint8')
            self.im_bgr[:] = cv2.cvtColor(self.im_hsv, cv2.COLOR_HSV2BGR)[:]
            self.update_temp()
        else:
             self.patch_hsv_temp[:] = cv2.cvtColor(self.patch_bgr_temp, cv2.COLOR_
BGR2HSV)[:]
            self.patch_hsv_temp[:, :, -1] = np.minimum(
                self.patch_hsv_temp[:, :, -1] + self.patch_hsv_temp[:, :, -1] *
self.patch_mask[:, :, -1] * rate,
             255).astype('uint8')
             self.patch_bgr_temp[:] = cv2.cvtColor(self.patch_hsv_temp, cv2.COLOR_
HSV2BGR)[:]
    def brightening(self, rate = 0.3, confirm = True):
        #提升鲜艳度,参数
        #rate:浮点型, -1~1,new_S = min(255,S * (1 + rate))
        #confirm:确认是否执行此选项
        patch_mask = self.get_mask_re((1, 1))
        if confirm:
            self.confirm()
```

```
                patch_new = self.patch_hsv[:, :, 1] * patch_mask[:, :, 1] * rate
                patch_new = cv2.GaussianBlur(patch_new, (3, 3), 0)
                self.patch_hsv[:, :, 1] = np.minimum(self.patch_hsv[:, :, 1] + patch_new,
255).astype('uint8')
               self.im_bgr[:] = cv2.cvtColor(self.im_hsv,cv2.COLOR_HSV2BGR)[:]
                self.update_temp()
            else:
                self.patch_hsv_temp[:] = cv2.cvtColor(self.patch_bgr_temp, cv2.COLOR_
BGR2HSV)[:]
               patch_new = self.patch_hsv_temp[:,:,1] * patch_mask[:,:,1] * rate
                patch_new = cv2.GaussianBlur(patch_new, (3, 3), 0)
                self.patch_hsv_temp[:, :, 1] = np.minimum(self.patch_hsv[:, :, 1] + patch_
new, 255).astype('uint8')
                self.patch_bgr_temp[:] = cv2.cvtColor(self.patch_hsv_temp, cv2.COLOR_
HSV2BGR)[:]
        def smooth(self, rate = 0.6, ksize = None, confirm = True):
            #磨皮,参数
            #rate:浮点型,0~1,im = rate * new + (1 - rate) * src
            #confirm:确认是否执行此选项
            if ksize == None:
                ksize = self.get_ksize(80)
            index = self.patch_mask > 0
            if confirm:
                self.confirm()
                patch_new = cv2.GaussianBlur(cv2.bilateralFilter(self.patch_bgr, 3, *
ksize), ksize, 0)
                self.patch_bgr[index] = np.minimum(rate * patch_new[index] + (1 - rate) *
self.patch_bgr[index],255).astype('uint8')
                self.im_hsv[:] = cv2.cvtColor(self.im_bgr, cv2.COLOR_BGR2HSV)[:]
                self.update_temp()
            else:
                patch_new = cv2.GaussianBlur(cv2.bilateralFilter(self.patch_bgr_temp,3, *
ksize),ksize, 0)
                self.patch_bgr_temp[index] = np.minimum(rate * patch_new[index] + (1 -
rate) * self.patch_bgr_temp[index],255).astype('uint8')
                self.patch_hsv_temp[:] = cv2.cvtColor(self.patch_bgr_temp, cv2.COLOR_
BGR2HSV)[:]
        def sharpen(self, rate = 0.3, confirm = True):
            #锐化
            patch_mask = self.get_mask_re((3, 3))
            kernel = np.zeros((9, 9), np.float32)
            kernel[4, 4] = 2.0  # Identity, times two!
            #创建盒子滤波
            boxFilter = np.ones((9, 9), np.float32) / 81.0
            kernel = kernel - boxFilter
            index = patch_mask > 0
            if confirm:
```

```
                self.confirm()
                sharp = cv2.filter2D(self.patch_bgr, -1, kernel)
                self.patch_bgr[index] = np.minimum(((1 - rate) * self.patch_bgr)[index] +
sharp[index] * rate, 255).astype(
                    'uint8')
                self.update_temp()
            else:
                sharp = cv2.filter2D(self.patch_bgr_temp, -1, kernel)
                self.patch_bgr_temp[:] = np.minimum(self.patch_bgr_temp + self.patch_mask *
sharp * rate, 255).astype(
                    'uint8')
                self.patch_hsv_temp[:] = cv2.cvtColor(self.patch_bgr_temp, cv2.COLOR_
BGR2HSV)[:]
```

19.4　系统测试

本部分包括人脸识别效果、美颜效果以及 GUI 界面展示。

19.4.1　人脸识别效果

测试时能够正确框选出待识别的人脸,如图 19-3 所示。

图 19-3　人脸识别效果

19.4.2　美颜效果

对选定人脸进行美颜,其余人脸进行反向美颜,其中美颜包括增加唇色、皮肤提亮、眼眉锐化、磨皮等,反向美颜反之,如图 19-4 所示。

图 19-4 “美颜”效果

19.4.3 GUI 展示

初始界面如图 19-5 所示。

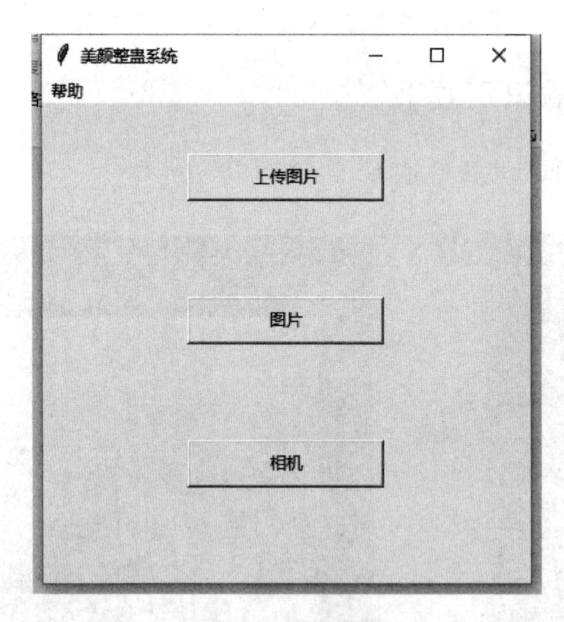

图 19-5 初始界面

单击“上传图片”按钮，弹出“上传”对话框，如图 19-6 所示。

单击“图片”，弹出“打开”对话框，选择需要进行美颜的图片，如图 19-7 所示。

打开图片自动完成美颜后关闭图片显示界面，弹出提示框，如图 19-8 所示。

单击“是”按钮，弹出“保存文件”对话框，选择位置保存图片，如图 19-9 所示。

单击“否”按钮，退出弹窗，返回初始界面。初始界面单击“相机”，打开摄像头拍照，如图 19-10 所示。

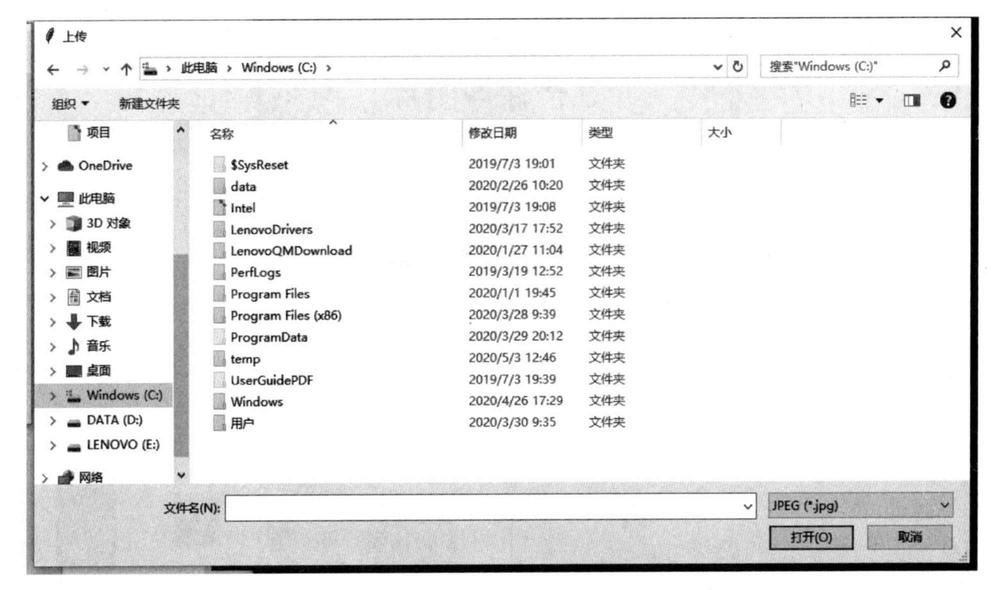

图 19-6　“上传”对话框

图 19-7　待美颜图片

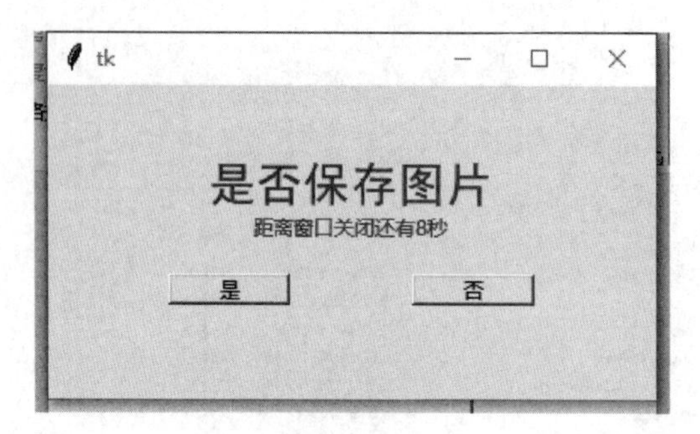

图 19-8　提示框

图 19-9　“保存文件”对话框

图 19-10　拍照界面

项目 20

PROJECT 20

TensorFlow 2 实现 AI 推荐换脸

本项目基于 TensorFlow 2,通过 OpenCV 完成数据可视化,实现不修改表情的情况下,完成人脸特征替换的效果。

20.1 总体设计

本部分包括系统整体结构和系统流程。

20.1.1 系统整体结构

系统整体结构如图 20-1 所示。

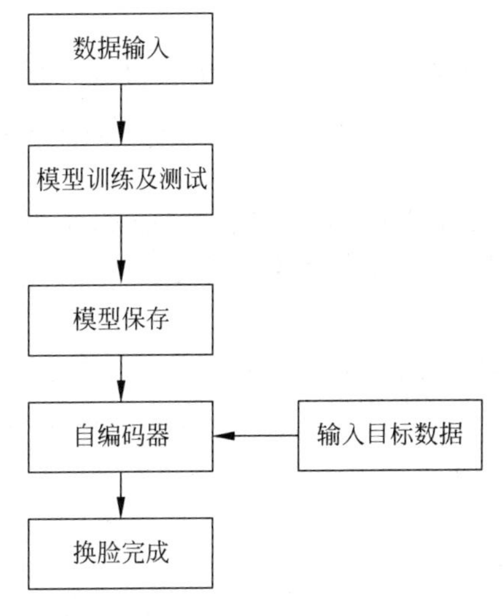

图 20-1 系统整体结构

20.1.2 系统流程

系统流程如图 20-2 所示。

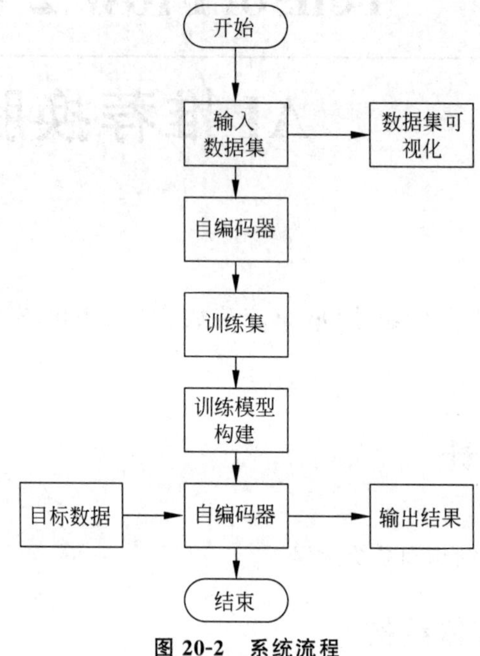

图 20-2 系统流程

20.2 运行环境

本项目使用 OpenCV 以及 TensorFlow 2 等工具包。需要 Python 3.6 及以上配置，在 Windows 环境推荐下载 Anaconda 完成 Python 所需的配置，下载地址为 https://www.anaconda.com/。

以 Anaconda 中配置 TensorFlow 环境为例，在 Anconda 中配置 TensorFlow 深度学习框架(以下针对 Windows 系统，Mac 系统操作无须在 Anconda prompt 中进行，在终端进行后续操作即可)，使用语句 Python 查询版本。

创建 TensorFlow 环境，激活 TensorFlow 环境，查找当前可用的 TensorFlow 包，根据提示内容下载安装：conda install --channel https://conda.anaconda.org/anaconda tensorflow

安装完成。

20.3 模块实现

本项目包括 4 个模块：数据集、自编码器、训练模型和测试模型，下面分别给出各模块的功能介绍及相关代码。

20.3.1 数据集

本部分包括数据载入、数据增强和构造 Batch 数据集。

1. 数据载入

使用 OpenCV 对图片进行批量加载。

(1) 找到川普与凯奇用于人脸识别的图片集，数据集主要由两个文件夹构成：trump 和 cage。使用 Python 遍历这两个文件夹，获得所有文件的路径。

```
!wget -nc "https://labfile.oss.aliyuncs.com/courses/1460/data.zip"      #下载数据集
!unzip -o "data.zip"                                                   #解压
import os          #遍历 directory 下的所有文件，并把路径用一个列表进行返回
def get_image_paths(directory):
    return [x.path for x in os.scandir(directory) if x.name.endswith(".jpg") or x.name.
endswith(".png")]
images_A = get_image_paths("trump")
images_B = get_image_paths("cage")
print("川普图片个数为 {}\n 凯奇的图片个数为 {}".format(len(images_A), len(images_B)))
```

(2) 使用 Python 中的 OpenCV 库，对图片进行批量加载。

```
import cv2
import numpy as np    #批量加载图片，传入的是路径集合，遍历所有的路径，并加载图片
def load_images(image_paths):
iter_all_images = (cv2.imread(fn) for fn in image_paths)
#iter_all_images 是一个 generator 类型，将它转换成熟知的 Numpy 的列表类型并返回
    for i, image in enumerate(iter_all_images):
        if i == 0:                #对 all_images 进行初始，并且指定格式
            all_images = np.empty(
                (len(image_paths),) + image.shape, dtype = image.dtype)
        all_images[i] = image
        return all_images
```

2. 数据增强

数据增强：可以在不消耗任何成本的情况下，获得更多的数据，训练出更好的模型。通过旋转、平移、缩放、剪切等操作，将原来的一张图片拓展成多张图片是数据增强的一种方式。

```
def random_transform(image):
    h, w = image.shape[0:2]                          #随机初始化旋转角度，范围为 -10～10
    rotation = np.random.uniform(-10, 10)            #随机初始化缩放比例，范围为 0.95～1.05
    scale = np.random.uniform(0.95, 1.05)            #随机定义平移距离，范围为 -0.05～0.05
    tx = np.random.uniform(-0.05, 0.05) * w
    ty = np.random.uniform(-0.05, 0.05) * h          #定义放射变化矩阵，整合之前参数变化
    mat = cv2.getRotationMatrix2D((w//2, h//2), rotation, scale)
```

```
    mat[:, 2] += (tx, ty)
    #进行放射变化,根据变化矩阵中参数,将图片逐步变化,并返回变化后的图片
    result = cv2.warpAffine(
        image, mat, (w, h), borderMode = cv2.BORDER_REPLICATE)
        #图片有40%的可能性被翻转
    if np.random.random() < 0.4:
        result = result[:, :: - 1]
return result
```

3. 构造Batch数据集

根据batch_size的大小将数据集进行分批。大小合适的batch_size可以使模型更加高效的收敛。

```
def get_training_data(images, batch_size):
    #分批的同时把数据集打乱,有序的数据集可能使模型学偏
    indices = np.random.randint(len(images), size = batch_size)
    for i, index in enumerate(indices):
        #处理该批数据集
        image = images[index]
        #将图片进行预处理
        image = random_transform(image)
        warped_img, target_img = random_warp(image)
        #开始分批
        if i == 0:
            warped_images = np.empty(
                (batch_size,) + warped_img.shape, warped_img.dtype)
            target_images = np.empty(
                (batch_size,) + target_img.shape, warped_img.dtype)
        warped_images[i] = warped_img
        target_images[i] = target_img
    return warped_images, target_images
```

20.3.2 自编码器

本部分包括子像素卷积、下采样层与上采样层、神经网络。

1. 子像素卷积

子像素卷积是一种巧妙的图像及特征图的upscal方法,又叫Pixel Shuffle(像素洗牌)。较之前的上采样算法,子像素卷积在速度和质量上都有明显的提升。

```
#子像素卷积层,用于上采样
from keras.utils import conv_utils
from keras.engine.topology import Layer
import keras.backend as K
class PixelShuffler(Layer): #初始化、子像素卷积层,并在输入数据时进行标准化处理
```

```
    def __init__(self, size = (2, 2), data_format = None, ** kwargs):
        super(PixelShuffler, self).__init__( ** kwargs)
        self.data_format = K.normalize_data_format(data_format)
        self.size = conv_utils.normalize_tuple(size, 2, 'size')
    def call(self, inputs):                    #根据得到输入层图层 batch_size,h ,w,c 的大小
        input_shape = K.int_shape(inputs)
        batch_size, h, w, c = input_shape
        if batch_size is None:
            batch_size = -1
        rh, rw = self.size                     #计算转换后的图层大小与通道数
        oh, ow = h * rh, w * rw
        oc = c // (rh * rw)
        #先将图层分开,并将每层转换到自己应该到的维度
        #最后再利用一次 reshape()函数(计算机从外到里将数据逐个排序),转成指定大小的图层
        out = K.reshape(inputs, (batch_size, h, w, rh, rw, oc))
        out = K.permute_dimensions(out, (0, 1, 3, 2, 4, 5))
        out = K.reshape(out, (batch_size, oh, ow, oc))
        return out
    #compute_output_shape()函数用来输出这一层输出尺寸的大小
    #尺寸是根据 input_shape 以及定义 output_shape 计算
    def compute_output_shape(self, input_shape):
        height = input_shape[1] * self.size[0] if input_shape[1] is not None else None
        width = input_shape[2] * self.size[1] if input_shape[2] is not None else None
        channels = input_shape[3] // self.size[0] // self.size[1]
        return (input_shape[0],
                height,
                width,
                channels)
    #设置配置文件
    def get_config(self):
        config = {'size': self.size,
                  'data_format': self.data_format}
        base_config = super(PixelShuffler, self).get_config()
        return dict(list(base_config.items()) + list(config.items()))
```

2. 下采样层与上采样层

下采样和上采样是构成编码器和解码器的具体部件。下采样层主要用于缩小图层大小,扩大图层通道数(即编码器)。上采样层主要用于扩大图层大小,缩小图层通道数(即解码器)。以下是利用子像素卷积函数以及 Keras 提供的卷积函数对自编码器中的上采样层和下采样层进行编写。

```
from keras.layers.advanced_activations import LeakyReLU
from keras.layers.convolutional import Conv2D
#下采样层,filters 为输出图层的通道数
#n*n*c->0.5n*0.5n*filters
def conv(filters):
```

```
        def block(x)    #每层由一个使图层大小减小一半的卷积层和一个 LeakyReLU 激活函数层构成
            x = Conv2D(filters, kernel_size = 5, strides = 2, padding = 'same')(x)
            x = LeakyReLU(0.1)(x)
            return x
        return block
    #上采样层,扩大图层大小
    #图层的形状变化如下
    #n * n * c -> n * n * 4filters -> 2n * 2n * filters
    def upscale(filters):
        #每层由一个扩大通道层的卷积、一个激活函数和一个像素洗牌层
        def block(x):
        #将通道数扩大为原来的四倍。为能够通过像素洗牌,使原来的图层扩大两倍
            x = Conv2D(filters * 4, kernel_size = 3, padding = 'same')(x)
            x = LeakyReLU(0.1)(x)
            x = PixelShuffler()(x)
            return x
            return block
```

3. 神经网络

Encoder 和 Decoder 的具体网络结构如图 20-3 所示。

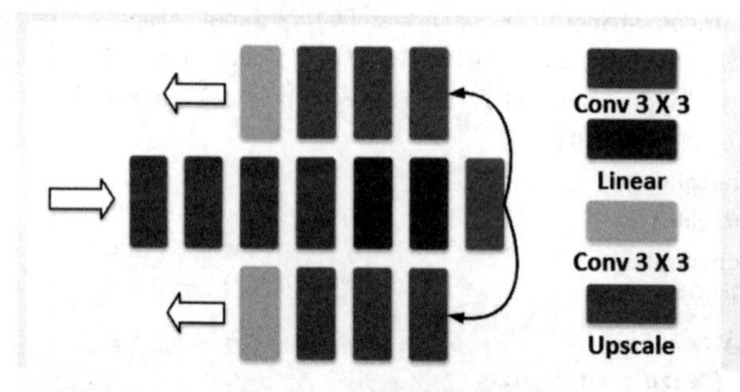

图 20-3 神经网络结构

中间层为编码器的神经网络结构。由 4 个下采样卷积层、2 个全连接层、1 个上采样层构成。其中下采样卷积层用于对图片特征进行提取；全连接层用于打乱特征的空间结构，使模型能够学习到更加有用的知识；上采样层用于增加图层大小。

上下两层为两个解码器。网络结构相同,但是参数不同,都是由 3 个上采样层和 1 个下采样卷积层构成。其中上采样层的作用是为了扩大图层大小,使最后能够输出和原图片一样的新图片。最后的卷积层是为了缩小图层通道数,输出的是三通道的图片,使用 Keras 对 Encoder 和 Decoder 进行编写：

```
from keras.models import Model
from keras.layers import Input, Dense, Flatten, Reshape
#定义原图片的大小
IMAGE_SHAPE = (64, 64, 3)
#定义全连接的神经元个数
```

```
ENCODER_DIM = 1024
def Encoder():
    input_ = Input(shape = IMAGE_SHAPE)
    x = input_
    x = conv(128)(x)
    x = conv(256)(x)
    x = conv(512)(x)
    x = conv(1024)(x)
    x = Dense(ENCODER_DIM)(Flatten()(x))
    x = Dense(4 * 4 * 1024)(x)
    x = Reshape((4, 4, 1024))(x)
    x = upscale(512)(x)
return Model(input_, x)
def Decoder():
    input_ = Input(shape = (8, 8, 512))
    x = input_
    x = upscale(256)(x)
    x = upscale(128)(x)
    x = upscale(64)(x)
    x = Conv2D(3, kernel_size = 5, padding = 'same', activation = 'sigmoid')(x)
    return Model(input_, x)
```

根据人脸互换所需要的自编码器结构,创建 Encoder、Decoder_A 和 Encoder、Decoder_B 结构,并且选择绝对平方损失作为模型的损失函数。

```
from tensorflow.keras.optimizers import Adam
#定义优化器
optimizer = Adam(lr = 5e - 5, beta_1 = 0.5, beta_2 = 0.999)
encoder = Encoder()
decoder_A = Decoder()
decoder_B = Decoder()
#定义输入函数大小
x = Input(shape = IMAGE_SHAPE)
#定义解析 A 类图片的神经网络
autoencoder_A = Model(x, decoder_A(encoder(x)))
#定义解析 B 类图片的神经网络
autoencoder_B = Model(x, decoder_B(encoder(x)))
#使用同一个优化器,总损失的最小值,损失函数采用平均绝对误差
autoencoder_A.compile(optimizer = optimizer, loss = 'mean_absolute_error')
autoencoder_B.compile(optimizer = optimizer, loss = 'mean_absolute_error')
#输出两个对象
autoencoder_A, autoencoder_B
```

20.3.3 训练模型

相关代码如下：

```
#保存模型
def save_model_weights():
```

```
    encoder  .save_weights("encoder.h5")
    decoder_A.save_weights("decoder_A.h5")
    decoder_B.save_weights("decoder_B.h5")
    print("save model weights")
#开始训练
epochs = 8000
for epoch in range(epochs):
    print("第{}代,开始训练。。。".format(epoch))
    batch_size = 26
    warped_A, target_A = get_training_data(images_A, batch_size)
    warped_B, target_B = get_training_data(images_B, batch_size)
    loss_A = autoencoder_A.train_on_batch(warped_A, target_A)
    loss_B = autoencoder_B.train_on_batch(warped_B, target_B)
    print("lossA:{},lossB:{}".format(loss_A, loss_B))
#下面是画图和保存模型的操作
save_model_weights()
```

20.3.4 测试模型

相关代码如下：

```
#测试的代码和训练代码类似,只是删去了循环和训练的步骤
print("开始加载模型,请耐心等待……")
encoder  .load_weights("encoder.h5")
decoder_A.load_weights("decoder_A.h5")
decoder_B.load_weights("decoder_B.h5")
#下面代码和训练代码类似
#获取图片,并对图片进行预处理
images_A = get_image_paths("trump")
images_B = get_image_paths("cage")
#图片进行归一化处理
images_A = load_images(images_A) / 255.0
images_B = load_images(images_B) / 255.0
images_A += images_B.mean(axis = (0, 1, 2)) - images_A.mean(axis = (0, 1, 2))
batch_size = 64
warped_A, target_A = get_training_data(images_A, batch_size)
warped_B, target_B = get_training_data(images_B, batch_size)
#分别取当下批次的川普和凯奇图片的前三张进行观察
test_A = target_A[0:3]
test_B = target_B[0:3]
print("开始预测,请耐心等待……")
#进行拼接原图
figure_A = np.stack([
    test_A,
    autoencoder_A.predict(test_A),
    autoencoder_B.predict(test_A),
```

```
], axis = 1)
#进行拼接
figure_B = np.stack([
    test_B,
    autoencoder_B.predict(test_B),
    autoencoder_A.predict(test_B),
], axis = 1)
print("开始画图,请耐心等待……")
#将多幅图拼成一幅图
figure = np.concatenate([figure_A, figure_B], axis = 0)
figure = figure.reshape((2, 3) + figure.shape[1:])
figure = stack_images(figure)
#将图片进行反归一化
figure = np.clip(figure * 255, 0, 255).astype('uint8')
#显示图片
plt.imshow(cv2.cvtColor(figure, cv2.COLOR_BGR2RGB))
plt.show()
```

20.4 系统测试

根据每次训练生成的图像与原来的图像计算损失,再反向传播并对模型参数进行调整,如此循环,直到损失最小。

开始训练(实际训练超过2000次),如图20-4所示,保存最低损失模型。

使用测试代码加载图片进行换脸:每类图片的第一张表示原始图片,第二张表示解码器生成的图片,第三张表示对方的解码器生成的图片,如图20-5所示。

```
lossA:0.03138958662748337,lossB:0.02853480726480484
第1代，开始训练。。。
lossA:0.03035533428192l387,lossB:0.02996452897787094
第2代，开始训练。。。
lossA:0.03169285506010055,lossB:0.03001570887863636
第3代，开始训练。。。
lossA:0.03002865053713217,lossB:0.02880145795643296
第4代，开始训练。。。
lossA:0.02855865471065044,lossB:0.02491868473589420
第5代，开始训练。。。
lossA:0.02888360433280468,lossB:0.02918405644595623
第6代，开始训练。。。
lossA:0.02963425777852535,lossB:0.02701464109122753
第7代，开始训练。。。
lossA:0.02977534011006355,lossB:0.02968838438391685
第8代，开始训练。。。
lossA:0.02874848246574402,lossB:0.02863560803234577
第9代，开始训练。。。
lossA:0.0298019926995039,lossB:0.02861262485384941
```

图20-4 开始训练

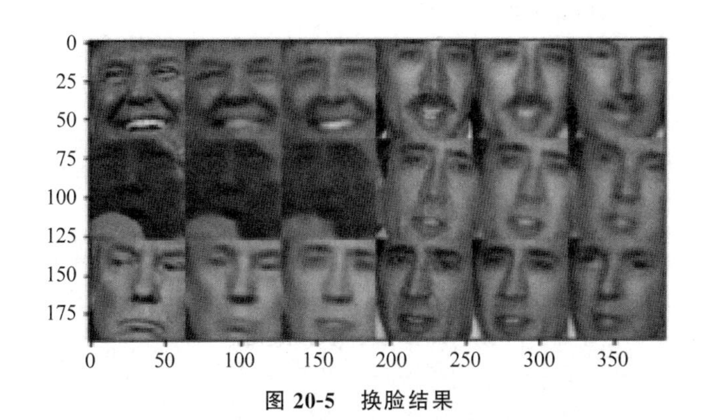

图20-5 换脸结果

图书资源支持

感谢您一直以来对清华大学出版社图书的支持和爱护。为了配合本书的使用，本书提供配套的资源，有需求的读者请扫描下方的“书圈”微信公众号二维码，在图书专区下载，也可以拨打电话或发送电子邮件咨询。

如果您在使用本书的过程中遇到了什么问题，或者有相关图书出版计划，也请您发邮件告诉我们，以便我们更好地为您服务。

我们的联系方式：

地　　址：北京市海淀区双清路学研大厦 A 座 701

邮　　编：100084

电　　话：010-83470236　010-83470237

资源下载：http://www.tup.com.cn

客服邮箱：tupjsj@vip.163.com

QQ：2301891038（请写明您的单位和姓名）

教学资源 · 教学样书 · 新书信息

人工智能科学与技术
人工智能|电子通信|自动控制

资料下载 · 样书申请

书圈

用微信扫一扫右边的二维码，即可关注清华大学出版社公众号。